ASP.NET 项目开发实战入门

明日科技 编著

吉林大学出版社

内容简介

《ASP.NET项目开发实战入门》以鱼和熊掌网站——让您的选择更轻松、Show——企业个性化展示平台、甜橙音乐网——听见好声音、千寻网——遇见TA，遇见爱、51购商城、OA办公自动化管理系统、企业级进销存管理系统、公众号/APP后台接口通用管理平台8个项目为案例，从软件工程的角度出发，按照项目的开发顺序，系统、全面地介绍了项目开发流程，从开发背景、系统功能分析，业务流程分析、数据库建模到项目开发，每一过程都进行了详细讲解，旨在使读者真正获得程序开发经验，提高项目开发能力。

本书的最大特点是提供"图书与《小白手册》 +光盘+二维码+明日学院网站"立体化、全方位的教学模式，零基础编程学习者也能轻松学会项目开发。《小白手册》中搜集了开发项目过程中遇到的各类问题，并给出解决问题的详细方案，力求为初学者扫除项目开发中遇到的障碍；光盘中给出项目源码、资源文件、代码查错器和代码片段，方便读者学习；书中设置多种功能二维码，扫描二维码，预备知识、视频讲解和代码解释等详细内容精彩呈现；登录明日学院网站（www.mingrisoft.com）可以获得全方位的学习资源和技术支持。

本书涉及案例趣味性强，涉及行业广泛，实用性强。通过本书的学习，读者可以提高编程兴趣，获得编程技巧；也可以轻松领会ASP.NET项目开发的精髓，快速提高开发技能；还可以通过光盘中提供的案例源代码和数据库进行二次开发，以减少开发项目所需要的时间。

图书在版编目（CIP）数据

ASP.NET项目开发实战入门 / 明日科技编著. -- 长春 : 吉林大学出版社, 2017.5
ISBN 978-7-5677-9942-4

Ⅰ. ①A… Ⅱ. ①明… Ⅲ. ①网页制作工具－程序设计 Ⅳ. ①TP393.092.2

中国版本图书馆CIP数据核字(2017)第120076号

书　　名：ASP.NET 项目开发实战入门
ASP. NET XIANGMU KAIFA SHIZHAN RUMEN

作　　者：明日科技 编著
策划编辑：殷丽爽　　责任编辑：张宏亮
责任校对：殷丽爽　　装帧设计：明日科技
出版发行：吉林大学出版社
社　　址：长春市朝阳区明德路501号　　邮政编码：130021
发行电话：0431-89580026 / 0431-84978982
网　　址：http://www.jlup.com.cn　　电子邮箱：jlup@mail.jlu.edu.cn
印　　刷：长春天行健印刷有限公司
开　　本：850 mm×1100 mm　1/16　　印　　张：27
（附DVD光盘1张）
字　　数：700千字　　印　　数：1～8000
版　　次：2017年7月第1版　　印　　次：2017年7月第1次
书　　号：ISBN 978-7-5677-9942-4
定　　价：69.80 元

如何使用本书

特别提示：建议初学者从第一个项目开始学习

零基础学项目开发，成就编程大咖！

第一步：准备阶段，开发环境的搭建

初学者可参照图书中“开发之旅”的内容，进行开发环境的下载与搭建，随书附赠的《小白手册》对开发环境搭建与配置进行了详细的介绍，读者可配合《小白手册》搭建与配置开发环境。另外，随书附赠的光盘和明日学院网站提供了开发环境搭建视频讲解和图片轮播，可以轻松配置和搭建开发环境。

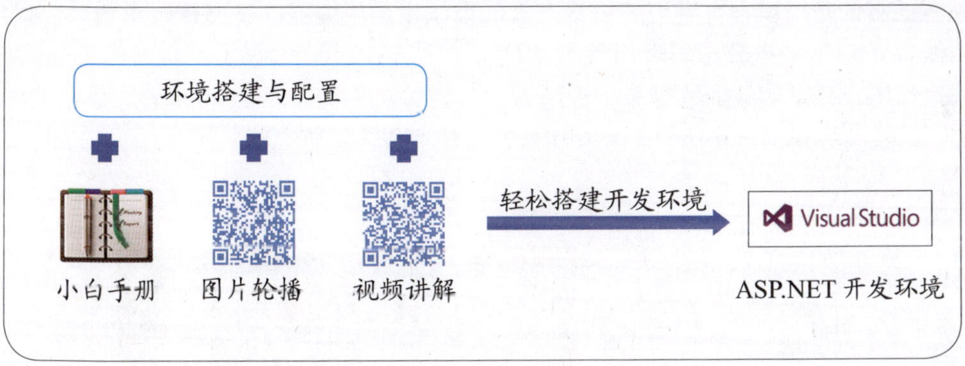

第二步：实战热身，项目开发实战

进行项目开发之前，可先观看预备知识视频讲解，然后随文观看项目开发视频讲解，边听课程边进行项目开发。书中80%的代码配有注释，遇到代码中不理解的对象或函数，可以扫描“代码解释”二维码，学习更多代码编写技能和知识。在项目开发遇到错误或困难时，可查阅《小白手册》解决相关疑难问题。

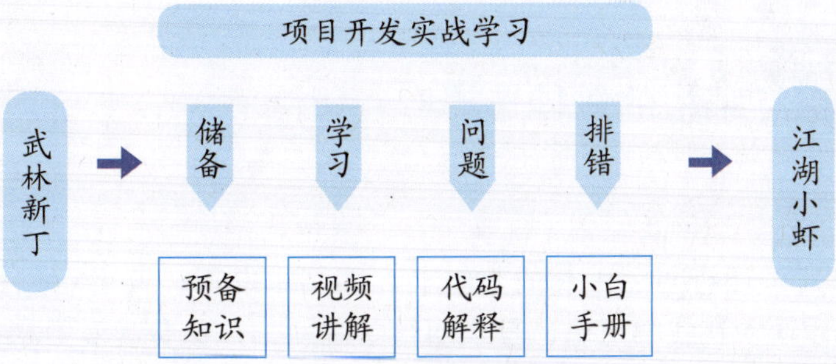

手把手教你完成项目开发

在代码调试无法通过时，可以使用代码查错器（本书附赠的光盘中提供）排查代码错误，快速找到相关代码问题。

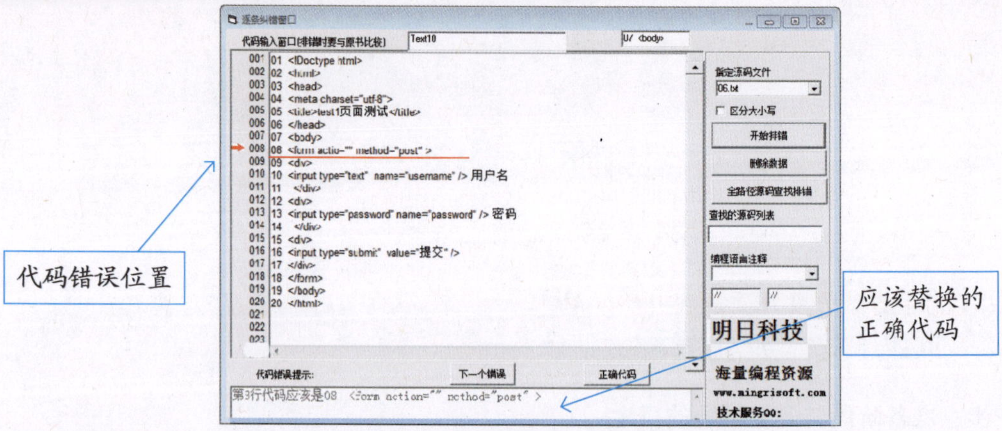

利用代码查错器排查代码错误

第三步：实战开发，成为大咖

学习编程的目的是用编程，学习编程最有效的方法也是用编程。本书在每章最后，提供了“ASP.NET大咖实战训练营”来提升学习者用编程的能力。“ASP.NET大咖实战训练营”包含项目换肤训练、功能修改训练、开发实战训练等多种训练方式，通关后不但可以提升编程实战能力，还可以获取勋章和奖状，通过参与分享与其他学习者互动学习，最终成为编程高手。

多种教学模式，自学编程的最佳选择！

☑ 如何使用本书配套数字书

本书不仅内容丰富，还有与之配套的数字书。购买本书后，读者可以刮开封底提供的在线学习码涂层，注册会员后输入在线学习码，登录明日学院网站，免费观看数字书、视频讲解、代码解释、界面预览、排错秘籍等学习资源，还可以下载资源。图书与网络紧密结合，为编程爱好者扫除学习障碍。

☑ 移动端如何使用本书

图书中提供了与课程内容相对应的二维码，读者可以使用手机扫描二维码观看视频讲解、代码解释，随时随地学想学的内容，有效利用碎片时间，提高学习效率。

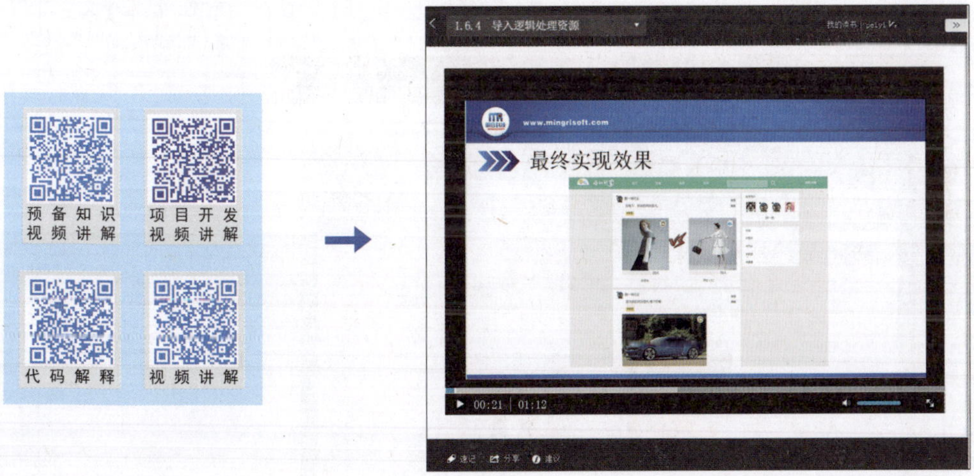

☑ PC端如何使用本书

图书项目开发章节中给出了二维码对应网址的缩略形式，如果读者要在PC端查看相应资源，可在浏览器地址栏中输入“www.mingrisoft.com/book/”+“正文中提供的数字编码”。例如：1.7.4小节《发现页面设计》，只需在浏览器地址栏中输入www.mingrisoft.com/book/1115562011313101131.html，即可观看本节讲解视频。

1.7.4 发现页面设计（111556201131310113 1.html）

视频讲解

源码位置：光盘\Code\01\Src\Find.aspx

登录的用户可以查看发现页面下的内容，在这里可以通过类型来筛选信息，其效果如图1.48所示。

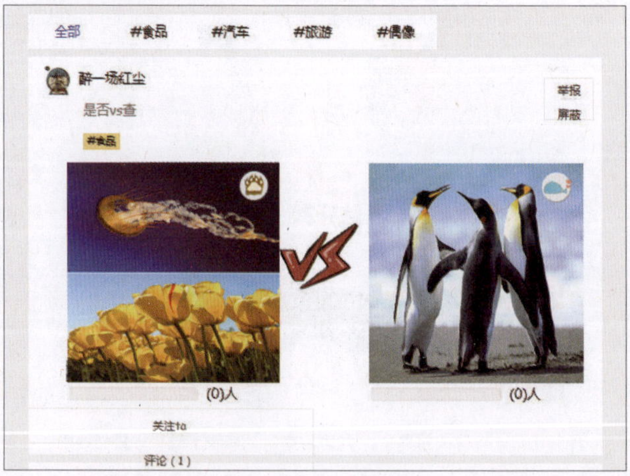

图 1.48　发现页面

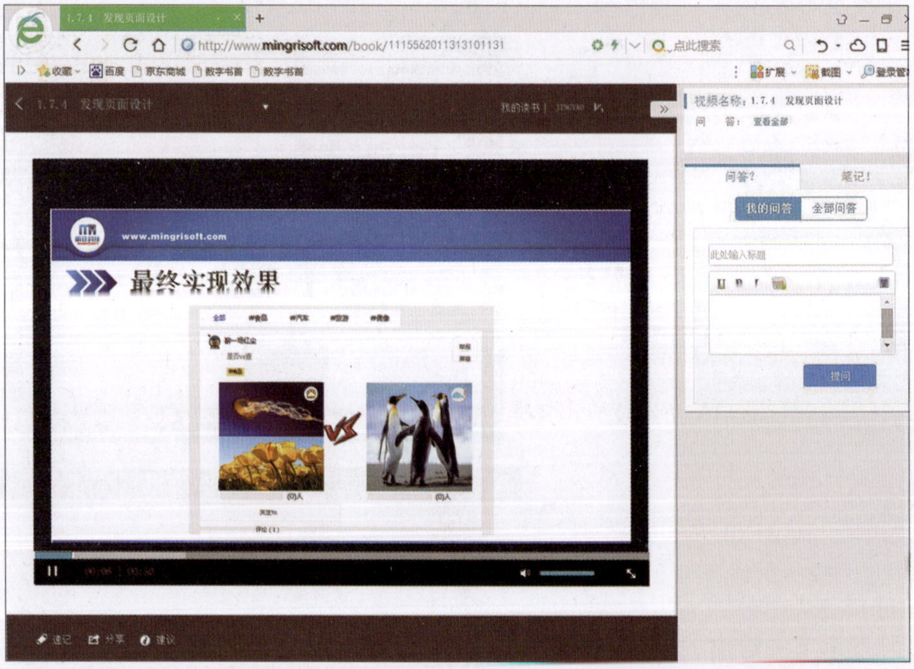

前　言

ASP.NET是微软公司推出的建立动态Web应用程序开发的平台，可以把程序开发人员的工作效率提升到其他技术无法比拟的程度，与Java、PHP、ASP 3.0、Perl等语言相比，ASP.NET具有方便灵活、性能优越、安全性高、完整性强及面向对象等特性，是目前主流的网站编程技术之一。

本书内容

《ASP.NET项目开发实战入门》是一本能让初学者通过项目实战开发学会编程的超值图书。本书精选8个项目，均从趣味性和实际应用角度出发，采用了当前主流技术，读者可以从这些项目中体验到编程的乐趣并获得丰富的实战经验。

在本书附赠的光盘中，提供了与本书配套的视频讲解、项目开发所需要的资源文件和完整的项目源码；提供了书中标有代码编号的代码片段，方便读者复制代码，快速查看运行效果；还提供了代码查错器软件，帮助读者排查代码错误。

本书内容和光盘资源如下图所示。

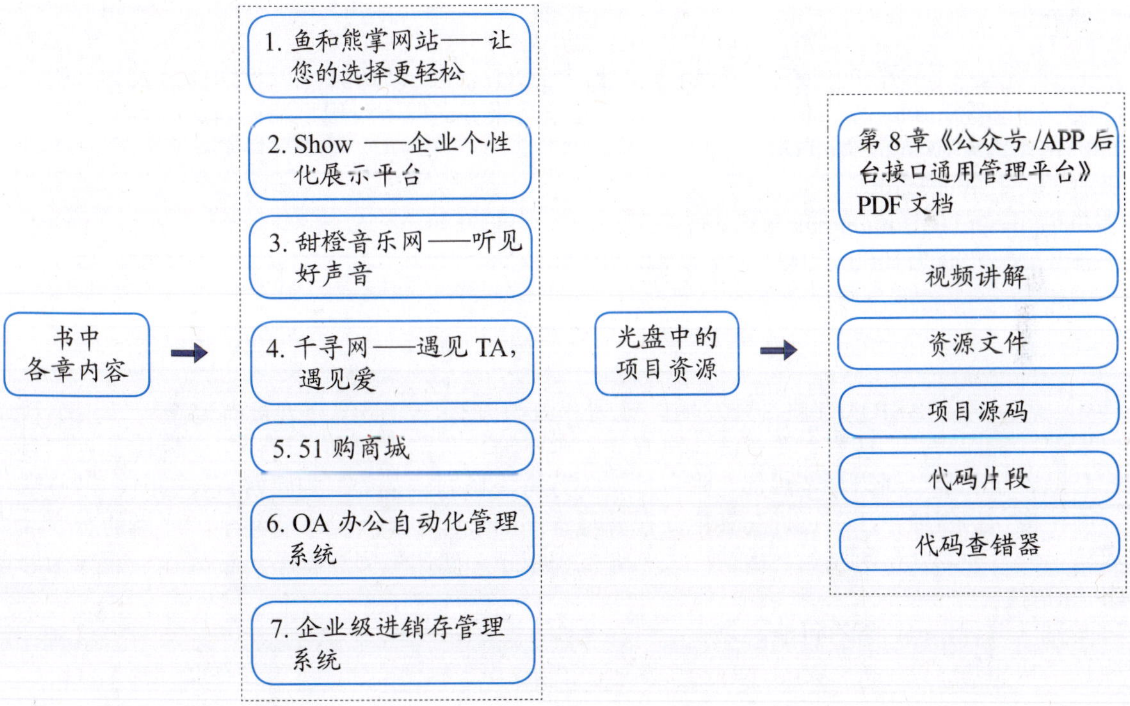

本书创新点

化繁为简，突出重点——采用项目学习编程的难点是项目开发涉及内容多，不易理解和学习，本书通过过程创新，化繁为简，重点突出了核心关键技能和思维的讲解、实战，将项目开发中非重点技术内容进行了打包和整合，减少了读者的学习压力，提升了学习效果。

《小白手册》，排除疑难 —— 为使读者解决环境搭建和实际开发中遇到的各类常见问题，随书附赠了《小白手册》，可以帮助读者快速排除疑难。

书网结合，乐享学习 —— 为使读者更方便地学习使用本书，本书提供了强大的网络支持与服务。可以通过扫描二维码在移动端使用视频讲解、代码解释和其他扩展内容；也可以在PC端输入对应的网址使用本书的数字书、视频课程等配套资源。还可以登录明日学院网站，获取更多学习内容和技术支持。

全彩印刷，重点突出 —— 为还原真实开发环境，本书采用了全彩印刷，可以有效提升编程学习效率，减少阅读压力。

读者对象

- √ 零基础的编程自学者
- √ 编程爱好者
- √ 大中专院校的老师和学生
- √ 培训机构的老师和学生
- √ 参加毕业设计的学生
- √ 初级和中级程序开发人员

读者服务

为方便解决本书疑难问题，本书提供了企业服务QQ：4006751066（可容纳10万人），明日学院网站(www.mingrisoft.com) 还提供了社区服务和配套学习服务支持，我们将竭诚为您服务。

服务网站：www.mingrisoft.com
企业Q Q：4006751066
服务信箱：mingrisoft@mingrisoft.com
客服电话：4006751066，0431-84978981，84978982

致读者

本书由明日科技ASP.NET项目开发团队策划并组织编写，主要编写人员有赛奎春、王小科、李磊、白宏健、王国辉、王佳雪、贾景波、冯春龙、申小琦、张鑫、赵宁、周佳星、杨柳、葛忠月、隋妍妍、赵颖、李春林、刘杰、辛洪郁、张宝华、宋万勇、杨丽、裴莹、刘媛媛、张云凯、吕玉翠、孙巧辰、周艳梅、房雪坤、江玉贞、高春艳。在编写本书的过程中，我们本着科学、严谨的态度，力求精益求精，但疏漏之处在所难免，敬请广大读者批评指正。感谢您阅读本书，希望本书能成为您编程路上的领航者。

零基础学编程，一切皆有可能。

祝读书快乐！

编　者

2017年6月

目　录
Content

第3章 甜橙音乐网——听见好声音(ASP.NET + jQuery + 音乐播放技术实现)...167

第4章 千寻网——遇见TA，遇见爱(ASP.NET + Ajax + ADO.NET技术实现)...251

特别提醒：

亲爱的读者朋友，为了使您更好地学习编程，在随书附赠的光盘中提供了一章拓展内容《公众号/APP后台接口通用管理平台》，如果您学有余力，可以进一步进行学习。

ASP.NET 开发之旅

1．系统需求

要进行ASP.NET网站开发，需要有合适的系统环境。下表中列出了进行ASP.NET网站开发所必需的系统需求。

操作系统	系统版本	内存	屏幕分辨率
Windows	Windows 10/8/7（SP1）（32 或 64 位）	最小 4G，推荐 8G	1280×768

2．软件需求

要进行ASP.NET网站开发，除了要有合适的系统，还需要有一些软件的支持，具体如下：

☑ 开发工具：Visual Studio（推荐使用2015免费社区版）。

☑ 开发语言：C#。

☑ 系统框架：Microsoft.NET Framework（推荐4.0以上版本）。

☑ 数据库：MySQL、SQL Server等。

在进行ASP.NET网站开发时，需要有Microsoft.NET Framework的支持，并准备合适的开发工具，目前最常用的开发工具是Visual Studio，而Visual Studio开发工具中已经包含Microsoft.NET Framework。

3．开发环境下载及安装步骤（移动端）

ASP.NET网站开发所需要的开发工具，可以通过它们各自的官方网站下载，但是，官方网站并不提供它们的安装方法，为了解决读者朋友的安装难题，我们特意提供了开发工具的下载及安装步骤（图片轮播和视频讲解两种形式），您可以通过手机扫描下表中右侧的二维码进行查看。

步骤	开发工具	下载地址	图片轮播二维码	视频讲解二维码
1	Visual Studio 2015	Visual Studio 官方网站（http://www.visualstudio.com/downloads/）	Visual Studio 2015	Visual Studio 2015
2	SQL Server 数据库	SQL Server 官方网站（https://www.microsoft.com/zh-cn/server-cloud/products/sql-server/）	SQL Server	SQL Server
3	MySQL 数据库	MySQL 官方网站（http://dev.mysql.com）	MySQL	MySQL

4．开发环境下载及安装步骤（PC 端）

读者朋友在计算机上打开网页浏览器，在浏览器地址栏输入下表中右侧的网址，即可在PC端查看进行ASP.NET网站开发所需的各种开发工具的下载及安装步骤（图片轮播和视频讲解两种形式）。

编号	开发工具	图片轮播网址	视频讲解网址
1	Visual Studio 2015	（http://www.mingrisoft.com/book/111556201232310011 1.html）	（http://www.mingrisoft.com/book/111556201131310011 1.html）
2	SQL Server 数据库	（http://www.mingrisoft.com/book/111556201232310011 2.html）	（http://www.mingrisoft.com/book/111556201131310011 2.html）
3	MySQL 数据库	（http://www.mingrisoft.com/book/111556201232310011 3.html）	（http://www.mingrisoft.com/book/111556201131310011 3.html）

说明：如果读者不方便扫描二维码或输入相关网址，可以通过阅读随书附赠的《开发环境搭建与程序调试》第 1 章的内容，进行环境的搭建。

另外，本书后续章节中给出的数字编码（如：111556201030110111 1.html）为二维码对应网址的缩略形式，如果读者需要在 PC 端查看相应资源，请在浏览器地址栏中输入“www.mingrisoft.com/book/”＋“正文中提供的数字编码”，例如：www.mingrisoft.com/book/111556201030110111 1.html。

第 1 章

鱼和熊掌网站——让您的选择更轻松

（jQuery + JSON + SQL Server 2014实现）

鱼和熊掌网站是一个类似于博客的网站，在这个网站中你可以发布任意的两张图片，让大家在线投票选出最受欢迎的图片。通过本章学习，你将学到：

- jQuery 基本应用
- HTML5 基本应用
- jQuery 插件编写
- 一般处理文件的使用
- 数据库基础操作
- 数据库随机查询
- 压缩文件
- JSON 数据解析

预备知识视频讲解　项目开发视频讲解

预备知识导图

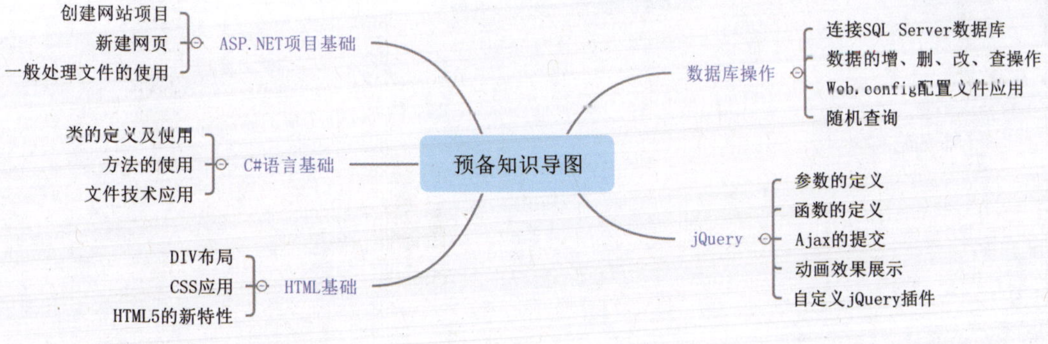

（1115562011312101111.html）

（1115562011315101111.html）

界面预览

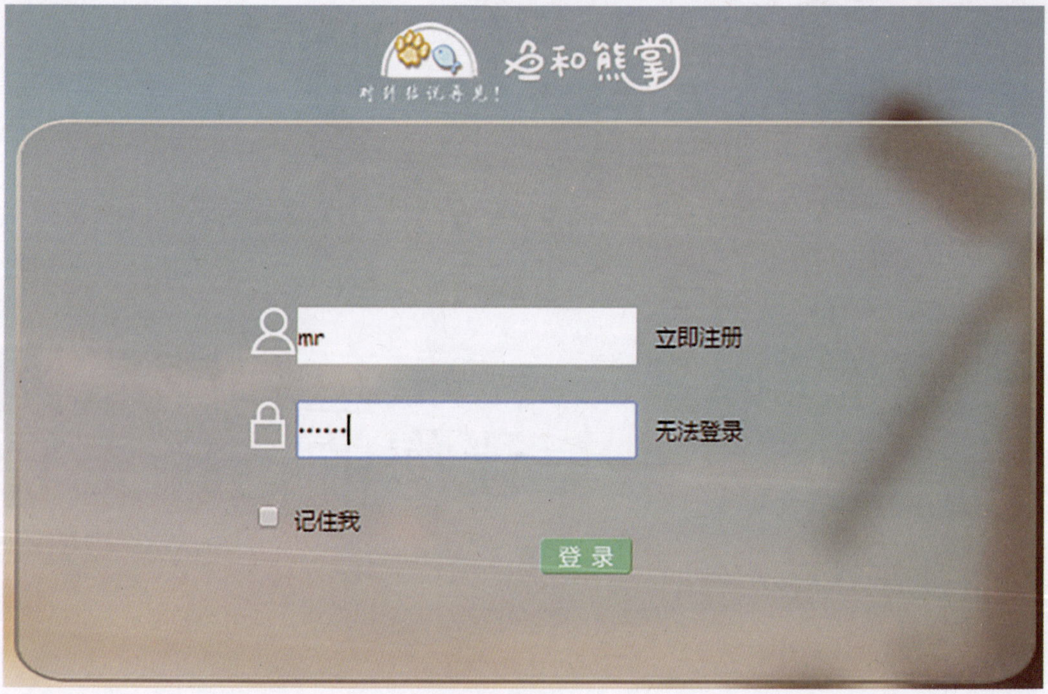

登录页面（P13）

图片上传页面（P54）

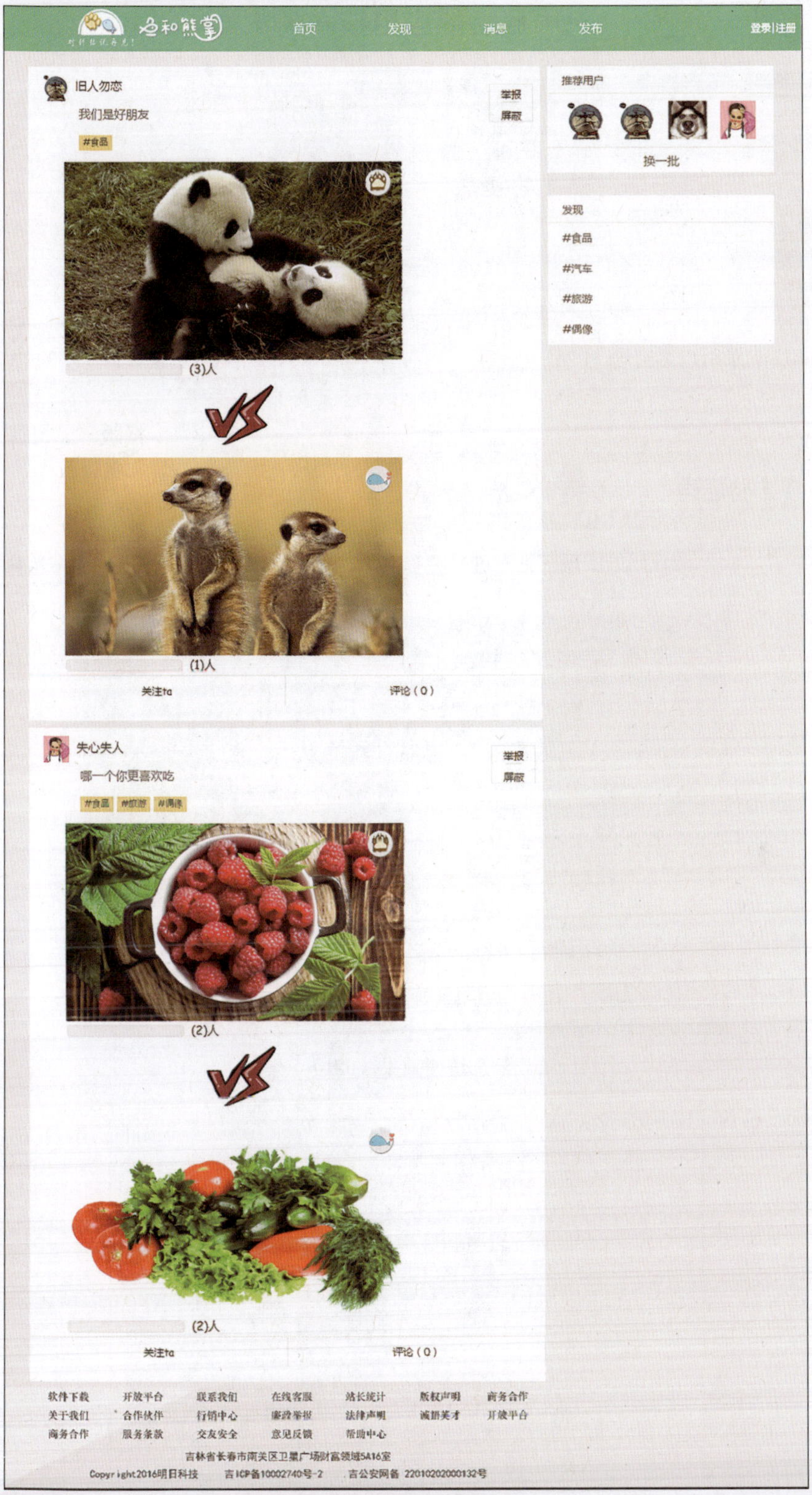

鱼和熊掌网站首页（见光盘）

项目功能应用技术预览

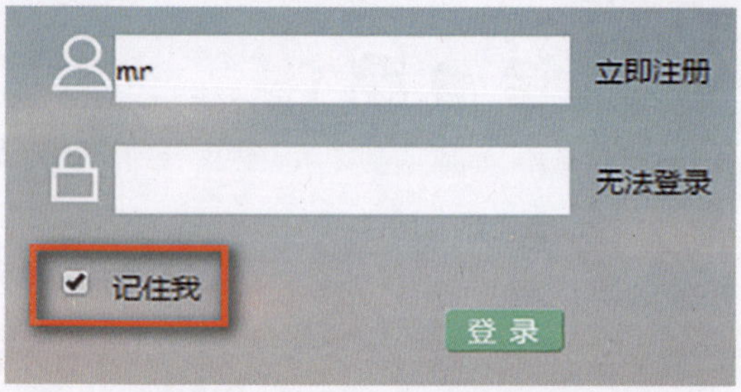

Cookie 记录用户名密码（P24）

随机更换数据（P53）

验证码的实现（见光盘）

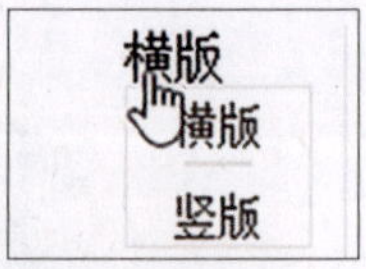

鼠标经过下拉（见光盘）

添加透明效果（P21）

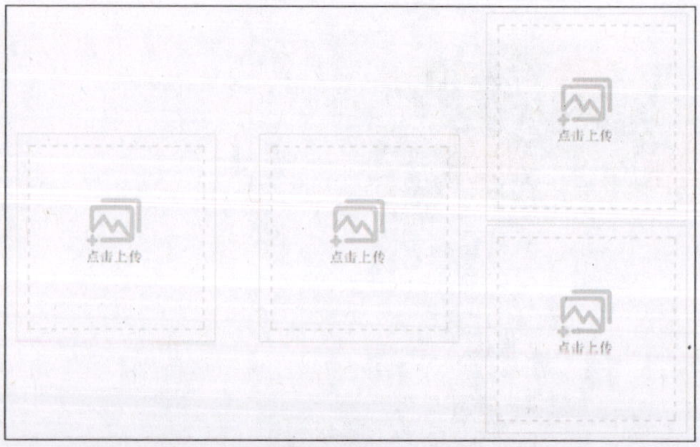

横版、竖版布局切换（见光盘）

1.1　开发背景（111556201131310111.html）

视 频 讲 解

本网站是为了解决人们对两种相似事物难以取舍的问题而研发的，在本网站中用户可以上传两张图片，让所有用户在线进行评论和投票，挑选出大多数人都喜欢的图片。本网站开发细节如图1.1所示。

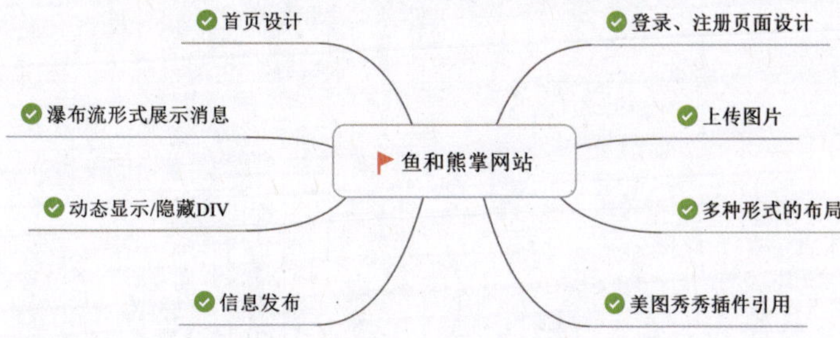

图 1.1　鱼和熊掌网站相关开发细节

1.2　系统功能设计

1.2.1　系统功能结构（111556201131310112.html）

视 频 讲 解

鱼和熊掌网站前台功能结构如图1.2所示。

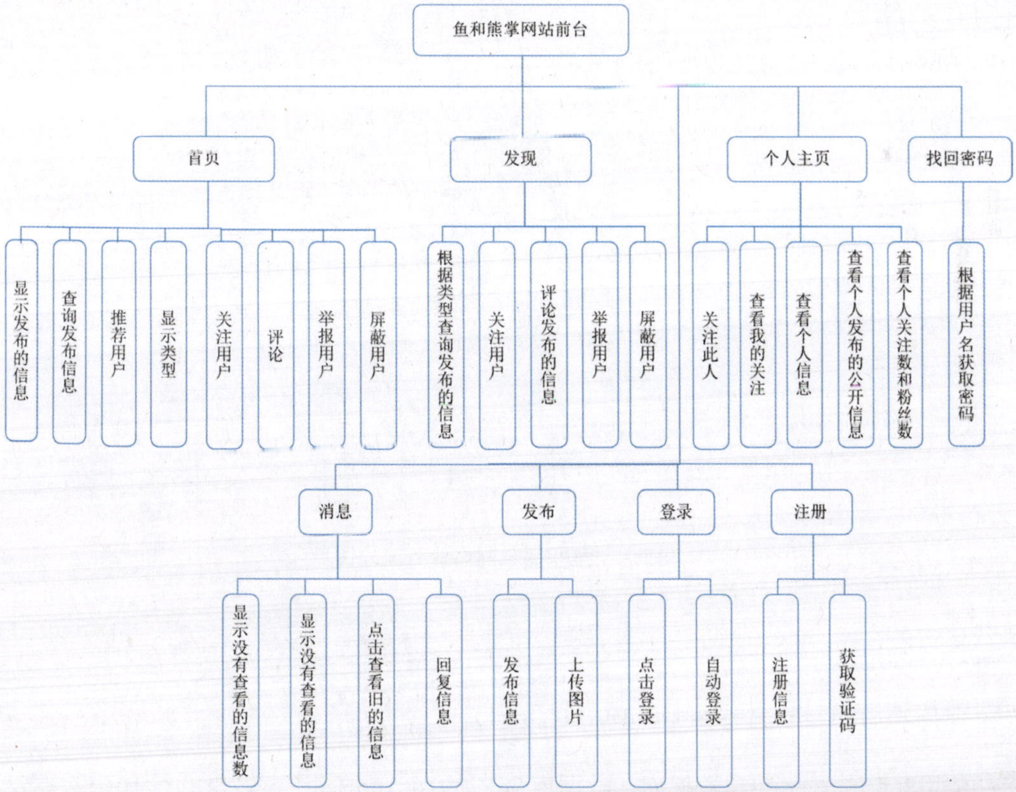

图 1.2　鱼和熊掌网站前台功能结构

鱼和熊掌网站后台功能结构如图1.3所示。

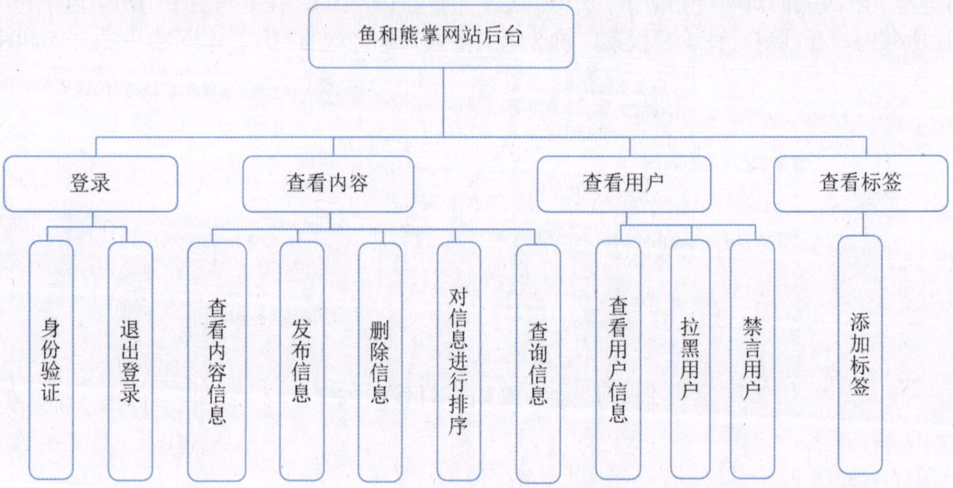

图 1.3 鱼和熊掌网站后台功能结构

1.2.2 系统业务流程（111556201131310113.html）

视频讲解

鱼和熊掌网站的系统业务流程如图1.4所示。

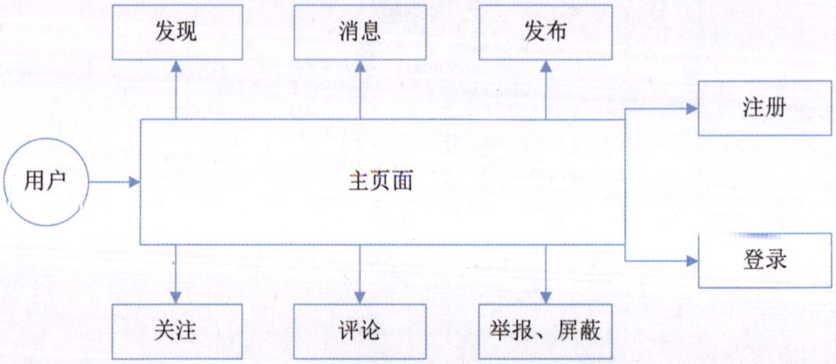

图 1.4 鱼和熊掌网站业务流程图

1.3 数据库设计

视频讲解

1.3.1 数据库概述（111556201131310114.html）

本网站使用SQL Server 2014数据库，数据库命名为fishAndBearPaw，共包含10张数据表，其结构如图1.5所示。

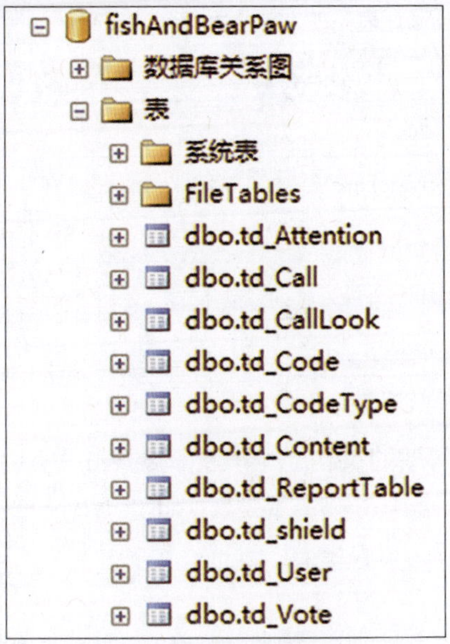

图 1.5　鱼和熊掌网站数据库结构

框架基础数据库包含的数据表如表1.1所示。

表 1.1　框架基础数据表结构

数据表名称	描述
td_Attention	关注表
td_Call	留言表
td_CallLook	留言是否查看表
td_Code	字典表
td_CodeType	字典类型表
td_Content	发布表
td_ReportTable	举报表
td_shield	屏蔽表
td_User	用户表
td_Vote	投票表

1.3.2　数据库设计（1115562011313101115.html）

视频讲解

本节将对鱼和熊掌网站中用到的数据表结构进行介绍。

1. 字典表（td_Code）

td_Code表主要用来存储网站的键值及其对应关系信息，其结构如表1.2所示。

表 1.2　字典表（td_Code）

中文名	字段名	字段类型	长度	是否主键	描述
id	id	int		Y	
名称	DesStr	nvarchar	10		
类型 ID	GroupId	int			
状态	State	int			
排序	OrderBy	int			

2. 字典类型表（td_CodeType）

td_CodeType表主要用来存储网站的键信息，其结构如表1.3所示。

表 1.3　字典类型表（td_CodeType）

中文名	字段名	字段类型	长度	是否主键	描述
类型 ID	GroupId	int		Y	
类型名称	GroupStr	nvarchar	10		人员类型 1, 标签类型 2，注册来源 3，发布信息布局 4
类型组	Oint	int			

3. 用户表（td_User）

td_User表主要用来存储用户信息，其结构如表1.4所示。

表 1.4　用户表（td_User）

中文名	字段名	字段类型	长度	是否主键	描述
id	id	int		Y	
头像	User_hd	nvarchar	50		
用户名	User_Name	nvarchar	20		
密码	Pwd	nvarcahr	20		
注册来源	WhereCom	int			
状态	State	int			0 可用，1 拉黑，2 禁言
注册时间	RegTime	datetime			
手机号	PhoneNum	nvarchar	20		
昵称	PetName	nvarchar	10		
性别	Sex	int			0 女，1 男
简介	Pinfo	nvarchar	10		
用户类型	Utype	int			
用户中心的上面的图片	UserImg	nvarchar	50		td_Code 中的 id 值

1

4. 发布表（td_Content）

td_Content表主要用来存储网站用户发布的信息，其结构如表1.5所示。

表 1.5 发布表（td_Content）

中文名	字段名	字段类型	长度	是否主键	描述
id	id	int		Y	
用户名	User_Name	nvarchar	20		
内容 1	Content1	nvarchar	50		图片 1
内容 2	Content2	nvarchar	50		图片 2
布局	Code_id	int			0 横着，1 不可用
状态	State	int			0 可用，1 不可用
描述	Des	nvarchar	140		
发布时间	AddTime	datetime			
内容 1 选票数	Content1Num	int			
内容 2 选票数	Content2Num	int			
标签	Tag	nvarchar	500		用“,”分隔
可见范围	Fw	int			0 全部可见，1 关注我的人可见

5. 留言表（td_Call）

td_Call表主要用来存储网站用户留言信息，其结构如表1.6所示。

表 1.6 留言表（td_Call）

中文名	字段名	字段类型	长度	是否主键	描述
id	id	int		Y	
用户名	User_Name	nvarchar	20		
关于发布表	Content_id	int			Content_id 如果是“-1”则是回复的
留言时间	AddTime	datetime			
留言内容	Msg	nvarchar	140		
状态	State	int			0 可用，1 不可用
对哪条留言进行回复的	ReplyId	int			留言表 ID
关联用户	User_Name2	nvarchar	20		用于关联用户显示最新消息
关联用户是否查看	LookU	int			1 为已查看，0 为未查看
关联的发布表 id	cid	int			Content_id 的值

6. 留言是否查看表（td_CallLook）

td_CallLook表主要用来存储网站用户是否查看了某条留言的信息，其结构如表1.7所示。

表 1.7 留言是否查看表（td_CallLook）

中文名	字段名	字段类型	长度	是否主键	描述
Id	Id	int		Y	
用户名	User_Name	nvarchar	20		
留言表 ID	Call_id	int			Content_id 的值
查看时间	AddTime	datetime			

7. 投票表（td_Vote）

td_Vote表主要用来存储网站用户投票信息，其结构如表1.8所示。

表 1.8 投票表（td_Vote）

中文名	字段名	字段类型	长度	是否主键	描述
Id	Id	int		Y	
用户名	User_Name	nvarchar	20		
投票的发布表	Content_Id	int			
投票时间	AddTime	datetime			
投票内容	ContentInt	int			1 第一张图片， 2 第二张图片
状态	State	int			0 可用，1 不可用

8. 关注表（td_Attention）

td_Attention表主要用来存储网站用户关注信息流的信息，其结构如表1.9所示。

表 1.9 关注表（td_Attention）

中文名	字段名	字段类型	长度	是否主键	描述
Id	Id	int		Y	
用户名	User_Name	nvarchar	20		
关注的用户名	User _NameLook	nvarchar	20		
关注时间	CheckTime	datetime			
状态	State	int			0 可用，1 不可用

9. 举报表（td_ReportTable）

td_ReportTable表主要用来存储网站用户举报的信息，其结构如表1.10所示。

表 1.10 举报表（td_ReportTable）

中文名	字段名	字段类型	长度	是否主键	描述
Id	Id	int		Y	
用户名	User _Name	nvarchar	20		

续表

中文名	字段名	字段类型	长度	是否主键	描述
举报的发布表	Content_id	int			
举报时间	AddTime	datetime			
举报说明	Des	nvarchar	200		

10. td_shield（屏蔽表）

td_shield表主要用来存储网站用户屏蔽的信息，其结构如表1.11所示。

表 1.11　屏蔽表（td_shield）

字段名	英文名	字段类型	长度	是否主键	描述
Id	Id	int		Y	
用户名	User_Name	nvarchar	20		
屏蔽的用户名	User_Name2	nvarchar	20		
屏蔽时间	AddTime	datetime			

1.4　登录页面设计

☑ 开发时间：1小时～2小时　　☑ 开发难度：★★☆☆☆

☑ 源码路径：光盘\Code\01\Module\001

☑ 关键词：创建项目　创建页面　页面布局

登录页面主要用于用户的登录，在该页面中输入正确的用户名和密码后，单击“登录”按钮，可以进入鱼和熊掌网站的首页。如果用户还没有注册，则可以单击“立即注册”按钮，网站将会跳转到注册页面。如果用户忘记了自己的密码，可以单击“无法登录”按钮找回密码。另外，用户还可以在登录页面中设置记录自己的用户名和密码，该功能是通过选择“记住我”复选框实现的。登录页面效果如图1.6所示。

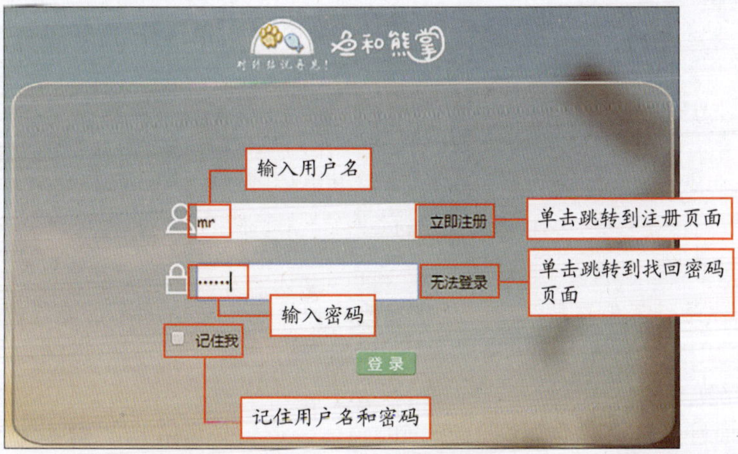

图 1.6　登录页面效果

1.4.1　创建登录页面（1115562011313101116.html）

创建登录页面的步骤如下：

（1）打开Microsoft Visual Studio 2015，依次选择菜单栏中的“文件”→“新建”→“网站”菜单，如图1.7所示，弹出如图1.8所示的“新建网站”对话框，在该对话框中选择网站的保存路径，并选择“ASP.NET空网站”，单击“确定”按钮。

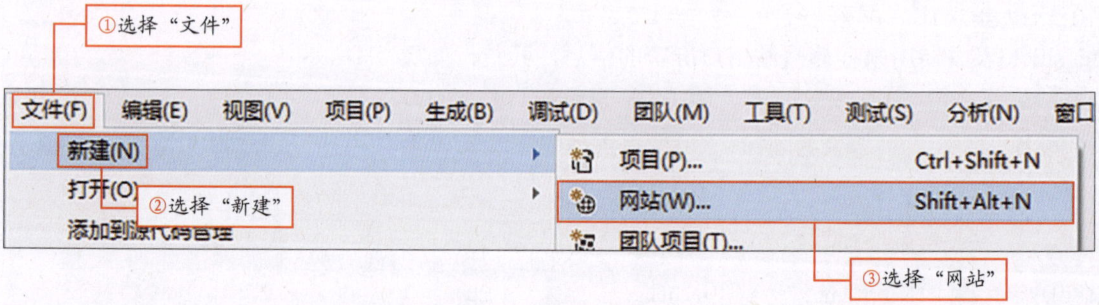

图 1.7　新建网站

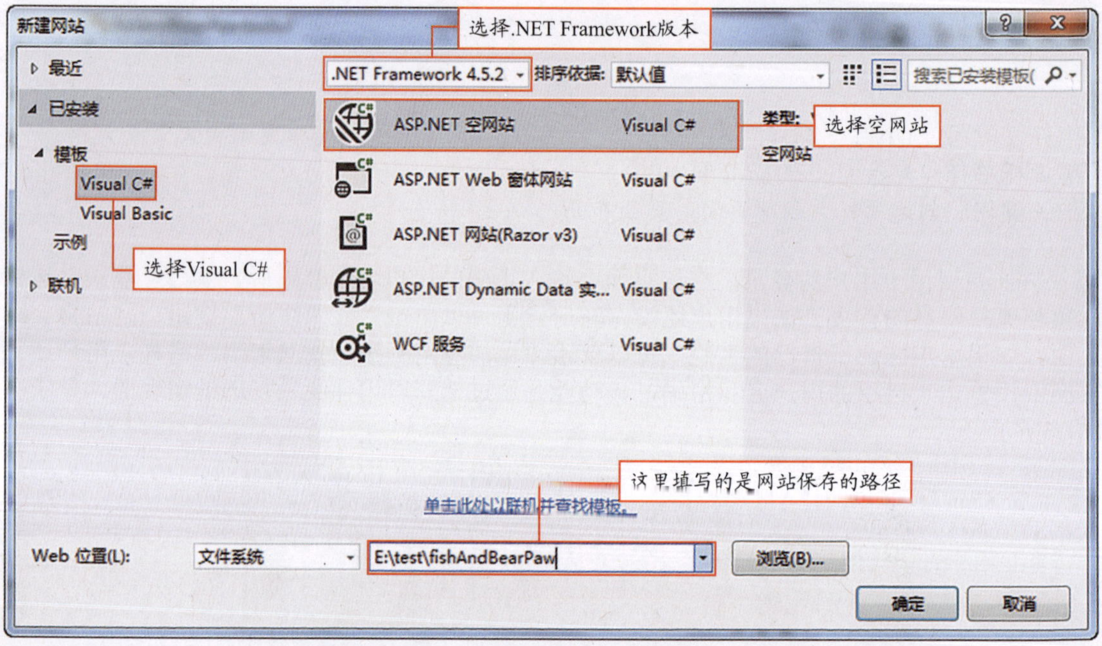

图 1.8　“新建网站”对话框

> **注意**
>
> 路径名称最好不要添加汉字，新建页面的时候也不要使用汉字进行命名，防止出现乱码问题。

（2）创建网站项目后，会看到如图1.9所示的窗体，该窗体的右侧“解决方案资源管理器”中显示了创建的网站项目fishAndBearPaw 。

图 1.9　网站项目列表

说明： 项目名称是整个项目的名称，项目下面可以包括若干个子项目。

（3）在“解决方案资源管理器”中选中“fishAndBearPaw”项目名称，单击右键，选择“添加”→“添加新项”菜单项，如图1.10所示。

图 1.10　选择“添加”→“添加新项”菜单项

（4）弹出“添加新项”对话框，如图1.11所示，在该对话框中，选择“Web窗体”，并在“名称”文本框中输入LogIn.aspx，然后单击“添加”按钮，这样即可创建一个LogIn.aspx页面。

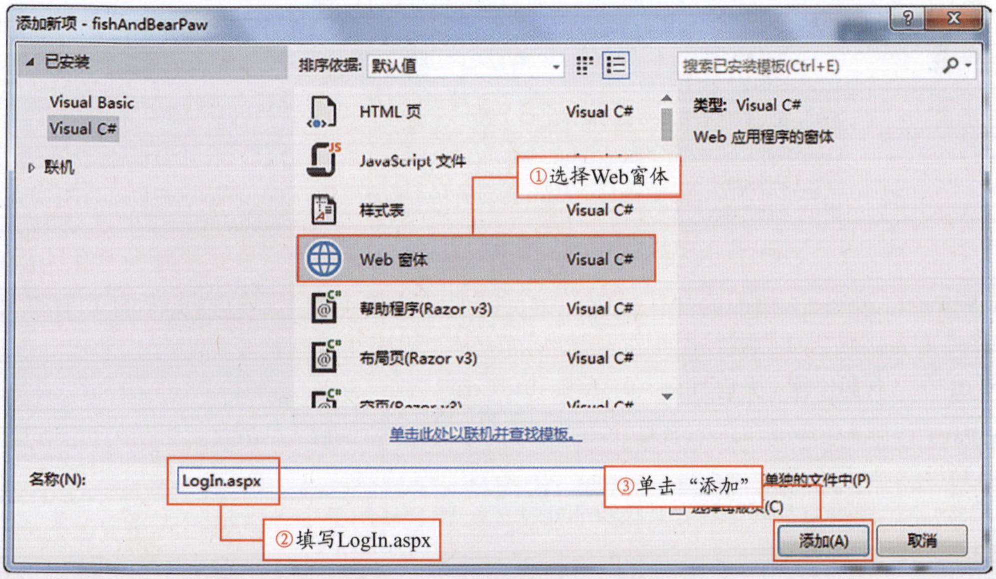

图 1.11　“添加新项”对话框

技巧：在输入 LogIn.aspx 时，可以省略 .aspx，如果省略，系统会自动添加该后缀名。

（5）执行上面的步骤后，在“解决方案资源管理器”中看到项目中添加了一个LogIn.aspx页面，展开该页面节点，有一个LogIn.aspx.cs文件，该文件就是对应网页的后台代码文件，用来控制整个页面的逻辑判断等。如图1.12所示。

图 1.12　显示 LogIn. aspx 页面

（6）选中LogIn.aspx，单击鼠标右键，选择“在浏览器中查看”，即可在浏览器中浏览创建的网页，如图1.13所示。

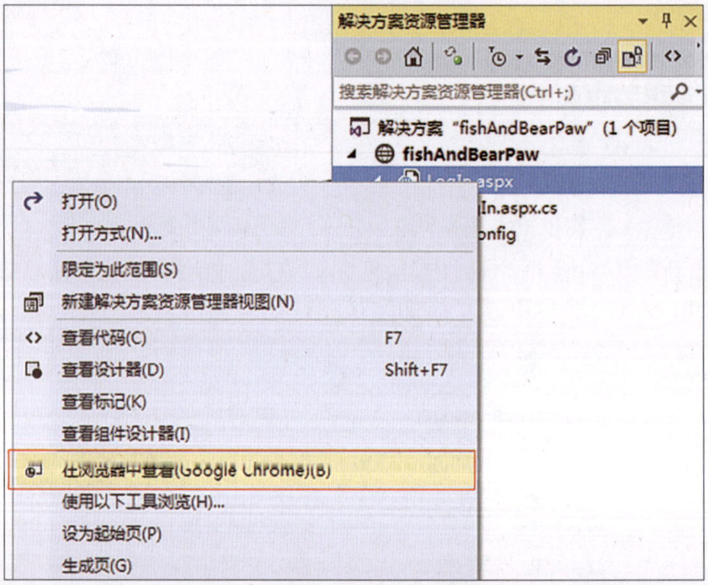

图 1.13　选择“在浏览器中查看”

接下来查看LogIn.aspx页面的默认代码，该页面的默认代码中主要包括页面的页头和页体，代码如下（注意：下面代码自动生成，不用手动输入，只需添加注释即可）：

<代码 01　　代码位置：光盘 \Code\01\Bits\01. txt>

```
<%@ Page Language="C#" AutoEventWireup="true" CodeFile="LogIn.aspx.cs" Inherits="LogIn" %>
<!DOCTYPE html>
<html xmlns="http://www.w3.org/1999/xhtml">
<head runat="server">                                                      <%--页面头--%>
<meta http-equiv="Content-Type" content="text/html; charset=utf-8"/>      <%--页面编码等--%>
```

```
    <title></title>                                   <%--页标题--%>
</head>
<body>                                                <%--页面体--%>
    <form id="form1" runat="server">                  <%--页面表单--%>
    <div>                                             <%--页面布局标签--%>
    </div>
    </form>
</body>
</html>
```

1.4.2　添加资源文件（111556201131310 1117.html）

为了更快地开发项目，本书附赠的光盘中提供了本网站需要的资源文件，在光盘中找到“光盘\Code\01\Src”文件夹，将该文件夹中名称为“Systemimg”“css”“js”“Userimg”“UserHead”“bin”和“admin”的文件夹复制到项目中，具体复制步骤为：选中以上文件夹，在Visual Studio 2015开发环境中选中fishAndBearPaw项目，单击右键，选择“粘贴”菜单项，如图1.14所示。

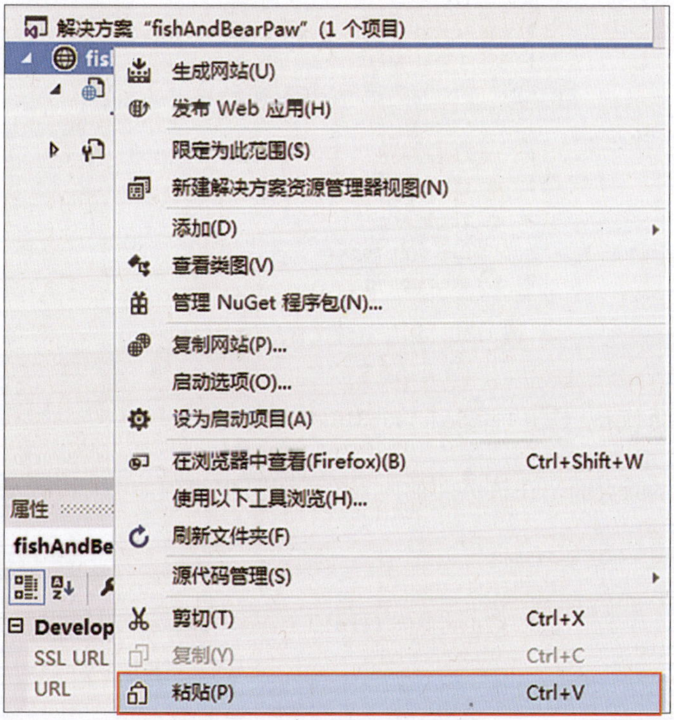

图 1.14　将资源文件复制到项目中

然后用鼠标右键单击fishAndBearPaw项目，选择“添加”→“新建文件夹”菜单项，如图1.15所示，将新添加的文件夹命名为tools，按照复制文件夹的方式，将f.cs文件复制到tools文件夹中。

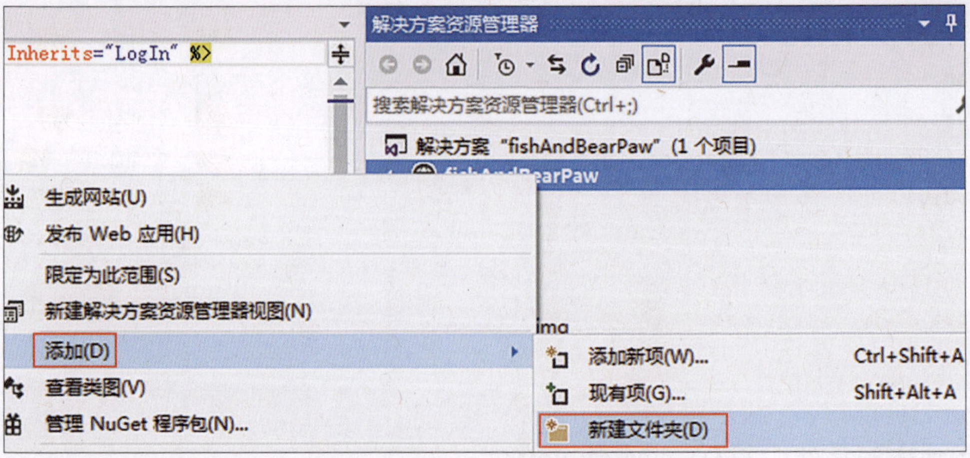

图 1.15　添加文件夹

复制完成后的项目结构如图1.16所示。

图 1.16　添加资源文件后的项目结构

1.4.3　实现登录页面代码（1115562011313101118.html）

打开添加的LogIn.aspx页面，在该页面的HTML代码页中找到如图1.17所示的代码位置，在其中添加背景图片标签。

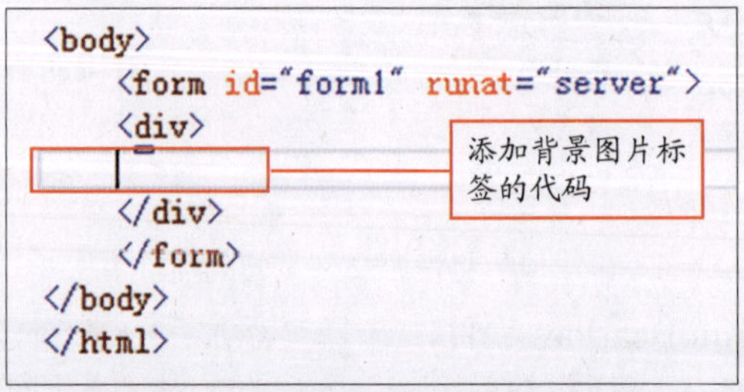

图 1.17　添加背景图片标签的代码位置

添加背景图片标签的代码如下：

```
<img src="Systemimg/背景.png" id="background" />
```

添加完背景图片后，还需要使用CSS样式和JavaScript代码对图片的显示进行控制，这里主要控制背景图片全屏显示，在LogIn.aspx页面的如图1.18所示位置添加CSS样式代码和JavaScript代码。

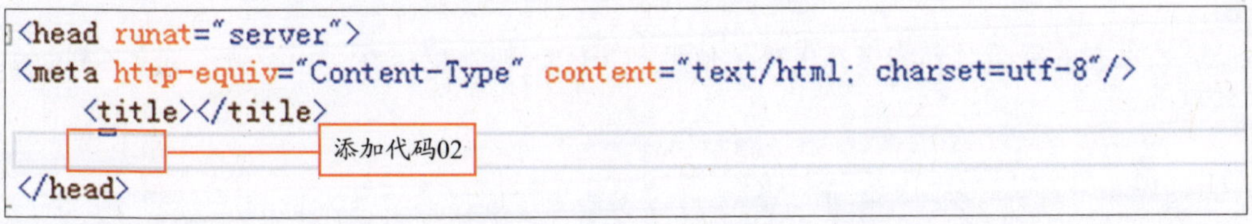

图 1.18　添加 CSS 样式和 JavaScript 脚本代码的位置

在图1.18所示位置添加代码02，该段代码由4部分组成，分别为：引用CSS文件的代码、引用JavaScript文件的代码、控制背景填充网页的JavaScript代码和使页面显示在背景之上的CSS样式代码。具体代码如下：

<代码 02　代码位置：光盘 \Code\01\Bits\02.txt>　（1115562010301101111.html）

```
<%--引用CSS文件，其中要引用两个CSS文件--%>
<link href="css/input.css" rel="stylesheet" />
<link href="css/css.css" rel="stylesheet" />
<%--引用JavaScript文件，其中要引用三个js文件--%>
<script src="js/jquery-1.10.2.min.js"></script>
<script src="js/jquery.fullbg.js"></script>
<script src="js/Factory.js"></script>
<script>
    //浏览器加载完所有的标签之后再执行这段代码
    window.onload = function () {
        $("#background").fullBg();
    }
</script>
<style>
    /*position代表标签放置的位置，fixed为相对浏览器的位置，不随滚动条的滚动而移动。
        top表示到浏览器顶端的距离，left表示到浏览器左端的距离，0表示没有距离，
        overflow代表是否显示滚动条，hidden表示不显示*/
    .fullBg {
        position: fixed;
        top: 0;
        left: 0;
        overflow: hidden;
    }
/*position代表标签放置的位置，absolute为绝对定位，可以放置于浏览器的任何位置，但随滚动条的移动而移动。
    top表示到浏览器顶端的距离，left表示到浏览器左端的距离，0为没有距离*/
#maincontent {
    position: absolute;
    top: 10px;
```

```
    left: 0;
    z-index: 50;
}
</style>
```

注意

每次查看页面时都要保存代码（使用 <Ctrl+S> 快捷键保存），否则，将看不到新编写代码的效果。

运行一下

在 Visual Studio 2015 的“解决方案资源管理器”中选中 LogIn.aspx，单击右键，选择“在浏览器中查看”，效果如图 1.19 所示。

图 1.19　登录页面运行效果图

在代码01的<div>标签下开始编写登录页面的布局代码，使用布局可以让网页中的代码更加规整，为后期网页的维护提供方便。首先添加如下代码：

＜代码 03　　代码位置：光盘 \Code\01\Bits\03. txt＞

```
<div id="maincontent" style="width: 100%; height: 50px;"> <%--整体布局--%>
        <div style="width: 700px; height: 500px; margin-left: auto; margin-right: auto;
margin-top: 100px;">
            <div style="float: left; padding-top: 70px; padding-left: 30px; width: 560px;">
                <%--这里添加下一段代码--%>
            </div>
        </div>
    </div>
```

接下来在代码03的“<%--这里添加下一段代码--%>”处添加一个图片标签，其中，src用来指定图片的路径。具体代码如下：

＜代码 04　　代码位置：光盘 \Code\01\Bits\04. txt＞

```
<div style=" width: 200px; height: 60px;">
```

```
    <img src="Systemimg/jdlogo.png" style="margin-left:180px;"/>
</div>
```

在代码04下方添加如下代码，该代码添加了一个容器，容器中包含后续步骤中的所有布局代码。具体代码如下：

〈代码 05　　代码位置：光盘 \Code\01\Bits\05.txt〉

```
<div style="width: 100%; height: 300px; background-image:url('Systemimg/透明背景.png');
background-size: 100% 300px;">
<%--这里添加下一段代码--%>
</div>
```

运行一下　　选中 LogIn.aspx 页面，在浏览器中查看，效果如图 1.20 所示。

图 1.20　登录页中添加透明效果

添加“用户名”文本框和“立即注册”标签，将代码05中的“<%--这里添加下一段代码--%>”替换为以下代码：

〈代码 06　　代码位置：光盘 \Code\01\Bits\06.txt〉

```
<div style="height: 30px; padding-top: 100px; width: 300px; margin-left: auto; margin-right:
auto;">
    <div style="float: left; font-size:12px; line-height:30px;">
        <img src="Systemimg/用户.png" />
    </div>
    <div style="float: left;">
    <%--添加一个文本框用于输入用户名 --%>
```

```
        <input id="UName" maxlength="11" type="text" style="border: none;  height: 28px; width: 186px; font-size: 12px; line-height: 30px;" />
    </div>
    <%--添加一个立即注册的文本，单击进到另一个页面--%>
    <div style="float: left; font-size: 12px; color:#000; height: 30px; line-height: 30px; padding-left: 10px; cursor: pointer" onclick="Register()">
        立即注册
    </div>
</div>
<%--这里添加下一段代码--%>
```

说明： 注释的主要作用是为了使代码更容易阅读，在编写代码时，可以忽略这些注释，但还是建议读者养成一个良好的习惯，在编写代码时写注释。

运行一下 选中 LogIn.aspx 页面，在浏览器中查看，页面中显示“用户名”文本框和“立即注册”标签，效果如图 1.21 所示。

图 1.21　显示“用户名”文本框和“立即注册”标签

添加“密码”文本框和“无法登录”标签，将代码06中的“<%--这里添加下一段代码--%>”替换为以下代码：

<代码 07　　代码位置：光盘 \Code\01\Bits\07.txt>

```
<div style="height: 30px; padding-top: 20px; width: 300px; margin-left: auto; margin-right:
auto;">
    <div style="float: left; font-size:12px; line-height:30px;">
        <img src="Systemimg/密码.png" /> 
    </div>
    <div style="float: left;">
        <%--添加输入密码的文本框--%>
        <input id="UPwd" onkeypress="getkey()" maxlength="11" type="password"
```

```
style="border: none;  height: 28px; width: 186px; font-size: 12px; line-height: 30px;" />
        </div>
        <%--如果忘记密码无法登录单击这里--%>
        <div style="float: left; font-size: 12px; color:#000; height: 30px; line-height: 30px; padding-left: 10px; cursor: pointer; border-color:white;" onclick="RetPwd()">
            无法登录
        </div>
</div>
<%--这里添加下一段代码--%>
```

运行一下　选中 LogIn.aspx 页面，在浏览器中查看，页面中增加了“密码”文本框和“无法登录”标签，效果如图 1.22 所示。

图 1.22　显示“密码”文本框和“无法登录”标签

添加“记住我”复选框，将代码07中的“<%--这里添加下一段代码--%>”替换为以下代码：

〈代码 08　　代码位置：光盘\Code\01\Bits\08.txt〉

```
<div style="height: 22px; padding-top: 20px; width: 300px; margin-left: auto; margin-right: auto;">
 <div style="float: left; color: #666666">
        <%--添加一个复选框--%>
        <input type="checkbox" id="RmMe" />
        <%--添加复选框的提示--%>
        <font style="cursor: pointer; font-size:12px;color:#000;" onclick="OnClickRmMe()">记住我</font>
</div>
</div><%--这里添加下一段代码--%>
```

运行一下　选中 LogIn.aspx 页面，在浏览器中查看，页面中增加了“记住我”复选框，效果如图 1.23 所示。

图 1.23　显示“记住我”复选框

添加“登录”按钮，并设置单击事件，单击事件调用的方法为LogIn()，将代码08中的“<%--这里添加下一段代码--%>”替换为以下代码：

<代码 09　　代码位置：光盘 \Code\01\Bits\09. txt>

```
<div style="height: 30px; width: 100px; margin-left: auto; margin-right: auto;">
    <%--添加一个按钮--%>
    <input type="button"  onclick="LogIn()" style="color: white;  border: none; font-size:19px; cursor: pointer; height:20px; width:50px; background-image:url('Systemimg/登录按键.png'); margin-left:60px;" />
</div>
```

运行一下

选中 LogIn.aspx 页面，在浏览器中查看，页面中增加了“登录”按钮，效果如图 1.24 所示。

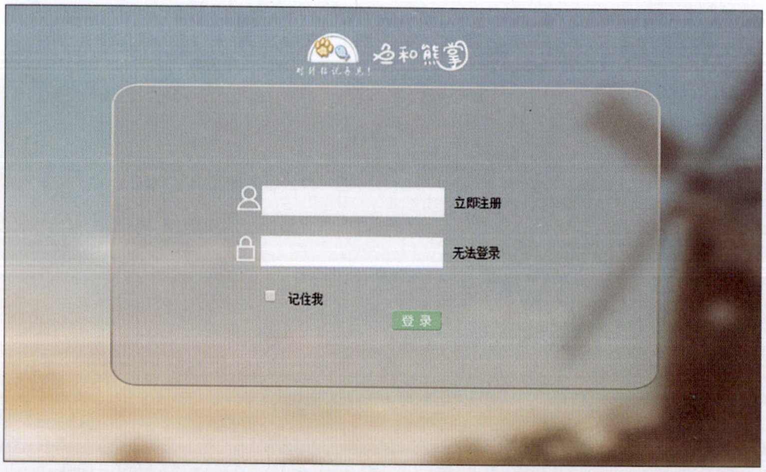

图 1.24　登录页面完整效果（增加“登录”按钮）

1.4.4　实现页面后台代码（1115562011313101119.html）

视频讲解

登录页面布局完成后，只是一个静态页面，需要编写后台代码，才能够实现登录功能。实现登录功能之前，首先需要附加SQL Server 2014数据库，然后在Visual Studio 2015开发环境中选中tools文件夹，单击右键，选择“添加”→“添加新项”，在弹出的“添加新项”对话框中，选中“一般处理程序”，然后在“名称”文本框中输入“User.ashx”，单击“添加”按钮，创建该文件，如图1.25所示。

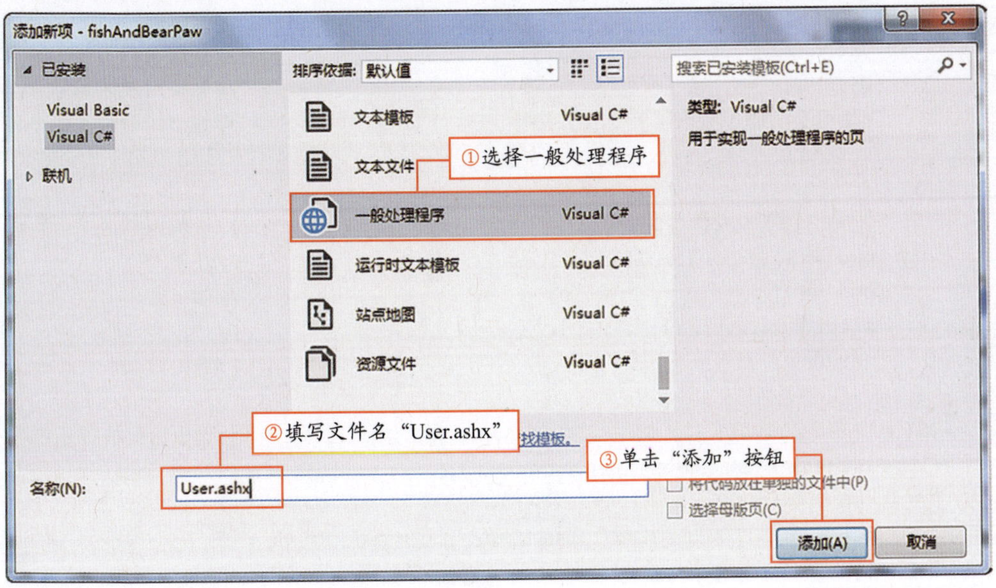

图 1.25　创建 User.ashx 文件

在“解决方案资源管理器”中选中当前项目，单击右键，选择“添加”→“引用”，在弹出的“引用管理器”对话框中单击“浏览”按钮，找到1.4.2小节中导入的资源中的bin文件夹下的Model.dll文件和Bll.dll文件，添加“确定”按钮，添加这两个引用，如图1.26所示。

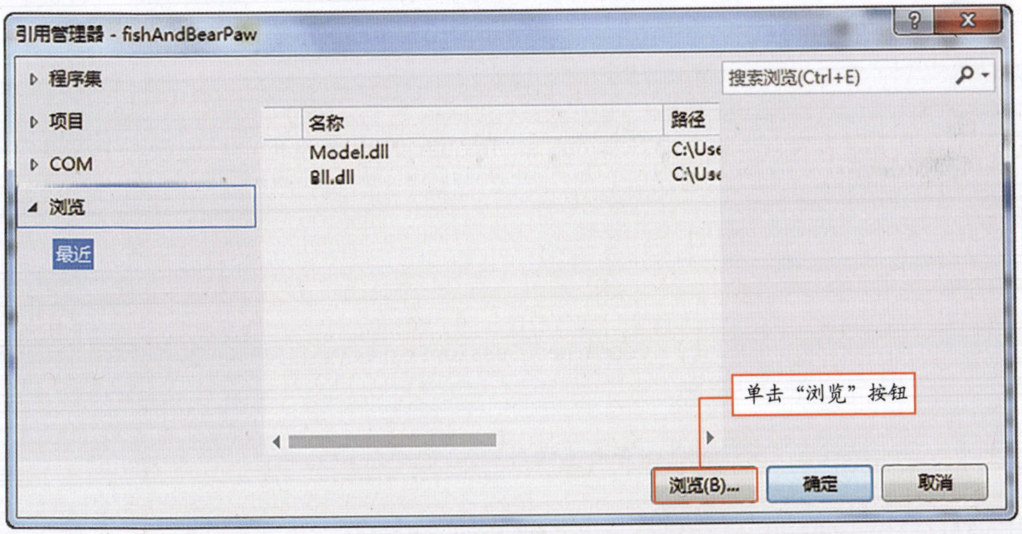

图 1.26　“引用管理器”对话框

完成前期准备工作后，打开LogIn.aspx的HTML代码页面，在</style>下面定义一个LogIn()方法，该方法是一个JavaScript方法，主要用来验证用户登录信息，以及调用后台的登录方法实现前台用户的登录。LogIn()方法的代码如下：

＜代码 10　　代码位置：光盘 \Code\01\Bits\10.txt＞　（111556201030110112.html）

代码解释

```
<script>
    //单击登录按钮
    function LogIn() {
        var userName = $('#UName').val();                          //获取用户名
        if (userName == "") {                                      //如果用户名为空
            alert('请输入用户名');                                  //弹出“请输入用户名”的提示
            return;                                                //退出方法
        }
        $('#UNameMsg').val(' ');                                   //设置用户名提示为空
        var pwd = $('#UPwd').val();                                //获取密码
        if (pwd == "") {                                           //如果密码为空
            alert('请输入密码');                                    //弹出“请输入密码”的提示
            return;                                                //退出方法
        }
        $('#UPwdMsg').val(' ');                                    //设置密码的提示框为空
        var isCheck = $('#RmMe').is(':checked');                   //判断“记住我”是否被选上
        //调用后台方法
        var pd = { "t": "3", "userName": userName, "pwd": pwd, "UType": "1", "isCheck": isCheck };
        sendAjaxUrl2("", pd, "tools/User.ashx", "3");
    }
</script>
```

代码10中的LogIn()方法在实现登录功能时，用到了后台处理方法，接下来实现后台处理方法。

首先打开User.ashx文件，在命名空间区域添加如下代码：

```
using Bll;
using Model;
```

然后为User类添加父类System.Web.SessionState.IrequiresSessionState，以便该类中可以使用Session存取数据。将下面代码：

```
public class User : IHttpHandler
```

修改为：

```
public class User : IHttpHandler, System.Web.SessionState.IRequiresSessionState
```

搜索一下	上网搜索“Session”，查看它的用法。

使用代码11替换User.ashx文件中原来的ProcessRequest()方法，以便在接收前台传递的参数“3”时，执行LogIn()登录方法，具体代码如下：

〈代码 11　　代码位置：光盘 \Code\01\Bits\11. txt〉　（111556201030110113. html）

```
01 public void ProcessRequest(HttpContext context)
02     {
03         string t = HttpContext.Current.Request.Form["t"];//获取前台传递的参数
04         switch (t)
05         {
06             case "3":                                         //如果参数为3则进入此代码段
07                 LogIn(context);                               //登录方法
08                 break;
09         }
10     }
11     //这里添加下一段代码
```

代码解释

在代码11的第11行位置定义一个LogIn()方法，该方法主要用来获取用户输入的用户名、密码和用户类型，然后调用UserBll类中的LogoIn()方法实现用户的登录功能。LogIn()方法的代码如下：

〈代码 12　　代码位置：光盘 \Code\01\Bits\12. txt〉　（111556201030110114. html）

```
// 用户登录
public void LogIn(HttpContext context)
{
    //获取从前台传递过来的用户名
    string userName = HttpContext.Current.Request.Form["userName"].ToString();
    //获取从前台传递过来的密码
    string pwd = HttpContext.Current.Request.Form["pwd"].ToString();
    //获取从前台传递过来的用户类型
    string UType = HttpContext.Current.Request.Form["UType"].ToString();//用户类型
    UserBll bll = new UserBll();                                //实例化类
    string msg = bll.LogoIn(userName, pwd, UType);              //调用方法进行登录
    if (msg != "-1" && msg != "")
    {
        string state = bll.GetState(msg);                       //查询当前用户的状态
        if (state == "0" || state == "2")                       //如果用户状态正常
        {
            UserBll ubll = new UserBll();
            HttpContext.Current.Session["UserName"] = msg;      //设置服务器端用户的唯一标识
            UserModel mo = ubll.GetModelbyUserName(msg);        //获取登录的用户信息
            HttpContext.Current.Session["UserInfo"] = mo;       //设置服务器端的用户详细信息
            context.Response.Write("{\"status\":\"" + msg + "\"}");//向前台返回登录的状态
            return;
        }
        else
        {
            if (state == "1")
            {
                context.Response.Write("{\"status\":\"你已经被拉黑了！ \"}");//向前台传递提示
```

代码解释

```
                return;
            }
        }
    }
    context.Response.Write("{\"status\":\"用户名密码不正确\"}"); //向前台传递提示
}
```

编写完实现代码后，需要在网站项目的Web.config文件中配置数据库连接，在“解决方案资源管理器”中打开Web.config文件，在该文件中的“</system.web>”代码下面配置数据库连接字符串，其中，server指定为SQL Server 2014服务器名，uid指定为登录SQL Server 2014服务器的用户名，pwd指定为登录SQL Server 2014服务器的密码，database指定为要连接的数据库名。本网站中的Web.Config配置完成的效果如图1.27所示。

```
<?xml version="1.0" encoding="utf-8"?>
<!--
  有关如何配置 ASP.NET 应用程序的详细信息，请访问
  http://go.microsoft.com/fwlink/?LinkId=169433
  -->
<configuration>

    <system.web>
      <compilation debug="true" targetFramework="4.5.2" />
      <httpRuntime targetFramework="4.5.2" />
    </system.web>
  <connectionStrings>
    <add name="connstr" connectionString="server=GAO;uid=sa;pwd=root;database=fishAndBearPaw;" />
  </connectionStrings>
</configuration>
```

图 1.27　配置数据库连接字符串

1.5　注册页面设计

☑ 开发时间：2小时～4小时　　☑ 开发难度：★★★☆☆

☑ 源码路径：光盘\Code\01\Module\002

☑ 关键词：创建页面　页面布局　后台代码

注册页面主要实现用户注册功能。在该页面中，用户可以输入自己的昵称、手机号，单击“获取手机验证码”按钮，手机会收到一个随机的验证码短信，将该验证码输入到“手机验证码”文本框中，然后选择性别、输入密码、确认密码以及验证码，单击“立即注册”按钮，即可完成用户的注册。注册页面效果如图1.28所示。

1.5.1　创建注册页面（1115562011313101120.html）

视频讲解

在“解决方案资源管理器”中选中“fishAndBearPaw”项目，单击鼠标右键，选择“添加”→“添加新项”菜单，弹出“添加新项”对话框，如图1.29所示，该对话框中，选择“Web窗体”，并在“名称”文本框中输入Register.aspx，单击“添加”按钮，即可创建一个Register.aspx页面。

图 1.28　注册页面

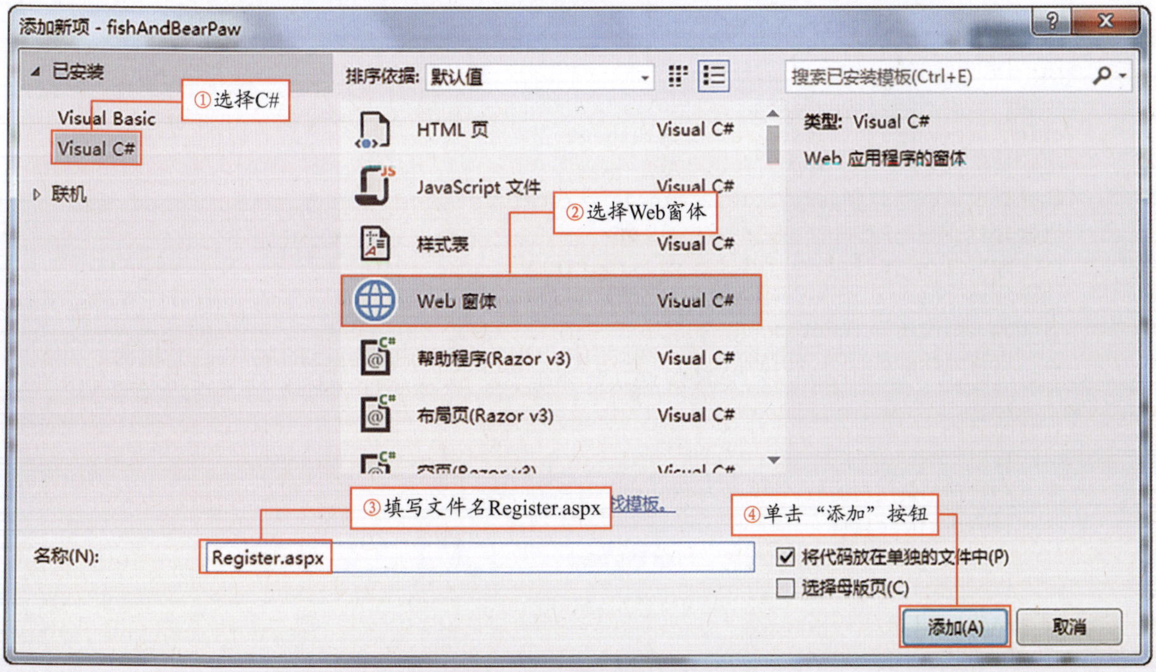

图 1.29　创建注册页面

1.5.2 创建页面样式代码（1115562011313101121.html）

视频讲解

创建完Register.aspx页面后，该页面会在Visual Studio 2015开发环境中自动打开，按照下面代码为该页面的默认代码添加注释，以更好的理解程序，具体代码如下（注意：下面代码自动生成，不用手动输入，只需添加注释即可）：

＜代码 13　　代码位置：光盘\Code\01\Bits\13.txt＞

```
<%@ Page Language="C#" AutoEventWireup="true" CodeFile="Register.aspx.cs" Inherits="Register" %>
<!DOCTYPE html>
<html xmlns="http://www.w3.org/1999/xhtml">
<head runat="server">                                              <%--页面头--%>
<meta http-equiv="Content-Type" content="text/html; charset=utf-8"/>
    <title></title>                                                <%--页面标题--%>
     <%--这里添加下一段代码--%>
</head>
<body>                                                             <%--页面体--%>
    <form id="form1" runat="server">                               <%--页面表单--%>
    <div>                                                          <%--页面布局--%>
    </div>
    </form>
</body>
</html>
```

在代码13的“<%--这里添加下一段代码--%>”处为注册页面引入外部JS文件和CSS样式文件，并定义样式，样式主要用来控制网页中的背景自动填充和内容自动填充。代码如下：

＜代码 14　　代码位置：光盘\Code\01\Bits\14.txt＞

```
    <%--调用css文件，css文件为样式文件--%>
    <link href="css/input.css" rel="stylesheet" />
    <link href="css/css.css" rel="stylesheet" />
    <%--调用js文件，js文件为前台处理方法--%>
    <script src="js/jquery-1.10.2.min.js"></script>
    <script src="js/Factory.js"></script>
    <script src="js/jquery.fullbg.js"></script>
    <script>
    window.onload = function () {
        $("#background").fullBg();                    //设置图片满屏显示
    }
    </script>
    <style>
        /*设置一条空白的div，宽度为486px*/
        .auto-style1 {
            width: 486px;
        }
        /*背景满屏*/
        .fullBg {
            position: fixed;                          /*以绝对位置显示*/
```

```
            top: 0;             /*到顶部的距离*/
            left: 0;            /*到左边的距离*/
            overflow: hidden;   /*隐藏显示滚动条*/
        }
        /*内容满屏*/
        #maincontent {
            position: absolute; /*绝对布局*/
            top: 10px;          /*到顶部的距离*/
            left: 0;            /*到左边的距离*/
            z-index: 50;        /*值大的显示在值小的上面，覆盖效果*/
        }
    </style>
```

1.5.3　实现注册页面代码（1115562011313101122.html）

视 频 讲 解

在Register.aspx页面的<body></body>标签内，对注册页面进行布局，首先添加背景图片以及分割页面的div标签，具体代码如下：

＜代码 15　　代码位置：光盘\Code\01\Bits\15.txt＞

```
<%--修改form的所有间隙为0--%>
<form id="form1" runat="server" style="padding: 0px; margin: 0px;">
    <%--背景图片--%>
    <img src="Systemimg/背景.png" id="background" />
    <%--添加整体的div标签，把其中的显示内容包裹住--%>
    <div id="maincontent" style="width: 100%; height: 50px;">
        <%--再添加一个高度宽度固定和居中的div--%>
        <div style="width: 700px; height: 700px; margin-left: auto; margin-right: auto; margin-top: 100px;">
            <%--用来设置内容显示边距--%>
            <div style="float: left; padding-top: 70px; padding-left: 30px; width: 560px;">
                <%--这里添加下一段代码--%>
            </div>
        </div>
    </div>
</form>
```

在代码15的“<%--这里添加下一段代码--%>”处添加一个img图片标签，用作网站Logo，具体代码如下：

＜代码 16　　代码位置：光盘\Code\01\Bits\16.txt＞

```
<div style=" width: 200px; height: 60px;">
    <%--背景上面的图片--%>
   <img src="Systemimg/jdlogo.png" style="margin-left:180px;"/>
</div>
<%--这里添加下一段代码--%>
```

运行一下 选中 Register.aspx 页面，在浏览器中查看，当前布局完成的注册页面显示背景图片和 Logo，效果如图 1.30 所示。

图 1.30　注册页面背景及 Logo

在代码16中的“<%--这里添加下一段代码--%>”处添加一个div标签，用来作为位置标志，代码如下：

<代码 17　　代码位置：光盘 \Code\01\Bits\17.txt>

```
<div style="width: 100%; height: 600px; background-image:url('Systemimg/透明背景.png');
background-size: 100% 600px;>
    <%--这里添加下一段代码--%>
</div>
```

在代码17的“<%--这里添加下一段代码--%>”处添加表格布局，具体代码如下：

<代码 18　　代码位置：光盘 \Code\01\Bits\18.txt>

```
<div>
    <%--表格布局--%>
    <table style="width: 100%">
        <tr>
            <%--这个表格里面什么都没有，因为下面有合并表格--%>
            <td class="auto-style1" style="padding-left: 100px;"></td>
            <td style="width: 50px;">
                <%--单击返回的一个功能域--%>
                <div style="float: right; cursor: pointer" onclick="logInSrc()">
                    <%--返回到登录页面--%>
                    <%-- <img src="Systemimg/叉.png" />--%>
                </div>
            </td>
        </tr>
    </table>
</div>
<%--这里添加下一段代码--%>
```

运行一下　选中 Register.aspx 页面，在浏览器中查看，在注册页面中多出了一个透明层，效果如图 1.31 所示。

图 1.31　注册页面中增加透明层效果

在代码18的“<%--这里添加下一段代码--%>”处，添加注册页面中用到的各种标签和按钮，主要包括昵称文本框、手机号文本框、手机验证码文本框、密码文本框、确认密码文本框、验证码文本框、获取手机注册码按钮、注册按钮、性别单选按钮、验证码图片标签等。具体代码如下：

<代码 19　　代码位置：光盘 \Code\01\Bits\19.txt>

```
<div style="height: 30px;  padding -top: 0px; width: 210px; margin-left: auto; margin-right: auto; margin-top:50px;">
    <%--输入昵称文本框--%>
    <input type="text" id="nc" onfocus="Initnal('昵称',this)" onblur="Initnal('昵称',this)" value="昵称" style="border: none; background-image: url(Systemimg/输入框Y.png); width: 208px; height: 28px; line-height: 30px; padding-left: 8px;" maxlength="8" />
</div>
<div style="height: 30px; padding-top: 0px; width: 210px; margin-left: auto; margin-right:auto; margin-top: 15px;">
     <%--输入手机号文本框--%>
     <input type="text" id="sj" onfocus="Initnal('手机号',this)" onblur="Initnal('手机号',this)" value="手机号" style="border: none; background-image: url(Systemimg/输入框Y.png); width: 208px; height: 28px; line-height: 30px; padding-left: 8px;" maxlength="11" />
     </div>
     <div style="height: 30px; padding-top: 0px; width: 210px; margin-left: auto; margin-right:auto; margin-top: 15px;">
     <%--获取手机验证码按钮--%>
```

```
        <input type="button" value="获取手机验证码" onclick="getyanemz()" /><font id="sjyzm"></font>
        </div>
        <div style="height: 30px; padding-top: 0px; width: 210px; margin-left: auto; margin-right:auto; margin-top: 15px;">
        <%--输入手机验证码文本框--%>
        <input type="text" id="sjyzmInput" onfocus="Initnal('手机验证码',this)" onblur="Initnal('手机验证码',this)" value="手机验证码" style="border: none; background-image: url(Systemimg/输入框Y.png); width: 208px; height: 28px; line-height: 30px; padding-left: 8px;" maxlength="11" />
        </div>
        <div style="height: 25px; padding-top: 0px; width: 210px; margin-left: auto; margin-right:auto; margin-top: 15px;">
        <%--性别按钮--%>
        <input id="sex" type="radio" name="sex" value="1" checked />男
        <input type="radio" name="sex" value="0" />女
        </div>
        <div id="pwdInput" style="height: 30px; padding-top: 0px; width: 210px; margin-left: auto; margin-right: auto; margin-top: 15px;">
        <%--输入密码文本框--%>
        <input type="text" id="pw1" value="密码" onfocus="UpdateText(this,'pwdInput')" style="border: none; background-image: url(Systemimg/输入框Y.png); width: 208px; height: 28px; line-height: 30px; padding-left: 8px;" maxlength="10" />
        </div>
        <div id="pwdInput2" style="height: 30px; padding-top: 0px; width: 210px; margin-left:auto; margin-right: auto; margin-top: 15px;">
        <%--输入确认密码文本框--%>
        <input type="text" id="pw2" value="确认密码" onfocus="UpdateText2(this,'pwdInput2')" style="border: none; background-image: url(Systemimg/输入框Y.png); width: 208px; height: 28px; line-height: 30px; padding-left: 8px;" maxlength="10" />
        </div>
        <div style="height: 30px; padding-top: 0px; width: 210px; margin-left: auto; margin-right:auto; margin-top: 15px;">
        <%--文本框输入验证码--%>
        <input type="text" id="yz" onfocus="Initnal('验证码',this)" onblur="Initnal('验证码',this)" value="验证码" style="border: none; background-image: url(Systemimg/输入框Y.png); width: 90px; height: 25px; line-height: 25px; padding-left: 8px; float: left" />
        <img alt="看不清楚，换一张" src="tools/Code.ashx" onclick="this.src='tools/Code.ashx?abc='+Math.random()" style="float: left; width: 100px; height: 30px; margin-left:11px;" />
        </div>
        <div style="height: 30px; padding-top: 0px; width: 100px; margin-left: auto; margin-right:auto; margin-top: 15px;">
        <%--单击注册按钮--%>
        <input type="button" value="立即注册" onclick="regedit()" style="color: white; height: 30px; width: 100px; background-color: #5ec4a0; border: none; font-size: 19px; cursor: pointer" />
</div>
```

运行一下 选中 Register.aspx 页面，在浏览器中查看，注册页面的完整效果如图 1.32 所示。

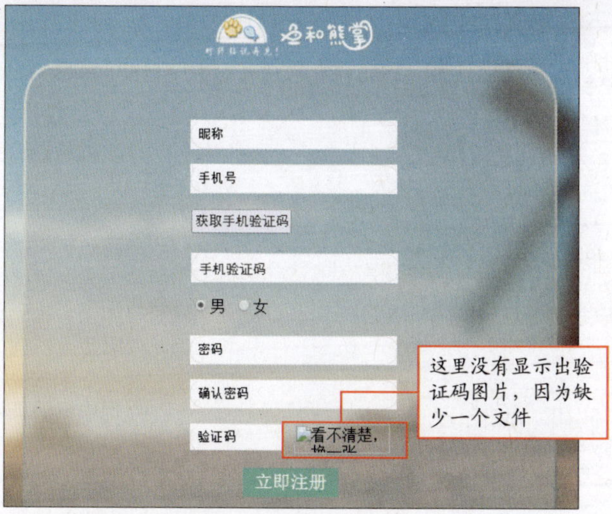

图 1.32　注册页面效果

在图1.32中验证码无法正常显示，这是因为缺少生成验证码的代码文件造成的，在“光盘\Code\01\Src\tools”文件夹中提供了生成验证码的代码文件，即Code.ashx和Code.ashx.cs，如图1.33所示。

图 1.33　生成验证码的代码文件

将图1.33所示的两个文件复制到项目中的tools文件夹下，这时再次浏览注册页面，就可以正常显示验证码了。

1.5.4　实现页面后台代码（1115562011313101123.html）

视频讲解

注册页面布局完成后，只是一个静态页面，需要编写后台代码才能够实现相应的逻辑功能。

在Register.aspx页面中找到以下代码（不用手动输入）：

<代码 20　　代码位置：光盘\Code\01\Bits\20.txt>

```
window.onload = function () {
    $("#background").fullBg();                              //设置图片满屏
}
//这里添加下一段代码
```

在代码20的最后一行下方定义获取手机验证码的方法，在该方法中，首先生成一个随机数，该随机数默认是一个小数，将其乘100后传递到前台进行显示。具体代码如下：

<代码 21　　代码位置：光盘\Code\01\Bits\21.txt>　（1115562010301101115.html）

```
//获取手机验证码
function getyanemz() {
    var rand = Math.random();              //设置随机数
    sjyzm = parseInt((rand * 100));        //随机数是小数，需乘以100，才能是整数
    $('#sjyzm').html(sjyzm);               //前台显示随机数
}
//这里添加下一段代码
```

代码解释

在代码21的最后一行下方定义一个判定手机验证码输入是否正确的方法，实现代码如下：

<代码 22　　代码位置：光盘 \Code\01\Bits\22.txt>　（111556201030110111б.html）

```
function regedit() {
    var yzm = $('#yz').val();                              //手机验证码
    var sj = $('#sj').val();                               //手机号
    var nc = $('#nc').val();                               //昵称
    var pw1 = $('#pwd1').val();                            //密码1
    if ($('#sjyzmInput').val() == "") {
        alert('请获取手机验证码');                          //如果手机验证码为空，弹出提示
        return;                                            //阻止方法向下运行
    }
    var sjyam = parseInt($('#sjyzmInput').val());          //把手机验证码转换成数字
    if (sjyam != sjyzm) {
        alert('手机验证码不正确');                          //如果验证码不正确，弹出提示
        return;                                            //阻止方法向下运行
    }
    //调用后台方法
    var pd = { "t": "6", "yzm": yzm, "sj": sj, "nc": nc, "pw1": pw1 };
    sendAjaxUrl2("", pd, "tools/User.ashx", "6");
}
//这里添加下一段代码
```

在代码22的最后一行下方定义一个cg2()方法，用来验证用户信息，如果输入的信息不符合规则，弹出相应的信息提示；否则，将输入的数据传递到后台，在后台进行相应的操作。cg2()方法的代码如下：

<代码 23　　代码位置：光盘 \Code\01\Bits\23.txt>　（111556201030110111 7.html）

```
    //点击页面跳转到登录页面
    function logInSrc() {
        window.location.href = "LogIn.aspx";
    }
    //文本框设置默认值
    function Initnal(a, b) {
        var v = $(b).val();
        if (v == "") {
            $(b).val(a);//如果值为空设置默认值
        }
        if (v == a) {
            $(b).val('');//如果不为空设置为空
        }
    }
    //如果用户填写密码的值，就添加密码控件
    function UpdateText(a, b) {
        $(a).remove();//移除当前控件
        var msg = $("#" + b).html('<input id="pwd1" type="password" onblur="UpdatePwd(this,\'' + b
+ '\')" style="border:none; background-image:url(Systemimg/输入框Y.png); width:208px; height:28px;
line-height:30px; padding-left:8px;" maxlength="10" />');
```

```
            //100毫秒后设置光标
            setTimeout(function () {
                $("#pwd1").focus();
            }, 100);
        }
        //如果用户没有输入则添加非密码文本框
        function UpdatePwd(a, b) {
            if ($(a).val() == "") {
                $(a).remove();//移除当前控件
                $("#" + b).html('<input id="pwd1_1" type="text" value="密码" onfocus="UpdateText
(this,\' + b + '\')" style="border:none; background-image:url(Systemimg/输入框Y.png); width:208px;
height:28px; line-height:30px; padding-left:8px;" maxlength="10" />');
            }
        }
        function UpdateText2(a, b) {
            $(a).remove();
            var msg = $("#" + b).html('<input id="pwd2" type="password" maxlength="10" onblur="UpdatePwd2
(this,\' + b + '\')"  style="border:none; background-image:url(Systemimg/输入框Y.png); width:208px;
height:28px; line-height:30px; padding-left:8px;" />');
            setTimeout(function () {
                $("#pwd2").focus();
            }, 100);
        }
        function UpdatePwd2(a, b) {
            if ($(a).val() == "") {
                $(a).remove();
                $("#" + b).html('<input id="pwd2_1" type="text" value="确认密码" maxlength="10" onfocus=
"UpdateText2(this,\' + b + '\')" style="border:none; background-image:url(Systemimg/输入框Y.png);
 width:208px; height:28px; line-height:30px; padding-left:8px;" />');
            }
        }
        //调用后台方法
        function cg(a) {
            //标识位
            if (a == "0") {

                window.parent.location.href = "Index.html";//父窗体页面跳转
            }
            else {

                alert(a);//如果返回的是其他的提示，则弹出提示
            }
        }
        var pp = "";
        //后台调用前台方法
        function cg2(a, b) {
            if (b == "6") {
```

```
            if (a.status != "0") {
                alert(a.status);          //弹出提示
            }
            else {
                var nc = $('#nc').val();    //昵称
                var sj = $('#sj').val();    //手机号
                var pw1 = $('#pwd1').val();//密码1
                var pw2 = $('#pwd2').val();//密码2
                if (pw1 != pw2) {
                    alert('两次输入的密码不相同');
                    return;
                }
                if (nc == "") {
                    alert('昵称不能为空');
                    return;
                }
                if (sj == "") {
                    alert('手机号不能为空');
                    return;
                }
                if (pw1 == "") {
                    alert('密码不能为空');
                    return;
                }
                if (!sj.match(/^0?1[3|4|5|8][0-9]\d{8}$/)) {
                    alert("手机号码格式不正确");
                    return;
                }
                pp = pw1;
                var sex = $('#sex').is(":checked") ? "1" : "0";//性别
                //调用后台方法
                var pd = { "t": "8", "sj": sj, "nc": nc, "pw1": pw1, "sex": sex };
                sendAjaxUrl("", pd, "tools/User.ashx"),
            }
        }
    }
```

打开tools文件夹中的User.ashx文件，在该文件中的ProcessRequest()方法中添加如下判断代码，如果传入的参数是6，则执行CheckYzm()方法，而如果传入的参数是8，则执行RegLogin()方法。具体代码如下：

<代码 24　代码位置：光盘 \Code\01\Bits\24.txt>

```
case "6":                                      //如果参数为6，则运行这里的方法
    CheckYzm(context);                         //判定验证码是否正确
    break;
case "8":                                      //如果参数为8，则运行这里的方法
    RegLogin(context);                         //注册并且登录
    break;
```

代码24中用到了CheckYzm()方法和RegLogin()方法，下面分别对这两个方法进行介绍。

首先在User.ashx文件中找到如图1.34所示的代码位置，在该位置处依次添加CheckYzm()方法和RegLogin()方法。

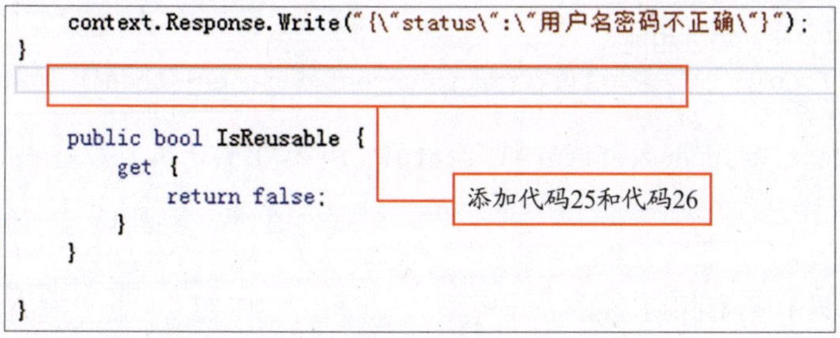

图 1.34　添加代码所在位置

CheckYzm()方法主要用于调用UserBll类中的相关方法对用户输入的信息进行验证，如果验证成功，向前台返回成功标识；否则，向前台返回具体的错误提示信息。CheckYzm()方法的代码如下：

<代码 25　　代码位置：光盘\Code\01\Bits\25.txt>　（111556201030110118.html）

代码解释

```
/// <summary>
/// 验证手机验证码
/// </summary>
/// <param name="context"></param>
public void CheckYzm(HttpContext context)
{
    UserBll bll = new UserBll();
    string yzm = HttpContext.Current.Request.Form["yzm"].ToString();   //获取手机验证码
    string sj = HttpContext.Current.Request.Form["sj"].ToString();     //获取手机号
    string nc = HttpContext.Current.Request.Form["nc"].ToString()      //获取昵称
    string pw1 = HttpContext.Current.Request.Form["pw1"].ToString();   //获取密码
    if (!bll.CheckPhone(sj))                                  //验证用户名是否重复
    {
        context.Response.Write("{\"status\":\"用户名重复\"}");
        return;
    }
    if (!bll.CheckPetName(nc))                                //验证昵称是否重复
    {
        context.Response.Write("{\"status\":\"昵称重复\"}");
        return;
    }
    if (nc.Length > 8)                                        //昵称字数不能超过8个字
    {
        context.Response.Write("{\"status\":\"昵称不可超过8个字\"}");
        return;
    }
    if (pw1.Length < 6)                                       //密码位数不能少于6位
    {
        context.Response.Write("{\"status\":\"密码不可少于6位\"}");
        return;
    }
    if (pw1.Length > 10)                                      //密码位数不能多于10位
    {
        context.Response.Write("{\"status\":\"密码不可多于10位\"}");
```

```
            return;
        }
        if (HttpContext.Current.Session["code"] != null)
        {
            // 验证码对比，如果相同
            if (yzm.ToLower() == HttpContext.Current.Session["code"].ToString().ToLower())
            {
                context.Response.Write("{\"status\":\"0\"}");       //返回成功
            }
            else
            {
                //如果不同返回提示到前台
                context.Response.Write("{\"status\":\"验证码不正确\"}");
            }
        }
        else
        {
            context.Response.Write("{\"status\":\"请重新获取验证码，验证码失效\"}");
        }
    }
```

RegLogin()方法主要用来实现用户的注册及注册后自动登录的功能，具体实现时，使用用户模型类UserModel中的相应属性记录用户输入，然后调用UserBll类中的AddUser()方法实现用户的注册功能，如果注册成功，将用户信息存储到Session中，以便实现自动登录功能。RegLogin()方法的代码如下：

<代码 26　　代码位置：光盘 \Code\01\Bits\26. txt>　（1115562010301101119. html）

代码解释

```
// <summary>
// 注册之后登录
// </summary>
// <param name="context"></param>
public void RegLogin(HttpContext context)
{
    string nc = HttpContext.Current.Request.Form["nc"].ToString();    //获取昵称
    string sj = HttpContext.Current.Request.Form["sj"].ToString();    //获取手机号码
    string pw1 = HttpContext.Current.Request.Form["pw1"].ToString();  //获取密码
    string sex = HttpContext.Current.Request.Form["sex"].ToString();  //获取性别
    //验证手机短信验证码是否正确
    if (true)
    {
        UserBll bll = new UserBll();
        UserModel m = new UserModel();
        //设置模板类
        m.User_hd = "Systemimg/logo.png";                      //设置头像
        m.User_Name = sj;                                      //设置用户名
        m.Pwd = pw1;                                           //设置密码
        m.WhereCom = "9";                                      //设置来源，参数9表示网站注册
        m.State = "0";                                         //设置状态
        m.RegTime = DateTime.Now.ToString();                   //设置注册时间
        m.PhoneNum = sj;                                       //设置手机号码
        m.PetName = nc;                                        //设置昵称
        m.sex = sex;                                           //设置性别
        m.Pinfo = " ";                                         //设置其他属性
```

```
            m.Utype = "1";
            //调用后台方法进行注册
            if (bll.AddUser(m))
            {
                HttpContext.Current.Session["username"] = sj;     //设置服务器端的客户端标识
                HttpContext.Current.Session["UserInfo"] = m;      //设置服务器端的客户端标识
                context.Response.Write("{\"status\":\"0\"}");
                return;
            }
        }
        else
        {
            context.Response.Write("{\"status\":\"手机验证码不正确\"}");
        }
    }
```

运行一下　选中 Register.aspx 页面，在浏览器中查看，并在该页面中体验用户的注册功能。

1.6　主页页面设计

- ☑ 开发时间：4小时～5小时　　☑ 开发难度：★★★☆☆
- ☑ 源码路径：光盘\Code\01\Module\003\
- ☑ 关键词：创建项目　创建页面　页面布局　jQuery

鱼和熊掌网站的主页由两部分组成，分别是页面头部和页面内容区。页面头部主要包括网站的导航栏链接，如首页超链接、发现超链接、消息超链接、发布超链接、搜索栏、登录超链接和注册超链接等；页面内容区用于显示用户发布的信息，其他用户可以对其进行评论、关注和投票，另外在内容区右侧还会显示推荐的用户和推荐的主题。鱼和熊掌网站主页效果如图1.35所示。

图 1.35　鱼和熊掌网站主页

1.6.1　创建主页页面（1115562011313101124.html）

视频讲解

在Visual Studio 2015开发环境的“解决方案资源管理器”中选择fishAndBearPaw项目，单击鼠标右键，选择“添加”→“添加新项”菜单，弹出“添加新项”对话框，如图1.36所示，该对话框中，选择“HTML页”，并在“名称”文本框中输入index.html，单击“添加”按钮，即可创建一个index.html页面。

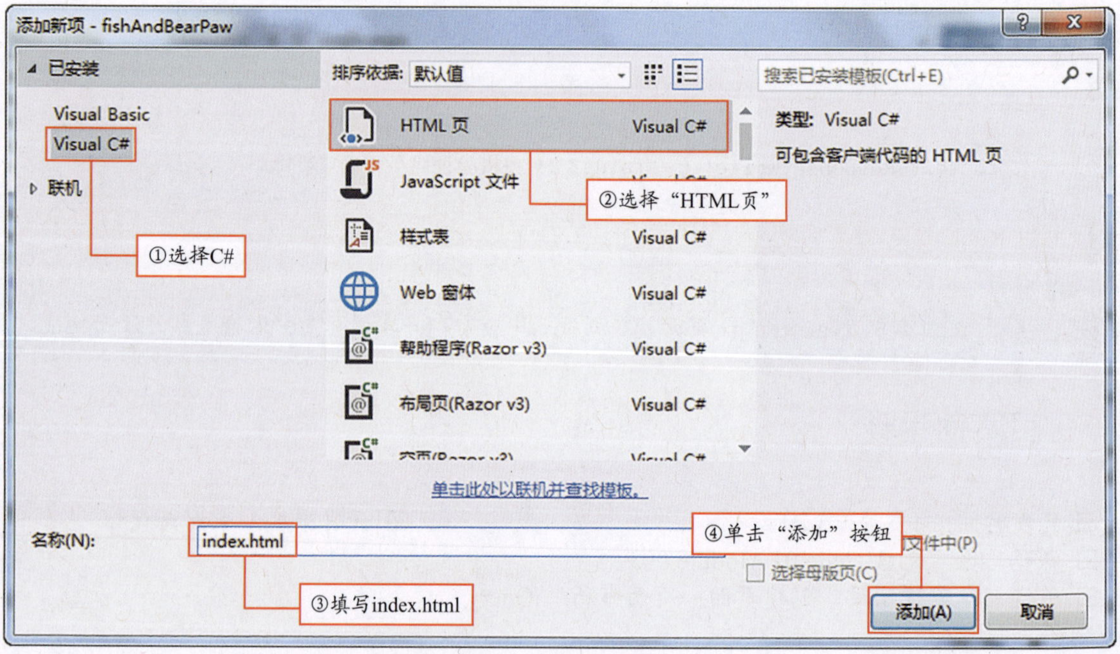

图 1.36　创建主页页面

1.6.2　创建页面布局代码（1115562011313101125.html）

视频讲解

创建完index.html页面后，该页面会在Visual Studio 2015开发环境中自动打开，对照登录页面和注册页面默认生成的代码，会发现主页的默认代码与它们都不同，这是因为登录页面和注册页面是.aspx页面，而主页是.html页面。主页的默认代码（注意：下面代码自动生成，不用手动输入）如下：

<代码 27　　代码位置：光盘 \Code\01\Bits\27.txt>

```
<!DOCTYPE html>
<html>
<head>
    <meta http-equiv="Content-Type" content="text/html; charset=utf-8" />
    <title></title>
    <meta charset="utf-8" />
</head>
<body>

</body>
```

```
</html>
```

修改主页的默认代码，为其添加frameset框架，以便程序能够自动按照百分比分割页面。主页的布局代码如下：

〈代码 28　　代码位置：光盘 \Code\01\Bits\28.txt〉

```
<!DOCTYPE html>
<html>
<head>
    <meta http-equiv="Content-Type" content="text/html; charset=gb2312" />
    <title>鱼和熊掌</title>
</head>
<!--把页面分成两行，一行高度为60px，其他为另一行的高度-->
<frameset rows="60,*" frameborder="no" border="0" framespacing="0">
    <!--第一行区域显示top页面-->
    <frame src="top.aspx" name="topFrame" scrolling="No" noresize="noresize" id="topFrame" title="topFrame" style="padding:0px;" />
    <!--第二行区域显示middle页面-->
    <frameset id="mainFrame" name="mainFrame" title="mainFrame" frameborder="no" border="0" framespacing="0">
        <frame src="middle.aspx" name="middleFrame" scrolling="yes" noresize="noresize" id="middleFrame" title="middleFrame" />
    </frameset>
</frameset>
<noframes>
    <body>
    </body>
</noframes>
</html>
```

1.6.3 创建子页面（1115562011313101126.html）

视频讲解

前两小节完成了主页面的布局，但是主页面中包含两个部分：页面头部和页面内容区，这两个部分分别使用两个.aspx页面实现，它们分别为top.aspx和middle.aspx，因此首先需要创建这两个页面，这两个页面的创建步骤与登录页面的创建步骤类似，请按照1.4.1小节中的步骤（4）创建这两个页面。

1. 主页头部设计

打开top.aspx页面，找到如图1.37所示的代码位置。

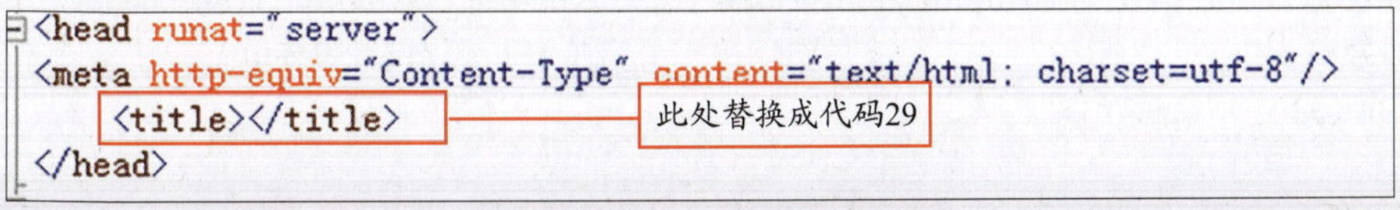

图 1.37　显示需要修改的位置

在图1.37所示的代码位置处添加CSS样式引用和JavaScript文件引用，代码如下：

<代码 29　　代码位置：光盘\Code\01\Bits\29.txt>

```
<link href="css/input.css" rel="stylesheet" />
<link href="css/css.css" rel="stylesheet" />
<%--引用js文件--%>
<script src="js/jquery-1.10.2.min.js"></script>
<script src="js/Factory.js"></script>
```

接下来编写页面初始运行时需要调用的JavaScript方法，其中，sendAjaxUrl2()方法用于异步调用后台方法。具体代码如下：

<代码 30　　代码位置：光盘\Code\01\Bits\30.txt>

```
<script>
//页面加载完成调用的方法
window.onload = function () {
    var pd = { "t": "1" };
    sendAjaxUrl2("", pd, "tools/User.ashx", "1");          //调用后台方法，验证是否登录
    NewNum();                                              //调用方法，获取信息的数量
}
```

在代码30的最后一行处按下<Enter>键，然后定义一个Reset()方法，主要用来设置div标签的背景色，其中，$('')是一个 jQuery方法，用来获取网页中id为指定值的标签对象。Reset()方法的代码如下：

<代码 31　　代码位置：光盘\Code\01\Bits\31.txt>

```
//设置目录背景颜色
function Reset() {
    $('#sya').css('background-color', '');                 //第一个目录
    $('#fxa').css('background-color', '');                 //第二个目录
    $('#xxa').css('background-color', '');                 //第三个目录
    $('#fba').css('background-color', '');                 //第四个目录
    $('#fb').css('background-color', '');                  //第五个目录
}
```

在代码31的最后一行处按下<Enter>键，然后定义一个Btnselect()方法，用来获取搜索文本框的内容，并传递到Select.aspx页面（该页面在“光盘\Code\01\Src”文件夹中，用户需将其复制到当前项目中）中。Btnselect()方法的代码如下：

<代码 32　　代码位置：光盘\Code\01\Bits\32.txt>　（1115562010301101120.html）

代码解释

```
//搜索按钮
function Btnselect() {
    var t = $('#selectTxt').val();                         //获取搜索框文本内容
    parent.document.getElementById('middleFrame').src = "Select.aspx?a=" + encodeURI(t) +
"&tag=all";                                                //设置窗体url
    NewNum();
}
```

在代码32的最后一行处按下<Enter>键，依次定义3个JavaScript方法，分别为ClickIndex()、ClickFind()

和ClickNews()，它们分别为单击“首页”链接的事件、单击“发现”链接的事件和单击“消息”链接的事件所触发的方法，这3个方法功能相似，主要用来跳转页面和设置标签的背景颜色。具体代码如下：

＜代码 33　　代码位置：光盘\Code\01\Bits\33.txt＞

```
//单击“首页”链接按钮
function ClickIndex() {
    //设置url，链接地址
    parent.document.getElementById('middleFrame').src = "middle.aspx";
    Reset();                                                    //调用其他JS方法
    $('#sya').css('background-color', '#50bc9f');               //设置背景
    NewNum();                                                   //调用其他JS方法
}
//单击“发现”链接按钮
function ClickFind() {
    //设置url，链接地址
    parent.document.getElementById('middleFrame').src = "Find.aspx?a=all";
    Reset();                                                    //调用其他JS方法
    $('#fxa').css('background-color', '#50bc9f');               //设置背景
    NewNum();                                                   //调用其他JS方法
}
//单击“消息”链接按钮
function ClickNews() {
    //设置url，链接地址
    parent.document.getElementById('middleFrame').src = "News.aspx";
    Reset();                                                    //调用其他JS方法
    $('#xxa').css('background-color', '#50bc9f');               //设置背景
    NewNum();                                                   //调用其他JS方法
}
```

在代码33的最后一行处按下<Enter>键，依次定义4个JavaScript方法，分别为Login()、reg()、Publish()、UserCenter()，其中Login()方法在单击“登录”链接时调用，reg()方法在单击“注册”链接时调用，Publish()方法在单击“发布”超链接时调用，UserCenter()方法在单击用户的昵称时调用。具体代码如下：

＜代码 34　　代码位置：光盘\Code\01\Bits\34.txt＞　（1115562010301101121.html）

代码解释

```
//单击“登录”链接按钮
function Login() {
    //设置父窗体url，链接地址
    parent.document.getElementById('middleFrame').src = "LogIn.aspx";
}
//单击“注册”超链接
function reg() {
    //设置父窗体url，链接地址
    parent.document.getElementById('middleFrame').src = "Register.aspx";
}
//单击“发布”超链接
function Publish() {
```

```
        var pd = { "t": "1" };                                //调用后台方法
        sendAjaxUrl2("", pd, "tools/User.ashx", "0");
        Reset();                                              //调用JavaScript方法
        $('#fb').css('background-color', '#50bc9f');          //设置CSS样式
}
//单击昵称
function UserCenter() {
        //设置父窗体url，链接地址
        parent.document.getElementById('middleFrame').src = "UserCenter.aspx";
}
```

在代码34的最后一行处按下<Enter>键，定义一个NewNum()方法，用来获取发布信息的数量，代码如下：

<代码 35　　代码位置：光盘\Code\01\Bits\35.txt>

```
//获取信息数量
function NewNum() {
        //调用后台方法
        var pd = { "t": "20" };
        sendAjaxUrl2("", pd, "tools/Content.ashx", "20");
}
```

在代码35的最后一行处按下<Enter>键，定义一个cg2()方法，该方法用来回调JavaScript方法，回调时有两个值，分别为a和b，其中，a为后台真实传递的值，b是方法的标识，程序根据b标识即可知道是哪个方法的回调方法。cg2()方法的代码如下：

<代码 36　　代码位置：光盘\Code\01\Bits\36.txt>　（1115562010301101122.html）

代码解释

```
//后台方法回调函数
function cg2(a, b) {
    if (b == "0") {
        if (a.status == "1") {
            //设置父窗体url，链接地址
            parent.document.getElementById('middleFrame').src = "Publish.aspx";
            //设置CSS样式
            $('#fba').css('background-color', '#50bc9f');
        }
        else {
            //设置父窗体url，链接地址
            parent.document.getElementById('middleFrame').src = "LogIn.aspx";
        }
    }
    if (b == "1") {
        if (a.status == "1") {
            $('#UserHead').show();                            //显示标签
            var pd = { "t": "2" };
            sendAjaxUrl2("", pd, "tools/User.ashx", "2");     //调用后台方法
```

```
        }
        else {
            $('#UserHead').hide();                                     //隐藏标签
            $('#UserPName').html('<font onclick="Login()" style="cursor:pointer; font-size: 14px;">登录</font>|<font onclick="reg()" style="cursor:pointer; font-size: 14px;">注册</font>');          //向标签中添加内容
        }
    }
    if (b == "2") {
        if (a != "") {
            //向标签中添加内容
            $('#UserPName').html('<font onclick="UserCenter()" id="userName" style="cursor:pointer; font-size: 14px;">' + a.status + '</font>    <font style="cursor:pointer; font-size: 14px;" onclick="OutLog()">[退出]</font>');
            $('#UserPName').css('padding-left', "10px");               //设置标签样式
            ShowHead();                                                //调用JavaScript方法
        }
    }
    if (b == "20") {
        if (a.status != "-1") {
            //向标签中添加内容
            $('#xxa').html('消息(<font style="color:red;">' + a.status + '</font>)');
        }
    }
    var winWidth = $(window).width();                                  //获取浏览器宽度
    if (winWidth < 1500) {
        //如果浏览器宽度小于1500，则隐藏一些信息
        $('#serachtext').hide();
        $('#serachbtn').hide();
        $('#userName').hide();
    }
    if (winWidth > 1500) {
        //如果浏览器宽度大于1500，则显示一些信息
        $('#serachtext').show();
        $('#serachbtn').show();
        $('#userName').show();
    }
    if (winWidth < 1000) {
        $('.ButtonTop').css('width', "80px");                          //设置标签样式
    }
    if (winWidth > 1000) {
        $('.ButtonTop').css('width', "130px");                         //设置标签样式
    }
}
```

在代码36的最后一行处按下<Enter>键，依次定义两个JavaScript方法，分别为OutLog()和ShowHead()，其中，OutLog()方法用于实现注销用户的功能，ShowHead()方法用于在页面中显示用户的头像。具体代码如下：

<代码 37　　代码位置：光盘 \Code\01\Bits\37.txt>

```
//退出方法
function OutLog() {
    window.parent.location.href = "LogOut.aspx";                        //设置父窗体url，链接地址
}
//显示头像
function ShowHead() {
    var pd = { "t": "25" };                                            //调用后台方法
    $.ajax({
        type: "post",
        url: "tools/User.ashx",
        data: pd,
        dataType: "json",
        success: function (data) {
            if (data.status == "1") {
                alert('请登录');                                       //弹出提示
                return;
            }
            $('#headimg').attr("src", data.status);                   //设置属性
            return;
        },
        error: function (XMLHttpRequest, textStatus, errorThrown) {
            alert("程序错误，错误信息：" + errorThrown);
        }
    });
}
```

在代码37的最后一行处按下<Enter>键，编写在网页大小改变时各个标签随之改变的JavaScript方法，具体代码如下：

<代码 38　　代码位置：光盘 \Code\01\Bits\38.txt>

```
//网页改变大小事件
$(window.parent.window).resize(function () {
    //获取浏览器宽度
    var winWidth = $(window).width();
    if (winWidth < 1500) {
        $('#serachtext').hide();                                       //隐藏查询文本框
        $('#serachbtn').hide();                                        //隐藏查询按钮
        $('#userName').hide();                                         //隐藏用户名
    }
    if (winWidth > 1500) {
        $('#serachtext').show();                                       //显示查询文本框
```

```
            $('#serachbtn').show();                                 //显示查询按钮
            $('#userName').show();                                  //显示用户名
        }
        if (winWidth < 1000)
        {
            $('.ButtonTop').css('width', "80px");                   //设置宽度
        }
        if (winWidth > 1000)
        {
            $('.ButtonTop').css('width', "130px");                  //设置宽度
        }
    }
    );
    </script>
```

完成以上的步骤后，主页中的JavaScript函数相关代码就编写完成了，接下来定义主页的样式代码。在代码38的最后一行处按下<Enter>键，编写主页用到的样式代码，具体代码如下：

<代码 39　　代码位置：光盘\Code\01\Bits\39.txt>

```
<style>
    * {
        font-family: "Comic Sans MS","宋体",sans-serif;           /*设置字体*/
    }
    .ButtonTop {
        display: block;                                          /*设置显示方式*/
        width: 102px;                                            /*设置宽度*/
        height: 40px;                                            /*设置高度*/
        cursor: pointer;                                         /*设置鼠标经过的形状*/
        text-align: center;                                      /*设置文字对齐方式*/
        line-height: 40px;                                       /*设置行高*/
    }
    .benner {
        height: 60px;                                            /*设置高度*/
        width: 130px;                                            /*设置宽度*/
        text-align: center;                                      /*设置文字对齐方式*/
        line-height: 60px;                                       /*设置行高*/
        font-size: 16px;                                         /*设置字体大小*/
        color: white;                                            /*文字颜色*/
    }
</style>
```

在top.aspx页面中找到如图1.38所示的代码位置。

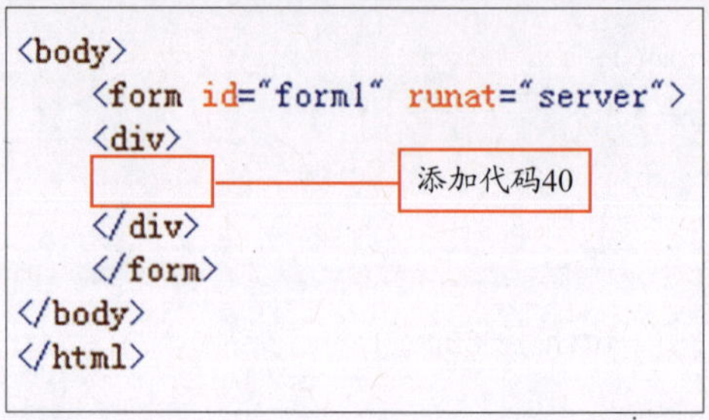

图 1.38　top.aspx 页面中添加布局代码的位置

在图1.38所示位置添加布局代码，首先为body标签和div标签设置样式，代码如下：

<代码 40　　代码位置：光盘 \Code\01\Bits\40.txt>

```
01 <body style="padding: 0px; margin: 0px;">
02     <form id="form1" runat="server" style="padding: 0px; background-color: #5ec4a0;">
03         <div style="height: 60px; width: 1624px; margin-left: auto; margin-right: auto;
   margin-top: 0px; padding: 0px; font-size: 14px;">
04 [添加代码41]
05         </div>
06     </form>
07 </body>
```

然后在代码40的第4行位置添加页面菜单布局代码，该菜单中主要显示“首页”“发现”“消息”“发布”“搜索”超链接以及图标、登录用户的头像、昵称等项。页面菜单的布局代码如下：

<代码 41　　代码位置：光盘 \Code\01\Bits\41.txt>

```
<!--显示Logo图片到最左面-->
<div style="float: left; margin-left: 80px; width: 89px;">
    <img src="Systemimg/logo (2).png" style="margin: 0px;" />
</div>
<!--显示一段文字到图片的右面-->
<div style="float: left; font-weight: 900; color: white; text-align: center;
width: 150px; margin-top: 7px;">
    <img src="Systemimg/文字.png" style="margin: 0px;" />
</div>
<!--显示“首页”超链接-->
<div style="float: left; padding-left: 30px;">
    <a id="sya" class="ButtonTop benner" onclick="ClickIndex()">首页</a>
</div>
<!--显示“发现”超链接-->
<div style="float: left;">
    <a id="fxa" class="ButtonTop benner" onclick="ClickFind()">发现</a>
</div>
<!--显示“消息”超链接-->
<div style="float: left;">
    <a id="xxa" class="ButtonTop benner" onclick="ClickNews()">消息</a>
</div>
```

```
<!--显示"发布"超链接-->
<div style="float: left;" id="fbinput" runat="server">
    <a id="fb" class="ButtonTop benner" onclick="Publish()">发布</a>
</div>
<!--显示可以输入的搜索框-->
<div id="serachtext" style="float: left; padding-left: 35px;">
    <input type="text" id="selectTxt" style="margin-left: 15px; height: 20px;
width: 200px; margin-top: 18px; border: 1px solid #ffffff;
background-color: rgba(255,255,255,.4);" class="form-control" />
</div>
<!--显示"搜索"按钮（一个小放大镜）-->
<div id="serachbtn" style="float: left;">
     <img src="Systemimg/图片1.png" style="width: 25px; height: 25px; margin-top: 20px;
margin-left: 20px;" onclick="Btnselect()" />
</div>
<!--显示已经登录用户的头像-->
<div id="UserHead" style="float: left; padding-left: 25px; margin-top: 10px;">
    <div style="position: relative; width: 50px; height: 50px;">
         <img id="headimg" src="Systemimg/大王.png" onclick="UserCenter()" style="margin: 0px;
width: 40px; height: 40px; position: absolute;" />
     </div>
 </div>
 <!--显示已经登录用户的昵称-->
 <div id="UserPName" style="float: left; padding-top: 20px; padding-left: 155px;
 font-weight: 900; color: #ffffff; font-size: 14px;">
    Toper
</div>
```

运行一下　选中 index.html 页面，在浏览器中查看，可以看到如图 1.39 所示的主页页面头部效果。

图 1.39　主页页面头部效果

2. 主页内容区设计

主页内容区是在middle.aspx页面中实现的，由于篇幅限制，这里不再讲解middle.aspx页面的设计过程，在本书附赠的光盘中打开“\Code\01\Src”文件夹，将其中的middle.aspx文件、middle.aspx.cs文件和middle.aspx.designer.cs文件复制到当前项目中。但由于之前已经创建过middle.aspx页面，因此在复制时，会弹出如图1.40所示的提示对话框，将“应用于所有项”复选框选中，单击“是”按钮即可。

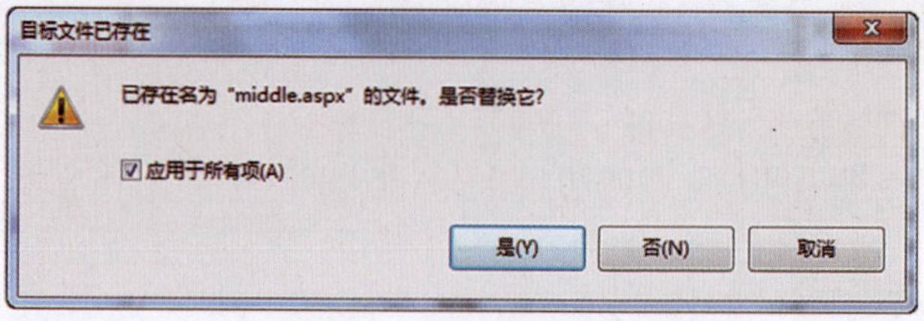

图 1.40　文件已经存在提示框

运行一下　选中 index.html 页面，在浏览器中查看，可以在主页中看到如图 1.41 所示的主页内容区效果（没有显示数据，是因为没有导入逻辑处理文件）。

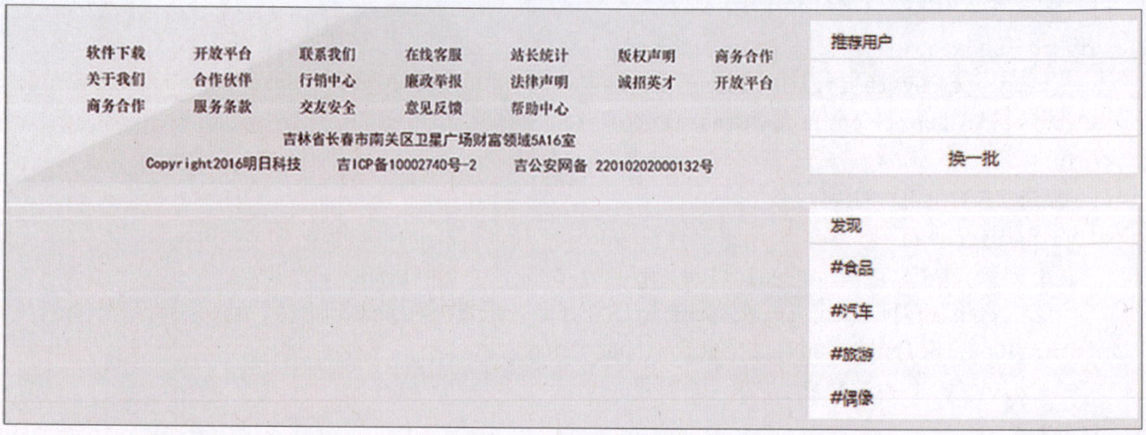

图 1.41　主页内容区效果

1.6.4　导入逻辑处理文件（1115562011313101127.html）

视频讲解

前面讲解的都是前台的布局及JavaScript代码的引用，要真正实现网站逻辑，还需要对后台数据库进行操作，本网站中的后台处理主要是通过.ashx一般处理文件进行的。为了让读者能够更快地开发自己的第一个项目，本项目将后台处理方法封装好，放到了“光盘\Code\01\Src\tools”文件夹中，读者只需要将tools文件夹复制到当前项目中即可使用。

说明：在向当前项目中复制 tools 文件夹时，会弹出类似图 1.40 所示的提示框，将“应用于所有项”复选框选中，单击“是”按钮即可。

运行一下　运行程序，首先显示鱼和熊掌网站主页，用户可以体验主页导航栏中的各个功能，并且可以在主页的内容区中查看数据库中已经存在的用户发布信息。鱼和熊掌网站主页效果如图 1.42 所示。

1.7　其他主要页面设计

除了上面详细讲解的功能模块之外，鱼和熊掌网站中还有一些其他的功能，由于篇幅限制，本节将主要展示鱼和熊掌网站中主要功能页面的效果，具体实现代码请参考光盘中的源码文件。

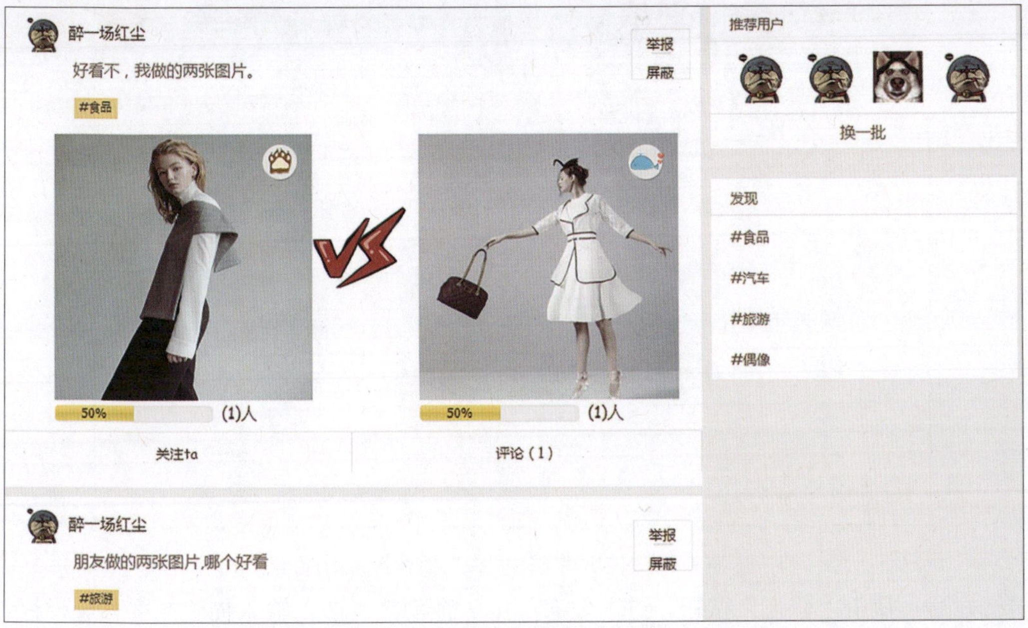

图 1.42　鱼和熊掌网站主页

1.7.1　发布页面设计（1115562011313101128.html）

视 频 讲 解

发布功能需要用到如下几个文件：Publish.aspx、UpLoadImg.aspx和crossdomain.xml，这些文件在光盘的Src目录下，在运行前需要将这些文件复制到网站的根目录下。

源码位置：光盘\Code\01\Src\Publish.aspx、光盘\Code\01\Src\UpLoadImg.aspx、光盘\Code\01\Src\crossdomain. xml

发布页面主要向网站中发布投票项，以便展示在前台，让用户帮您选择。实现发布页面功能时用到了“美图秀秀”插件，该页面的效果如图1.43所示。

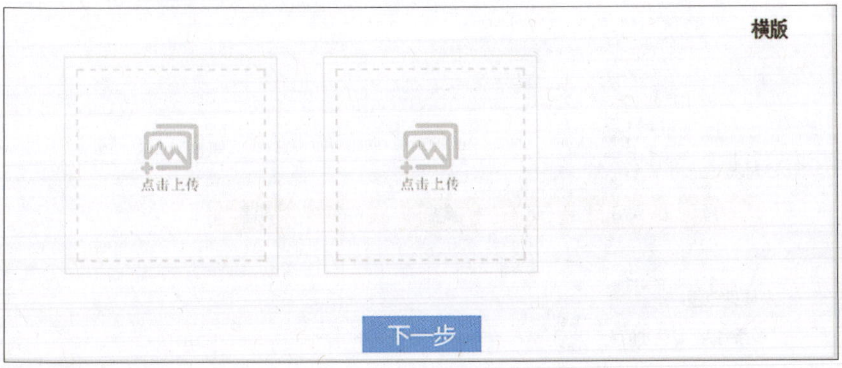

图 1.43　发布页面

单击图1.43中的“点击上传”图片，弹出上传图片页面，该页面就是通过“美图秀秀”插件显示的页面，用户可以根据需要上传图片，上传图片页面效果如图1.44所示。

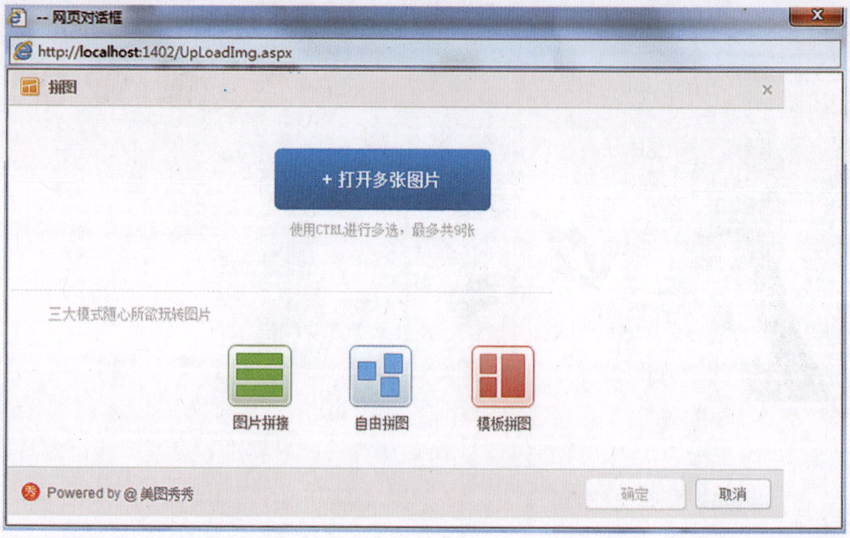

图 1.44　使用“美图秀秀”插件上传图片

上传图片后，单击“确定”按钮，进入发布的第二个步骤，即：输入描述文字、选择标签和可见范围，所有内容设置完成后，单击“发布”按钮，即可将设置的内容展示到鱼和熊掌网站的前台，如图1.45所示。

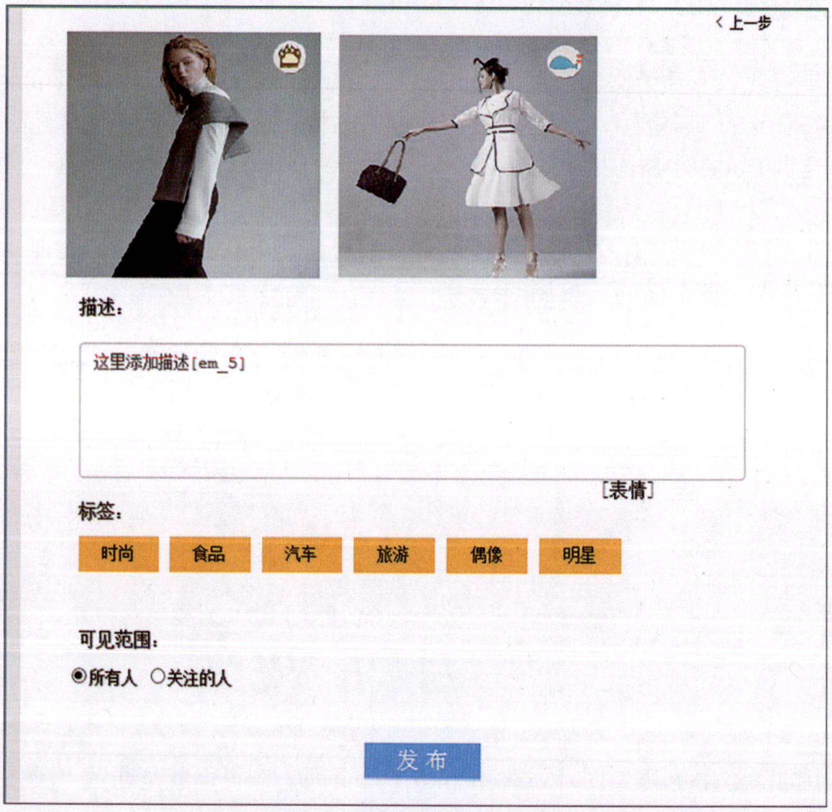

图 1.45　填写发布信息并发布

1.7.2　评论页面设计（▶ 1115562011313101129.html）

视频讲解

源码位置：光盘\Code\01\Src\Comment.aspx

登录用户可以对网站中已经发布的投票项进行评论，在发现页面中单击指定项下面的“评论”按钮，即可跳转到评论页面，该页面中主要显示要投票的项，当用户在下方的文本框中输入内容后，单击“评论”按钮，即完成了对该投票项的评论。评论页面效果如图1.46所示。

图 1.46　评论页面

1.7.3　个人中心页面设计（▶ 1115562011313101130.html）

视频讲解

源码位置：光盘\Code\01\Src\UserCenter.aspx

登录用户单击自己的头像，可以打开个人中心页面，该页面中主要显示自己的头像、签名、关注人和粉丝数等信息，其效果如图1.47所示。

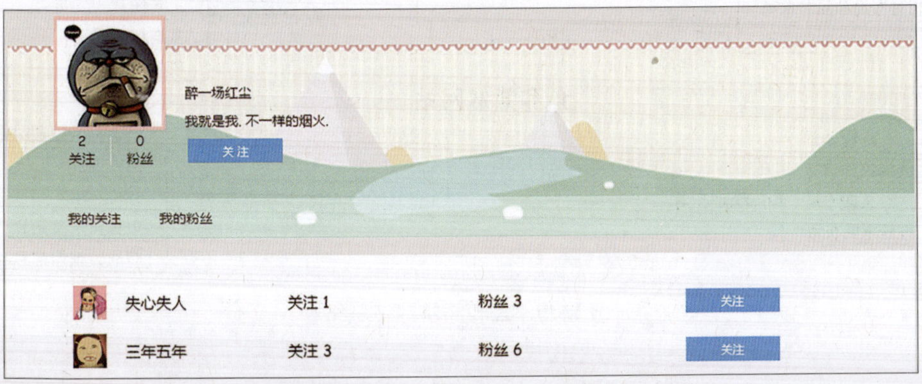

图 1.47　个人中心页面

1.7.4 发现页面设计（111556201131310113‌1.html）

视频讲解

源码位置：光盘\Code\01\Src\Find.aspx

登录的用户可以查看发现页面下的内容，在这里可以通过类型来筛选信息，其效果如图1.48所示。

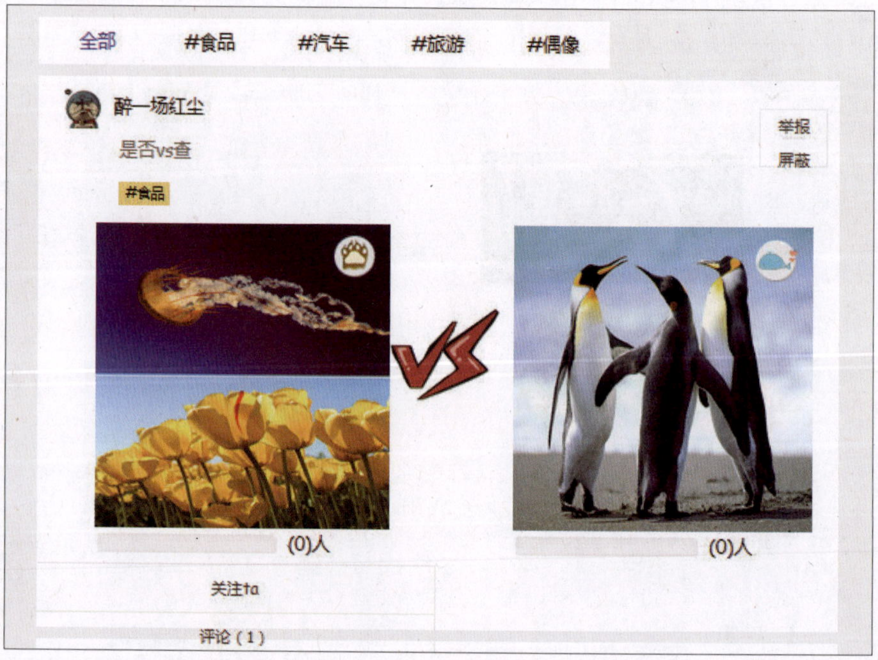

图 1.48　发现页面

1.8 本章总结

下面通过一个思维导图对本章所讲模块及主要知识点进行总结，如图1.49所示。

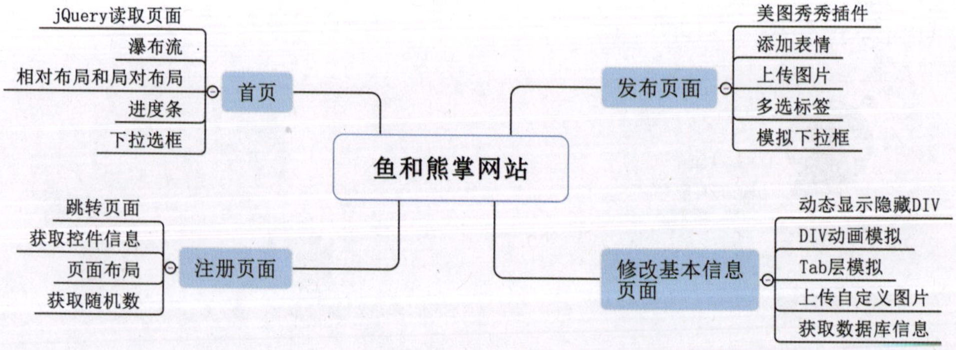

图 1.49　鱼和熊掌网站总结

第一章

恭喜你完成了本章学习！

通过日夜征战，你已经攻占了ASP.NET大陆的部分板块！

但是此处土地还很荒芜，后续还需要通过你已经掌握的《鱼和熊掌网站——让您的选择更轻松》核心技能，在这些荒芜的土地上辛勤耕耘，把它变成程序开发领域的繁华之地。

请继续在ASP.NET大陆里开疆拓土吧！

攻占ASP.NET大陆

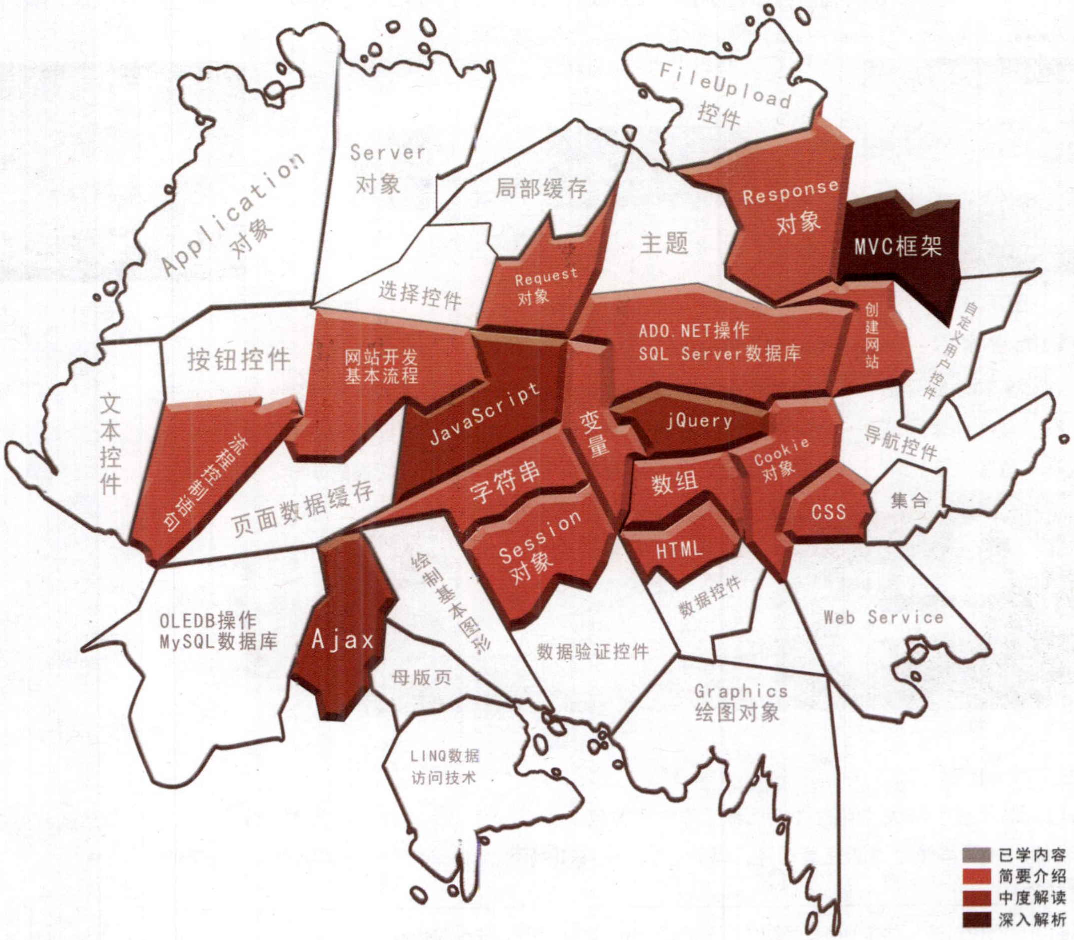

武林号令：入武林者，需在武林圣地——明日学院（www.mingrisoft.com）登记造册，尽享武林人士特权。

ASP.NET 大咖实战训练营

1. 《鱼和熊掌网站——让您的选择更轻松》项目换肤训练

为《鱼和熊掌网站——让您的选择更轻松》更换自己喜欢的界面，提供3套设计的界面及素材，部分界面如图1-图3所示。您也可以用自己设计的界面替换原程序界面（下载换肤素材、分享换肤的效果和领取勋章，可以通过扫描右侧二维码或输入www.mingrisoft.com/Practice/09010101.html网站实现）。

图1

图2

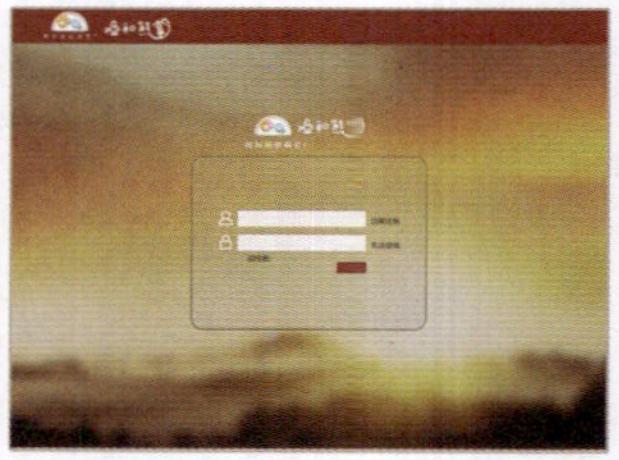

图3

2. 《鱼和熊掌网站——让您的选择更轻松》功能修改训练

- □ （1）在《鱼和熊掌网站——让您的选择更轻松》的对比图中添加查看源图片的功能，如图4所示。
- □ （2）在《鱼和熊掌网站——让您的选择更轻松》的登录页中添加滑动验证码的功能，如图5所示。
- □ （3）在《鱼和熊掌网站——让您的选择更轻松》的首页中添加排列方式切换的功能，如图6所示。

图4

图5

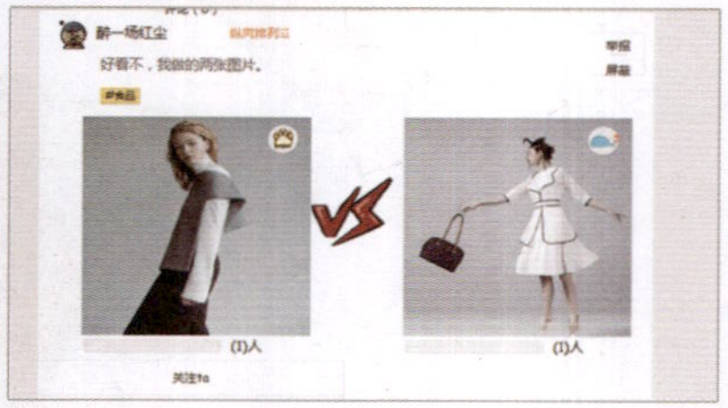

图6

3. 开发实战训练

找身边可以用程序解决的问题（生活和工作中不方便、重复的事情，有趣的项目或游戏），做一个简单的程序初步实现核心功能。然后再使用不断完善功能，做到极致，你就是编程大咖。赶快写出你要开发的项目吧！

项目名称：________________________________

如果你还没有发现生活中能用编程解决的问题和项目，可以扫描二维码或登录www.mingrisoft.com/Practice/09/Product.html，看大家正在做哪些项目，说不定这里可以激发你的灵感。

扫码获取资源

□ 完成任务一：项目换肤训练

□ 完成任务二：功能修改训练

□ 完成任务三：开发实战训练

扫码领取勋章

第2章

Show——企业个性化展示平台

（ASP.NET + HTML5 + MySQL 实现）

Show——企业个性化展示平台（以下简称 Show 网站）是一个集制作和传播于一体的 HTML5 在线制作平台，主要使用了 ASP.NET、jQuery、HTML5 等技术。通过本章学习，你将学到：

- jQuery 基本应用
- HTML5基本应用
- jQuery插件编写
- JSON数据的解析
- 数据库基础操作
- 数据库随机查询
- 一般处理文件（.ashx）的使用

预备知识视频讲解　项目开发视频讲解

预备知识导图

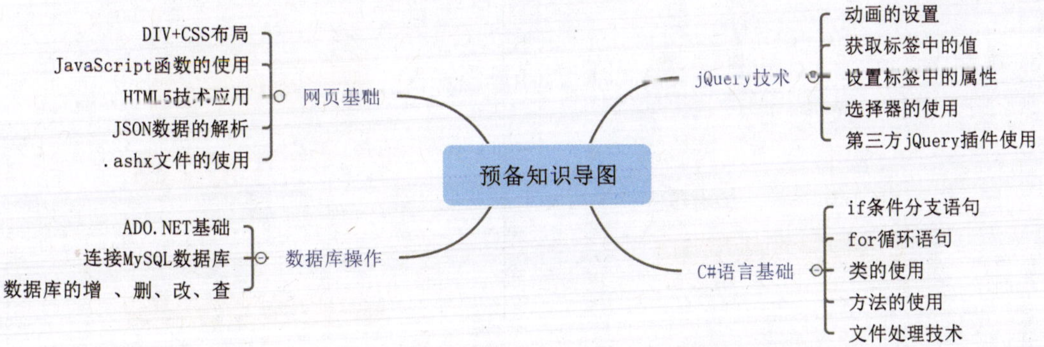

（1115562011312101111.html）
（1115562011315101111.html）

界面预览

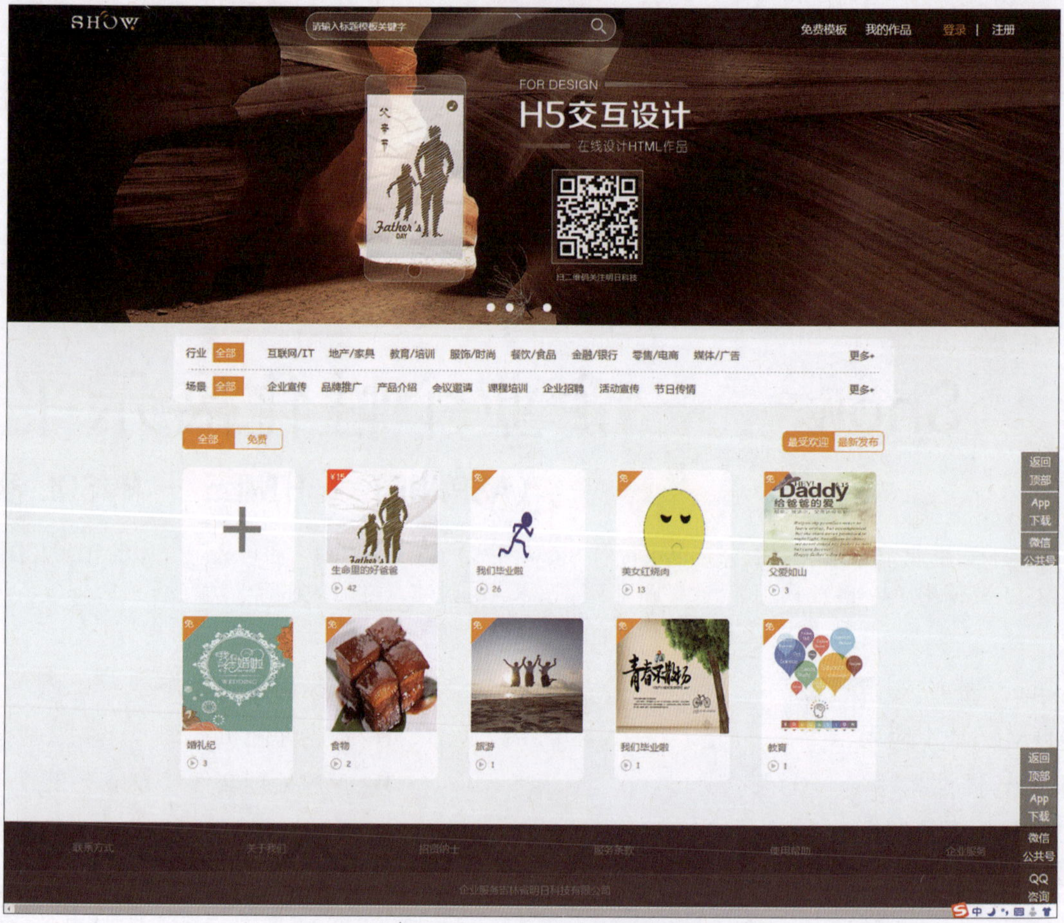

Show 网站首页（P75）

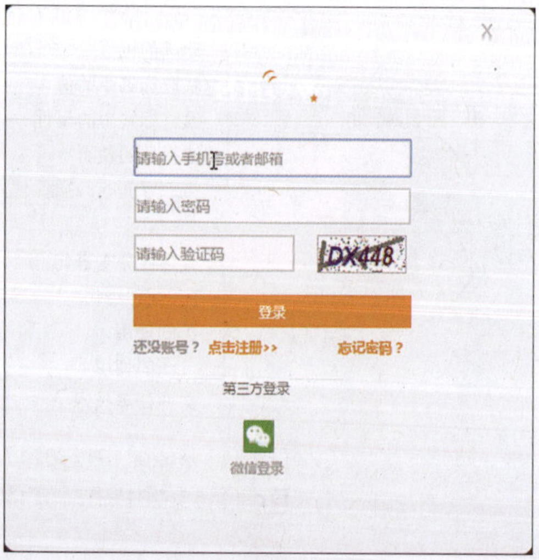

Show 网站登录页面（见光盘）

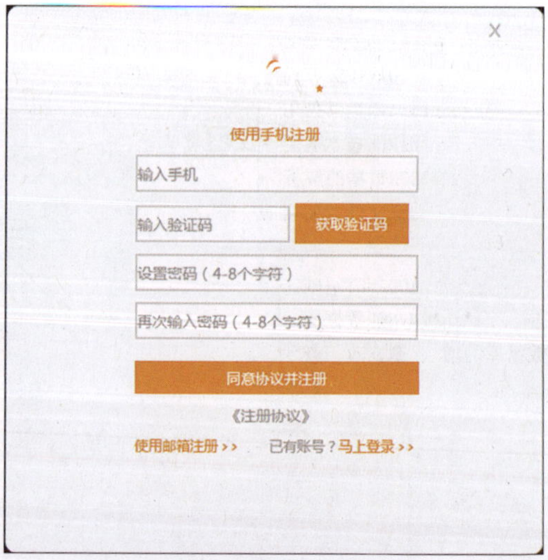

Show 网站注册页面（见光盘）

场景编辑页面（P111）

预览场景页面（见光盘）　　　　发布场景页面（见光盘）

项目功能应用技术预览

HTML5 实现轮播图效果（P153）

计算点击量（P158）

鼠标经过显示二维码（P158）

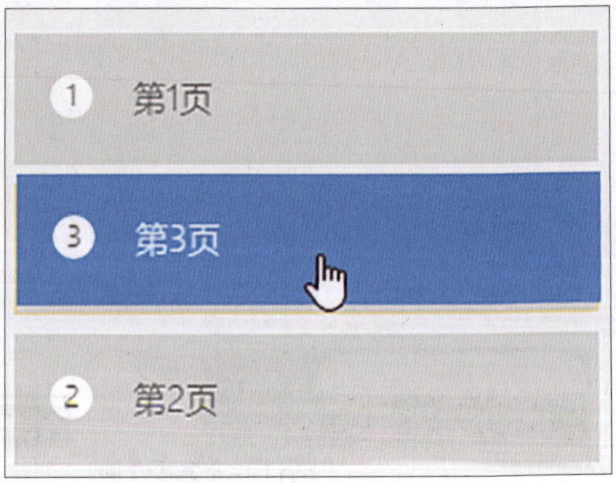

在网页中通过拖曳调整项的顺序（见光盘）

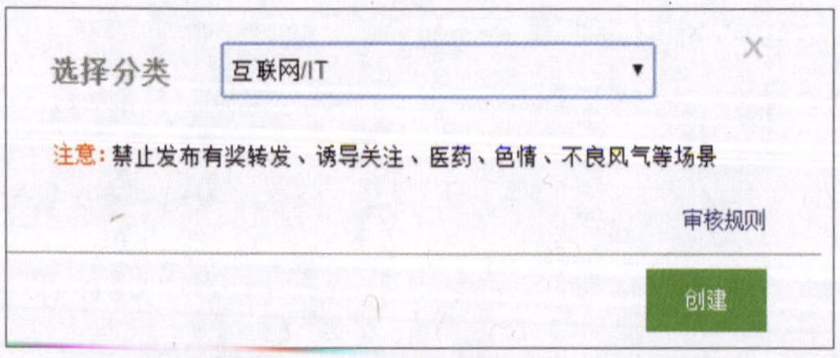

以层的方式显示页面（P108）

通过手机验证码注册会员

2.1　开发背景（1115562011313102111.html）

视频讲解

Show网站用户无须掌握复杂的编程技术，就能轻松制作基于HTML5的精美手机幻灯片页面，同时与主流社会化媒体衔接，让用户通过自身的社交媒体账号展示业务、发展潜在客户。Show网站让用户随时了解传播效果、明确营销重点、优化营销策略。用户零门槛就可以使用Show网站进行移动自营销，从而持续积累用户。Show网站开发细节设计如图2.1所示。

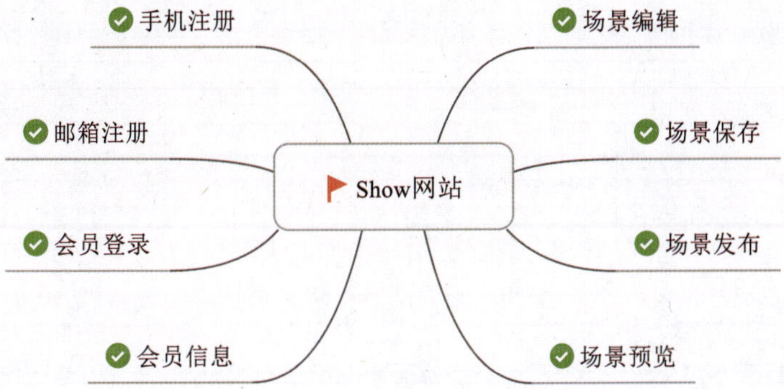

图 2.1　Show 网站相关开发细节

2.2　系统功能设计

2.2.1　系统功能结构（1115562011313102112.html）

视频讲解

Show网站分为前台和后台：前台主要是对会员和个人场景的管理，其功能结构如图2.2所示；后台主要包括对账户、角色、资源和场景模板的管理，其功能结构如图2.3所示。

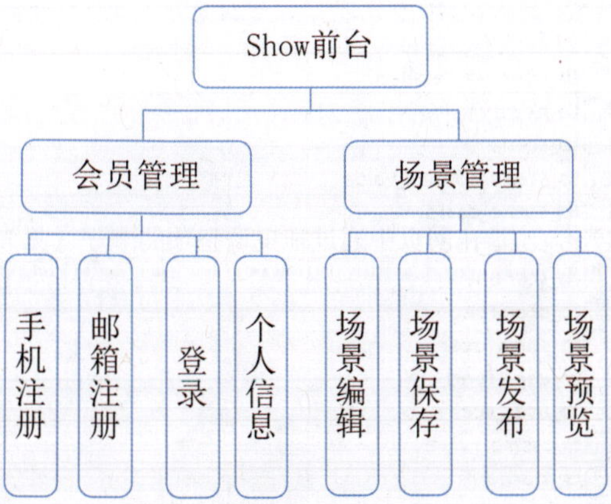

图 2.2　Show 网站前台功能结构

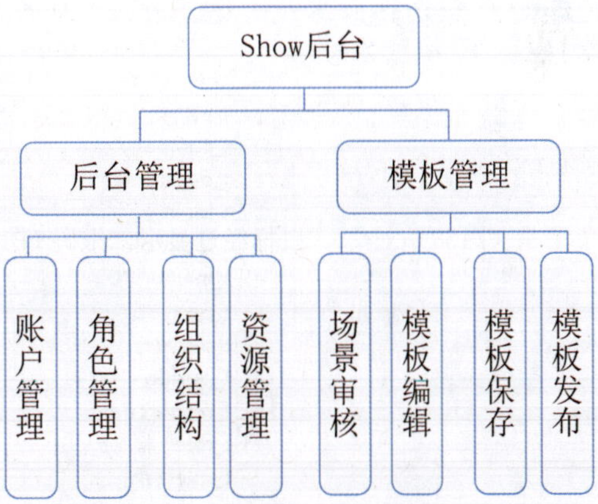

图 2.3　Show 网站后台功能结构图

2.2.2　系统业务流程（1115562011313102113.html）

视频讲解

Show网站的系统业务流程如图2.4所示。

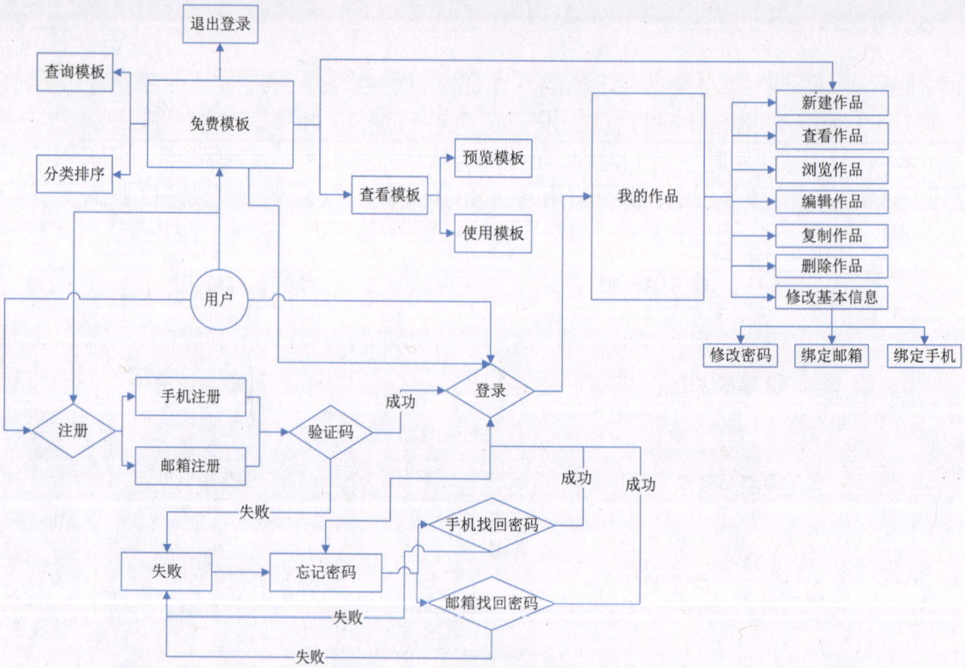

图 2.4　Show 网站系统业务流程图

2.3　数据库设计

2.3.1　数据库说明（ 1115562011313102114.html）

视 频 讲 解

Show网站存储数据使用的是MySQL数据库。MySQL数据库小巧轻便，便于使用，本章的数据库名称为db_show，数据表目录如图2.5所示。

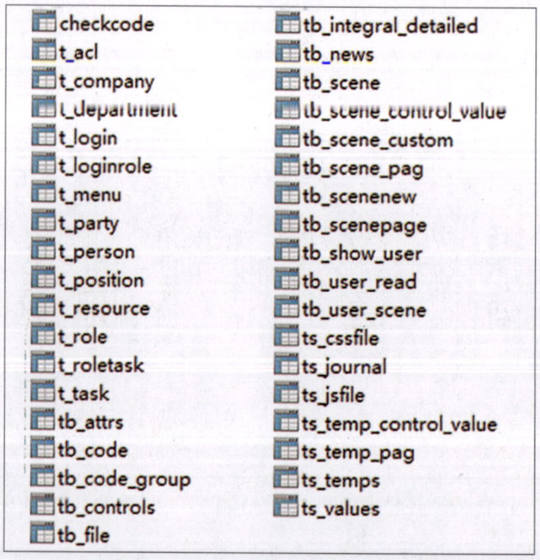

图 2.5　Show 数据库表预览

> **说明：**本项目使用了 MySQL 数据库，为了加快开发进度，读者可以直接将光盘资源中提供的 db_show.sql 文件导入数据库，数据库文件地址为：光盘 \Code\02\Src\db_show.sql，关于 MySQL 数据库的使用，可以查看本书附赠的《小白手册•环境搭建与程序调试》。

下面对Show网站中用到的数据表及其作用进行说明。

1．基础表

框架基础数据表结构如表2.1所示。

表 2.1　基础表

数据表名称	描述
t_login	用户名
t_person	角色
t_party	部门
t_acl	权限
t_menu	菜单列表
t_loginrole	用户 ID 与角色 ID 关系表

2．业务表

业务表结构如表2.2所示。

表 2.2　业务表

数据表名称	描述
tb_code_group	基础信息类型表
tb_code	基础信息值表
tb_controls	基础控件表
tb_attrs	基础控件属性表
ts_values	基础控件属性值表
ts_jsfile	基础 JavaScript 引用库
ts_cssfile	基础 CSS 引用库
ts_temps	模板表
ts_temp_pag	模板分页表
ts_temp_control_value	模板控件、值集合表
tb_scene_custom	场景自定义类型表
tb_scene_pag	场景分页表

续表

数据表名称	描述
tb_scene_control_value	场景控件、值集合表
tb_show_user	用户表
tb_user_scene	用户场景对应表
tb_news	用户消息表
tb_user_read	用户消息已读表
tb_integral_detailed	用户积分明细
ts_journal	日志表
tb_scene	场景表
tb_file	文件表

2.3.2 数据库设计（1115562011313102115.html）

视频讲解

本节将对db_show数据库中主要数据表的结构进行介绍。

1. 基础信息类型表（tb_code_group）

tb_code_group表主要用来存储网站的基础类型信息，其结构如表2.3所示。

表 2.3 基础信息类型表（tb_code_group）

中文名	字段名	字段类型	长度	是否主键	描述
主键	group_id	int		Y	
类型名称	group_msg	varchar	50		

2. 基础信息值表（tb_code）

tb_code 表主要用来存储网站的基础信息，其结构如表2.4所示。

表 2.4 基础信息值表（tb_code）

中文名	字段名	字段类型	长度	是否主键	描述
主键	code_id	int		Y	
类型 id	group_id	int			
是否可用	state	int			0 可用，1 不可用
基础信息名称	msg	varchar	50		

3. 基础控件表（tb_controls）

tb_controls表主要用来存储网站的基础控件信息，其结构如表2.5所示。

表 2.5　基础控件表（tb_controls）

中文名	字段名	字段类型	长度	是否主键	描述
主键	control_id	int		Y	
控件名称	control_name	varchar	50		
需要金额	money	double			0 为免费
正常 / 异常	state_code_id	int			code 基础信息值表 id

4. 基础控件属性表（tb_attrs）

tb_attrs表主要用来存储网站的基础控件属性信息，其结构如表2.6所示。

表 2.6　基础控件属性表（tb_attrs）

中文名	字段名	字段类型	长度	是否主键	描述
主键	arr_id	int		Y	
控件 ID	control_id	int			
属性名称	arr_name	varchar	50		
属性默认值	arr_default	varchar	2000		0 为免费
正常 / 异常	state_code_id	int			code 基础信息值表 id

5. 基础控件属性值表（ts_values）

ts_values表主要用来存储网站的基础控件属性值信息，其结构如表2.7所示。

表 2.7　基础控件属性值表（ts_values）

中文名	字段名	字段类型	长度	是否主键	描述
主键	value_id	int		Y	
属性表 id	attr_id	int			attrs
值	value_text	varchar	2000		
正则表达式	value_regular	varchar	200		
是否可以自定义	custom_code_id	int			0 是，1 否
正常 / 异常	state_code_id	int			code 基础信息值表 id

6. 基础 JavaScript 引用库（ts_jsfile）

ts_jsfile表主要用来存储网站的基础JavaScript文件信息，其结构如表2.8所示。

表 2.8　基础 JavaScript 引用库（ts_jsfile）

中文名	字段名	字段类型	长度	是否主键	描述
主键	js_file_id	int		Y	
文件名称	file_name	varchar	50		
是引用还是文本	choice	int			0 引用，1 文本

7. 基础 CSS 引用库（ts_cssfile）

ts_cssfile表主要用来存储网站的基础CSS文件信息，其结构如表2.9所示。

表 2.9　基础 CSS 引用库（ts_cssfile）

中文名	字段名	字段类型	长度	是否主键	描述
主键	css_file_id	int		Y	
文件名称	file_name	varchar	50		
是引用还是文本	choice	int			0 引用，1 文本

8. 模板表（ts_temps）

ts_temps表主要用来存储网站的模板信息，其结构如表2.10所示。

表 2.10　模板表（ts_temps）

中文名	字段名	字段类型	长度	是否主键	描述
主键	temp_id	int		Y	
模板编码	temp_code	varchar	50		唯一
模板名称	temp_name	varchar	50		
使用次数	use_num	int			
上线时间	addtime	datetime			
模板类型（行业）	type_code_id	int			基础信息值表 id
场景描述	des	varchar	2000		
正常 / 异常	state_code_id	int			基础信息值表 id
模板封面	cover	varchar	500		
jsFileid	js_file_id	int			
cssFileid	css_file_id	int			
收费金额	Money	double			0 为免费
是否审核	sh	int			0 是，1 否
翻页方式	movietype	int			基础信息值表 id
音乐链接	musicUrl	varchar	500		
视频链接	videoUrl	varchar	500		
是否推荐	tj	int			0 是，1 否
用户 id	author	varchar	50		
二维码图片	qrCode	varchar	500		
使用率	userNum	int			
单击率	MouseClick	int			
模板类型（场景）	sence_code_id	int			基础信息值表 id

9. 模板分页表（ts_temp_pag）

ts_temp_pag表主要用来存储网站的模板分页信息，其结构如表2.11所示。

表 2.11　模板分页表（ts_temp_pag）

中文名	字段名	字段类型	长度	是否主键	描述
主键	pag_id	int		Y	
创建时间	addtime	datetime			
页面组件	content_text	longtext			所有组件的属性都存储在这里
模板编码	temp_code	varchar	50		唯一
模板 id	temp_id	int			
第几页	num	int			
翻页类型	type_code_id	int			基础信息值表 id

10. 模板控件、值集合表（ts_temp_control_value）

ts_temp_control_value表主要用来存储网站的模板控件、值对应信息，其结构如表2.12所示。

表 2.12　模板控件、值集合表（ts_temp_control_value）

中文名	字段名	字段类型	长度	是否主键	描述
主键	temp_control_id	int		Y	
模板 id	temp_id	int			
分页 id	pag_id	int			
控件 id	control_id	int			
属性 id	attr_id	int			
值 id	value_id	int			
值	value_text	varchar	2000		
上级控件 id	up_temp_control_id	int			0 为顶级
正常 / 异常	state_code_id	int			基础信息值表 id

11. 场景自定义类型表（tb_scene_custom）

tb_scene_custom表主要用来存储网站的场景自定义类型信息，其结构如表2.13所示。

表 2.13　场景自定义类型表（tb_scene_custom）

中文名	字段名	字段类型	长度	是否主键	描述
类型 id	scene_custom_id	int			
用户 id	user_id	int			
类型名称	type_msg	varchar	50		

续表

中文名	字段名	字段类型	长度	是否主键	描述
正常 / 异常	state_code_id	int			基础信息值表 id

12. 场景分页表（tb_scene_pag）

tb_scene_pag表主要用来存储网站的场景分页信息，其结构如表2.14所示。

表 2.14　场景分页表（tb_scene_pag）

中文名	字段名	字段类型	长度	是否主键	描述
场景分页 id	scene_pag_id	int			
页面组件	content_text	longtext			所有组件的属性都存储在这里
场景编码	scene_code	varchar	50		唯一
翻页类型	flip_code_id	int			基础信息值表 id
页面名称	pageName	varchar	50		
第几页	num	int			

13. 场景控件、值集合表（tb_scene_control_value）

tb_scene_control_value表主要用来存储网站的场景控件、值对应信息，其结构如表2.15所示。

表 2.15　场景控件、值集合表（tb_scene_control_value）

中文名	字段名	字段类型	长度	是否主键	描述
主键	scene_control_id	int		Y	
场景 id	scene_id	int			
场景分页 id	scene_pag_id	int			
控件 id	control_id	int			
属性 id	attr_id	int			
值 id	value_id	int			
值	value_text	varchar	500		
上级控件 id	up_scene_control_id	int			0 为顶级
正常 / 异常	state_code_id	int			基础信息值表 id

14. 用户表（tb_show_user）

tb_show_user表主要用来存储网站的用户信息，其结构如表2.16所示。

表 2.16　用户表（tb_show_user）

中文名	字段名	字段类型	长度	是否主键	描述
用户 id	user_id	varchar	50		
用户名	user_name	varchar	50		
密码	user_pwd	varchar	50		000000 默认密码
昵称	nick_name	varchar	50		唯一
手机号	Phone	varchar	50		
email	email	varchar	50		
QQ	qq	varchar	50		
微信	wechat	varchar	50		
新浪微博	sina_blog	varchar	50		
性别	gender	int			0 女，1 男
积分	integral	int			
用户类型	user_type_code_id	int			基础信息值表 id
注册时间	addtime	datetime			
用户头像	headImg	varchar	100		
验证码	checkCode	varchar	50		
发送验证码时间	checkTime	datetime			
正常 / 异常	state_code_id	int			基础信息值表 id，99 恶意用户，50 邮箱未验证用户

15. 用户场景对应表（tb_user_scene）

tb_user_scene表主要用来存储网站的用户和场景的对应关系信息，其结构如表2.17所示。

表 2.17　用户场景对应表（tb_user_scene）

中文名	字段名	字段类型	长度	是否主键	描述
对应 id	user_scene_id	int			
用户 id	user_id	int			
场景 id	scene_id	int			
自定义类型 id	scene_custom_id	int			
正常 / 异常	state_code_id	int			基础信息值表 id

16. 用户消息表（tb_news）

tb_news表主要用来存储网站的用户获得的消息信息，其结构如表2.18所示。

表 2.18　用户消息表（tb_news）

中文名	字段名	字段类型	长度	是否主键	描述
消息 id	new_id	int			
针对用户 id	user_id	int			0 为全体用户
消息内容	msg	varchar	2000		
消息时间	addtime	datetime			
发送者	send_user_id	int			

17. 用户消息已读表（tb_user_read）

tb_user_read表主要用来存储网站的用户已经读取的消息信息，其结构如表2.19所示。

表 2.19　用户消息已读表（tb_user_read）

中文名	字段名	字段类型	长度	是否主键	描述
消息 id	new_id	int			
是否已读	type	int			0 已读
用户 id	user_id	int			0 针对全体用户

18. 用户积分明细表（tb_integral_detailed）

tb_integral_detailed表主要用来存储网站的用户积分明细信息，其结构如表2.20所示。

表 2.20　用户积分明细表（tb_integral_detailed）

中文名	字段名	字段类型	长度	是否主键	描述
用户 id	user_id	int			
积分时间	addtime	datetime			
积分	integral	int			
积分说明	des	varchar	2000		

19. 日志表（ts_journal）

ts_journal表主要用来存储网站日志信息，其结构如表2.21所示。

表 2.21　日志表（ts_journal）

中文名	字段名	字段类型	长度	是否主键	描述
时间	addtime	datetime			
用户 id	user_id	int			
描述	des	varchar	2000		

20. 场景表（tb_scene）

tb_scene表主要用来存储网站场景信息，其结构如表2.22所示。

表 2.22　场景表（tb_scene）

中文名	字段名	字段类型	长度	是否主键	描述
主键	scene_id	int			
场景编码	scene_code	varchar	50		
场景名称	scene_name	varchar	500		
建设时间	addtime	datetime			
正常 / 异常	state_code_id	int			基础信息值表 id，2 关键词违规
场景访问次数	visit_num	int			
场景其他用户使用次数	use_num	int			
访问权限	dic_code_id	int			基础信息值表 id
场景封面	cover	varchar	500		
场景类型表 id	scene_custom_id	int			
场景自定义类型 id	scene_typeid	int			
jsFileid	js_file_id	int			
cssFileid	css_file_id	int			
是否审核	sh	int			0 是，1 否
翻页方式	movietype	int			基础信息值表 id
音乐链接	musicUrl	varchar	500		
视频链接	videoUrl	varchar	500		
是否推荐	tj	int			0 是，1 否
用户 id	author	varchar	50		
二维码图片	qrCode	varchar	500		
使用率	userNum	int			
场景说明	des	varchar	500		
是否已经生成模板	Modeled	int			1 已经生成
图片类型	fileType	varchar	100		
x 坐标	x	int			
y 坐标	y	int			
宽度	w	int			
高度	h	int			
单击率	MouseClick	int			

21. 文件表（tb_file）

tb_file表主要用来存储网站用户上传文件信息，其结构如表2.23所示。

表 2.23　文件表（tb_file）

中文名	字段名	字段类型	长度	是否主键	描述
主键	fileid	varchar	50		
扩展名	extName	varchar	50		
文件类型	fileType	int			0 背景图片，1 音乐，2 图片类型
文件路径	path	varchar	500		
添加时间	addtime	datetime			
文件名称	fileName	varchar	50		
用户文件名称	fileUserName	varchar	500		
用户 id	userid	varchar	50		

22. 验证码表（CheckCode）

CheckCode表主要用来存储网站验证码信息，其结构如表2.24所示。

表 2.24　验证码表（CheckCode）

中文名	字段名	字段类型	长度	是否主键	描述
主键	id	int			
用户名	UserName	varchar	50		
验证码	CODE	varchar	50		
发送时间	addtime	datetime			

2.4　首页页面设计

视频讲解

2.4.1　首页网页布局（1115562011313102116.html）

☑ 开发时间：6小时～8小时　☑ 开发难度：★★☆☆☆

☑ 源码路径：光盘\Code\02\Module\001\

☑ 关键词：DIV+CSS布局　JSON数据解析　HTML5应用　一般处理程序

Show网站的首页主要由页头、页体和页脚三部分构成，其中，页体由滚动图片、场景分类和模板构成。首页效果如图2.6所示。

下面对首页的创建及布局进行讲解。

1. 创建新页面

启动Visual Studio 2015，单击“文件”→“新建”→“网站”，选择ASP.NET空网站，并选择或者填写路径，这里输入“E:\test\show”，然后单击“确定”按钮，如图2.7和图2.8所示。

图 2.6　首页效果

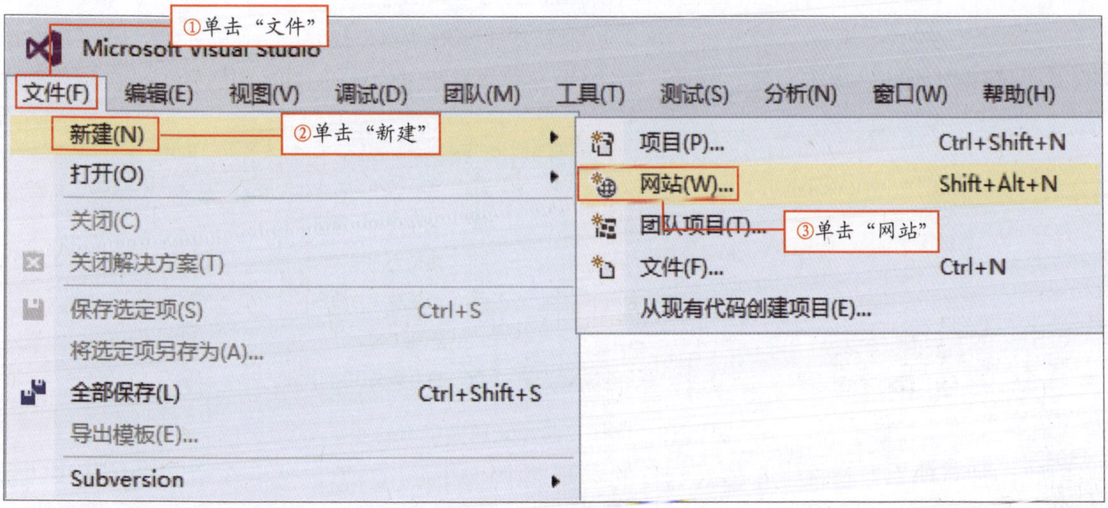

图 2.7　新建网站

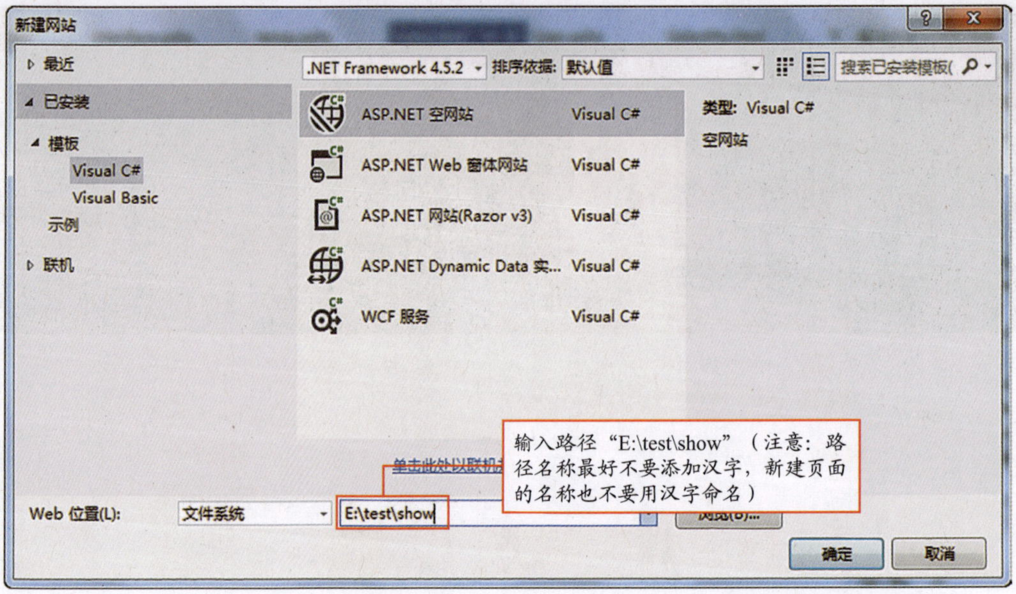

图 2.8　“新建网站”对话框

在Visual Studio 2015开发环境的右侧“解决方案资源管理器”中多出一个名为show的项目，如图2.9所示。

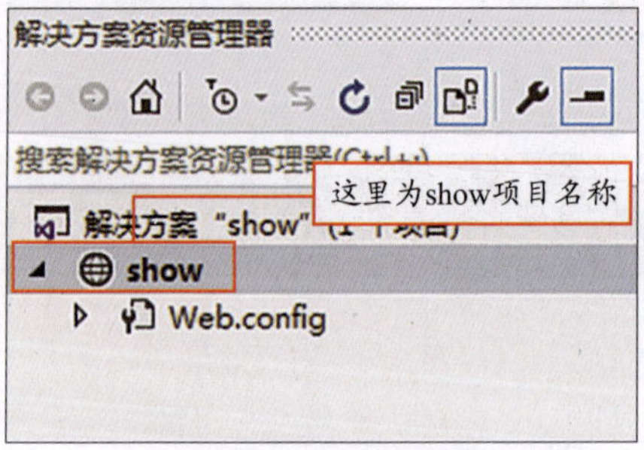

图 2.9　网站项目列表

选中“show”项目，单击右键，选择“添加”→“添加新项”，如图2.10所示。

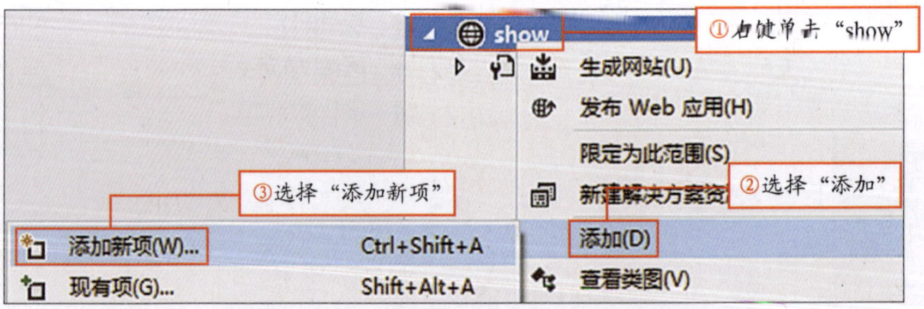

图 2.10　选择“添加新项”菜单项

弹出“添加新项”对话框，在该对话框的左侧选中“Visual C#”，然后在中间区域选中“HTML页”，在“名称”文本框中输入index.html，最后单击“添加”按钮，新建一个index.html页面，作为show网站的首页。如图2.11所示。

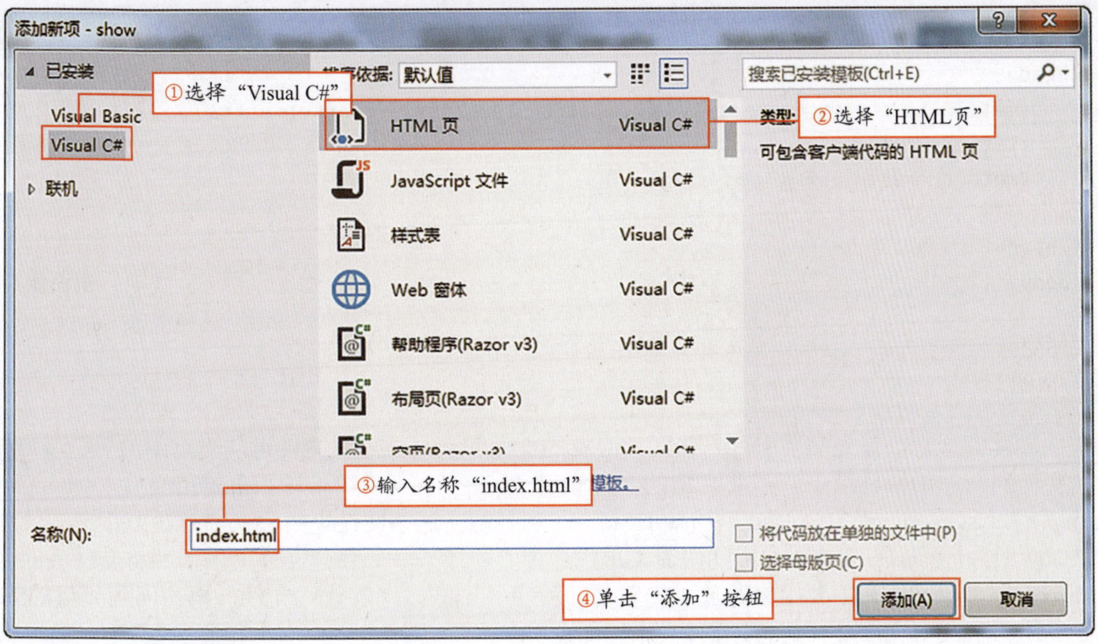

图 2.11　“添加新项”对话框

2. 填写页面代码

创建完页面之后，右键单击刚刚创建的index.html页面，选择“在浏览器中查看”，查看运行效果如图2.12所示。由于没有在页面中添加任何代码，所以会出现空白页面。

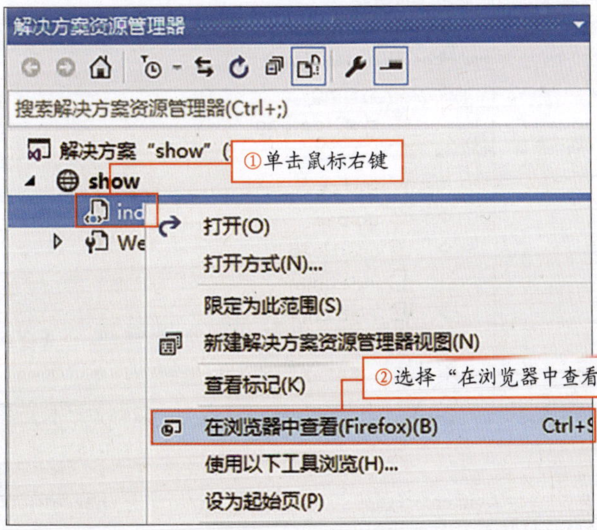

图 2.12　浏览页面

打开index.html页面，在创建该页面时，Visual Studio 2015开发环境自动生成了部分代码，代码如下（注意：下面代码不用手动输入，这是开发环境自动生成的）：

<代码 01　　代码位置：光盘\Code\02\Bits\01.txt>

```
<!DOCTYPE html>
```

```
<html>
<head>                                                                       <!--页面头-->
    <meta http-equiv="Content-Type" content="text/html; charset=utf-8" /> <!--页面编码-->
    <title></title>                                                       <!--页面标题-->
    <meta charset="utf-8" />

</head>
<body>                                                                       <!--页面体-->

</body>
</html>
```

页面创建完成后，首先需要引入一些网站必要的文件和素材，这些文件可从光盘中的“Code\02\Src”目录下复制到网站的根目录下。需要复制的文件夹有“bin”“css”“js”“PhoneImg”“senceCreate”“sysImg”“sysOrderImg”“upload”“userHead”。当复制完这些文件夹后，在“解决方案资源管理器”中选中show项目，单击右键，在弹出的快捷菜单中选择“添加”→“新建文件夹”，并将文件夹的名字命名为“Tools”，该文件夹主要用来存放“一般处理程序（.ashx）”等代码文件，再次回到光盘的Src目录下，将该目录下的f.cs文件复制到tools文件夹中，如图2.13所示。

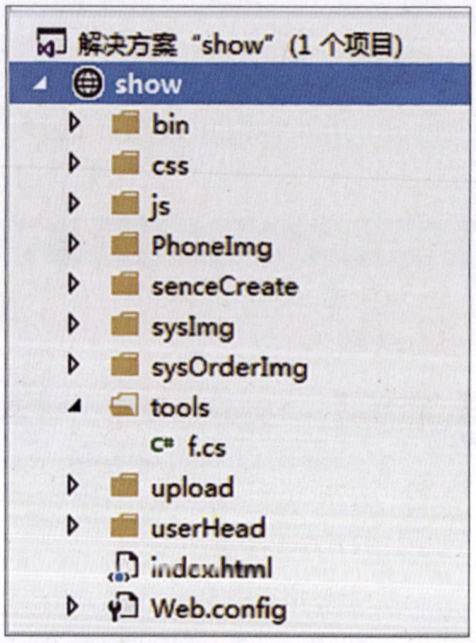

图 2.13　show 项目目录结构

在index.html中找到如图2.14所示代码位置，在此处添加引入JavaScript脚本文件和CSS样式文件的代码。

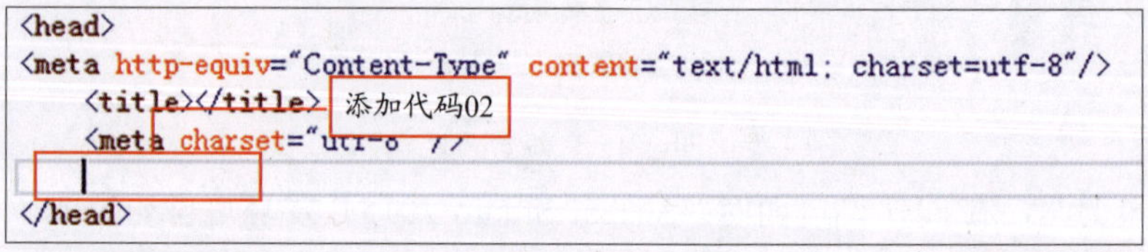

图 2.14　引入 JavaScript 脚本文件和 CSS 样式文件的位置

在图2.14所示位置引入外部JavaScript文件和CSS文件，并添加网页自动适应和弹出页面层的JavaScript方法。代码如下：

<代码 02　　代码位置：光盘\Code\02\Bits\02.txt>

```
<!--引入JavaScript文件-->
<script type="text/javascript" src="js/jquery.min.js"></script>
<script src="js/MethodIndex.js"></script>
<script src="js/Exect.js"></script>
<script src="js/qrcode.min.js"></script>
<script src="js/function.js"></script>
<!--引入css文件-->
<link href="css/css.css" rel="stylesheet" />

<script>
    $(function () {
        init();                                           //设置画图初始
        DrowDian();                                       //画点
        winUpdate();                                      //浏览器改变大小时，重新画图
        GetContext();                                     //获取初始化模板
        $('#top').load('top.html');                       //在top标签中读取top页面
        $('#footer').load('footer.html');                 //在footer标签中读取footer页面
    });
    //网页改变大小事件
    $(window.parent.window).resize(function () {
        var winHeight = $(window).height() + $(document).scrollTop();//获取浏览器高度
        var winWidth = $(window).width();                   //获取浏览器宽度
        if ($('#coverDiv')) {
            $('#coverDiv').css('width', winWidth + "px");  //设置遮盖层的宽度
            $('#coverDiv').css('height', winHeight + "px");//设置遮盖层的高度
        }
    }
    );
    //弹出页面层
    function Down() {
        EjectIdent('UserLook.html?', '', 760, 650);
    }
</script>
```

接下来设置要在页面中显示的内容（即：<body>标签内设置的内容），show网站首页主要显示轮播图、行业分类、场景分类、模板列表、“点击查看更多...”按钮和右侧随网页上下浮动的“返回顶部”“App下载”“微信公众号”“QQ资源”按钮。index.html页面的布局代码如下：

<代码 03　　代码位置：光盘\Code\02\Bits\03.txt>　（111556201030110211 1.html）

```
<body style="min-width:1300px; background-color:#f6f9f8;">
    <!--头部-->
    <div id="top" style="width:100%; height:60px; border:none; z-index:20;
min-width:1300px;position:absolute; top:0px; left:0px;"></div>
    <!--广告-->
```

代码解释

```
    <section id="advDiv" style="width:100%; height:500px; margin-top:-5px; position:relative; ">
        <!--显示广告图片的地方-->
        <canvas id="canvas" height="500" onClick="ImgClick()" style="cursor:pointer;"></canvas>
        <!--图片上的圆点放置的地方，单击可以选择图片-->
        <div id="dian"></div>
    </section>
    <!--放置行业分类和场景分类的地方-->
    <div style="background-color:white; width:1140px; margin:20px auto; border-radius:10px;">
        <!--行业-->
        <section id="listIndustryDiv" style="height:40px; position:relative; width:1120px; margin:0px auto; " class="bennTitle">
            <!--背景-->
            <div style="z-index:5; height:30px; width:100%; position:absolute; top:0;left:0; margin-top:10px;">
                <div id="fdbg" style="background-color:#f39800; height:30px; width:45px; position:absolute; left:56px;"></div>
            </div>
            <!--显示一段文字-->
            <p style="color:#666666; cursor:default;">行业</p>
            <!--显示"全部"文字-->
            <p style="background-color:#f39800; width:40px; color:#fff; margin-right:30px; text-align:center;" value="0" onclick="IndustrySelect(this)">全部</p>
            <!--所有行业的聚集地-->
            <section style="float:left;" id="IndustryDiv" class="bennTitle">
                <!--行业title-->
            </section>
            <!--显示"更多"，鼠标经过下拉-->
            <p id="hymore" style="float:right; margin-right:20px; display:none;" onMouseOver="IndustryOverp(this)" onMouseOut="IndustryOutp(this)">更多+</p>
            <!--所有的行业-->
            <section id="moreIn"></section>
        </section>
        <hr style="border:dashed 1px #CCC; clear:both; margin-top:10px; width:1090px; margin-left:auto; margin-right:auto;" />
        <!--场景-->
        <section id="listSenceDiv" class="bennTitle" style="height:40px; padding-bottom:10px; position:relative; width:1120px; margin:0px auto;">
            <!--背景-->
            <div style="z-index:5; height:30px; width:100%; position:absolute; top:0;left:0; margin-top:10px;">
                <div id="cjbg" style="background-color:#f39800; height:30px; width:45px; position:absolute; left:56px;"></div>
            </div>
            <!--显示一段文字-->
            <p style="color:#666666; cursor:default;">场景</p>
```

```
                <!--显示“全部”文字-->
                <p style="background-color:#f39800; width:40px;  color:#fff; margin-right:30px;" value="0" onclick="SenceSelect(this)">全部</p>
                <!--所有场景的聚集地-->
                <section style="float:left;" id="SenceDiv" class="bennTitle">
                    <!--场景title-->
                </section>
                <!--显示“更多”，鼠标经过下拉-->
                <p id="cjmore" style="float:right; margin-right:20px; display:none;" onMouseOver="SenceOverp(this)" onMouseOut="SenceOutp(this)">更多+</p>
                <!--所有的行业-->
                <section id="moreCen"></section>
            </section>
        </div>
        <!--显示正文-->
        <article>
            <!--按照某种类型进行排序-->
            <section style="margin-top:40px; margin-left:50px; height:40px; margin-right:80px; width:1110px; margin-left:auto; margin-right:auto;">
                <!--第一类排序-->
                <div style="position:relative">
                    <!--排序滑块-->
                    <div style="height:32px; width:160px; position:absolute; top:0px; left:0px; z-index:20; border-radius:6px 6px 6px 6px; overflow: hidden; text-overflow: clip;">
                        <div id="ftag" style="width: 80px; height: 30px; background-color:#f39800; position:absolute; left:0px; border:1px solid #f39800; border-radius:10px 0px 0px 10px;"></div>
                    </div>
                    <div style="height:32px; width:160px; position:absolute; top:0px; left:0px; z-index:21;">
                        <!--显示全部-->
                        <div onclick="Fclick(this,0)" class="ChangeDiv" style="border-radius:6px 0px 0px 6px; float:left; color:white;">全部</div>
                        <!--显示免费的-->
                        <div onclick="Fclick(this,1)" class="ChangeDiv" style="border-radius:0px 6px 6px 0px; border-left:none; float:left; color:#f39800; ">免费</div>
                    </div>
                </div>
                <!--第二类排序-->
                <div style="position:relative; float:right; margin-right:160px;">
                    <!--排序滑块-->
                    <div style="height:32px; width:160px; position:absolute; top:0px; left:0px; z-index:20; border-radius:10px 6px 6px 6px;">
                        <div id="ztag" style="width: 80px; height: 30px; background-color:#f39800; position:absolute; left:0px; border:1px solid #f39800; border-radius:10px 0px 0px 10px;"></div>
```

```
                    </div>
                    <div style="height:42px; width:160px; position:absolute; top:0px; left:0px; z-index:21;">
                        <!--显示最新发布-->
                        <div onclick="Newclick(this, 1)" class="ChangeDiv" style="border-radius:0px 6px 6px 0px; border-left:none; float:right; color:#f39800;">最新发布</div>
                        <!--显示最受欢迎的-->
                        <div onclick="Newclick(this, 0)" class="ChangeDiv" style="border-radius:6px 0px 0px 6px;  float:right; color:white; ">最受欢迎</div>
                    </div>
                </div>
            </section>
            <!--显示模板的集合-->
            <section id="ContentDiv" style="margin-top:20px; margin:0px auto; width:1210px; clear:both;">
            </section>
            <!--占位专用，用于控制距离-->
            <div style="height:60px; width:100%;clear:both;">    </div>
            <!--单击“查看更多功能”按钮-->
            <section id="GetMore" onclick="nextPage()" style="clear:both; height:70px; border:solid 1px #CCC; text-align:center; line-height:70px; font-size:18px; font-weight:900; letter-spacing:5px; cursor:pointer; color:#7F7F7F; border-left:none; border-right:none;">
                单击查看更多...
            </section>
        </article>
        <div id="footer"></div>
        <aside style="position:fixed; bottom:0px; right:0px; ">
            <section class="asidDiv">
                返回<br />顶部<!--显示返回顶部-->
            </section>
            <hr style="border-color:rgba(255,255,255,0)" />
            <section class="asidDiv" onclick="Down()">
                App<br />下载<!--显示APP下载-->
            </section>
            <hr style="border-color:rgba(255,255,255,0)" />
            <section class="asidDiv" onclick="Down()">
                微信<br />公共号<!--显示微信公共号-->
            </section>
            <hr style="border-color:rgba(255,255,255,0)" />
            <section class="asidDiv" onclick="Down()">
                QQ<br />咨询<!--显示QQ咨询-->
            </section>
        </aside>
</body>
```

运行一下

按 <Ctrl+S> 组合键保存项目，然后在“解决方案资源管理器”中选中 index.html 文件，单击右键，选择“在浏览器查看”，首页效果如图 2.15 所示。

图 2.15　布局完成的首页效果

2.4.2　获取模板详细分类（111556201131310211 7.html）

视频讲解

网页布局完成后，接下来编写后台功能实现代码。首先在tools文件夹中创建Code.ashx文件，在“解决方案资源管理器”中选中tools文件夹，单击右键，选择“添加”→“添加新项”，弹出“添加新项”对话框，在该对话框中首先选中“Visual C#”，然后选择“一般处理程序”，并在“名称”文本框中输入“Code.ashx”，单击“添加”按钮，如图2.16所示。

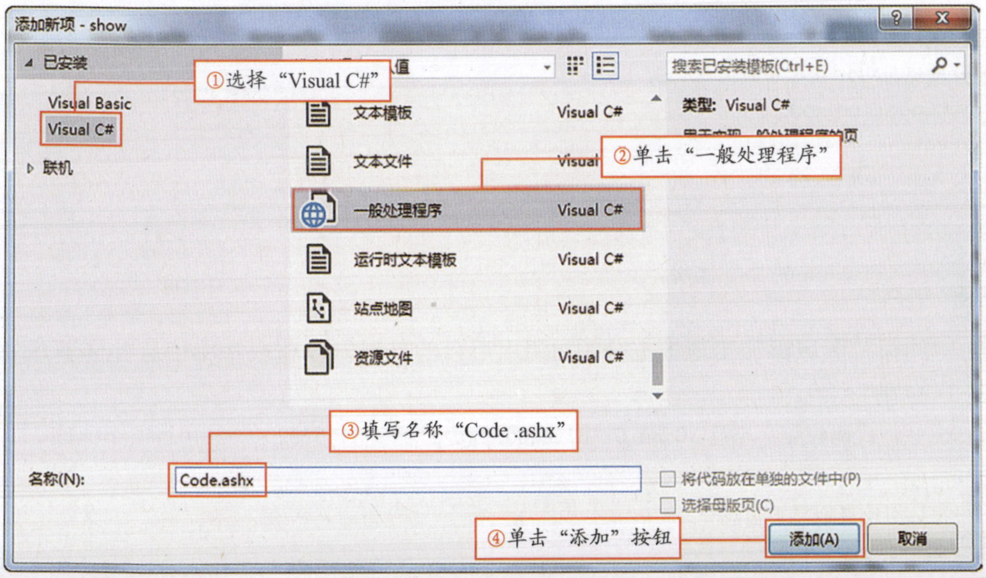

图 2.16　添加 Code. ashx 文件

创建完Code.ashx文件后，Visual Studio 2015开发环境会自动打开该文件，其默认代码如图2.17所示。

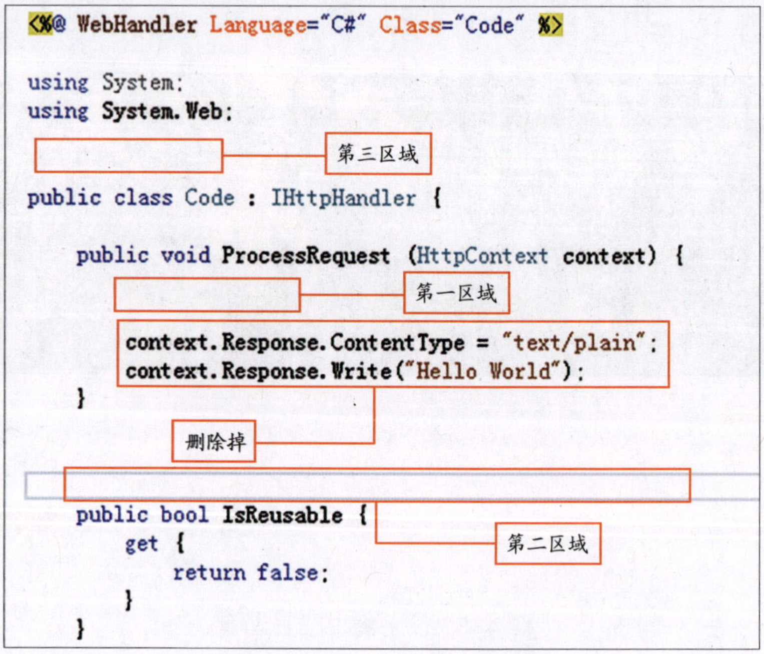

图 2.17　Code. ashx 文件默认代码

在图2.17的第一区域添加根据前台参数定位后台方法的代码，其中HttpContext.Current.Request.Form是为了获取前台function.js中定义的t参数的值。具体代码如下：

〈代码 04　　代码位置：光盘 \Code\02\Bits\04. txt〉（1115562010301102112. html）

```
string t = HttpContext.Current.Request.Form["t"];        //获取前台t参数的值
switch (t)
{
    case "1":
    //根据分组id获取字典信息
    GetCode(context);
    break;
}
```

代码解释

搜索一下　　switch 的主要作用。

在图2.17的第二区域添加实现根据分组id调用后台的代码，以获取字典信息并向前台返回数据的功能。具体代码如下：

〈代码 05　　代码位置：光盘 \Code\02\Bits\05. txt〉（1115562010301102113. html）

```
/// <summary>
/// 根据分组id获取字典信息
/// </summary>
/// <param name="context"></param>
```

代码解释

```
public void GetCode(HttpContext context)
{
    //获取前台传递过来的分组id
    string GID = HttpContext.Current.Request.Form["Gid"];          //分组id
    CodeBll bll = new CodeBll();
    //根据分组id获取数据库里的一组数据
    DataTable dt = bll.GetTableByGroup(GID, 0);
    if (dt == null)
    {
        //如果后台没有数据，就向前台传递"-1"
        context.Response.Write("{\"status\":\"-1\"}");
        return;
    }
    //格式化后台传递过来的列表
    string json = f.ToJson(dt);
    json = json.Replace("\"", "\\\"");
    context.Response.Write("{\"status\":\"" + json + "\"}");
}
```


在图2.17的第三区域添加代码，引用必要的dll，其中using是引用的意思，后面部分是命名空间的名称。具体代码如下：

<代码 06　　代码位置：光盘 \Code\02\Bits\06. txt>

```
using Bll;
using System.Data;
using web.Tools;
```

在index.html中找到$(function(){})代码段，该方法是在页面加载完成之后，网页自动调用的方法，如图2.18所示。

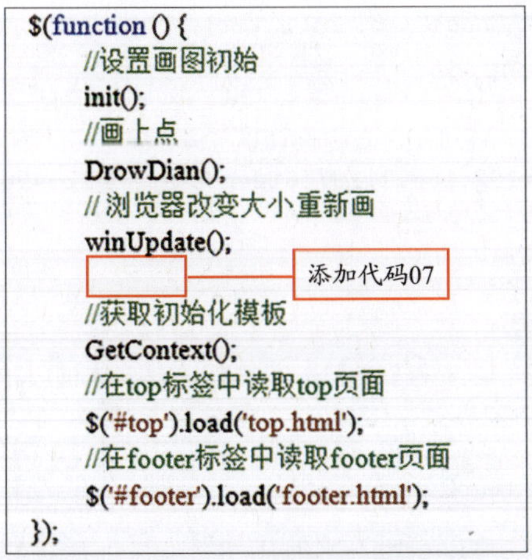

图 2.18　$(function(){}) 方法的位置

在图2.18指示位置添加获取行业和场景的方法（这两个方法被定义在function.js文件中），通过调用这两个方法，访问后台“一般处理程序（Code.ashx）”，并取回处理结果展示在页面上。具体代码如下：

<代码 07　　代码位置：光盘 \Code\02\Bits\07.txt>

```
//获取行业
GetIndustry('#IndustryDiv');
//获取场景
GetSence('#SenceDiv');
```

2.4.3　配置数据库连接（▷ 111556201131310218.html）

视频讲解

在Visual Studio 2015开发环境的“解决方案资源管理器”中找到Web.config文件，双击打开，在图2.19所示的位置添加数据库连接的代码。

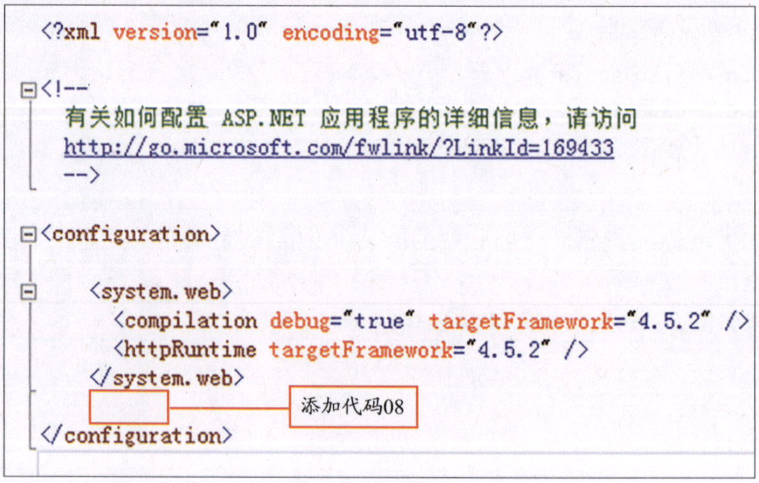

图 2.19　Web.config 默认代码

配置数据库连接的代码如下：

<代码 08　　代码位置：光盘 \Code\02\Bits\08.txt>

```
<connectionStrings>
  <add name="connstr"
 connectionString="server=192.168.1.107;uid=root;pwd=123456;database=db_show;
      allow zero datetime=true" />
</connectionStrings>
```

> **说明：**上面代码中的“server”的值需要改成读者要连接的 MySQL 服务器的地址（或者本地计算机的 IP 地址），“uid”的值需要改成登录 MySQL 服务器的用户名，“pwd”的值需要改成登录 MySQL 服务器的密码（注意：不是计算机的登录密码）。

▶ 运行一下　在“解决方案资源管理器”中选中 index.html 文件，单击右键，选择“在浏览器查看”，此时页面中已经加载了行业列表和场景列表，如图 2.20 所示。

图 2.20　加载行业列表和场景列表

2.4.4　现有模板的显示和查询（1115562011313102119.html）

视频讲解

按照2.4.2节创建Code.ashx文件的步骤，在Tools文件夹中创建一个temp.ashx文件，在该文件的默认代码中找到如图2.21所示的各个区域。

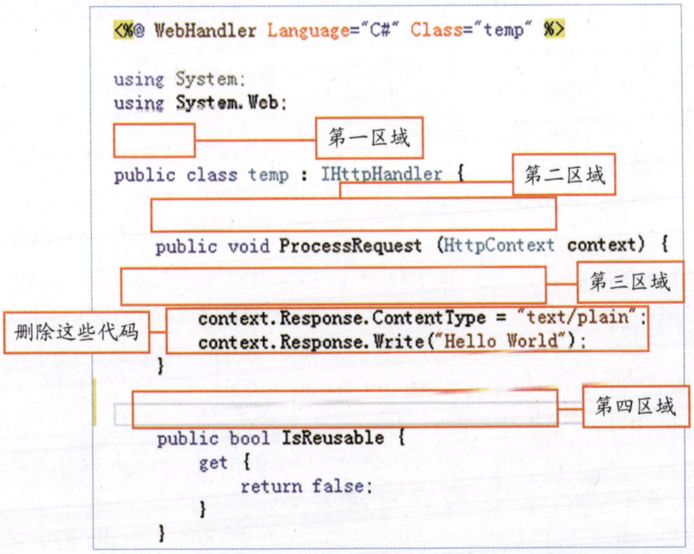

图 2.21　temp.ashx 文件的默认代码及代码处理位置

在图2.21中的第一区域添加引用命名空间的代码，具体代码如下：

<代码 09　　代码位置：光盘 \Code\02\Bits\09.txt>

```
using Bll;
```

```
using System.Data;
using web.Tools;
```

修改图2.21中的第二区域，使temp类继承System.Web.SessionState.IRequiresSessionState类，以便在该类中使用Session存储信息，具体代码如下：

```
public class temp : IHttpHandler, System.Web.SessionState.IRequiresSessionState {
```

在图2.21中的第三区域添加用来判断需要将前台发送的请求交给哪个后台方法处理的代码，其中HttpContext.Current.Request.Form用来获取前台传递的参数值，具体代码如下：

<代码 10　　代码位置：光盘 \Code\02\Bits\10.txt>

```
string t = HttpContext.Current.Request.Form["t"];
switch (t)
{
    case "1":
        //获取模板
        GetTemp(context);
        break;
}
```

在图2.21中的第四区域定义一个用来获取模板数据的GetTemp()方法，将获取到的数据转换为JSON格式，返回到前台。GetTemp()方法的代码如下：

<代码 11　　代码位置：光盘 \Code\02\Bits\11.txt>　（1115562010301102114.html）

代码解释

```
/// <summary>
/// 获取模板
/// </summary>
/// <param name="context"></param>
public void GetTemp(HttpContext context)
{
    HttpContext.Current.Session["UserName"] = "admin";
    HttpContext.Current.Session["userID"] = "fb7e2fb3212443b1b9c954e98a0c8c26";
    string H = HttpContext.Current.Request.Form["H"];                           //行业
    string C = HttpContext.Current.Request.Form["C"];                           //场景
    //免费还是全部：0为全部，1为免费
    string orderByFree = HttpContext.Current.Request.Form["orderByFree"];
    //最新发布还是最受欢迎：1为最新发布，0为最受欢迎
    string OrderByNew = HttpContext.Current.Request.Form["OrderByNew"];
    string PageInt = HttpContext.Current.Request.Form["PageInt"];               //当前多少页
    string CountRow = HttpContext.Current.Request.Form["CountRow"];             //每页多少行
    string SerachStr = HttpContext.Current.Request.Form["SerachStr"];           //查询语句
    TempsBll BLL = new TempsBll();
    //获取所有模板
```

```
    DataTable dt = BLL.GetTable(int.Parse(H), int.Parse(C), int.Parse(orderByFree),
int.Parse(OrderByNew), int.Parse(PageInt), int.Parse(CountRow),
f.MyEncodeInputString(SerachStr));
    if (dt == null)
    {
        //如果没有查询到模板就向前台返回“-1”
        context.Response.Write("{\"status\":\"-1\"}");
        return;
    }
    //格式化查询到的内容，返回到前台
    string json = f.ToJson(dt);
    json = json.Replace("\"", "\\\"");
    context.Response.Write("{\"status\":\"" + json + "\"}");
}
```

2.4.5　模板单击量的添加和计算（1115562011313102120.html）

视频讲解

在temp.ashx文件中找到如图2.22所示的位置。

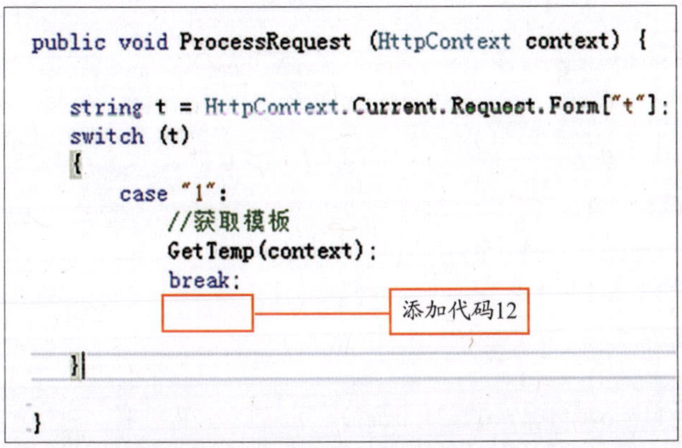

图 2.22　temp.ashx 文件中添加代码的位置

在图2.22所示的位置添加调用AddMouseClick()方法的代码，以便在前台传递的参数为2时，添加单击次数，代码如下：

<代码 12　　代码位置：光盘 \Code\02\Bits\12.txt>

```
case "2":
//添加单击次数
AddMouseClick(context);
break;
```

上面的代码中用到了AddMouseClick()方法，在temp.ashx文件中找到如图2.23所示的代码位置，以便定义该方法。

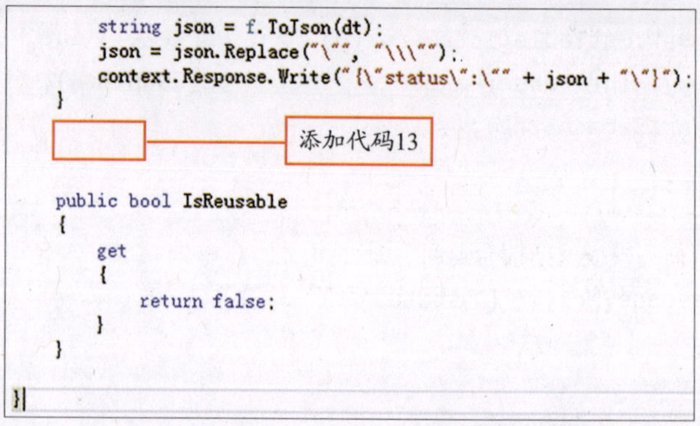

图 2.23　AddMouseClick() 方法的添加位置

在图2.23所示位置定义一个AddMouseClick()方法，用来实现添加模板单击次数的功能。具体实现时，首先获取前台传递的值，然后调用TempsBll类中的AddNum()方法增加单击次数，并将处理结果返回给前台。AddMouseClick()方法的代码如下：

<代码 13　　代码位置：光盘 \Code\02\Bits\13.txt>

```
/// <summary>
/// 添加单击次数
/// </summary>
/// <param name="context"></param>
public void AddMouseClick(HttpContext context)
{
    //获取前台传递过来的模板编号
    string temp_code = HttpContext.Current.Request.Form["temp_code"];
    TempsBll bll = new TempsBll();
    //添加单击次数
    bll.AddNum(temp_code);
    context.Response.Write("{\"status\":\"0\"}");
    return;
}
```

2.4.6　场景预览（1115562011313102121.html）

视频讲解

场景预览功能是在TempDetailed.html页面中实现的，首先创建该页面，并在该页面的默认代码中找到如图2.24所示的代码位置，以便编写布局代码。

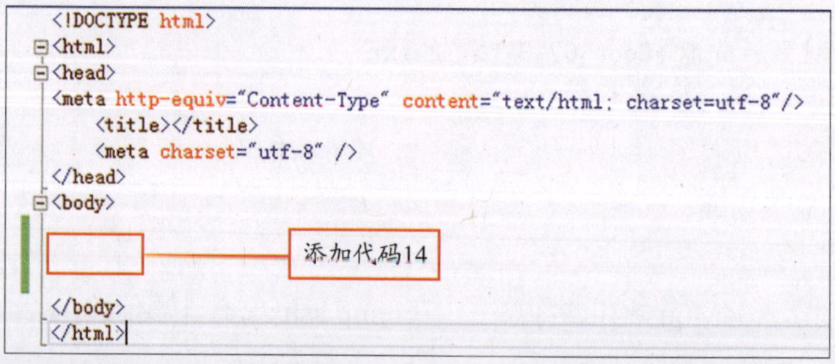

图 2.24　添加 TempDetailed.html 页面布局代码的位置

在图2.24所示位置添加布局代码，该页面主要使用iframe框架进行布局，通过使用该框架，可以在当前页面中浏览任何网页。代码如下：

<代码 14 代码位置：光盘 \Code\02\Bits\14.txt>

```
<section  style="height:650px; width:390px; border:none; float:left; border-radius:0px 0px 0px 20px; background-color:rgb(226, 226, 226)">
        <!--显示要显示模板的地方-->
        <iframe id="yl" style="height:100%; width:100%; border:none; margin-left:30px; margin-top:6px;"></iframe>
    </section>
    <section style="background-color:white; height:650px; width:350px; float:right; border-radius:0px 0px 20px 0px; position:relative;">
        <div style="margin:0px auto; border:solid 1px; width:300px; height:100px; margin-top:60px;">
            <!--显示封面-->
            <img id="coverImg" src="sysImg/logo.jpg" style="width:100px; height:100%; float:left;" />
            <!--显示描述-->
            <div id="desDiv" style="float:left;">
                描述
            </div>
        </div>
        <!--显示播放次数和设计师-->
        <div id="canshu" style="margin:0px auto;  width:300px;">
            播放次数：250 设计师：有点甜
        </div>
        <div style="position:absolute; bottom:30px; left:10px; width:100%;">
            <!--显示价格-->
            <div id="moeyDiv" style="float:left; margin-left:22px;">价格：免费</div>
            <!--显示使用按钮-->
            <input type="button" value="使用" style="float:right; color:white; margin-right:40px;  background-color:#f39800; border:none; width:100px; height:30px; border-radius:5px; cursor:pointer;" />
        </div>
    </section>
```

布局代码添加完成后，找到如图2.25所示的位置。

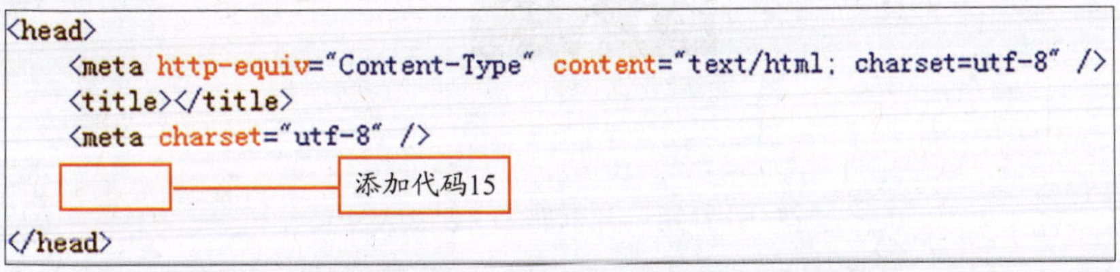

图 2.25 添加代码位置

在图2.25所示的位置添加CSS样式文件和JavaScript脚本文件引用，代码如下：

<代码 15　代码位置：光盘\Code\02\Bits\15.txt>

```
<link href="css/css.css" rel="stylesheet" />
<script type="text/javascript" src="js/jquery.min.js"></script>
<script type="text/javascript" src="js/PublicMethod.js"></script>
```

添加完上面代码后，直接在上面代码的最后一行处按下<Enter>键，编写JavaScript函数，用来使用getQueryString()方法获取url中的参数，并使用jQuery设置各个标签的属性。代码如下：

<代码 16　代码位置：光盘\Code\02\Bits\16.txt>

```
<script>
        var temp_code = '';                                    //主键id
        function GetId() {
            temp_code = getQueryString('temp_code');           //获取网页编码
        }
        $(function () {
            GetId();
            //设置iframe的src属性
            $('#yl').attr("src", 'http://' + window.location.host +
'/senceCreate/view.html?c=view&id=' + temp_code + '&preview=preview')
        });
</script>
```

运行一下　运行 index.html 页面，该页面中展示出很多的模板，如图 2.26 所示。

图 2.26　首页展示多种模板

单击图2.26中的任意一个模板，将会弹出一个预览模板的页面，该页面左侧是一个手机形状的页面，用来显示模板的预览场景，右侧则显示模板的详细信息。如图2.27所示。

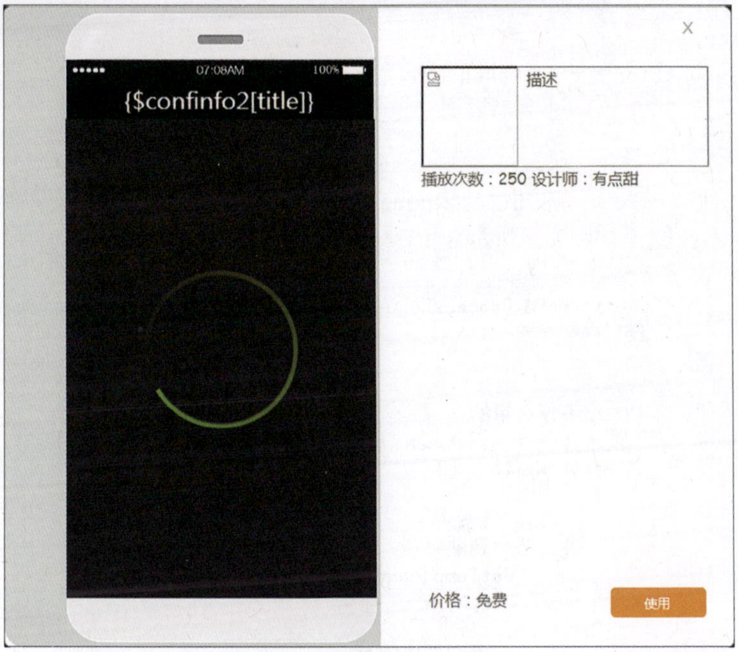

图 2.27　场景预览页面

在TempDetailed.html页面中找到如图2.28所示的代码位置。

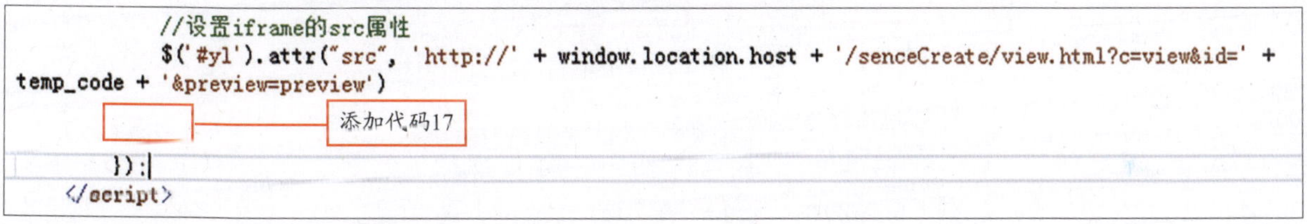

图 2.28　TempDetailed.html 页面中添加代码的位置

在图2.28中的指示位置添加代码，用来通过传入的参数在temp.ashx处理程序中获取模板详细信息，获取的数据以JSON格式返回到success()方法中。代码如下：

<代码 17　代码位置：光盘\Code\02\Bits\17.txt>　（1115562010301102115.html）

```
var pd = { "t": "3", "temp_code": temp_code };
$.ajax({
    type: "post",
    url: 'Tools/temp.ashx',
    data: pd,
    dataType: "json",
    success: function (data) {
        $('#coverImg').attr('src', '' + data.cover);
        $('#desDiv').html(data.des);
        $('#canshu').html('播放次数:' + data.MouseClick + '      设计师:' + data.authorName);
        $('#moeyDiv').html('价格:  ' + ((data.Money == "0" || data.Money == "") ? "免费" : data.Money + " 元"));
```

代码解释

```
      },
          error: function (XMLHttpRequest, textStatus, errorThrown) {
      }
});
```

打开temp.ashx文件，在入口方法ProcessRequest() 的switch语句中添加分支条件为3的代码块，用于获取模板详细信息，添加位置如图2.29所示。

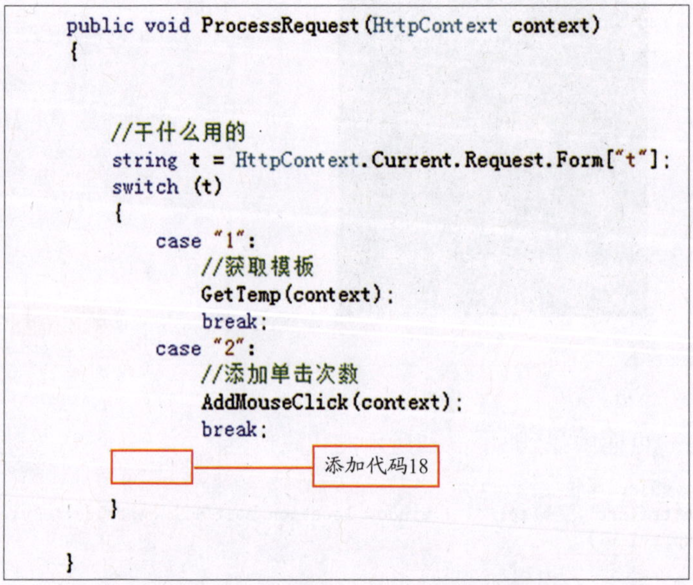

图 2.29　temp.ashx 文件中添加代码的位置

<代码 18 代码位置：光盘 \Code\02\Bits\18.txt>

```
case "3":
    //获取模板详细信息
    GetModel(context);
    break;
```

上面的代码中用到了GetModel()方法，在temp.ashx文件中找到如图2.30所示的代码位置，以便定义该方法。

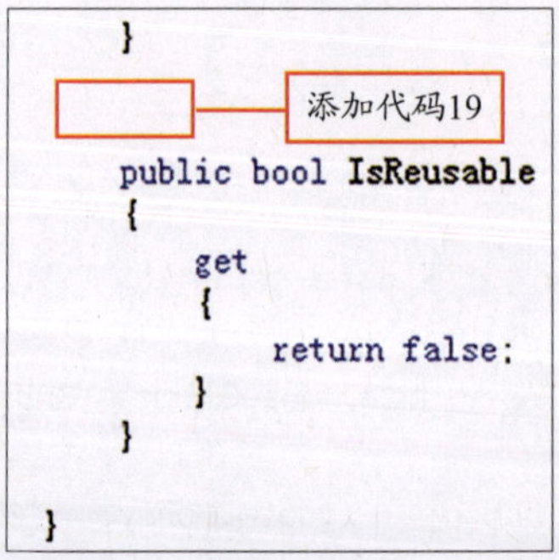

图 2.30　GetModel() 方法的添加位置

在图2.30所示的位置定义GetModel()方法，用来获取模板的详细信息。具体实现时，首先获取前台传递的模板编号，然后调用TempsBll类中的GetModel()方法获取指定模板的详细信息，并将获取到的信息以JSON字符串的格式返回给前台。GetModel()方法的代码如下：

<代码 19　　代码位置：光盘 \Code\02\Bits\19.txt>

```
/// <summary>
/// 获取模板详细信息
/// </summary>
/// <param name="context"></param>
public void GetModel(HttpContext context)
{
    //获取前台传递过来的模板编号
    string temp_code = HttpContext.Current.Request.Form["temp_code"];
    TempsBll bll = new TempsBll();
    //获取模板详细信息
    Model.temp t = bll.GetModel(temp_code);
    context.Response.Write("{\"status\":\"0\",\"cover\":\"" + t.cover + "\",\"des\":\""
+ t.des + "\",\"authorName\":\"" + t.authorName + "\",\"author\":\"" + t.author +
"\",\"MouseClick\":\"" + t.MouseClick + "\",\"Money\":\"" + t.Money + "\"}");
     return;
}
```

接下来在Tools文件夹中新建一个interface.ashx文件，用于对于场景模板进行管理。

在创建完interface.ashx后，需要手动将类名“interface”修改为“_interface”，以避免和关键字冲突。如图2.31所示。

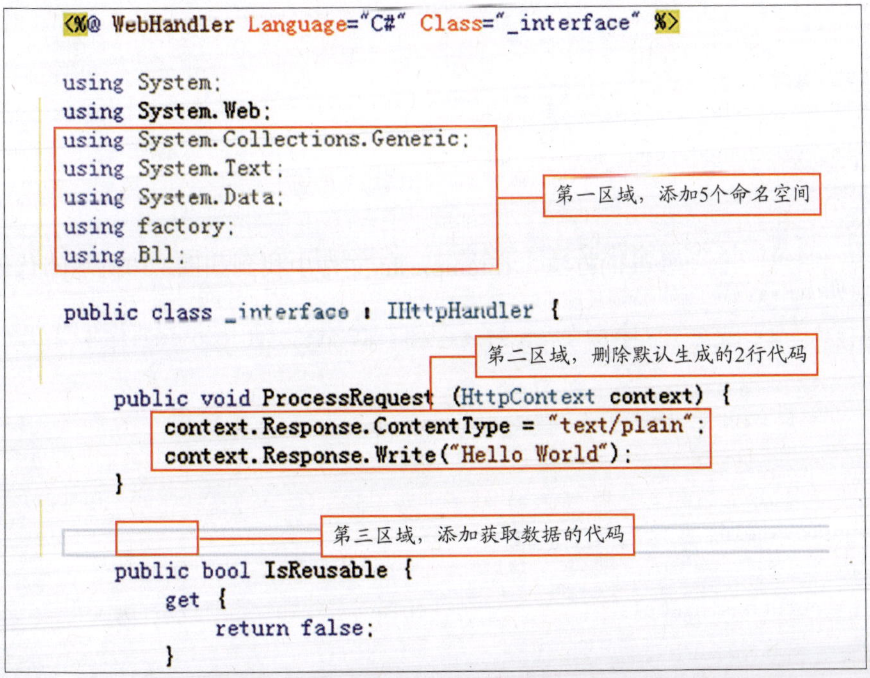

图 2.31　interface.ashx 文件代码编辑位置

在interface.ashx文件中，首先对下面的代码进行修改：

```
public class interface : IHttpHandler
```

修改类的名称，并且使本类继承RequiresSessionState接口，这样就可以使用Session存取信息。具体代码如下：

```
public class _interface : IHttpHandler, System.Web.SessionState.IRequiresSessionState
```

用户在预览场景或者模板时，是不需要登录的，所以首先编写不需要登录的实现代码，在图2.31的第二区域中先删除默认的代码，再添加如下代码：

〈代码 20　代码位置：光盘 \Code\02\Bits\20.txt〉

```
try
{
    string t = HttpContext.Current.Request["t"];
    //是否预览场景，Session是否正常，用户登录
    if (t == "preview" || t == "userAuthor" || t == "reLogin")
    {
        if (t == "preview")
        {
            //预览场景
            preview(context);
        }
    }
    else
    {
    }
}
catch (Exception ex)
{
    LogHelper.Instance.Info("接口:", ex);
}
```

然后在图2.31的第三区域添加获取数据的代码，在将数据处理好后传递给前台页面，实现预览场景的功能。代码如下：

〈代码 21　代码位置：光盘 \Code\02\Bits\21.txt〉（1115562010301102116.html）

```
/// <summary>
/// 整理JSON
/// </summary>
/// <param name="str"></param>
public string MentStr(string str)
{
    return str.Replace("'", "\"").Replace("\r\n", " ");//替换代码
}
/// <summary>
```

代 码 解 释

```
        /// 预览场景
        /// </summary>
        /// <param name="context"></param>
        public void preview(HttpContext context)
        {
            string id = HttpContext.Current.Request["id"];     //获取场景id
            sceneBll bll = new sceneBll();
            Model.scene sm = bll.GetModel(id);                   //场景信息
            if (sm.author != null)
            {
                List<Model.scene_pag> mplist = bll.GetPageListBySceneCode(id);//场景页面
                StringBuilder pStr = new StringBuilder();
                foreach (Model.scene_pag m in mplist)
                {
                    //添加场景内容
                    pStr.Append(@"{'id': " + m.scene_pag_id + @",
                    'sceneId': '" + id + @"',
                    'num': '" + m.num + @"',
                    'name': '" + m.pageName + @"',
                    'properties': null,
                    'elements': " + (m.content_text == "" ? "[]" : m.content_text) + @" ,
                    'scene': null},");
                }
                string status = bll.GetStatus(id);              //检查是否可以预览的状态
                if (status == "" || status == "2")
                {
                    string Statusmsg = @" {
                            'success': false,
                            'code': '403',
                            'msg': '预览失败',
                            'obj': null,
                            'map': null,
                            'list': null
                        }";                                     //添加失败内容
                    context.Response.Write(MentStr(Statusmsg));
                    return;
                }
                CodeBll cbll = new CodeBll();                   //检查是否有敏感词
                DataTable dt1 = cbll.GetTableByGroup("9", 0); //一级敏感词
                DataTable dt2 = cbll.GetTableByGroup("10", 0);//二级敏感词
                foreach (DataRow dr in dt2.Rows)                //查询有没有二级敏感词
                {
                    string gjc = dr["msg"].ToString();          //敏感词
                    string checkStr = pStr.ToString();          //待检测的字符串
                    if (checkStr.Contains(gjc))
                    {
```

```
                    bll.SetUserAndStatus(id); //如果存在敏感词，则停用账户、更改状态
                    break;
                }
            }
            //查询有没有一级敏感词
            foreach (DataRow dr in dt1.Rows)
            {
                string gjc = dr["msg"].ToString();          //敏感词
                string checkStr = pStr.ToString();          //待检测的字符串
                if (checkStr.Contains(gjc))
                {
                    bll.SetSenceStatus(id); //如果存在敏感词，则停用账户、更改状态
                    break;
                }
            }
            //操作成功
            string msg = @"{
            'success': true,
            'code': '200',
            'msg': '操作成功',
            'obj': {
                'id': '" + id + @"',
                'name': '" + sm.scene_name + @"',
                'createUser': '" + sm.author + @"',
                'type':'" + sm.scene_custom_id + @"',
                'pageMode': '" + sm.movietype + @"',
                'cover': '" + sm.cover + @"',
                'bgAudio':" + (sm.musicUrl == "" ? "''" : sm.musicUrl) + @",
                'code': '" + id + @"',
                'description': '" + sm.des + @"',
                'updateTime': '" + sm.addtime + @"',
                'createTime': '" + sm.addtime + @"',
                'publishTime': '" + sm.addtime + @"',
                'property':{'triggerLoop':true,'eqAdType':1,'hideEqAd':false}
            },
            'map': null,
            'list': [
                " + pStr.ToString().Trim(',') + @"
            ]
            }";                                         //向前台显示操作成功
            context.Response.Write(MentStr(msg));
        }
        else
        {
            TempsBll tbll = new TempsBll();
            Model.temp tmodel = tbll.GetModelTemp(id);   //模板信息

            if (tmodel.author == null)
```

```
            {
                string msg = @" {
                        'success': false,
                        'code': '403',
                        'msg': '预览失败',
                        'obj': null,
                        'map': null,
                        'list': null
                    }";
                context.Response.Write(MentStr(msg));
            }
            else
            {
              List<Model.temp_pag> mplist = tbll.GetPageListByTempCode(id);//场景页面
                StringBuilder pStr = new StringBuilder(); //创建可变字符串
                foreach (Model.temp_pag m in mplist)
                {                                        //遍历模板页，储存到字符串中
                    pStr.Append(@"{'id': " + m.pag_id + @",
                            'sceneId': '" + id + @"',
                            'num': '" + m.num + @"',
                            'name': '" + m.pageName + @"',
                            'properties': null,
                            'elements': " + (m.content_text == "" ? "[]" : m.content_text) + @" ,
                            'scene': null},");
                }
                string msg = @"{
                        'success': true,
                        'code': '200',
                        'msg': '操作成功',
                        'obj': {
                            'id': '" + id + @"',
                            'name': '" + tmodel.temp_name + @"',
                            'createUser': '" + tmodel.author + @"',
                            'type':'" + tmodel.scene_custom_id + @"',
                            'pageMode': '" + tmodel.movietype + @"',
                            'cover': '" + tmodel.cover + @"',
                            'bgAudio':" + (tmodel.musicUrl == "" ? " " " : tmodel.musicUrl) + @",
                            'code': '" + id + @"',
                            'description': '" + tmodel.des + @"',
                            'updateTime': '" + tmodel.addtime + @"',
                            'createTime': '" + tmodel.addtime + @"',
                            'publishTime': '" + tmodel.addtime + @"',
                            'property':{'triggerLoop':true,'eqAdType':1,'hideEqAd':false}
                        },
                        'map': null,
                        'list': [
                            " + pStr.ToString().Trim(',') + @"
                        ]
                        }";
```

```
                context.Response.Write(MentStr(msg));
            }
        }
    }
```

找到如图2.32所示的代码片段，修改input标签。

图 2.32　修改 input 标签

在input标签上添加onclick单击事件，并指定事件的方法为UserTemp()，该方法为使用模板的JavaScript方法。修改后的代码如下：

```
<input type="button" value="使用" onclick="UserTemp()" style="float:right;
```

在如图2.33所示所示的位置添加UserTemp()方法代码。

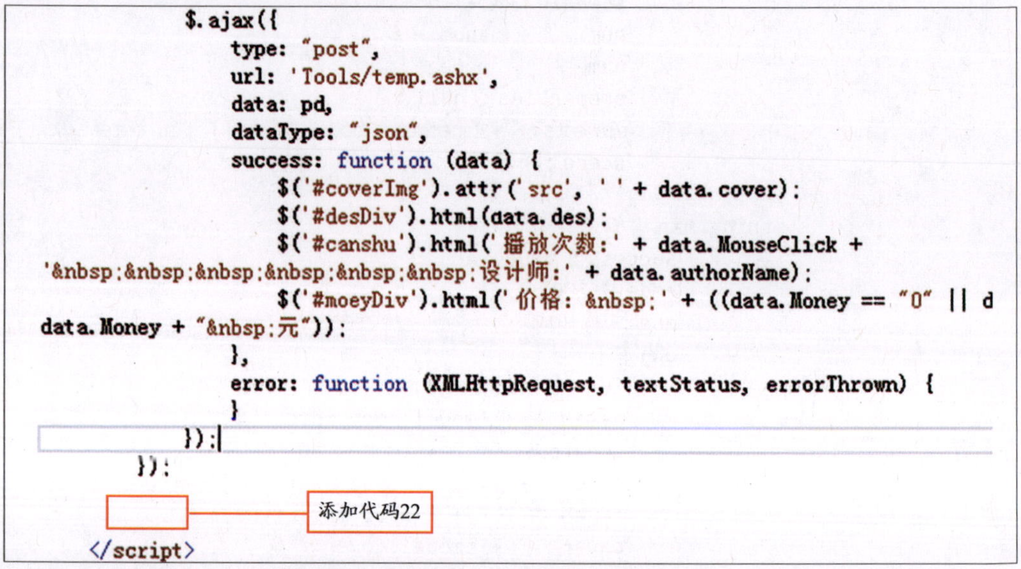

图 2.33　UserTemp() 方法的添加位置

UserTemp()方法主要用来调用temp.ashx中的“使用模板”方法，如果用户已经登录，并且返回了一个有效场景的id，页面将会跳转到编辑页面，并在跳转过程中传入场景id。UserTemp()方法代码如下：

<代码 22　代码位置：光盘 \Code\02\Bits\22.txt>

```
//使用模板
function UserTemp() {
    var pd = { "t": "9", "temp_code": temp_code };
    $.ajax({
        type: "post",
```

```
            url: 'Tools/temp.ashx',
            data: pd,
            dataType: "json",
            success: function (data) {
                if (data.status != "-1") {
                    window.parent.window.location.href = "http://" + window.location.host + "/senceCreate/#/scene/create/" + data.status + "?pageId=1";
                }
                else {
                    //打开登录
                    window.parent.EjectIdent('LogIn.html', '欢迎光临，登录系统!', 500, 500);
                    //关闭本窗体
                    var close = $('#CloseCover', parent.document);
                    $('#coverDiv', parent.document).remove();
                    $(close).parent().parent().remove();
                }
            },
            error: function (XMLHttpRequest, textStatus, errorThrown) {
            }
        });
    }
```

2

在temp.ashx入口方法中的switch语句中添加参数为9的分支语句，用于使用模板，位置如图2.34所示。

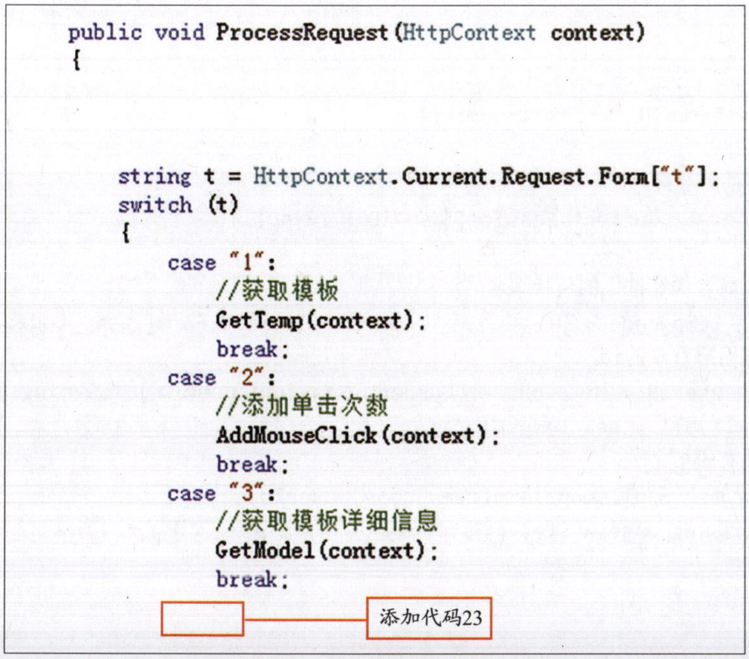

```
public void ProcessRequest(HttpContext context)
{


    string t = HttpContext.Current.Request.Form["t"];
    switch (t)
    {
        case "1":
            //获取模板
            GetTemp(context);
            break;
        case "2":
            //添加单击次数
            AddMouseClick(context);
            break;
        case "3":
            //获取模板详细信息
            GetModel(context);
            break;
```


图 2.34　添加参数为 9 的分支语句

<代码 23　代码位置：光盘 \Code\02\Bits\23. txt>

```
case "9":
        //使用模板
        UseTemp(context);
        break;
```

在temp.ashx文件中找到如图2.35所示的代码位置，用于添加UserTemp()方法。

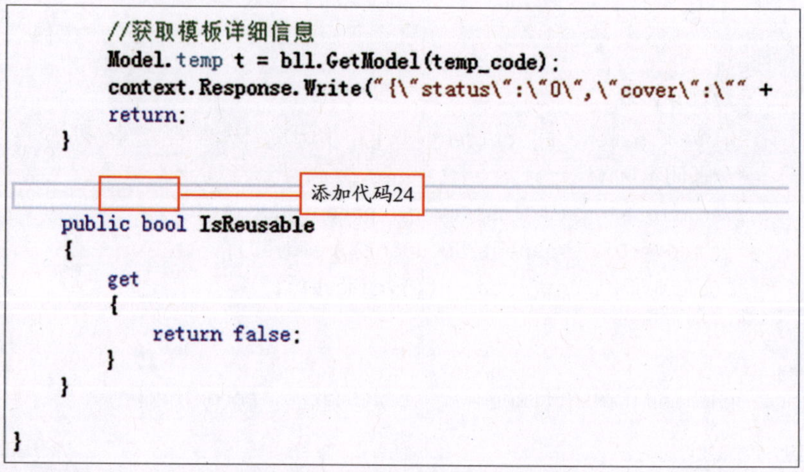

图 2. 35　添加 UserTemp() 方法的位置

<代码 24　代码位置：光盘 \Code\02\Bits\24. txt>

```
/// <summary>
/// 使用模板
/// </summary>
/// <param name="context"></param>
public void UseTemp(HttpContext context)
{
    //验证用户是否登录
    if (HttpContext.Current.Session["userID"] != null)
    {
        //获取前台传递过来的模板编号
        string temp_code = HttpContext.Current.Request.Form["temp_code"];
        //获取用户登录的id
        string userId = HttpContext.Current.Session["userID"].ToString();
        TempsBll bll = new TempsBll();
        //是否有模板
        string msg = bll.CopeTemp(temp_code, userId);
        context.Response.Write("{\"status\":\"" + msg + "\"}");
    }
    else
    {
        context.Response.Write("{\"status\":\"-1\"}");
```

```
            return;
        }
}
```

2.4.7　HTML5 场景的新建（📹 1115562011313102122.html）

视频讲解

单击空白模板后，弹出“新建场景”页面，在新建场景页面中可以选择场景类别，并对场景进行编辑。这里首先需要实现单击空白模板弹出新建场景页面的功能。如图2.36所示。

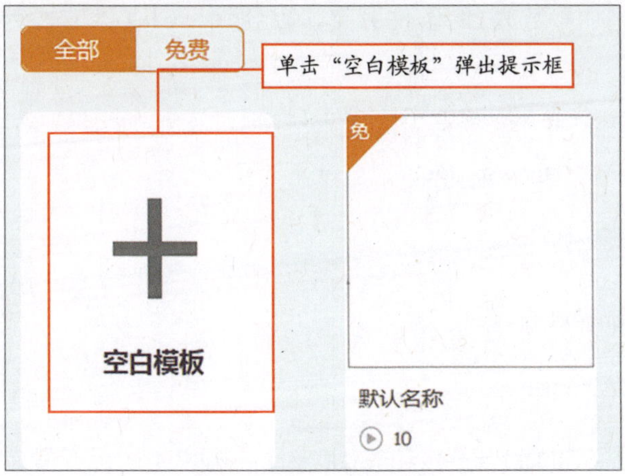

图 2.36　单击空白模板

在tools文件夹中新建一个User.ashx文件，该文件的默认代码如图2.37所示。

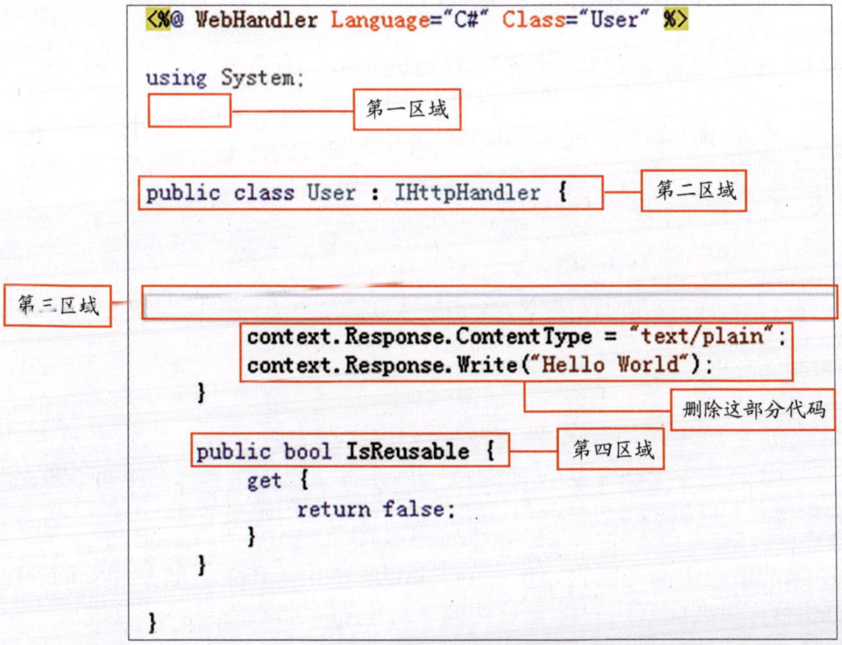

图 2.37　User.ashx 文件的默认代码

在图2.37的第一区域引入必要的命名空间，具体代码如下：

<代码 25　　代码位置：光盘 \Code\02\Bits\25.txt>

```
using Bll;                                          //引用命名空间
using System.Collections.Generic;
using web.Tools;
```

修改图2.37的第二区域，使User类继承System.Web.SessionState.IRequiresSessionState接口，具体代码如下：

```
public class User : IHttpHandler, System.Web.SessionState.IRequiresSessionState{
```

在图2.37的第三区域添加参数为1的条件分支，以便调用CheckUser方法检测用户是否登录，具体代码如下：

<代码 26　　代码位置：光盘 \Code\02\Bits\26.txt>

```
string t = HttpContext.Current.Request.Form["t"];
switch (t)
{
    case "1":
        CheckUser(context);                         //检测用户是否登录
        break;
 }
```

在图2.37的第四区域定义CheckUser()方法，用来检测用户是否已经登录，具体代码如下：

<代码 27　　代码位置：光盘 \Code\02\Bits\27.txt>　（1115562010301102117.html）

```
//检查用户是否登录
public void CheckUser(HttpContext context)
{
    if (HttpContext.Current.Session["UserName"] == null)      //验证用户是否登录
    {
        context.Response.Write("{\"status\":\"-1\"}");         //返回没有登录的标识
        return;
    }
    else
    {
        context.Response.Write("{\"status\":\"0\"}");          //返回已经登录的标识
    }
}
```

代码解释

运行一下　在浏览器中访问 index.html 页面，单击如图 2.38 所示的页面中的空白模板，将弹出如图 2.39 所示的报错页面，这是因为该页面还没有创建。

出现图2.39所示的错误页面是因为还没有创建LogIn.html（登录页面）和SelectHy.html（新建场景页面）。LogIn.html页面主要实现用户的登录功能，这里为了加快用户的开发进度，在“光盘\Code\02\Src”文件夹中提供了该文件，用户直接将其复制到当前项目中即可，接下来对SelectHy.html页面的实现进行详细讲解。

图 2.38　单击空白模板

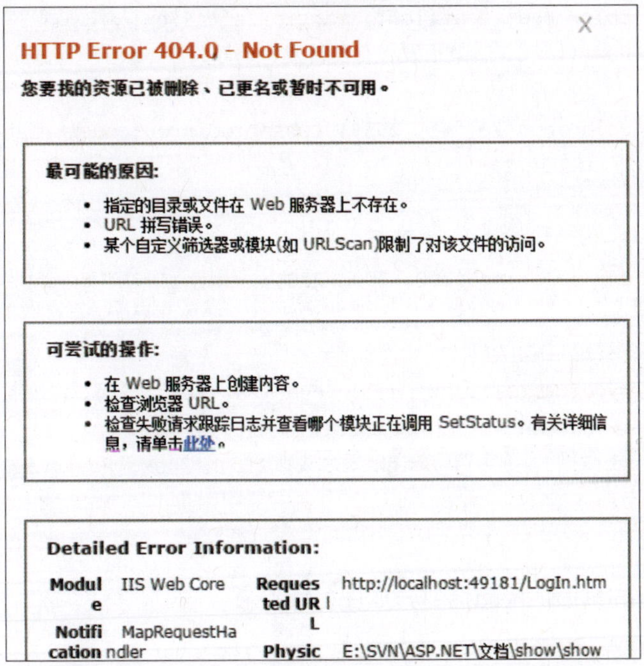

图 2.39　报错页面

在当前项目中创建一个SelectHy.html页面，在其默认代码中找到如图2.40所示的代码位置，用来添加网页布局代码。

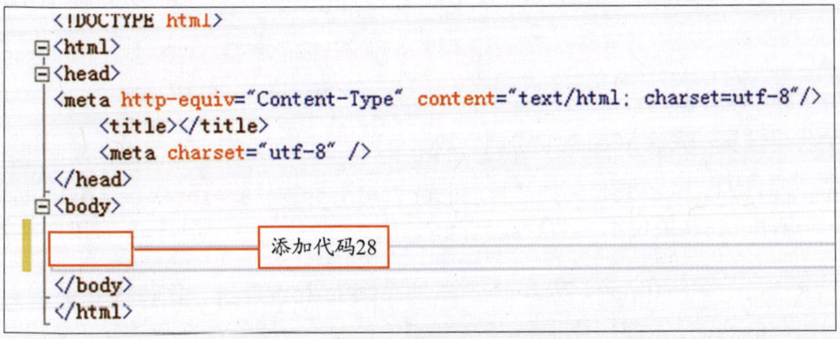

图 2.40　SelectHy.html 页面中添加网页布局代码的位置

在SelectHy.html页面中添加一个select下拉列表标签，在该标签中添加一些网站中已有的数据，具体代码如下：

<代码 28　　代码位置：光盘\Code\02\Bits\28.txt>

```
<!--添加一段文字-->
<p style="color:rgb(128, 128, 128); font-size:17px; font-weight:800; float:left; margin-left:40px;">选择分类</p>
<!--下拉列表-->
<select id="hyselect" style="float:left; margin-top:10px; height:30px; line-height:30px; width:250px; margin-left:30px; "></select>
<!--添加一段文字-->
<section style="clear:both; width:100%; font-size:10px;  ">
    <p style="color:red; float:left; margin-left:43px;">注意程序：</p>
    <p style="float:left; ">禁止发布有奖转发、诱导关注、医药、色情、不良风气等场景 </p><br />
    <p style="color:rgb(70, 41, 255); cursor:pointer; float:right; margin-right:30px; margin-top:10px;">审核规则</p>
</section>
<!--添加一条横线-->
<hr style="border-color:rgb(290, 290, 290); width:100%; border-bottom:none; margin-top:50px; " />
<!--添加一个创建按钮-->
<section style="font-size:10px; color:rgb(128, 128, 128);">
    <input type="button" onclick="Create()" style="color:white; border:none; background-color:rgb(7, 174, 5); height:35px; width:70px; float:right; margin-right:30px; cursor:pointer;" value="创建" />
</section>
```

然后找到SelectHy.html页面的head标签，如图2.41所示。

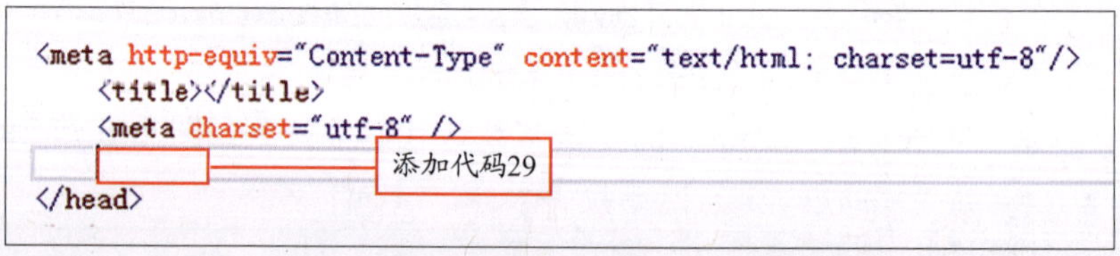

图 2.41　head 标签中添加代码的位置

在图2.41所示位置引入jQuery文件和PublicMethod.js文件，具体代码如下：

<代码 29　　代码位置：光盘\Code\02\Bits\29.txt>

```
<script type="text/javascript" src="js/jquery.min.js"></script><!—引用Jquery文件-->
<script src="js/PublicMethod.js"></script>                <!—引用自定义方法文件-->
```

添加完上面代码后，按下<Enter>键，继续添加JavaScript方法，用来获取下拉列表的内容。该方法实现时，主要调用Code.ashx处理程序，并传入设定的参数。具体代码如下：

＜代码 30　　代码位置：光盘 \Code\02\Bits\30.txt＞　（1115562010301102118.html）

代码解释

```
<script>
//显示下拉列表（分类）
function GetHy() {
    var pd = { "t": "1", "Gid": "2" };
    //调用后台方法
    $.ajax({
        type: "post",
        url: "Tools/Code.ashx",
        data: pd,
        dataType: "json",
        success: function (data) {
            if (data.status != "-1") {
                //格式化从后台传递过来的数据
                var dataobj = eval("(" + data.status + ")");
                //循环显示列表里的数据
                $.each(dataobj.root, function (i, item) {
                    if (i == 8) {
                        return false;
                    }
                    var title = item.msg;                          // 提取文本，显示文本
                    var values = item.code_id;                     // 提取值
                    $('#hyselect').append('<option value="' + values + '">' + title + '</option>');   // 添加内容
                });
            }
        },
        error: function (XMLHttpRequest, textStatus, errorThrown) {
        }
    });
}
//网页开始调用方法
$(function () {
    GetHy();
});
</script>
```

运行一下　运行 index.html 页面，单击“空白模板”，弹出选择场景分类的页面，如图 2.42 所示。

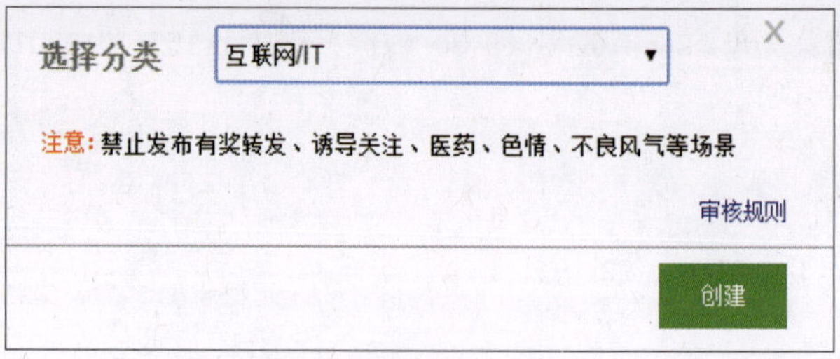

图 2.42　选择场景分类的页面

接下来实现图2.42中“创建”按钮的功能，在SelectHy.html页面中找到如图2.43所示的代码位置。

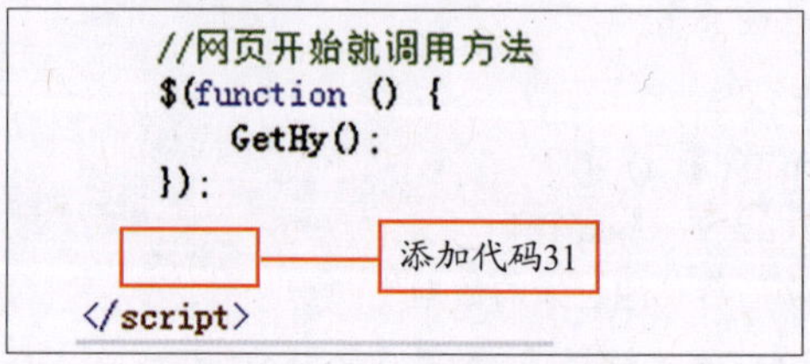

图 2.43　SelectHy.html 页面中添加代码的位置

在图2.43所示位置定义一个Create()方法，主要用来实现创建模板的功能，该方法中，首先获取下拉列表中选择的场景分类，并将场景分类传递到后台进行验证，后台处理信息并将结果返回，前台根据传递的值显示相应的模板。具体代码如下：

<代码 31　代码位置：光盘\Code\02\Bits\31. txt>　（1115562010301102119. html）

代码解释

```
//创建模板
function Create() {
    //获取类型
    var hy = $('#hyselect').val();
    //需要传的值
    var pd = { 't': '4', 'hyid': hy };
    //调用后台方法
    $.ajax({
        type: "post",
        url: 'Tools/temp.ashx',
        data: pd,
        dataType: "json",
        success: function (data) {
            if (data.status == '-1') {
                //打开登录
                window.parent.EjectIdent('LogIn.html', '欢迎光临，登录系统!', 500, 500);
                //关闭当前窗体
                var close = $('#CloseCover', parent.document);
                //移出父页面控件
                $('#coverDiv', parent.document).remove();
                //移出关闭按钮
```

```
                $(close).parent().parent().remove();
            }
            else {
                //跳转到编辑页面
                window.parent.location.href = "senceCreate/#/scene/create/" + data.status + "?pageId=1";
            }
        },
        error: function (XMLHttpRequest, textStatus, errorThrown) {
        }
    });
}
```

打开temp.ashx文件，找到如图2.44所示的代码位置。

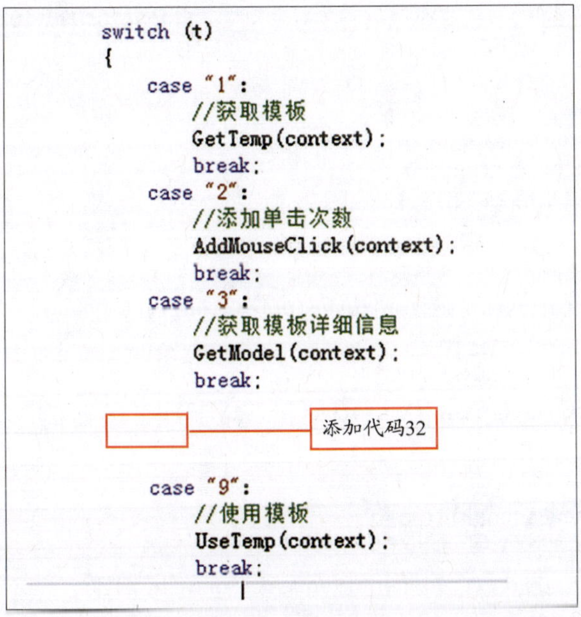

图 2.44　temp.ashx 文件中添加代码的位置

在图2.44所示位置添加参数为4的分支语句，用来调用后台 CreateTemp()方法创建模板，具体代码如下：

<代码 32　代码位置：光盘\Code\02\Bits\32.txt>

```
case "4":
//创建模板
CreateTemp(context);
break;
```

在temp.ashx文件中找到如图2.45所示的位置，添加后台CreateTemp()方法的实现代码。

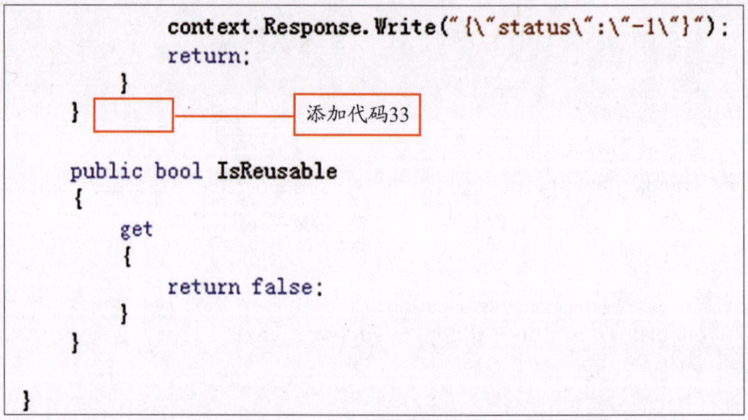

```
            context.Response.Write("{\"status\":\"-1\"}");
            return;
        }
    }

    public bool IsReusable
    {
        get
        {
            return false;
        }
    }

}
```


图 2.45　CreateTemp() 方法的添加位置

CreateTemp()方法主要实现创建场景的功能。该方法首先验证用户是否登录，如果已经登录，则获取前台传递的值，并根据该值创建默认场景，最后将场景id返回给前台。具体代码如下：

<代码 33　代码位置：光盘\Code\02\Bits\33.txt>　（1115562010301102120.html）

代码解释

```
/// <summary>
/// 创建场景
/// </summary>
/// <param name="context"></param>
public void CreateTemp(HttpContext context)
{
    //验证用户是否登录
    if (HttpContext.Current.Session["userID"] == null)
    {
        //如果没有登录向前台返回"-1"
        context.Response.Write("{\"status\":\"-1\"}");
        return;
    }
    sceneBll bll = new sceneBll();
    //获取前台传过来的类型
    string hyid = HttpContext.Current.Request.Form["hyid"];
    //获取登录用户id
    string userId = HttpContext.Current.Session["userID"].ToString();
    //生成唯一的id
    string sceneCode = Guid.NewGuid().ToString();
    //创建默认场景
    bll.DefaultScene(userId, hyid, sceneCode);
    //创建默认页面
    bll.DefaultScenePage(sceneCode);
    //向前台返回创建的唯一id
    context.Response.Write("{\"status\":\"" + sceneCode + "\"}");
}
```

此时单击“创建”按钮，网页会跳转到编辑页面，如图2.46所示。

图 2.46　编辑页面

视 频 讲 解

2.4.8　选择空白模板页面接口（1115562011313102123.html）

用户在编辑场景时，首先需要检测用户是否已经登录，因此打开interface.ashx的代码文件，在其中找到如图2.47所示的代码位置。

```
        //是否预览场景，session是否正常，用户登录
        if (t == "preview" || t == "userAuthor" || t == "reLogin")
        {
            if (t == "preview")
            {
                //预览场景
                preview(context);
            }
            [          ]————[添加代码34]
        }
        else
        {
        }
    }
    catch (Exception ex)
    {
        LogHelper.Instance.Info("接口:", ex);
    }
```

图 2.47　interface.ashx 文件中添加代码的位置

在图2.47所示位置编写代码，当值为userAuthor时，调用userAuthor()方法。代码如下：

<代码 34　代码位置：光盘 \Code\02\Bits\34. txt>

```
if (t == "userAuthor")
{
    //查询session是否正常
    userAuthor(context);
}
```

在interface.ashx代码文件中找到如图2.48所示的位置，添加userAuthor()方法的实现代码。

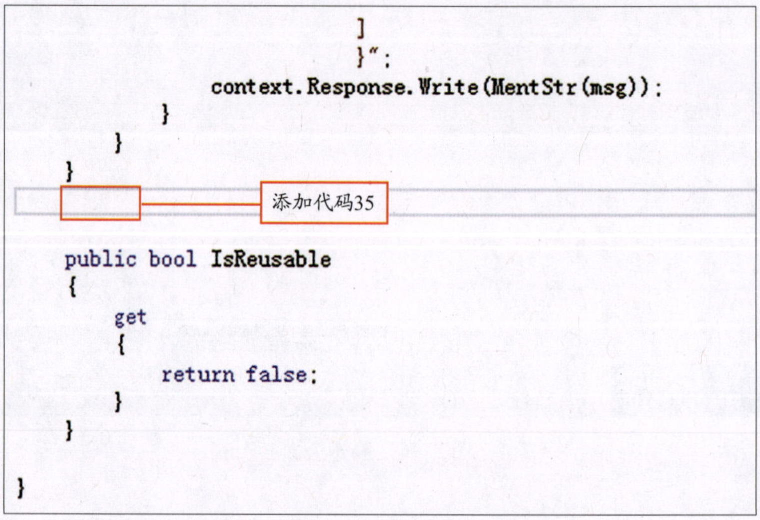

图 2.48　userAuthor() 方法的添加位置

userAuthor()方法主要用来验证用户登录状态，具体代码如下：

<代码 35　代码位置：光盘 \Code\02\Bits\35. txt>

```
/// <summary>
/// 查询session是否存在
/// </summary>
/// <param name="context"></param>
public void userAuthor(HttpContext context)
{
    if (HttpContext.Current.Session["userID"] == null)        //验证用户是否登录
    {
        context.Response.Status = "401 Unauthorized";         //返回没有登录
        string msg = @"{
            'success':false,
             'code':1001,
             'msg':'请先登录',
             'obj':null,
             'map':null,
             'list':null
```

```
            }";
        context.Response.Write(MentStr(msg));
    }
    else
    {
        //返回登录成功
        string msg = @"{
                'success':true,
                'code':200,
                'msg':'操作成功',
                'obj':100,
                'map':'',
                'list':null
            }
                    ";
        context.Response.Write(MentStr(msg));
    }
}
```


在图2.49所示位置编写代码，当值为reLogin时，调用reLogin()方法。代码如下：

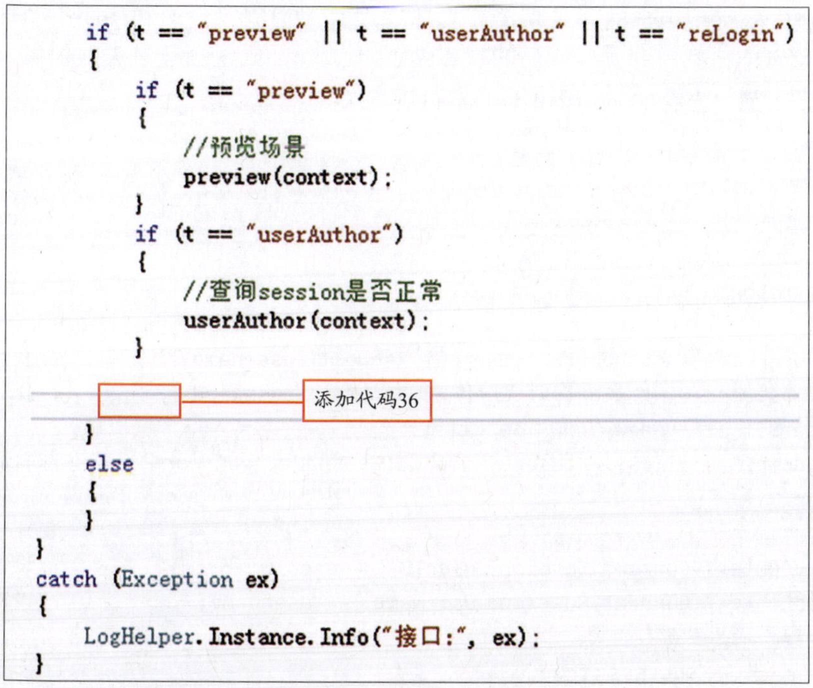

```
    if (t == "preview" || t == "userAuthor" || t == "reLogin")
    {
        if (t == "preview")
        {
            //预览场景
            preview(context);
        }
        if (t == "userAuthor")
        {
            //查询session是否正常
            userAuthor(context);
        }

    }
    else
    {
    }
}
catch (Exception ex)
{
    LogHelper.Instance.Info("接口:", ex);
}
```


图 2.49　interface.ashx 文件中添加代码的位置

<代码 36　代码位置：光盘 \Code\02\Bits\36.txt>

```
if (t == "reLogin")
{
```

```
        //用户登录
        reLogin(context);
}
```

在interface.ashx代码文件中找到如图2.50所示的位置，添加reLogin()方法的实现代码。

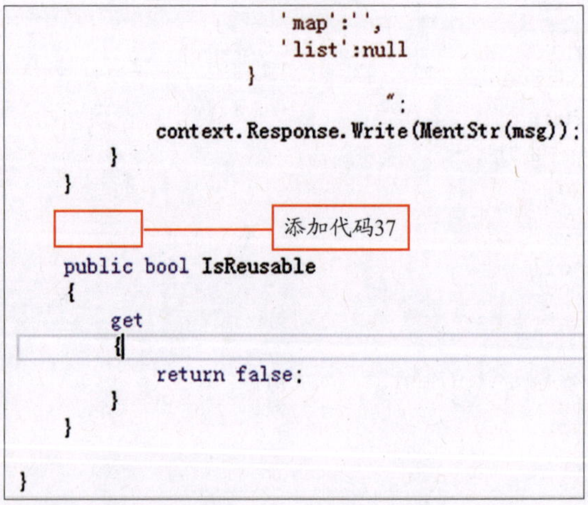

图 2.50　reLogin() 方法的添加位置

reLogin()方法主要实现用户的登录功能。具体实现时，根据用户名和密码来验证是否成功匹配，如果匹配成功，以JSON格式返回登录成功的状态;如果不成功，则返回登录失败信息。具体代码如下：

〈代码 37　代码位置：光盘\Code\02\Bits\37.txt〉

```
/// <summary>
/// 用户登录
/// </summary>
/// <param name="context"></param>
public void reLogin(HttpContext context)
{
    string username = HttpContext.Current.Request["username"];         //获取用户名
    string password = HttpContext.Current.Request["password"];         //获取密码
    show_userBll bll = new show_userBll();
    string userID = bll.SelectUserByNamePwd(username, password);     //验证用户名密码
    if (userID != "")
    {
        HttpContext.Current.Session["userID"] = userID;                //设置用户id
        HttpContext.Current.Session["UserName"] = username;            //设置用户名
        string msg = @"{
                    'success':true,
                    'code':200,
                    'msg':'success',
                     'obj':null,
                     'map':null,
                     'list':null
```

```
            }
          ";
        context.Response.Write(MentStr(msg));                    //返回成功登录
        return;
    }
    else
    {
        string msg = @"{
                            'success':false,
                            'code':1003,
                            'msg':'登录失败',
                            'map':{
                            'isValidateCodeLogin':false
                            }
                        }
                    ";
        context.Response.Write(MentStr(msg));                    //返回没有登录
        return;
    }

}
```

在interface.ashx代码文件中找到如图2.51所示的位置。

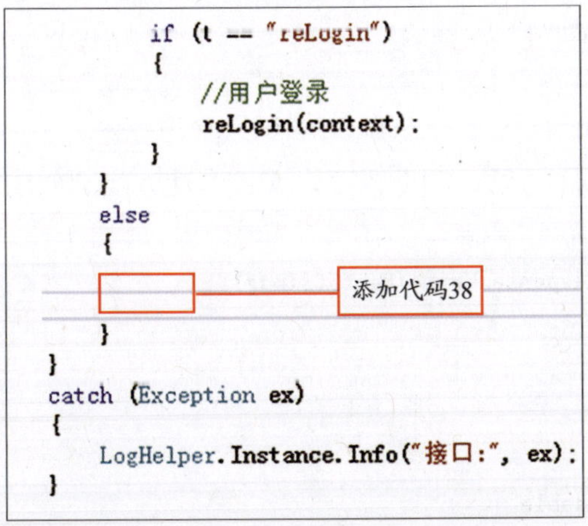

图 2.51　interface.ashx 文件中添加代码的位置

由于场景编辑功能需要在用户登录之后才可以使用，因此在图2.51所示位置设置Session的有效时间，通过判断Session值来验证用户是否登录。具体代码如下：

<代码 38　代码位置：光盘 \Code\02\Bits\38.txt>

```
HttpContext.Current.Session.Timeout = 3000;                      //设置登录有效时间
if (HttpContext.Current.Session["userID"] == null)
{
```

```
        context.Response.Write("{\"status\":\"-1\"}");          //向客户端返回没有登录标识
        return;
}
```

在interface.ashx代码文件中找到如图2.52所示的位置，添加用来获取场景页面基本信息的调用方法。

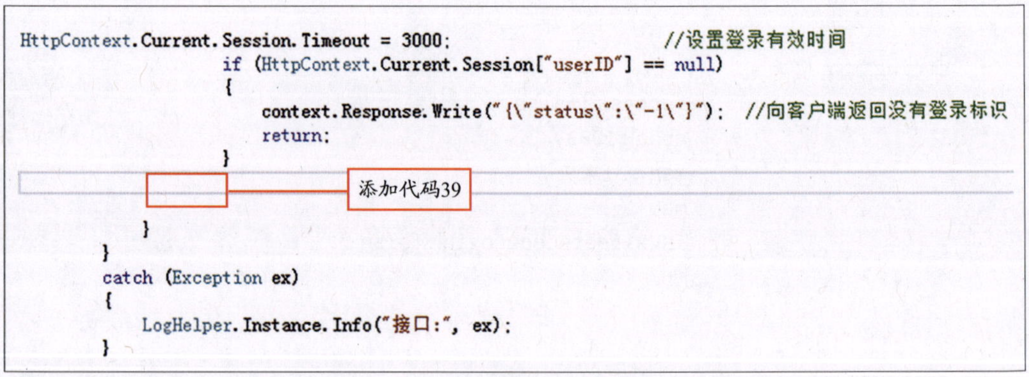

图 2.52　interface.ashx 中添加代码的位置

在图2.52所示的位置添加参数为pageList时的条件分支语句，具体代码如下：

< 代码 39　代码位置：光盘 \Code\02\Bits\39.txt>

```
switch (t)
{
    case "pageList":
        pageList(context);                              //获取场景页面基本信息
        break;
}
```

上面代码中用到了pageList()方法，因此需要定义该方法，找到如图2.53所示的代码位置。

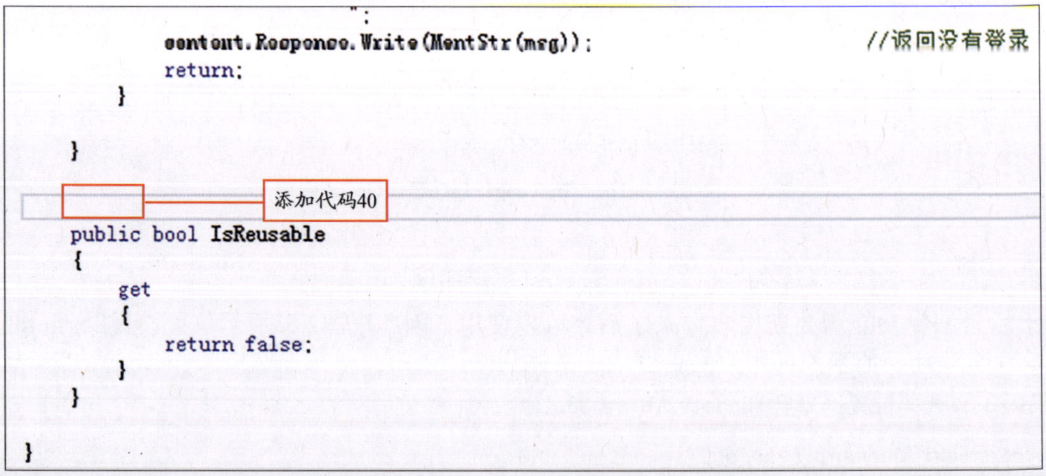

图 2.53　pageList() 方法的添加位置

pageList()方法主要用来获取页面的场景基本属性信息，并传递到前台，实现代码如下：

<代码 40 代码位置：光盘\Code\02\Bits\40.txt>

```
/// <summary>
/// 获取场景基本属性信息
/// </summary>
/// <param name="context"></param>
public void pageList(HttpContext context)
{
    string sceneCode = HttpContext.Current.Request["sceneCode"];          //场景id
    sceneBll sbll = new sceneBll();
    List<Model.scene_pag> list = sbll.GetPageListBySceneCode(sceneCode); //获取场景数据
    if (list.Count > 0)
    {
        //页面
        StringBuilder pagestr = new StringBuilder();
        foreach (Model.scene_pag m in list)
        {
            pagestr.Append(@"{
                    'id': "" + m.scene_pag_id + @"",
                    'sceneId': "" + sceneCode + @"",
                    'num': "" + m.num + @"",
                    'name': "" + m.pageName + @"",
                    'properties': null,
                    'elements': null,
                    'scene': null
                },");
        }
        //获取页面信息成功
        string sucStr = @"{
                    'success': true,
                    'code': '200',
                    'msg': 'success',
                    'obj': null,
                    'map': null,
                    'list': [
                        " + pagestr.ToString().Trim(',') + @"
                    ]
                }
            ";
        context.Response.Write(MentStr(sucStr));
    }
    else
    {
        //获取页面信息失败
        string failStr = @"{
                'success': false,
```

```
                'code': '403',
                'msg': '基础数据服务器获取失败',
                'obj': null,
                'map': null,
                'list': null
            }";
        context.Response.Write(MentStr(failStr));
    }
}
```

添加design()调用方法，添加位置如图2.54所示。

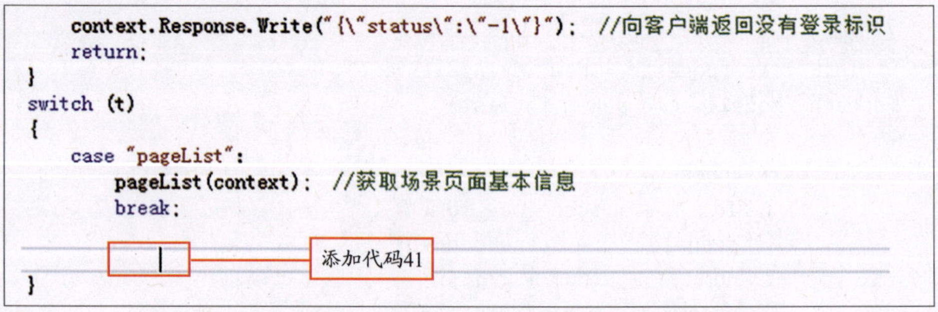

图 2.54　interface.ashx 中添加代码的位置

当值为design时，调用参数为HttpContext的design()方法。具体代码如下：

<代码 41　代码位置：光盘 \Code\02\Bits\41.txt>

```
case "design":
    //获取场景基本信息
    design(context);
    break;
```

实现design()方法代码，添加位置如图2.55所示。

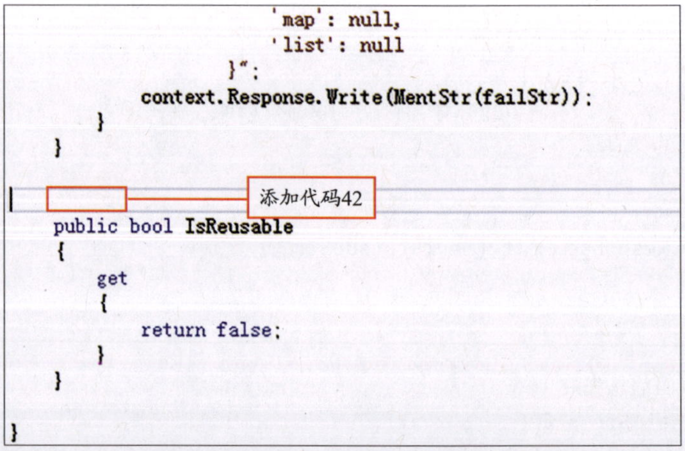

图 2.55　design() 方法的添加位置

design()方法用来获取场景页面的属性，该方法中主要使用GetpageModel()方法获取场景属性，并以JSON数据格式传递到前台，以便前台进行解析。具体代码如下：

<代码 42　代码位置：光盘 \Code\02\Bits\42.txt>

```
/// <summary>
/// 获取场景页面属性
/// </summary>
/// <param name="context"></param>
public void design(HttpContext context)
{
    string pageID = HttpContext.Current.Request["pageID"];                  //页面id
    sceneBll sbll = new sceneBll();
    Model.scene_pag mp = sbll.GetpageModel(pageID);                         //获取场景属性
    if (mp != null)
    {
        Model.scene mc = sbll.GetModel(mp.scene_code);                      //获取场景信息
        string sucStr = @"{
            'success': true,
            'code': '200',
            'msg': 'success',
            'obj': {
                'id': '" + pageID + @"',
                'sceneId': '" + mp.scene_code + @"',
                'num': '" + mp.num + @"',
                'name': '" + mp.pageName + @"',
                'properties': null,
                'elements':
                    " + (mp.content_text == "" ? "[]" : mp.content_text) + @"
                ,
                'scene': {
                    'id': '" + mp.scene_code + @"',
                    'name': '" + mc.scene_name + @"',
                    'createUser': '" + mc.author + @"',
                    'createTime': '" + mc.addtime + @"',
                    'type': '" + mc.scene_typeId + @"',
                    'pageMode': '" + mc.movietype + @"',
                    'bgAudio':" + (mc.musicUrl == "" ? "''" : mc.musicUrl) + @",
                    'isTpl': '0',
                    'isPromotion': '0',
                    'status': '1',
                    'openLimit': '0',
                    'submitLimit': '0',
                    'startDate': null,
                    'endDate': null,
                    'accessCode': null,
                    'thirdCode': null,
```

```
                        'updateTime': '1426038857000',
                        'publishTime': '1426038857000',
                        'applyTemplate': '0',
                        'applyPromotion': '0',
                        'sourceId': null,
                        'code': '" + mp.scene_code + @"',
                        'description': '" + mc.des + @"',
                        'sort': '0',
                        'pageCount': '0',
                        'dataCount': '0',
                        'showCount': '0',
                        'userLoginName': null,
                        'userName': null
                    }
},
                'map': null,
                'list': null
                }";
            context.Response.Write(MentStr(sucStr));                //向页面显示成功信息
        }
        else
        {
            string failStr = @"{
                'success': false,
                'code': '403',
                'msg': '页面基础数据服务器获取失败',
                'obj': null,
                'map': null,
                'list': null
            }";
            context.Response.Write(MentStr(failStr));               //向页面显示失败信息
        }
}
```

添加调用保存页面方法的分支语句，添加位置如图2.56所示。

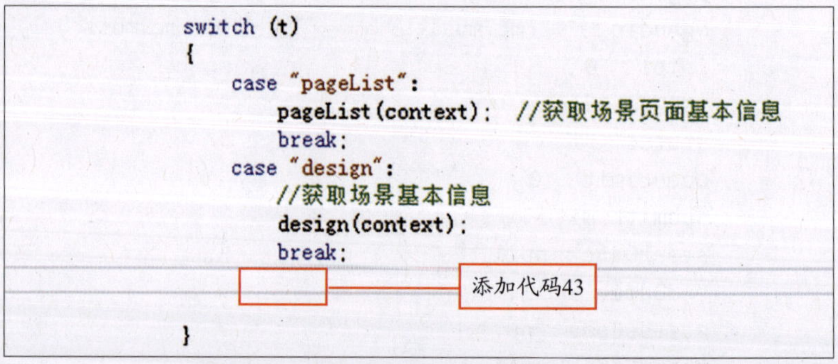

图 2.56　interface.ashx 中添加代码的位置

当值为savePage时，调用参数为HttpContext的savePage()方法，具体代码如下：

〈代码 43　代码位置：光盘 \Code\02\Bits\43. txt〉

```
case "savePage":
    //保存页面
    savePage(context);
    break;
```

添加savePage()方法，用来保存页面中的信息，添加位置如图2.57所示。

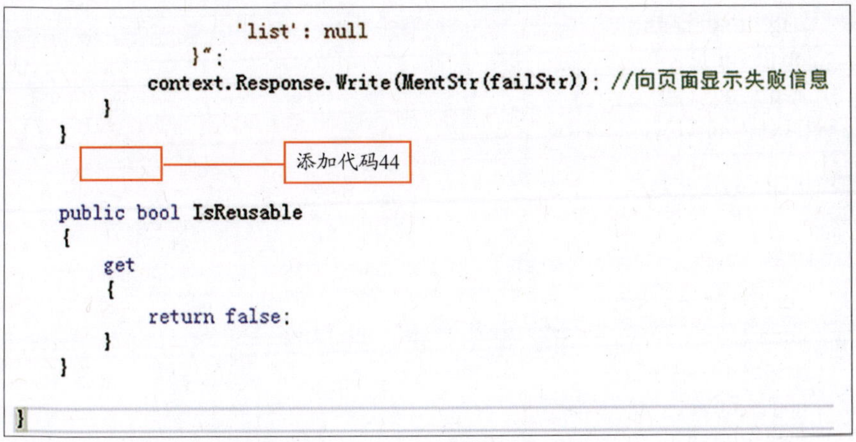

图 2.57　savePage() 方法的添加位置

savePage()方法用来获取前台页面传递的值，并把这些值插入到模板中，最后将模板传递到后台，通过后台的验证和插入来保存页面的完整信息。具体代码如下：

〈代码 44　代码位置：光盘 \Code\02\Bits\44. txt〉　（1115562010301102121. html）

代码解释

```
/// <summary>
/// 保存页面信息
/// </summary>
/// <param name="context"></param>
public void savePage(HttpContext context)
{
    string msg = "";
    string id = HttpContext.Current.Request["id"];                          //获取页面id
    string content_text = HttpContext.Current.Request["elements"];          //获取页面内容
    string scene_code = HttpContext.Current.Request["sceneId"];             //获取场景id
    string pageName = HttpContext.Current.Request["name"];                  //获取页面名称
    string num = HttpContext.Current.Request["num"];                        //获取页面页码
    string bgAudio = HttpContext.Current.Request["bgAudio"];                //获取背景音乐
    sceneBll bll = new sceneBll();
    Model.scene_pag mp = new Model.scene_pag();
    mp.scene_pag_id = id;                                                   //设置id
    mp.content_text = content_text;                                         //设置页面内容
    mp.scene_code = scene_code;                                             //设置场景id
```

```
        mp.pageName = pageName;                                         //设置页面内容
        mp.num = num;                                                   //设置页面页码
        mp.bgAudio = bgAudio;                                           //设置背景音乐
        if (bll.SavePage(mp))
        {
            msg = @"
            {
                'success': true,
                'code': '200',
                'msg': 'success',
                'obj': null,
                'map': null,
                'list': null}";
        }
        else
        {
            msg = @"{
                'success': false,
                'code': '403',
                'msg': '保存失败',
                'obj': null,
                'map': null,
                'list': null
            }";
        }
        context.Response.Write(MentStr(msg));
    }
```

实现调用保存页面名称的方法，添加位置如图2.58所示。

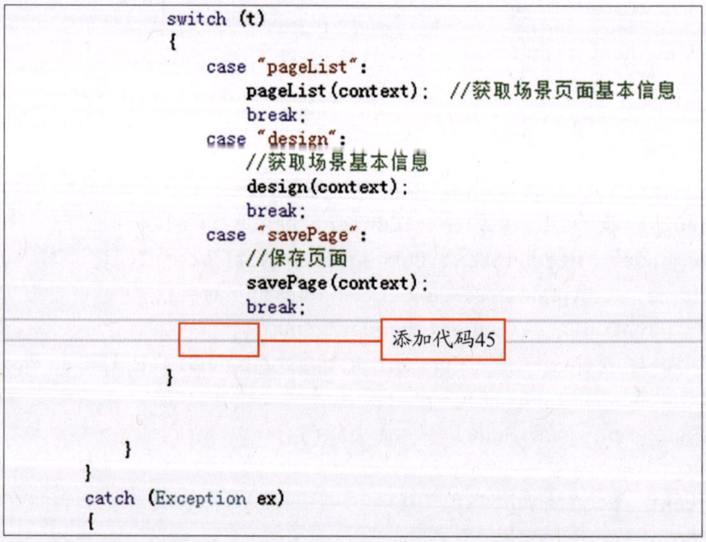

图 2.58　interface.ashx 中添加代码的位置

当值为savePageName时，调用参数为HttpContext的savePageName()方法。代码如下：

〈代码 45 代码位置：光盘 \Code\02\Bits\45. txt〉

```
case "savePageName":
    //保存页面名称
    savePageName(context);
    break;
```

实现savePageName()方法，代码的添加位置如图2.59所示。

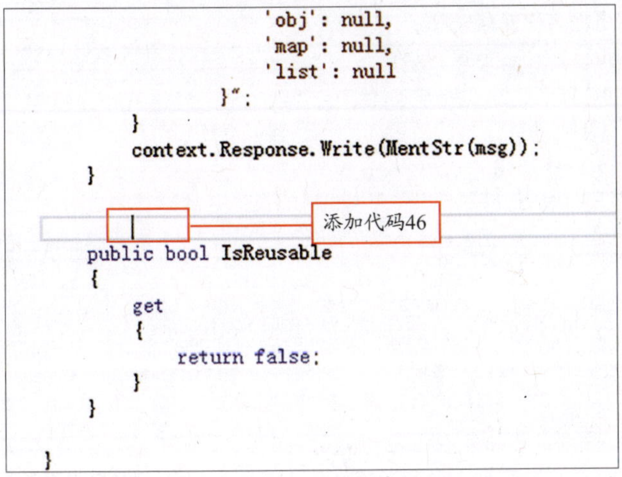

图 2.59 savePageName() 方法的添加位置

savePageName()方法中，通过传递的context获取前台参数的值，然后将这些参数传递到后台进行修改，最后以JSON格式将数据返回。具体代码如下：

〈代码 46 代码位置：光盘 \Code\02\Bits\46. txt〉

```
/// <summary>
/// 修改页面名称
/// </summary>
/// <param name="context"></param>
public void savePageName(HttpContext context)
{
    sceneBll bll = new sceneBll();
    string id = HttpContext.Current.Request["id"];                //获取页面id
    string name = HttpContext.Current.Request["name"];            //获取页面名称
    if (bll.UpdatePageName(id, name))                             //修改页面名称
    {
        string sucStr = @"{
            'success': true,
            'code': '200',
            'msg': '操作成功',
            'obj': null,
            'map': null,
```

```
                'list': null
            }";
            context.Response.Write(MentStr(sucStr));
        }
        else
        {
            string failStr = @"{
                'success': false,
                'code': '403',
                'msg': '页面名称保存失败',
                'obj': null,
                'map': null,
                'list': null
            }";
            context.Response.Write(MentStr(failStr));
        }
}
```

添加调用调整页面顺序的分支语句，添加位置如图2.60所示。

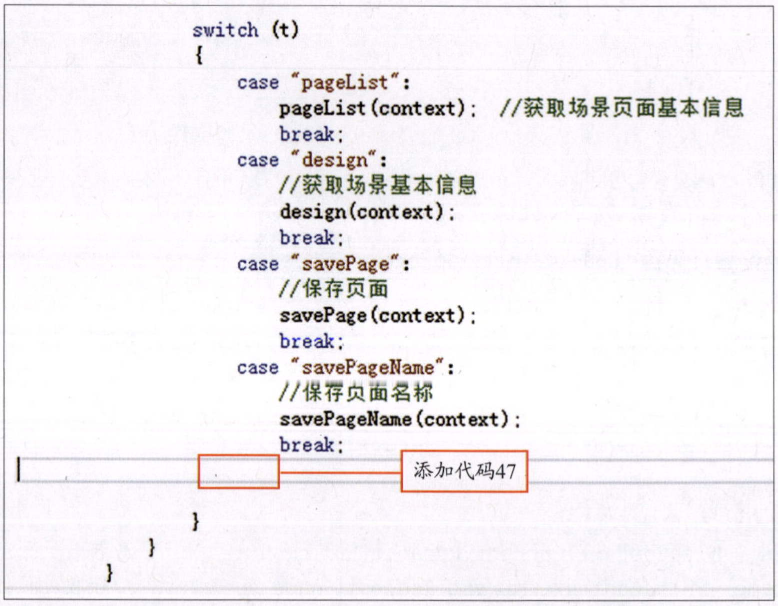

图 2. 60　interface. ashx 中添加代码的位置

当值为pageSort时，调用参数为HttpContext的pageSort()方法。具体代码如下：

<代码 47　代码位置：光盘 \Code\02\Bits\47. txt>

```
case "pageSort":
    //调整页面顺序
    pageSort(context);
    break;
```

添加pageSort()方法，添加位置如图2.61所示。

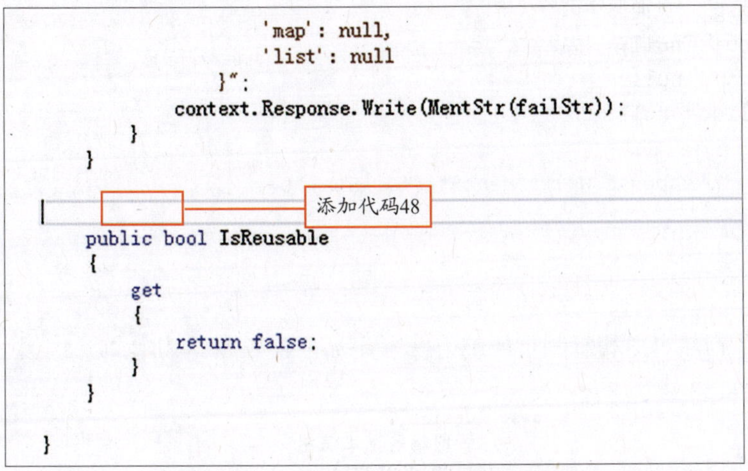

图 2.61　pageSort() 方法的添加位置

pageSort()用来调整页面的顺序，该方法中，首先获取前台的页面id和要变动的页面顺序，然后传递到后台进行计算，并调整顺序。具体代码如下：

<代码 48　代码位置：光盘\Code\02\Bits\48.txt>

```
/// <summary>
/// 调整页面顺序
/// </summary>
/// <param name="context"></param>
public void pageSort(HttpContext context)
{
    string pageid = HttpContext.Current.Request["pageid"];          //获取页面id
    string num = HttpContext.Current.Request["num"];                //获取页面顺序
    sceneBll bll = new sceneBll();
    if (bll.UpdateSize(int.Parse(pageid), int.Parse(num)))          //修改页面顺序
    {
        string sucStr = @" {
            'success': true,
            'code': '200',
            'msg': '操作成功',
            'obj': null,
            'map': null,
            'list': null
         }";
        context.Response.Write(MentStr(sucStr));
    }
    else
    {
        string failStr = @"  {
            'success': false,
```

```
                'code': '403',
                'msg': '页面顺序调整失败',
                'obj': null,
                'map': null,
                'list': null
            }";
            context.Response.Write(MentStr(failStr));
        }

}
```

添加创建页面、删除页面和复制页面的方法，添加位置如图2.62所示。

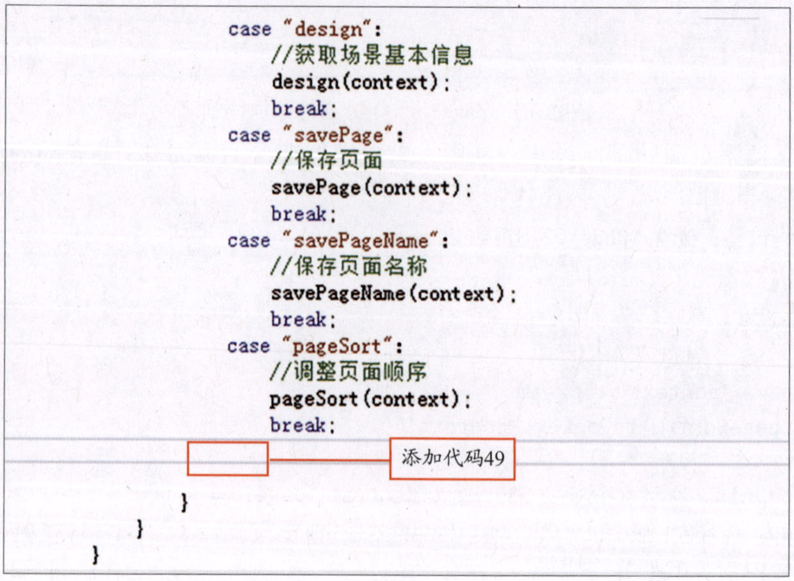

图 2.62　interface.ashx 中添加代码的位置

以下代码有3个方法调用，分别是createPage()、delPage()和copyPage()，当传递的值不同时，调用不同的方法。代码如下：

<代码 49　代码位置：光盘\Code\02\Bits\49.txt>

```
case "createPage":
    createPage(context);                    //创建页面
    break;
case "delPage":
    delPage(context);                       //删除页面
    break;
case "copyPage":
    copyPage(context);                      //复制页面
    break;
```

接下来将在图2.63所示位置分别添加createPage()、delPage()和copyPage()这3个方法的实现代码。

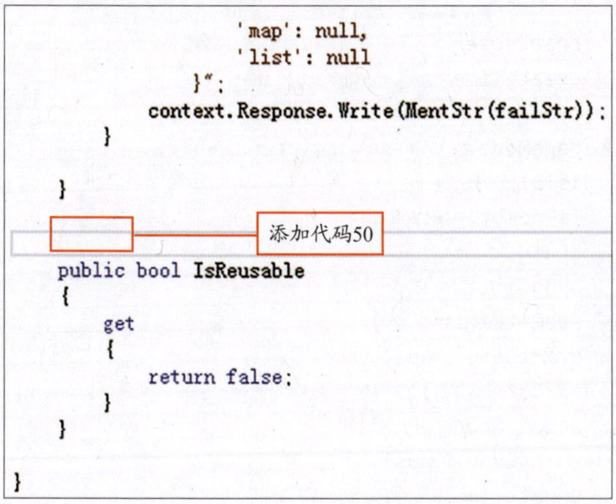

图 2.63　interface.ashx 中添加代码的位置

createPage()方法用来创建页面，该方法中，获取前台页面传递的参数值，通过后台方法验证并插入创建页面，最后以JSON字符串传递到前台，前台通过解析JSON进行效果展示。具体代码如下：

<代码 50　代码位置：光盘 \Code\02\Bits\50.txt>　（1115562010301102122.html）

代码解释

```
/// <summary>
/// 创建页面
/// </summary>
/// <param name="context"></param>
public void createPage(HttpContext context)
{
    string id = HttpContext.Current.Request["id"];
    sceneBll bll = new sceneBll();
    string sceneCode = bll.AddUpdate(id);                          //获取场景编码
    Model.scene sm = bll.GetModel(sceneCode.Split('|')[0]);        //获取场景信息
    if (sceneCode != "")
    {
        string sucStr = @"{
            'success': true,
            'code': '200',
            'msg': 'success',
            'obj': {
                'id': " + id + @",
                'sceneId': " + sceneCode.Split('|')[0] + @",
                'num': " + sceneCode.Split('|')[1] + @",
                'name': null,
                'properties': null,
                'elements': null,
                'scene': {
                    'id': " + sceneCode.Split('|')[0] + @",
                    'name': " + sm.scene_name + @",
```

```
                    'createUser': '" + sm.author + @"',
                    'createTime': '" + sm.addtime + @"',
                    'type': '" + sm.scene_typeid + @"',
                    'pageMode': '" + sm.movietype + @"',
                    'isTpl': '0',
                    'isPromotion': '0',
                    'status': '1',
                    'openLimit': '0',
                    'submitLimit': '0',
                    'startDate': null,
                    'endDate': null,
                    'accessCode': null,
                    'thirdCode': null,
                    'updateTime': '1426039827000',
                    'publishTime': '1426039827000',
                    'applyTemplate': '0',
                    'applyPromotion': '0',
                    'sourceId': null,
                    'code': 'U705UCE43R',
                    'description': '',
                    'sort': '0',
                    'pageCount': '0',
                    'dataCount': '0',
                    'showCount': '0',
                    'userLoginName': null,
                    'userName': null
                }
            },
            'map': null,
            'list': null,
            'iscopy':'false'
        }";
        context.Response.Write(MentStr(sucStr));//对JSON字符串进行处理，并返回到前台
    }
    else                                          //如果页面创建失败
    {
        string failStr = @" {
            'success': false,
            'code': '403',
            'msg': '创建新页面失败',
            'obj': null,
            'map': null,
            'list': null
        }";
        //定义失败后返回的字符串
        context.Response.Write(MentStr(failStr));
```

```
    }
}
```

delPage()方法用来删除页面，该方法首先获取前台传递的id值，再调用后台方法删除指定页面，然后生成JSON字符串，传递回前台页面。具体代码如下：

＜代码 51　代码位置：光盘\Code\02\Bits\51.txt＞

```
/// <summary>
/// 删除页面
/// </summary>
/// <param name="context"></param>
public void delPage(HttpContext context)
{
    string id = HttpContext.Current.Request["id"];       //获取场景id
    sceneBll bll = new sceneBll();
    string sceneCode = bll.DeletePage(id);               //获取场景编码
    if (sceneCode != "")
    {
        string msg = @"{
        'success': true,
        'code': '200',
        'msg': '删除成功',
        'obj': null,
        'map': null,
        'list': null}";
        context.Response.Write(MentStr(msg));
    }
    else
    {
        string msg = @"{
            'success': false,
            'code': '403',
            'msg': '创建新页面失败',
            'obj': null,
            'map': null,
            'list': null
        }";
        context.Response.Write(MentStr(msg));
    }
}
```

copyPage()方法用来复制页面，该方法通过前台传递的id值调用后台方法，复制页面并组织成JSON数据传递到前台，前台解析JSON。具体代码如下：

＜代码 52　代码位置：光盘\Code\02\Bits\52.txt＞

```
/// <summary>
```

```
/// 复制页面
/// </summary>
/// <param name="context"></param>
public void copyPage(HttpContext context)
{
    string id = HttpContext.Current.Request["id"];                      //获取场景编码
    sceneBll bll = new sceneBll();
    string sceneCode = bll.CopyPage(id);                                //复制场景
    Model.scene sm = bll.GetModel(sceneCode.Split('|')[0]);    //获取场景信息
    if (sceneCode != "")
    {
        string msg = @"{
            'success': true,
            'code': '200',
            'msg': 'success',
            'obj': {
                'id': '" + id + @"',
                'sceneId': '" + sceneCode.Split('|')[0] + @"',
                'num': '" + sceneCode.Split('|')[1] + @"',
                'name': '" + sceneCode.Split('|')[2] + @"',
                'properties': null,
                'elements': null,
                'scene': {
                    'id': '" + sceneCode.Split('|')[0] + @"',
                    'name': '" + sm.scene_name + @"',
                    'createUser': '" + sm.author + @"',
                    'createTime': '" + sm.addtime + @"',
                    'type': '" + sm.scene_typeid + @"',
                    'pageMode': '" + sm.movietype + @"',
                    'isTpl': '0',
                    'isPromotion': '0',
                    'status': '1',
                    'openLimit': '0',
                    'submitLimit': '0',
                    'startDate': null,
                    'endDate': null,
                    'accessCode': null,
                    'thirdCode': null,
                    'updateTime': '1426039827000',
                    'publishTime': '1426039827000',
                    'applyTemplate': '0',
                    'applyPromotion': '0',
                    'sourceId': null,
                    'code': 'U705UCE43R',
                    'description': '',
                    'sort': '0',
```

```
                        'pageCount': '0',
                        'dataCount': '0',
                        'showCount': '0',
                        'userLoginName': null,
                        'userName': null
                    }
                },
                'map': null,
                'list': null,
                'iscopy':'true'
            }";
            context.Response.Write(MentStr(msg));
        }
        else
        {
            string msg = @"{
                'success': false,
                'code': '403',
                'msg': '创建新页面失败',
                'obj': null,
                'map': null,
                'list': null
            }";
            context.Response.Write(MentStr(msg));
        }
}
```

在图2.64所示位置添加调用获取文件列表和删除文件的方法。

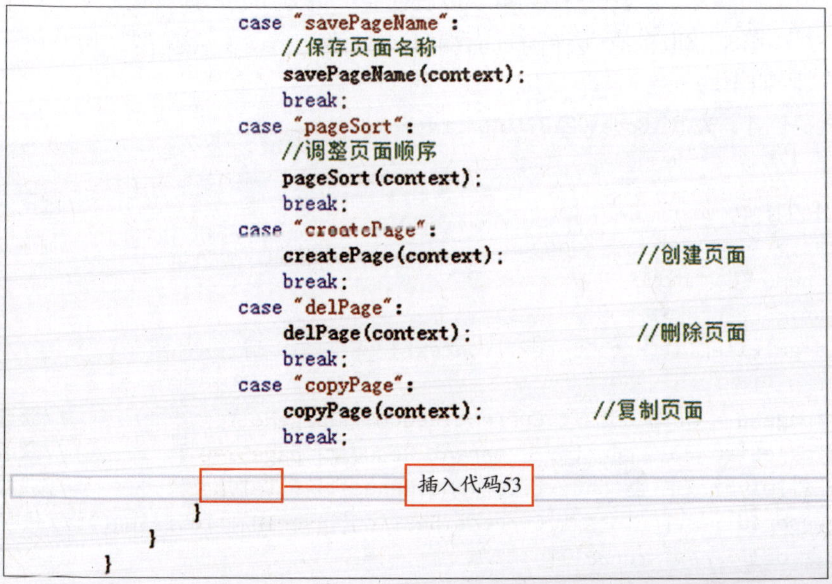

图 2.64　interface.ashx 中添加代码的位置

在代码53中，当参数为getFileList时，调用getFileList()方法；当参数为delFile时，调用delFile()方法。具体代码如下：

<代码 53　代码位置：光盘 \Code\02\Bits\53.txt>

```
case "getFileList":
    getFileList(context);                    //获取文件列表
    break;
case "delFile":
    delFile(context);                        //删除文件
    break;
```

实现getFileList()方法和delFile()方法的代码添加位置如图2.65所示。

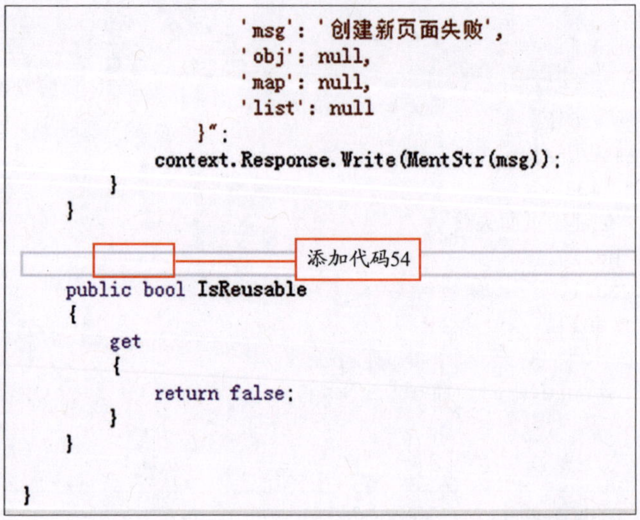

图 2.65　getFileList() 方法和 delFile() 方法的添加位置

getFileList()方法用来获取前台传递的页面编号、文件大小、文件类型、用户id，并根据这些信息获取文件列表，代码如下：

<代码 54　代码位置：光盘 \Code\02\Bits\54.txt>

```
/// <summary>
/// 获取文件列表
/// </summary>
/// <param name="context"></param>
/// <returns></returns>
public void getFileList(HttpContext context)
{
    string pageNo = HttpContext.Current.Request["pageNo"];               //获取页面编号
    string pageSize = HttpContext.Current.Request["pageSize"];           //获取文件大小
    string fileType = HttpContext.Current.Request["fileType"];           //获取文件类型
    string userId = HttpContext.Current.Session["userID"].ToString();//获取用户id
    sceneBll bll = new sceneBll();
    try
```

```
    {
        //查询文件列表
        List<Model.file> list = bll.GetFileList(int.Parse(pageNo), int.Parse(pageSize), int.Parse(fileType), userId);
            StringBuilder lstr = new StringBuilder();
            foreach (Model.file m in list)
            {
                lstr.Append(@"{
                    'id': "" + m.Fileid + @"",
                    'name': "" + m.fileUserName + @"",
                    'extName': "" + m.extName + @"",
                    'fileType': "" + m.fileType + @"",
                    'bizType': '101',
                    'path': "" + m.path + @"",
                    'tmbPath': "" + m.path + @"",
                    'createTime': "" + m.addtime + @"",
                    'createUser': "" + m.userid + @"",
                    'sort': '0',
                    'size': '26',
                    'status': '1'
                },");
            }
            //count总数
            string msg = @"{
                'success': true,
                'code': '200',
                'msg': 'success',
                'obj': null,
                'map': {
                    'count': "" + bll.GetFileCount(userId, int.Parse(fileType)).ToString() + @"",
                    'pageNo': "" + pageNo + @"",
                    'pageSize': "" + pageSize + @""
                },
                'list': [
                    " + lstr.ToString().Trim(',') + @"
                ]
    }";
            context.Response.Write(MentStr(msg));
        }
        catch (Exception ex)
        {
            string msg = @"{
                'success': false,
                'code': '403',
```

```
                    'msg': '获取文件失败',
                    'obj': null,
                    'map': null,
                    'list': null
                }";
                context.Response.Write(MentStr(msg));
            }
}
```

delFile()方法用来获取前台传递的文件id，并将其传递到后台DeleteFile()方法中，删除该方法中的文件，删除成功之后，组成正确的JSON字符串，传递到前台。具体代码如下：

<代码 55　代码位置：光盘 \Code\02\Bits\55.txt>

```
/// <summary>
/// 删除文件（文件删除）
/// </summary>
/// <param name="context"></param>
public void delFile(HttpContext context)
{
    string delid = "";
    //文件id
    string fileid = HttpContext.Current.Request["fileid"];
    string[] fileidlist = fileid.Split(',');
    foreach (string str in fileidlist)
    {
        delid += "'" + str + "',";
    }
    sceneBll bll = new sceneBll();
    if (bll.DeleteFile(delid.Trim(',')) != "")
    {
        string msg = @"{
                'success': true,
                'code': '200',
                'msg': 'success',
                'obj': null,
                'map': null,
                'list': null
            }
        ";
        context.Response.Write(MentStr(msg));
    }
    else
```

```
    {
        string msg = @"{
            'success': false,
            'code': '403',
            'msg': '删除文件失败',
            'obj': null,
            'map': null,
            'list': null
        }";
        context.Response.Write(MentStr(msg));
    }
}
```

在如图2.66所示位置添加调用获取场景基本配置的分支语句。

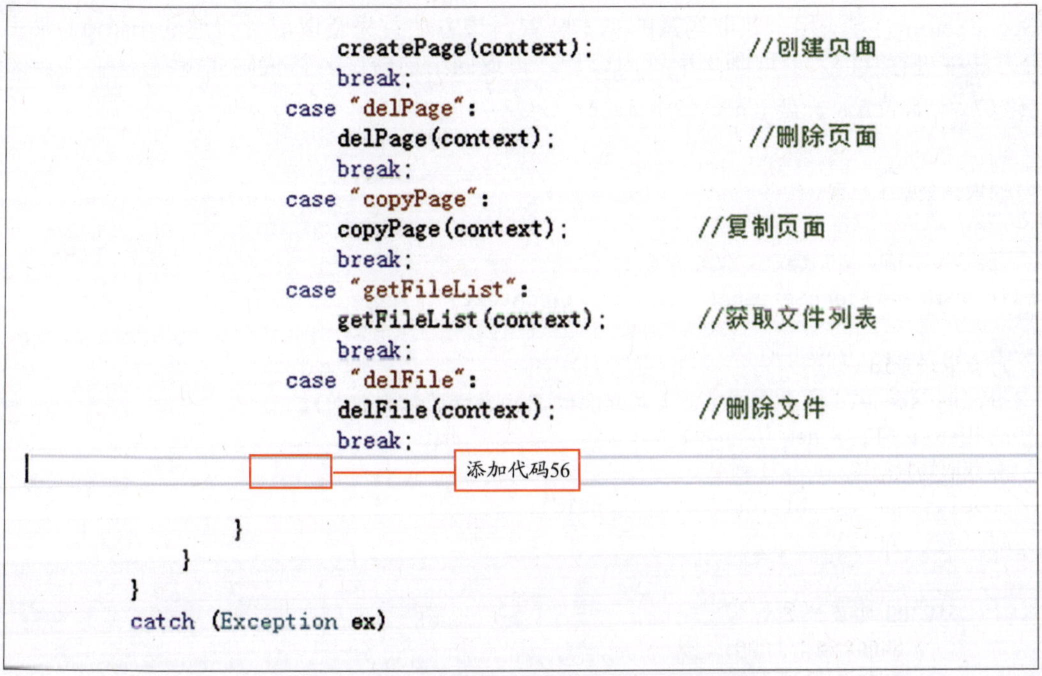

图 2.66　interface.ashx 中添加代码的位置

当参数为getSceneSetting时，调用getSceneSetting()方法获取场景的基本信息，具体代码如下：

<代码 56　代码位置：光盘 \Code\02\Bits\56. txt>

```
case "getSceneSetting":
    //获取场景基本配置
    getSceneSetting(context);
    break;
```

实现getSceneSetting()方法，代码添加位置如图2.67所示。

```
                    'msg': '删除文件失败',
                    'obj': null,
                    'map': null,
                    'list': null
                }";
            context.Response.Write(MentStr(msg));
        }
    }
                                 添加代码57

    public bool IsReusable
    {
        get
        {
            return false;
        }
    }

}
```

图 2.67　getSceneSetting() 方法的添加位置

getSceneSetting()方法用来获取场景的基本配置，该方法首先获取前台传递的场景id，然后将其传递到后台方法中进行查询，获取基本配置内容后，再返回给前台。具体代码如下：

<代码 57　代码位置：光盘\Code\02\Bits\57.txt>

```
/// <summary>
/// 获取场景基本配置
/// </summary>
/// <param name="context"></param>
public void getSceneSetting(HttpContext context)
{
    //获取场景id
    string sceneId = HttpContext.Current.Request["sceneId"];
    sceneBll bll = new sceneBll();
    //获取场景配置
    Model.scene m = bll.GetModel(sceneId);
    if (m != null)
    {
        string msg = @"{
            'success': true,
            'code': '200',
            'msg': 'success',
            'obj': {'id': '" + sceneId + @"',
                'name': '" + m.scene_name + @"',
                'createUser': '" + m.author + @"',
                'type': '" + m.scene_custom_id + @"',
                'createTime': '" + m.addtime + @"',
                'cover': '" + m.cover + @"',
                 'code': '" + m.qrCode + @"',
                 'description':'" + m.des + @"',
                'isTpl': '0',
```

```
                    'isShow': '0',
                    'updateTime': '' + m.addtime + @'',
                    'publishTime': '' + m.addtime + @''
                    },'map': null,
                     'list': null
            }";
        context.Response.Write(MentStr(msg));
    }
    else
    {
        string msg = @"{
                'success': false,
                'code': '403',
                'msg': '获取场景基本配置失败',
                'obj': null,
                'map': null,
                'list': null
            }
                ";
        context.Response.Write(MentStr(msg));
    }
}
```


添加调用发布场景、设置封面和获取类别的方法，添加位置如图2.68所示。

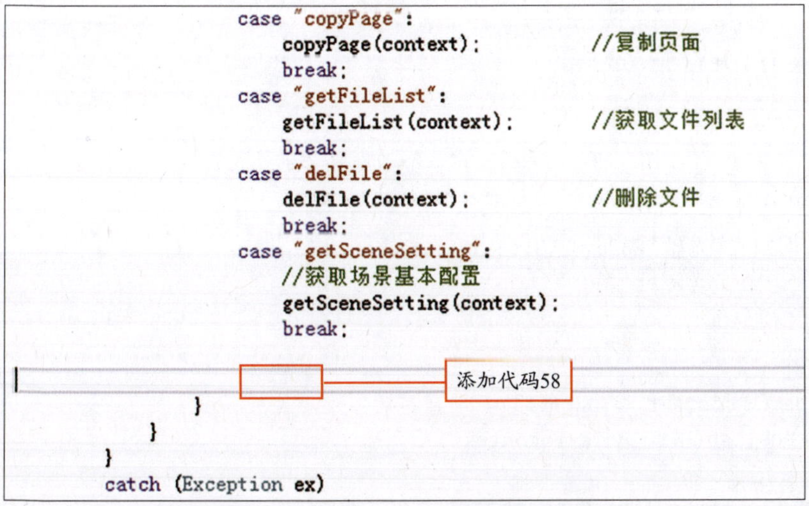

图 2.68　interface.ashx 文件中添加代码的位置

在图2.68所示位置主要调用3个方法，分别为发布场景的方法、设置封面的方法和获取类别的方法，具体代码如下：

<代码 58　代码位置：光盘\Code\02\Bits\58.txt>

```
case "publish":
```

```
        //发布场景
        publish(context);
        break;
    case "uploadCoverImg":
        //设置封面
        uploadCoverImg(context);
        break;
    case "typeList":
        //获取类别
        typeList(context);
        break;
```

接下来将在图2.69所示位置分别添加publish()、uploadCoverImg()和typeList()这3个方法的实现代码。

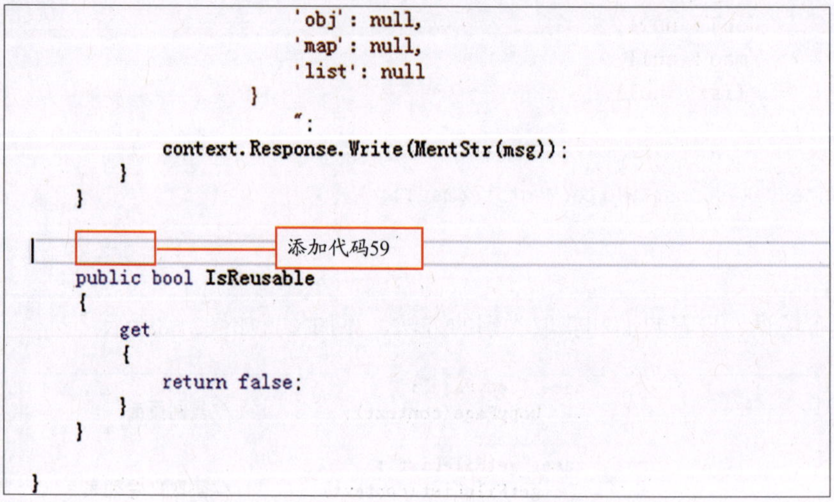

图 2.69　interface.ashx 文件中添加代码的位置

publish()方法用来实现发布场景功能，其实现代码如下：

<代码 59　代码位置：光盘\Code\02\Bits\59.txt>

```
/// <summary>
/// 发布场景
/// </summary>
/// <param name="context"></param>
public void publish(HttpContext context)
{
    string id = HttpContext.Current.Request["id"];                          //场景id
    string name = HttpContext.Current.Request["name"];                      //场景名称
    string createUser = HttpContext.Current.Request["createUser"];          //创建人
    string type = HttpContext.Current.Request["type"];                      //场景类型
    string createTime = HttpContext.Current.Request["createTime"];          //创建时间
    string cover = HttpContext.Current.Request["cover"];                    //封面
    string code = HttpContext.Current.Request["code"];                      //场景编号
```

```
    string description = HttpContext.Current.Request["description"];  //说明
    sceneBll bll = new sceneBll();
    //发布场景
    if (bll.publish(id, name, createUser, type, createTime, cover, code, description) != "")
    {
        string msg = @" {
            'success': true,
            'code': 200,
            'msg': 'success',
            'obj': null,
            'map': null,
            'list': null
        }";
        context.Response.Write(MentStr(msg));
    }
    else
    {
        string msg = @" {
            'success': false,
            'code': 403,
            'msg': '发布失败',
            'obj': null,
            'map': null,
            'list': null
        }";
        context.Response.Write(MentStr(msg));
    }
}
```

uploadCoverImg()方法用来实现设置场景封面的功能，实现代码如下：

<代码 60　代码位置：光盘\Code\02\Bits\60.txt>　（111556201030110212З.html）

代码解释

```
/// <summary>
/// 设置封面
/// </summary>
/// <param name="context"></param>
public void uploadCoverImg(HttpContext context)
{
    string src = HttpContext.Current.Request["src"];                //图片路径
    string fileType = HttpContext.Current.Request["fileType"];      //图片类型
    string x = HttpContext.Current.Request["x"];                    //截图x坐标
    string y = HttpContext.Current.Request["y"];                    //截图y坐标
    string w = HttpContext.Current.Request["w"];                    //截图宽度
    string h = HttpContext.Current.Request["h"];                    //截图高度
    string id = HttpContext.Current.Request["id"];                  //图片id
    sceneBll bll = new sceneBll();
```

```
    //修改封面
    if (bll.UpdateCover(src, fileType, int.Parse(x), int.Parse(y), int.Parse(w), int.
Parse(h), id))
    {
        string msg = @"{
         'success':true,
          'code':200,
          'msg':'操作成功',
           'obj':'" + src + @"',
    'map': {
            'id':25467357,
           'path':'" + src + @"',
           'src':'" + src + @"',
           'y':'" + y + @"',
           'w':'" + w + @"',
           'h':'" + h + @"',
           'x':'" + x + @"',
           'index':'',
           'fileType':'" + fileType + @"'

        },
             'list':null
    }
    ";
        context.Response.Write(MentStr(msg));
    }
    else
    {
        string msg = @"{
                'success': false,
                'code': 403,
                'msg': '上传缩略图失败',
                'obj': null,
                'map': null,
                'list': null
            }
        ";
        context.Response.Write(MentStr(msg));
    }
}
```

typeList()方法用来实现获取场景类别的功能，实现代码如下：

<代码 61　代码位置：光盘 \Code\02\Bits\61.txt>

```
/// <summary>
/// 获取类别
/// </summary>
/// <param name="context"></param>
public void typeList(HttpContext context)
```

```
{
    CodeBll bll = new CodeBll();
    DataTable dt = bll.GetTableByGroup("2", 0);                       //获取类型
    string l = "";
    if (dt != null)
    {
        foreach (DataRow dr in dt.Rows)
        {
            l += "{'id':'" + dr["code_id"] + "','name':'" + dr["msg"] + "','value':'" +
dr["code_id"] + "','type':'scene_type','sort':1,'status':1,'remark':null},";
        }
        string msg = @"{
             'success':true,
             'code':200,
             'msg':'success',
             'obj':null,
             'map':null,
              'list':[
                        " + l.ToString().Trim(',') + @"
                     ]
        }";
        context.Response.Write(MentStr(msg));
    }
    else
    {
        string msg = @"{
            'success': false,
            'code': 403,
            'msg': '获取场景类型失败',
            'obj': null,
            'map': null,
            'list': null
        }";
        context.Response.Write(MentStr(msg));
    }
}
```

说明：将光盘中Src文件夹下的Upload.ashx文件和Upload.ashx.cs文件复制到当前项目的tools文件夹中。

运行一下　运行网站，单击“选择空白模板”，然后体验场景编辑的效果。

2.4.9 自定义查询模板（1115562011313102124.html）

视频讲解

在Show网站项目中创建一个top.html页面，在该页面的默认代码中找到如图2.70所示的位置。

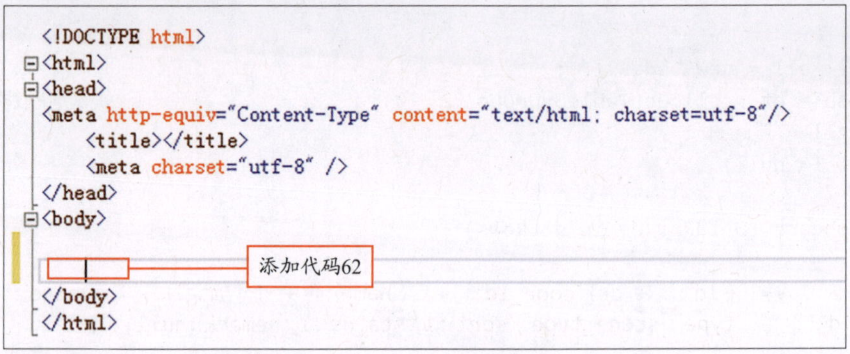

图 2.70　top.html 页面的默认代码

在图2.70所示位置添加页面的布局代码，具体代码如下：

<代码 62　代码位置：光盘 \Code\02\Bits\62.txt>

```
<!--整体布局-->
    <section id="webtop" style="background-color:rgba(0,0,0,.5); width:100%; height:60px; min-width:1000px;  ">
        <!--网站Logo-->
        <section id="logo" style="float:left; font-weight:900; color:#4D4D4D; text-shadow:5px 2px 15px; font-size:38px; line-height:60px; margin-left:5%;">
            <img src="sysImg/logo.png" onclick="gohome()" style="cursor:pointer;" />
        </section>
        <!--查询内容-->
        <section style="float:left; margin-left:15%; position:relative;">
            <img src="sysImg/图片1.png" onclick="Serach()" style="width:25px; height:25px; position:absolute; left:453px; top:15px; cursor:pointer;">
            <input id="serachText" onkeypress="getkey()" type="text" style="border:1px solid #fff; border-radius:20px; background-color:rgba(255,255,255,.2); border-width:1px; height:40px; width:430px; margin-top:8px; padding-left:10px; padding-right:50px; color:white;" placeholder="请输入标题模板关键字" maxlength="21" />
        </section>
        <section id="ToprightSection" style="float:right; width:410px;">
            <!--显示免费模板-->
            <p class="mouseHove" id="freeModel" style="float:left; cursor:pointer; " onclick="Rehref()">免费模板</p>
            <!--显示我的作品-->
            <p class="mouseHove" style="float:left; margin-left:30px; cursor:pointer;  " onclick="Myprogect()">我的作品</p>
            <!--创作按钮-->
            <input id="createBtn" type="button" value="创作" onclick="ClickCreate()" style="float:left; display:none; margin-left:20px; width:80px; height:30px; margin-top:15px; color:#fff; background-color:rgb(255, 134, 72); border:none;" />
            <!--登录按钮-->
            <font id="loginBtn" class="mouseHove" style="float:left; margin-left:50px; line-height:30px; width:50px; height:30px; margin top:15px; border:none;  cursor:pointer; color:#f39800" onclick="ClickLogin()">登录</font>
```

```
            <!--分割-->
            <font id="sx" style="color:white; float:left; ">|</font>
            <!--注册按钮-->
            <font id="regionBtn" class="mouseHove" style="float:left; line-height:30px; width:50px; height:30px; margin-top:15px; margin-left:20px; cursor:pointer" onclick="Clickregion()">注册</font>
            <!--登录信息-->
            <div id="headDiv" style="display:none;">
                <img id="headImg" src="userHead/t.jpg" width="40" height="40" style="border-radius:40px; " /><br />
                <div id="mylist" style="background-color:rgba(0,0,0,.5); border:none; border-radius:0px 0px 5px 5px; margin-top:1px;">
                    <font class="fontcolor">我的消息</font><br /><!—显示我的消息-->
                    <!—显示个人信息-->
                    <font class="fontcolor" onclick="userCenter()">个人信息</font><br />
                    <font id="out" class="fontcolor">退出</font><!—显示退出-->
                </div>
            </div>
        </section>
    </section>
```


运行一下　浏览 index.html 页面，显示出一个透明的、在最上面的层，该层显示一个 Logo 和一个透明的文本框，如图 2.71 所示。

图 2.71　首页头部的 Logo 和搜索文本框

接下来找到如图2.72所示的代码位置。

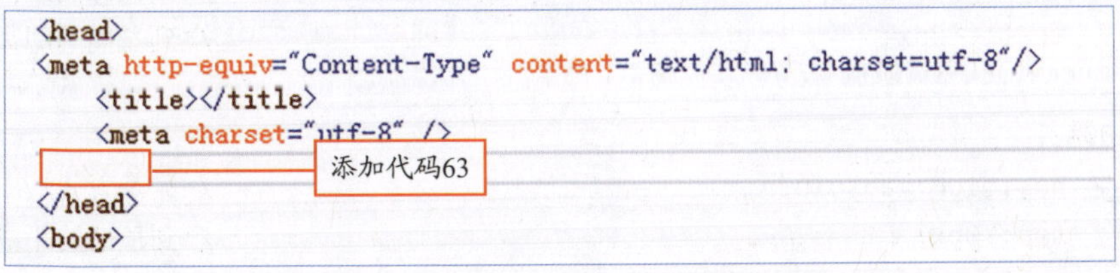

图 2.72　top. html 页面中的代码添加位置

在图2.72所示的位置，为top.html页面添加样式代码，使页面更加美观。具体代码如下：

<代码 63　代码位置：光盘 \Code\02\Bits\63. txt>

```
<style>
    /*设置所有标签的样式*/
    * {
```

```
        padding: 0px;                                          /*与内边界的距离*/
        margin: 0px;                                           /*与外边界的距离*/
        font-family: "Comic Sans MS","微软雅黑",sans-serif;     /*字体*/
    }
    /*设置id为ToprightSection的样式*/
    #ToprightSection {
        font-size: 18px;                                       /*文字大小*/
        font-weight: 500;                                      /*字体粗细*/
        line-height: 60px;                                     /*行高度*/
        color: #666666;                                        /*字体颜色*/
    }
    .mouseHove {
        color: #fff;                                           /*字体颜色*/
    }
        /*设置鼠标经过的样式*/
        .mouseHove:hover {
            color: #f39800;                                    /*字体颜色*/
        }
</style>
<style>
    /*动画设置*/
    @keyframes topAnim {
        0% {
            position: absolute;                                /*显示方式*/
            top: 0px;                                          /*到顶部的距离*/
            left: 0px;                                         /*到左侧的距离*/
        }
        50% {
            position: absolute;                                /*显示方式*/
            top: 0px;                                          /*到顶部的距离*/
            left: 50px;                                        /*到左侧的距离*/
        }
        100% {
            position: absolute;                                /*显示方式*/
            top: 0px;                                          /*到顶部的距离*/
            left: 0px;                                         /*到左侧的距离*/
        }
    }
    /*默认样式*/
    #serachText::-webkit-input-placeholder {
        color: white;                                          /*文字颜色*/
        font-size: 15px;                                       /*文字字号*/
```

```
            line-height: 17px;                                        /*行高*/
        }
        /*头部样式*/
        #headDiv {
            width: 100px;                                             /*宽度*/
            height: 40px;                                             /*高度*/
            float: right;                                             /*位置显示方式*/
            margin-right: 20px;                                       /*到右侧的距离*/
            margin-top: 10px;                                         /*到顶部的距离*/
            border-radius: 5px;                                       /*圆角效果*/
            transition: all 0.4s;                                     /*动画效果*/
            overflow: hidden;                                         /*隐藏滚动条*/
            text-overflow: clip;                                      /*隐藏文字*/
            color: white;                                             /*字体颜色*/
            text-align: center;                                       /*文字显示位置*/
            font-size: 16px;                                          /*文字大小*/
            line-height: 31px;                                        /*行高*/
        }
        /*鼠标经过头部样式*/
            #headDiv:hover {
                height: 150px;                                        /*高度*/
                background-position-x: 10px;                          /*背景位置*/
            }
            /*字体颜色*/
        .fontcolor {
            margin: 0px auto;                                         /*边距*/
            color: white;                                             /*文字颜色*/
            cursor: pointer;                                          /*鼠标的样式*/
        }
        /*鼠标经过*/
            .fontcolor:hover {
                color: #f39800;                                       /*文字颜色*/
            }
    </style>
```

运行一下　浏览 index.html 页面，发现页面更美观，如图 2.73 所示。

图 2.73　Show 网站首页头部效果

在top.html页面中找到如图2.74所示的位置，添加页面中用到的JavaScript方法。

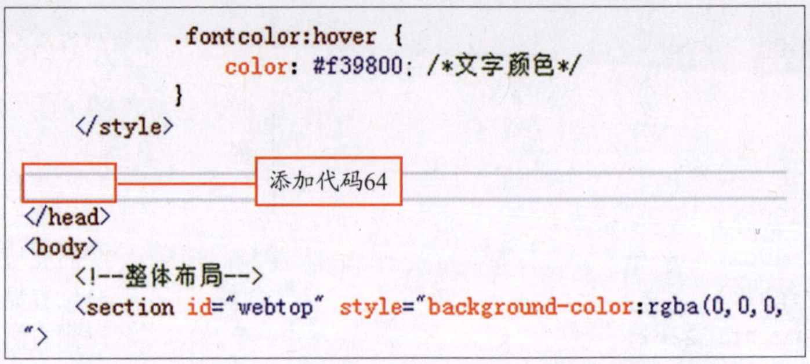

图 2.74　top.html 页面添加 JavaScript 方法的位置

在图2.74所示的位置添加页面中用到的JavaScript方法，主要实现设置缓存、初始化登录信息和跳转页面等功能。具体代码如下：

<代码 64　代码位置：光盘 \Code\02\Bits\64.txt>　（111556201030110 2124.html）

代码解释

```
<script>
    $(function () {
        $('#serachText').val(getCookie('serachStr'));         //初始化检索
        setCookie('serachStr', '');                            //设置浏览器缓存
        if ($('#serachText').val() != '') {                    //如果查询内容不为空
            window.parent.SerachStr = $('#serachText').val();  //设置查询内容
            window.parent.GetContext();                        //运行父窗体的GetContext()方法
        }
        var pd = { "t": "1" };                                 //初始化登录信息
        $.ajax({
            type: "post",
            url: "Tools/User.ashx",
            data: pd,
            dataType: "json",
            success: function (data) {
                if (data.status == "-1") {                     //后台返回的是否是"-1"
                    $('#createBtn').hide();                    //隐藏创作标签
                    $('#loginBtn').show();                     //显示登录标签
                    $('#freeModel').show();                    //显示免费模板标签
                    $('#regionBtn').show();                    //显示注册标签
                    $('#out').hide();                          //隐藏退出标签
                    $('#headImg').hide();                      //隐藏头像标签
                    $('#headDiv').hide();                      //隐藏头像DIV
                    $('#headXf').hide();                       //隐藏标签
                    $('#sx').show();                           //显示分割标签
                }
                else {
                    $('#loginBtn').remove();
                    $('#createBtn').show();                    //显示创作标签
```

```
                    $('#freeModel').show();                          //显示免费模板标签
                    $('#regionBtn').remove();                        //移除注册标签
                    $('#out').show();                                //显示退出标签
                    $('#headImg').show();                            //显示头像标签
                    $('#headDiv').show();                            //显示头像DIV
                    $('#headXf').show();                             //显示标签
                    $('#sx').remove();                               //移除分割标签
                    GetImgHead();                                    //获取头像
                }
            },
            error: function (XMLHttpRequest, textStatus, errorThrown) {
            }
        });
    });
    function setCookie(name, value) {                                //设置Cookie
        var Days = 30;                                               //设置有效时间
        var exp = new Date();
        exp.setTime(exp.getTime() + Days * 24 * 60 * 60 * 1000);     //设置时间
        //设置cookie
        document.cookie = name + "=" + escape(value) + ";expires=" + exp.toGMTString();
    }
    function getCookie(name) {                                       //获取Cookie
        var arr, reg = new RegExp("(^| )" + name + "=([^;]*)(;|$)"); //定义正则表达式
        if (arr = document.cookie.match(reg))
            return unescape(arr[2]);
        else
            return null;
    }
    function Serach() {                                              //查询模板
        var serachStr = $('#serachText').val();                      //获取查询内容
        if ($(window.parent.document).find('#ContentDiv').length == 1) {
            //证明这个是在有模板搜索的窗体的
            setCookie('serachStr', serachStr);                       //存入到Cookie中
            window.parent.SerachStr = $('#serachText').val();        //设置父窗体查询内容
            window.parent.serach();                                  //执行父窗体方法
        }
        else {
            window.parent.document.location.href = "index.html";     //父窗体跳转页面
        }
    }
    function Rehref() {                                              //跳转到主页
        window.parent.document.location.href = "index.html";         //父窗体跳转页面
```

```
    }
    function Myprogect() {                                          //我的作品
        var pd = { "t": "1" };                                      //检查是否登录
        $.ajax({
            type: "post",
            url: "Tools/User.ashx",
            data: pd,
            dataType: "json",
            success: function (data) {
                if (data.status == "-1") {
                    ClickLogin();                                   //登录方法
                }
                else {
                    window.parent.document.location.href = "MyWorks.html";//父窗体跳转页面
                }
            },
            error: function (XMLHttpRequest, textStatus, errorThrown) {
            }
        });
    }
    function ClickLogin() {                                         //单击"登录"按钮
        Eject('LogIn.html', '欢迎光临，登录系统!', 500, 500);        //弹出登录页面
    }
    function Clickregion() {                                        //单击"注册"按钮
        Eject('Register.html', '欢迎光临，注册系统!', 500, 500);     //弹出注册页面
    }
    //单击"创作"按钮
    function ClickCreate() {
        var pd = { "t": "1" };
        $.ajax({
            type: "post",
            url: "Tools/User.ashx",
            data: pd,
            dataType: "json",
            success: function (data) {
                if (data.status == "-1") {
                    ClickLogin();                                   //弹出登录页面
                }
                else {
                    window.parent.document.location.href = "SelectTemp.html";//父窗体跳转页面
                }
            },
            error: function (XMLHttpRequest, textStatus, errorThrown) {
            }
```

```
        });
    }
    //获取头像
    function GetImgHead() {
        var pd = { "t": "6" };
        $.ajax({
            type: "post",
            url: "Tools/User.ashx",
            data: pd,
            dataType: "json",
            success: function (data) {
                if (data.status != "") {
                    $("#headImg").attr("src", data.status);            //设置属性
                }
            },
            error: function (XMLHttpRequest, textStatus, errorThrown) {
            }
        });
    }
    function userCenter() {
        window.location.href = "UserCenter.html";                      //跳转页面
    }
    function getkey() {
        if (event.keyCode == 13) {
            Serach();                                                  //执行查询方法
        }
    }
    function gohome() {
        window.parent.location.href = "index.html";                    //父窗体跳转页面
    }
</script>
```

运行一下　运行 index.htm 页面，在图 2.75 所示的位置输入信息，然后单击搜索图标，即可看到模板界面根据查询信息进行了显示。

图 2.75　查询模板

2.4.10　退出登录（1115562011313102125.html）

视频讲解

在top.html页面中找到如图2.76所示的代码位置。

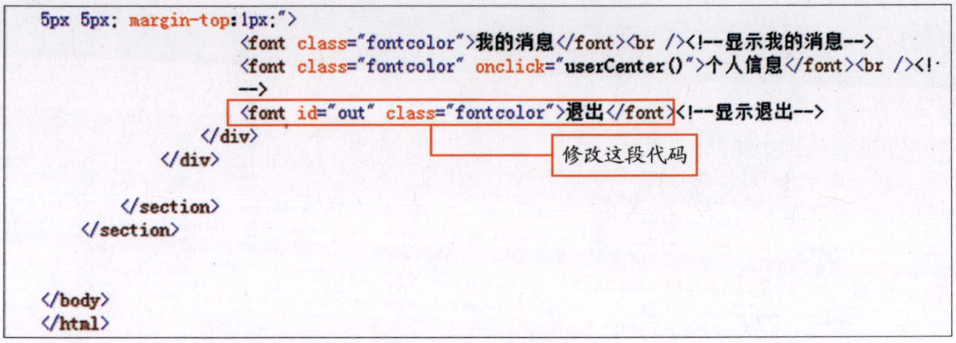

图 2.76　退出标签

对图2.76中标注的代码进行修改，为其添加onclick事件，具体代码如下：

```
<font id="out" class="fontcolor" onclick="out()">退出</font>
```

上面代码中用到了Out()方法，在该页面中找到如图2.77所示的代码位置。

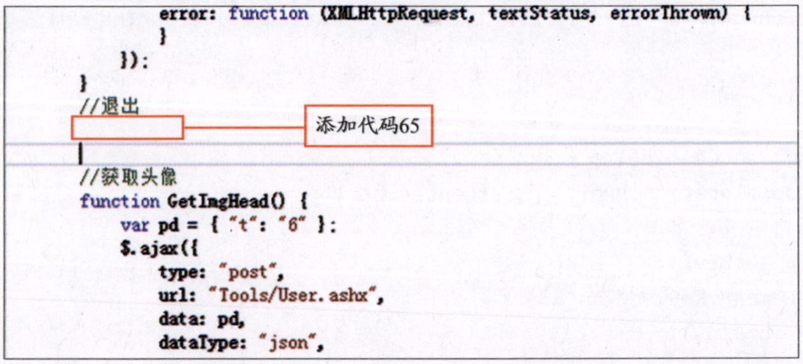

图 2.77　out() 方法的添加位置

Out()方法是一个JavaScript脚本方法，该方法用来将页面跳转到out.html，具体代码如下：

<代码 65　代码位置：光盘 \Code\02\Bits\65. txt>

```
function Out() {
    //跳转页面
    window.location.href = "out.html";
}
```

上面代码中用到了out.html页面，创建完该页面后，在该页面中找到如图2.78所示的代码位置。

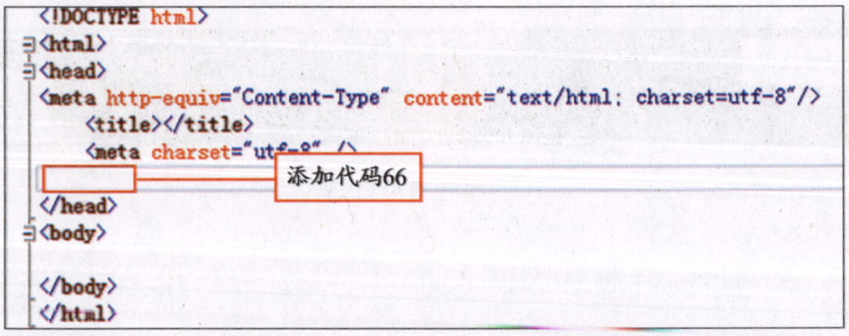

图 2.78　out. html 页面中添加代码的位置

在图2.78所示的位置调用处理页中的方法实现退出及跳转功能。该段代码首先将参数传递给User.ashx，然后在User.ashx处理程序中清空Session，并重新跳转到首页。具体代码如下：

<代码 66　代码位置：光盘 \Code\02\Bits\66.txt>

```
<script src="js/jquery.min.js"></script>
<script>
    $(function () {
        var pd = { "t": "5" };
        $.ajax({
            type: "post",
            url: "Tools/User.ashx",
            data: pd,
            dataType: "json",
            success: function (data) {
                window.parent.window.location.href = "index.html";
            },
            error: function (XMLHttpRequest, textStatus, errorThrown) {
            }
        });
    });
</script>
```

在User.ashx代码文件中找到如图2.79所示的代码位置。

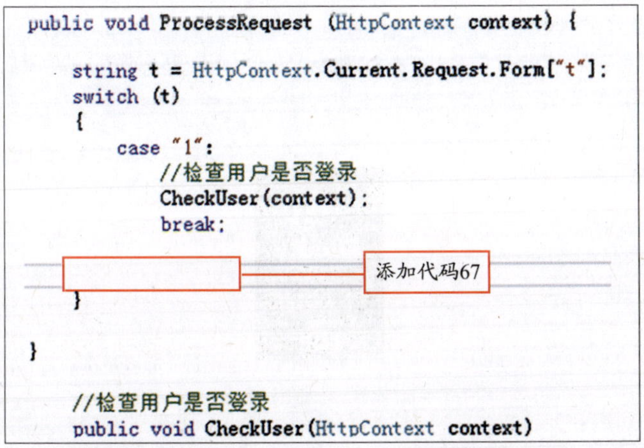

图 2.79　User.ashx 代码文件中添加代码的位置

在图2.79所示位置添加参数为5时的条件分支语句，具体代码如下：

<代码 67　代码位置：光盘 \Code\02\Bits\67.txt>

```
case "5":
//退出
Out(context);
break;
```

添加Out()方法的实现代码，添加位置如图2.80所示。

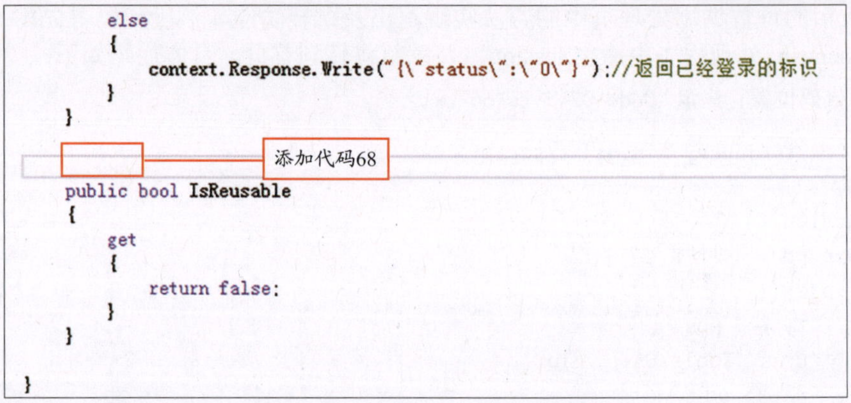

图 2.80　Out() 方法的添加位置

Out()方法用来清空存储在服务器端Session中的客户信息，从而实现用户退出登录的功能。具体代码如下：

<代码 68　代码位置：光盘 \Code\02\Bits\68.txt>

```
//退出
public void Out(HttpContext context)
{
    HttpContext.Current.Session["UserName"] = null;                     //清空用户名
    HttpContext.Current.Session["userID"] = null;                       //清空用户id
    context.Response.Write("{\"status\":\"0\"}");                       //返回退出成功
}
```

运行一下　运行 index.html 页面，登录 Show 网站，找到如图 2.81 所示的界面，体验退出登录的功能。

图 2.81　退出登录

说明： 测试退出登录功能时，如果程序没有出现异常，表示已经成功退出，但为什么页面没有效果呢？因为在获取模板时使用了固定的用户名和用户 id。

2.5　给首页添加特效

☑ 开发时间：40分～1小时　　☑ 开发难度：★★☆☆☆

☑ 源码路径：光盘\Code\02\Module\002

☑ 关键词：JavaScript特效　二维码　轮播图　弹出层

2.5.1　以动画的方式返回网页的顶部（ 111556201131310212 6.html）

视 频 讲 解

在index.html中找到如图2.82所示的代码。

```
<div id="footer"></div>
<aside style="position:fixed; bottom:0px; right:0px; ">
    <section class="asidDiv">        修改这里的代码
        返回<br />顶部
    </section>
    <hr style="border-color:rgba(255,255,255,0)" />
```

图 2.82　index.html 页面中的“返回顶部”标签

在单击“返回顶部”标签时，需要实现返回到顶部的功能，因此为该标签添加onclick事件，使其调用GetTop()方法。具体代码如下：

```
<section class="asidDiv" onclick="GetTop()">
```

说明： GetTop() 方法是在 function.js 文件中定义的，2.4.1 小节导入资源时，已经导入了该文件，位于 js 文件夹中。

运行一下　运行 index.html 页面，单击“返回顶部”标签，体验返回到网页顶部的功能，效果如图 2.83 所示。

图 2.83　返回顶部

2.5.2　HTML5 轮播图（ 111556201131310212 7.html）

视 频 讲 解

HTML5轮播图效果是使用JavaScript脚本函数控制的，其效果如图2.84所示。

图 2.84　HTML5 实现轮播图效果

HTML5轮播图的实现代码位于js文件夹下的MethodIndex.js文件中，该文件已经在2.4.1小节导入资源时进行了导入，本节主要介绍其实现流程。

说明： 本节的代码不用手动输入，只需理解。

MethodIndex.js文件中，首先定义轮播图相关的变量，具体代码如下：

〈代码 69　代码位置：光盘 \Code\02\Bits\69.txt〉

```
var ctx = null;                                    //相当于画板环境
var winWidth = 0;                                  //画板宽度
var winheight = 0;                                 //画板高度
var imgArr = new Array(4);                         //广告轮播图片
var srcArr = new Array(4);                         //轮播图片链接
var imgLinx = -100;                                //水平位移速度 负值为反方向
var imgDefaultLinx = -100;                         //水平位移默认速度 负值为反方向
var Intertime = 10;                                //循环时间
var imgIndex = 0;                                  //当前图片
var xlength = 0;                                   //x轴位移长度
var OutTime = 3000;                                //暂停时间（毫秒）
var OutDefauleTime = 3000;                         //默认暂停时间
var isOut = false;                                 //是否暂停
var OutInt = OutTime / Intertime;                  //暂停循环计算出来的次数
```

在MethodIndex.js文件中定义一个init()方法，该方法的主要作用是初始化轮播图。具体实现时，首先设置画板的宽度和高度，并获取画板的环境，程序将使用此环境来绘制轮播图；然后设置需要轮播的图片和单击图片时跳转的链接。init()方法的代码如下：

〈代码 70　代码位置：光盘 \Code\02\Bits\70.txt〉（1115562010301102125.html）

代码解释

```
//初始化轮播图
function init() {
    winWidth = document.body.clientWidth;                    //设置画板宽度
    if (winWidth < 1000) {        //如果宽度大于1000px，就将宽度设置成1000px
        winWidth = 1000;
    }
    winheight = 300 * winWidth / 1024;                       //设置包裹画板的div高度
    $('#advDiv').css("height", winheight + "px");           //设置画板高度
    $('#canvas').attr("height", winheight);                 //设置画板宽度
    winheight = $('#canvas').height();                      //设置画板高度
    var canvas = document.getElementById('canvas');         //获取画板
    ctx = canvas.getContext('2d');                          //获取画笔
    $('#canvas').attr('width', winWidth);                   //设置画板宽度
    //设置图片路径
    imgArr[0] = 'sysOrderImg/show banner1.jpg';
    imgArr[1] = 'sysOrderImg/端午节1.jpg';
    imgArr[2] = 'sysOrderImg/儿童节2.jpg';
    imgArr[3] = 'sysOrderImg/父亲节1.jpg';
    //设置链接
```

```
    srcArr[0] = '#';
    srcArr[1] = '#';
    srcArr[2] = '#';
    srcArr[3] = '#';
    window.setInterval(draw, Intertime);          //设置每一段时间就画一次图片内容
    //鼠标单击
    document.getElementById('canvas').onmouseup = function (e) {
        var url = '';
        if (imgLinx > 0) {
            if (e.offsetX < xlength) {
                url = srcArr[imgIndex == imgArr.length - 1 ? 0 : imgIndex + 1];
            }
            else {
                url = srcArr[imgIndex];
            }
        }
        if (imgLinx < 0) {
            if (e.offsetX < xlength + winWidth) {
                url = srcArr[imgIndex];
            }
            else {
                url = srcArr[imgIndex == imgArr.length - 1 ? 0 : imgIndex + 1];
            }
        }
        window.location.href = url;
    };
}
```

在MethodIndex.js文件中定义一个draw()方法，该方法的主要作用是每隔一段时间重新绘制一次图片内容，以便实现轮播效果，在具体绘制时，需要判断图片是否移出可视区域，如果移出，则显示下一张图片，否则显示当前图片。draw()方法的代码如下：

<代码 71　　代码位置：光盘 \Code\02\Bits\71.txt>　（1115562010301102126.html）

代码解释

```
//画图
function draw()
{
    if (isOut)
    {
        if (OutInt > 0)
        {                                          //图片是否移出可视区域
            OutInt--;                              //计数减1
            return;
        }
        else
        {                                          //如果没有移出
```

```
                OutInt = OutTime / Intertime;
                isOut = false;
            }
        }
        ctx.clearRect(0, 0, winWidth, winheight);                 //清空画布
        //第一张图片
        var img1 = new Image();
        img1.src = imgArr[imgIndex];                              //图片顺序
        clearDian();                                              //清除点的效果
    $('#imgd' + imgIndex).css('background-color', 'rgba(0,0,0,.5)'); //设置当前点的效果
        //第二张图片
        var img2 = new Image();
        img2.src = imgArr[imgIndex == imgArr.length - 1 ? 0 : imgIndex + 1];//图片地址
        ctx.drawImage(img2, 0, 0, winWidth, winheight);           //下面的图片
            ctx.drawImage(img1, xlength, 0, winWidth, winheight); //上面的图片
            xlength = xlength + imgLinx;                          //计算滚动长度
            //如果图片已经滚动出去了
            if (xlength > Math.abs(winWidth) + imgLinx || xlength < -(Math.abs(winWidth) - imgLinx))
            {
                imgIndex++;                                       //显示下一张图片
                xlength = 0;                                      //重置长度
                if (imgIndex >= imgArr.length)
                {                                                 //如果是最后一张图片
                    imgIndex = 0;
                }
                isOut = true;
            }
        }
```

在改变浏览器大小时，如果图片还是原来的大小和位置，会影响页面的美观，因此定义一个winUpdate()方法，用来在改变浏览器的大小时图片的大小、位置随之做相应的变化。具体代码如下：

<代码 72　代码位置：光盘\Code\02\Bits\72.txt>

```
//浏览器改变大小
function winUpdate() {
    window.onresize = function () {
        winWidth = document.body.clientWidth;                  //设置画板宽度
        if (winWidth < 1000) {
            winWidth = 1000;                                   //设置画板宽度为1000px
        }
        $('#canvas').attr('width', winWidth);                  //设置画板宽度
        winheight = 300 * winWidth / 1024;                     //设置画板高度
        $('#advDiv').css("height", winheight + "px");          //设置容器高度
        $('#canvas').attr("height", winheight);                //设置画板高度
        isOut = false;                                         //设置是否溢出
```

```
        OutInt = OutTime / Intertime;                        //设置交替时间
        DrowDian();                                          //画上小圆点
    };
}
```

在轮播图中的图片发生变化时，轮播图片上的4个可点击的圆点也会改变显示状态，该功能的实现代码如下：

<代码 73　代码位置：光盘 \Code\02\Bits\73.txt>

```
//加上点
function DrowDian() {
    $('#dian').empty();                                      //清空小圆点
    var dint = imgArr.length;                                //设置长度
    var jg = 30;                                             //间隔
    //var html = ' <div class="dian" style="left:100px; top:100px;" onclick=""></div>';
    var width = ((jg + 10) * dint) / 2;                      //需要向左偏移多少
    var kaishi = winWidth / 2 - width;                       //开始点
    var top = 300;                                           //设置距顶部距离
    var html = '';                                           //设置内容
    for (var i = 0; i < dint; i++) {
        html += '<div id="imgd' + i + '" class="dian" style="left:' + (kaishi + (i * jg)) + 'px; bottom:20px;" onclick="changeimg(' + i + ')"></div>';
    }
    $('#dian').html(html);
}
```

单击轮播图片上的4个可点击的圆点时，重置这些点，并重新画在画布上。具体代码如下：

<代码 74　代码位置：光盘 \Code\02\Bits\74.txt>

```
//单击点
function changeimg(a) {
    imgIndex = a;                                            //获取当前单击的图片
    isOut = false;                                           //设置当前标识
    OutInt = 100;                                            //位置量
    clearDian();                                             //清除点
    draw();                                                  //画图
}
```

上面的代码中用到了clearDian()方法，该方法用来清除其他圆点的效果，使当前图片的圆点变为黑色。具体代码如下：

<代码 75　代码位置：光盘 \Code\02\Bits\75.txt>

```
//清除其他点的效果
function clearDian() {
    var dint = imgArr.length;                                //设置点的数量
    for (var i = 0; i < dint; i++) {
```

```
        $('#imgd' + i).css('background-color', '#fff');          //设置点的颜色
    }
}
```

2.5.3　鼠标经过显示二维码（1115562011313102128.html）

实现鼠标经过显示二维码的功能时，将qrcode.min.js插件放到项目的js文件夹中，然后在js文件夹下的function.js脚本文件的GetContext()方法中，通过调用该插件实现显示二维码的功能，具体代码如下：

说明：本部分代码不用手动输入，只需理解。

<代码 76　　代码位置：光盘 \Code\02\Bits\76.txt>

```
var qrcode = new QRCode(document.getElementById("qr" + item.temp_code), {
    width: 180,                                                         //设置宽
    height: 180                                                         //设置高
});
qrcode.makeCode('http://' + window.location.host + '/senceCreate/view.html?c=view&id=' +
item.scene_code + '&preview=preview');                                  //生成二维码
```

首页中的场景模板默认效果如图2.85所示，鼠标经过场景模板时显示二维码的效果如图2.86所示。

图 2.85　场景模板默认效果

图 2.86　鼠标经过场景模板时显示二维码

2.5.4　以弹出层的方式显示页面（1115562011313102129.html）

弹出层分为在本页弹出页面和在父页面弹出页面，此处以在父页面中弹出层页面为例进行介绍。以层的方式显示页面功能是使用JavaScript方法控制的，打开js文件夹下的Exect.js文件，定义一个Eject()方法，该方法主要实现在父页面中弹出页面集合的功能，包含3个参数：htmlSrc表示html页面路径，width表示弹出页面的宽度，height表示弹出页面的高度。Eject()方法的代码如下：

说明：本部分代码不用手动输入，只需理解。

<代码 77　代码位置：光盘 \Code\02\Bits\77.txt>

```
//弹出页面方法集合，htmlSrc为HTML页面路径
function Eject(htmlSrc, title, width, height) {
    var winHeight = $(window.parent).height();                              //获取浏览器高度
    var winWidth = $(window.parent).width();                                //获取浏览器宽度
    var top = ((winHeight - height) / 2) + $(document).scrollTop();  //计算上部高度
    var left = (winWidth - width) / 2;                                      //计算左部宽度
    var CoverHtml = '<div id="coverDiv" style="background-color:rgba(0,0,0,.9); width:' + 
(window.parent.document.body.scrollWidth + 10) + 'px; height:' + 
(window.parent.document.body.scrollHeight + 10) + 'px; position:absolute; top:0px; left:0px; 
z-index:200;"></div>';                                                      //添加遮盖层
    //添加内容
    var ContentHtml = '<div id="tdiv" class="tdiv" style="position:absolute; top:-' + 
(height + top) + 'px; left:' + left + 'px; background-color:white; border:solid 1PX #C4C4C4; 
box-shadow:1px 1px 10px; border-radius:10px; onverflow:hidden; text-overflow:clip; 
overflow:hidden; width:' + width + 'px; height:' + height + 'px; z-index:200;">';
    ContentHtml += '<div style="width:100%; height:0px; border-radius:2PX 2PX 0PX 0PX; 
position:relative;  ">';
    ContentHtml += '<div id="CloseCover" style=" cursor:pointer; position:absolute; 
width:30px; height:30px; text-align:center; line-height:30px; top:5px; right:30px; 
border-radius:5px 5px 0px 0px; color:rgb(200,200,200);" onclick="Cover(this)" 
title="单击我就关闭了！">X</div>';
    ContentHtml += '</div>';
    ContentHtml += '<iframe scrolling="no" src="' + htmlSrc + '" width="' + width 
+ '" height="' + height + '" style="border:none;"></iframe>';
    ContentHtml += '</div>';
 $(window.parent.document.body).append(CoverHtml + ContentHtml);//添加到父窗体的body节点的最后
    $(window.parent.document.body).css('overflow', 'hidden');             //隐藏父窗体的滚动条
    anim('#tdiv', winHeight - $(document).scrollTop(), top);              //执行动画
}
```

要实现弹出层，必须计算弹出层的高度和宽度，向层里添加公共内容。另外，按照现有的设计必须隐藏滚动条，如果不隐藏滚动条，滚动父窗体的时候就会出现空白。具体代码如下：

<代码 78　代码位置：光盘 \Code\02\Bits\78.txt>

```
//弹出页面方法集合，htmlSrc为HTML页面路径
function EjectIdent(htmlSrc, title, width, height) {
    var winHeight = $(window).height();                                     //获取浏览器高度
    var winWidth = $(window).width();                                       //获取浏览器宽度
    var top = ((winHeight - height) / 2) + $(document).scrollTop();  //计算上部高度
    var left = (winWidth - width) / 2;                                      //计算左部宽度
```

```
    var CoverHtml = '<div id="coverDiv" style="background-color:rgba(0,0,0,.9); width:' + (window.document.body.scrollWidth + 10) + 'px; height:' + (window.document.body.scrollHeight + 10) + 'px; position:absolute; top:0px; left:0px; z-index:200;"></div>';//添加遮盖层
    //添加内容
    var ContentHtml = '<div id="tdiv" class="tdiv" style="position:absolute; top:-' + (height + top) + 'px; left:' + left + 'px; background-color:white; border:solid 1PX #C4C4C4; box-shadow:1px 1px 10px; border-radius:10px; onverflow:hidden; text-overflow:clip; overflow:hidden; width:' + width + 'px; height:' + height + 'px; z-index:200;">';
    ContentHtml += '<div style="width:100%; height:0px; border-radius:2PX 2PX 0PX 0PX; position:relative;  ">';
    ContentHtml += '<div id="CloseCover" style=" cursor:pointer; position:absolute; width:30px; height:0px; text-align:center; line-height:30px; top:5px; right:30px; border-radius:5px 5px 0px 0px; color:rgb(200,200,200);" onclick="Cover(this)" title="单击我就关闭了！">X</div>';
    ContentHtml += '</div>';
    ContentHtml += '<iframe scrolling="no" src="' + htmlSrc + '"  width="' + width + '" height="' + height + '" style="border:none;"></iframe>';
    ContentHtml += '</div>';
    //添加到窗体的body节点的最后
    $(window.document.body).append(CoverHtml + ContentHtml);
    $(window.document.body).css('overflow', 'hidden');                    //隐藏窗体的滚动条
    animIdent('#tdiv', winHeight - $(document).scrollTop(), top);         //执行动画
}
```

在Exect.js文件中定义anim()方法，该方法主要实现使弹出页面从上到下逐渐显现的功能，包含3个参数：id表示要设置的html页面，width表示弹出页面的移动高度，top表示弹出页面的位置。在该方法中用到了setInterval()方法，setInterval()方法用来设置每隔一段时间执行一次指定操作。anim()方法的代码如下：

<代码 79　代码位置：光盘\Code\02\Bits\79.txt>

```
//窗体动画
function anim(id, height, top) {
    var defaulttop = -height;                                   //把窗体移动到可视窗口以外
    //1毫秒执行一次
    var aniva = window.parent.window.setInterval(function () {
        if (defaulttop >= top) {
            $(id).css('top', top);
            window.parent.window.clearInterval(aniva);
        }
        $(id, parent.document).css('top', defaulttop);          //设置当前位置
        defaulttop = defaulttop + 50;                           //每次移动50px
    }, 1);
}
```

在本窗体中执行动画时，用到了animIdent()方法，每隔一段时间就会执行一次动画，这里主要使用setInterval()方法。animIdent()方法的代码如下：

<代码 80　代码位置：光盘 \Code\02\Bits\80.txt>

```
//窗体动画
function animIdent(id, height, top) {
    var defaulttop = -height;                                    //把窗体移动到可视窗口以外
    var aniva = window.setInterval(function () {                 //1毫秒执行一次
        if (defaulttop >= top) {
            $(id).css('top', top);
            window.clearInterval(aniva);
        }
        $(id).css('top', defaulttop);                             //设置当前位置
        defaulttop=defaulttop + 50;                               //每次移动50px
    }, 1);
}
```

例如，在Show网站首页中单击某个场景模板，即可在弹出的页面中查看其详细信息，弹出的页面是以层的方式覆盖原有页面来显示的，效果如图2.87所示。

图 2.87　以层的方式显示页面

2.5.5　鼠标经过 div 的下拉动画（11155620113131 02130.html）

视 频 讲 解

Show网站首页中用到了鼠标经过div时，显示下拉动画的效果。当一个用户登录成功时，其头像处的默认效果如图2.88所示；当鼠标经过登录用户的头像时，会显示相应操作的下拉动画，效果如图2.89所示。

图 2.88　用户头像默认效果

图 2.89　鼠标经过用户头像时的效果

这里以鼠标经过用户头像div时的下拉动画为例进行讲解，首先在top.html文件中定义用户头像的div，具体代码如下：

> **说明：** 本节的代码在2.4.9小节中设计网页头部时已经进行了输入，这里不用在手动输入，只需理解。

＜代码 81　代码位置：光盘 \Code\02\Bits\81.txt＞

```
<!--登录信息-->
<div id="headDiv" style="display:none;">
  <img id="headImg" src="userHead/t.jpg" width="40" height="40" style="border-radius:40px; "
/><br />
  <div id="mylist" style="background-color:rgba(0,0,0,.5); border:none;
      border-radius:0px 0px 5px 5px; margin-top:1px;">
      <font class="fontcolor">我的消息</font><br />                <!-显示我的消息-->
      <font class="fontcolor" onclick="userCenter()">个人信息</font><br /><!-显示个人信息-->
      <font id="out" class="fontcolor" onclick="out()">退出</font>      <!-显示退出-->
  </div>
</div>
```

上面代码中添加了一个ID为headDiv<div>，接下来需要为它创建一个CSS样式，主要用来控制用户头像默认样式和鼠标经过时的样式，具体代码如下：

＜代码 82　代码位置：光盘 \Code\02\Bits\82.txt＞

```
/*头部样式*/
#headDiv {
    width: 100px;                                          /*宽度*/
    height: 40px;                                          /*高度*/
    float: right;                                          /*位置*/
    margin-right: 20px;                                    /*到右侧的距离*/
    margin-top: 10px;                                      /*到顶部的距离*/
    border-radius: 5px;                                    /*圆角样式*/
    transition: all 0.4s;                                  /*动画样式*/
    overflow: hidden;                                      /*隐藏滚动条*/
    text-overflow: clip;                                   /*隐藏文字*/
    color: white;                                          /*文字颜色*/
    text-align: center;                                    /*文字对齐样式*/
    font-size: 16px;                                       /*字号*/
```

```
    line-height: 31px;                                      /*行高*/
}
/*鼠标经过头部样式*/
#headDiv:hover {
    height: 150px;
    background-position-x: 10px;
}
```

搜索一下　CSS 样式有很多，可以到网上查询并了解更多 CSS 样式。

2.6　本章总结

下面通过一个思维导图对本章所讲模块及主要知识点进行总结，如图2.90所示。

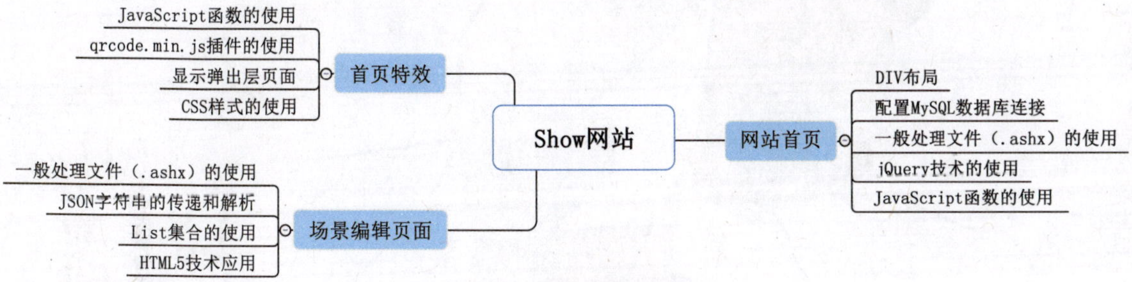

图 2.90　Show 网站总结

第二章

恭喜你完成了本章学习！

通过日夜征战，你已经攻占了ASP.NET大陆的部分板块！

但是此处土地还很荒芜，后续还需要通过你已经掌握的《Show——企业个性化展示平台》核心技能，在这些荒芜的土地上辛勤耕耘，把它变成程序开发领域的繁华之地。

请继续在ASP.NET大陆里开疆拓土吧！

攻占ASP.NET大陆

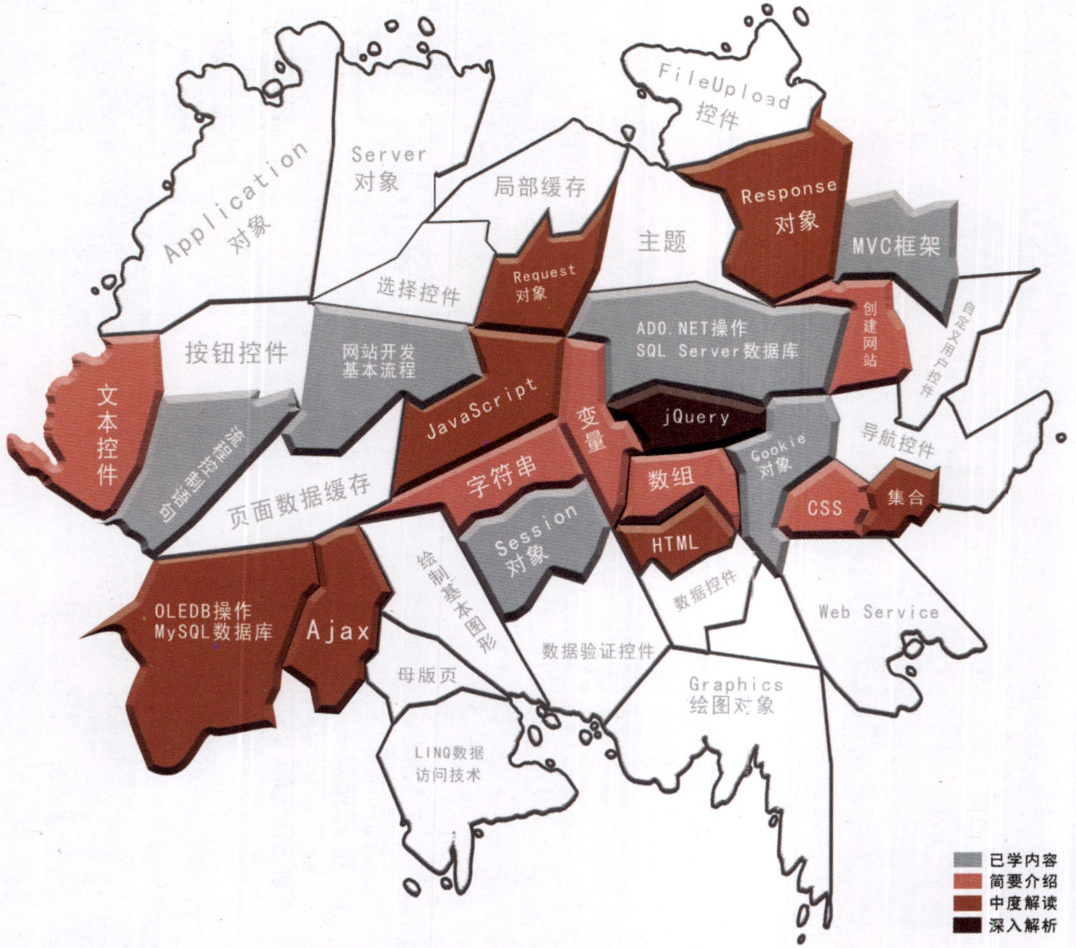

武林号令：入武林者，需在武林圣地——明日学院（www.mingrisoft.com）登记造册，尽享武林人士特权。

ASP.NET 大咖实战训练营

1.《Show——企业个性化展示平台》功能修改训练

为《Show——企业个性化展示平台》更换自己喜欢的界面，网站提供3套设计好的界面及素材，部分界面图图1-图3所示。您也可以用自己的界面替换原程序界面（下载换肤素材、分享换肤的效果和领取勋章，可通过扫描右侧二维码或输入http://www.mingrisoft.com/Practice/09010201.html网址实现）。

图1

图2

图3

2.《Show——企业个性化展示平台》功能修改训练

□（1）在《Show——企业个性化展示平台》的查看模板窗口中添加上一张和下一张的切换按钮功能，如图4所示。

□（2）在《Show——企业个性化展示平台》的右侧浮动按钮中添加QQ联系方式的功能，如图5所示。

□（3）在《Show——企业个性化展示平台》的主页筛选类型中添加按价格排序的功能，如图6所示。

图4

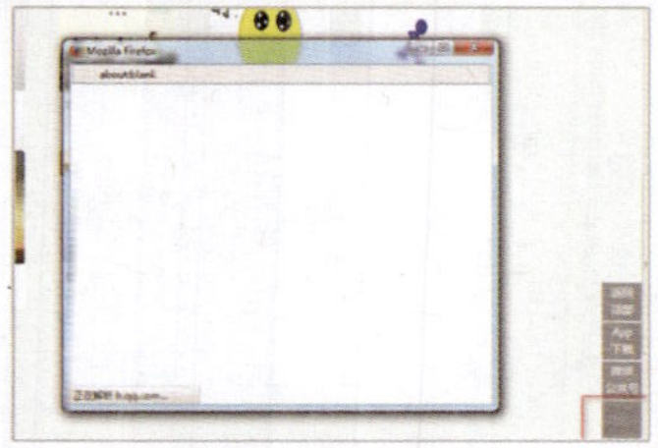

图5

图6

3. 开发实战训练

找身边可以用程序解决的问题（生活和工作中不方便、重复的事情，有趣的项目或游戏），做一个简单的程序初步实现核心功能。然后在使用中不断完善功能，做到极致，你就是编程大咖。赶快写出你要开发的项目吧！

项目名称：________________________________

如果你还没有发现生活中能用编程解决的问题和项目，可以扫描右侧二维码或登录http://www.mingrisoft.com/Practice/09/Product.html，看大家正在做哪些项目，说不定这里可以激发你的灵感。

扫码获取资源

□ 完成任务一：项目换肤训练

□ 完成任务二：功能修改训练

□ 完成任务三：开发实战训练

扫码领取勋章

第 3 章

甜橙音乐网——听见好声音

（ASP.NET + jQuery + 音乐播放技术实现）

在线听音乐或下载音乐是人们上网休闲娱乐的重要部分，同贴吧、论坛一样，受到众多网民的青睐。开发类似的系统不仅可以增加网站的浏览人数，还能带来经济效益。本章将介绍制作音乐网站——甜橙音乐网的方法。通过本章学习，你将学到：

- jQuery 基本应用
- 实现音乐播放的方法
- jQuery 插件编写
- 音乐下载功能的实现
- 数据库基础操作
- 数据库随机查询
- 压缩文件
- JSON 数据解析

预备知识视频讲解　项目开发视频讲解

预备知识导图

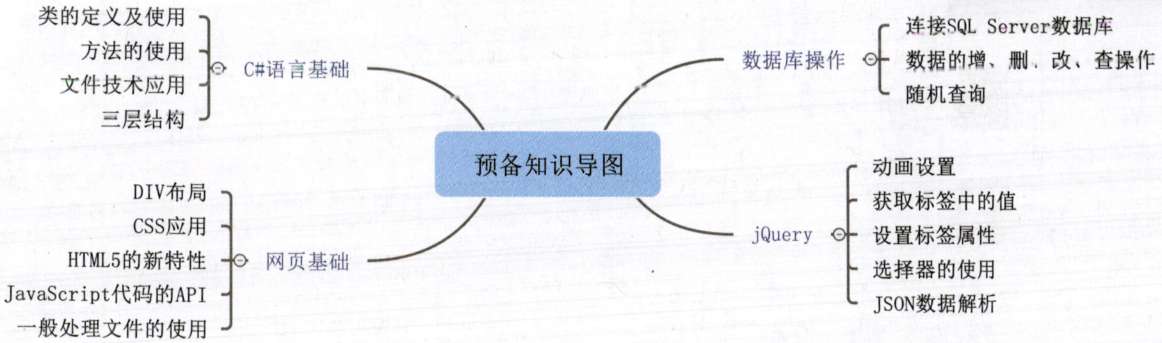

（1115562011312103111.html）

（1115562011315103111.html）

界面预览

甜橙音乐网
发现音乐
我的音乐
上传歌曲
热门
排行榜
专辑
艺人
风格
音乐搜索
查询
有哪个歌手，
曾陪你走过青春
猜你喜欢
奔跑
Janny LEE
心愿
Nicky Gry
爱
SuSan
未来
Lan Su
甜橙推荐
一键播放
相信我
收藏
奔跑
收藏
心愿
收藏
蓝天下
收藏
软件下载 开放平台 联系我们 在线客服 站长统计 版权声明 商务合作
关于我们 合作伙伴 行销中心 廉政举报 法律声明 诚招英才 开放平台
商务合作 服务条款 交友安全 意见反馈 帮助中心
吉林省长春市南关区卫星广场财富领域5A16室
Copyright2016明日科技 吉ICP备10002740号-2 吉公安网备 22010202000132号

首页（P173）

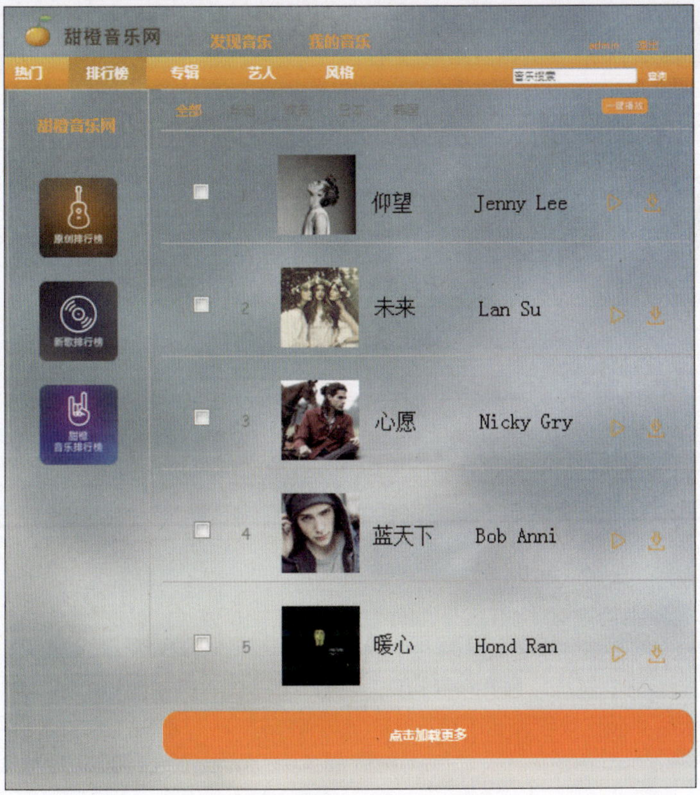

排行榜（P240）

专辑（见光盘）

项目功能应用技术预览

随机显示音乐（P191）

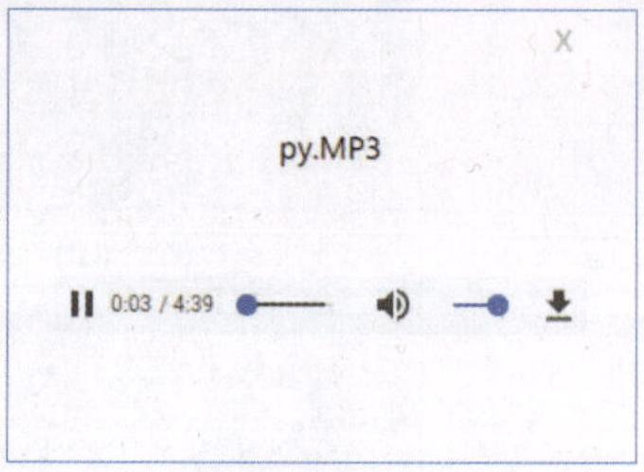

音乐播放（P201）

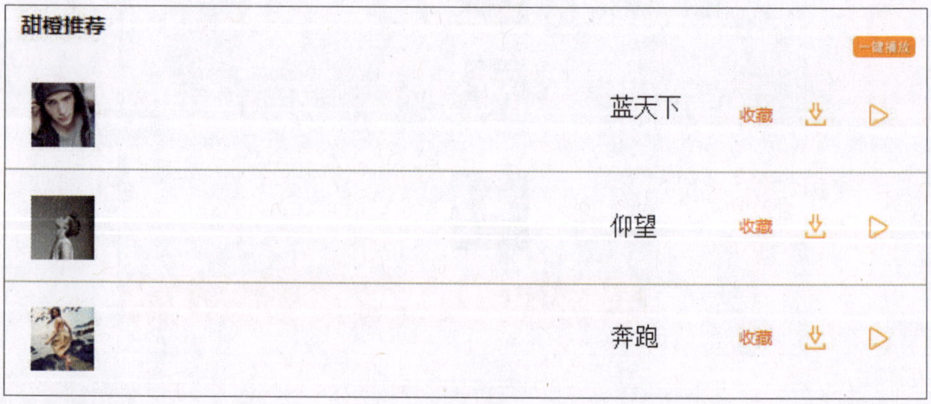

一键播放（P195）

轮播图幻灯片（P206）

点击加载更多（P246）

3.1　开发背景（1115562011313103111.html）

视频讲解

随着生活节奏的加快，人们的生活和工作压力不断增加。为了缓解压力，各种网站提供了许多娱乐项目，如网络游戏、网络电影和在线音乐等。听音乐可以放松心情，减轻生活或工作带来的压力。目前大多数的音乐网站，都提供在线视听、音乐下载、在线交流、音乐收藏等功能。有的音乐网站还会提供心情分类，可以依据你的心情推荐合适的歌曲。本网站开发细节设计如图3.1所示。

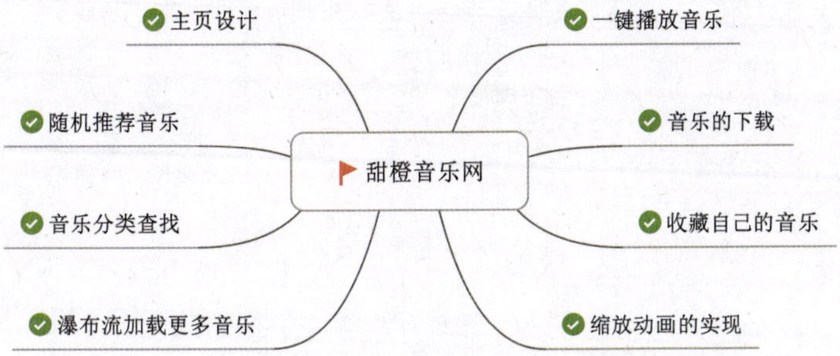

图 3.1　甜橙音乐网相关开发细节

3.2　系统功能设计

3.2.1　系统功能结构（1115562011313103112.html）

视频讲解

甜橙音乐网系统功能结构如图3.2所示。

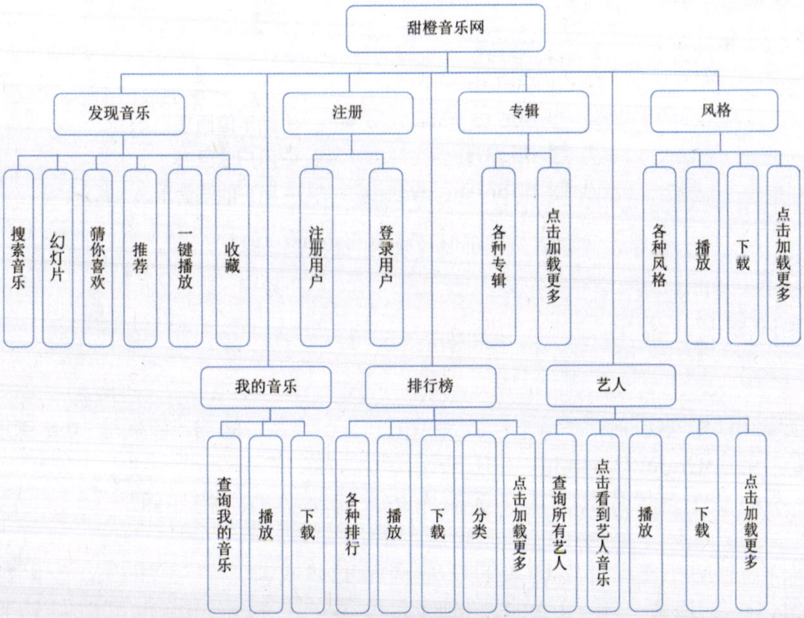

图 3.2　甜橙音乐网系统功能结构

3.2.2 系统业务流程（1115562011313103113.html）

甜橙音乐网的系统业务流程如图3.3所示。

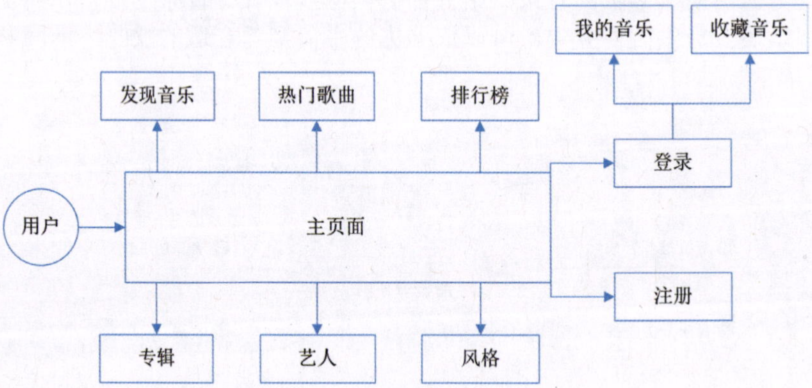

图 3.3　甜橙音乐网系统业务流程图

3.3　数据库设计（1115562011313103114.html）

本网站存储数据使用的是SQL Server 2014数据库，数据库命名为db_music，该数据库中包含3张数据表，分别用来存储不同的内容，其结构如图3.4所示。

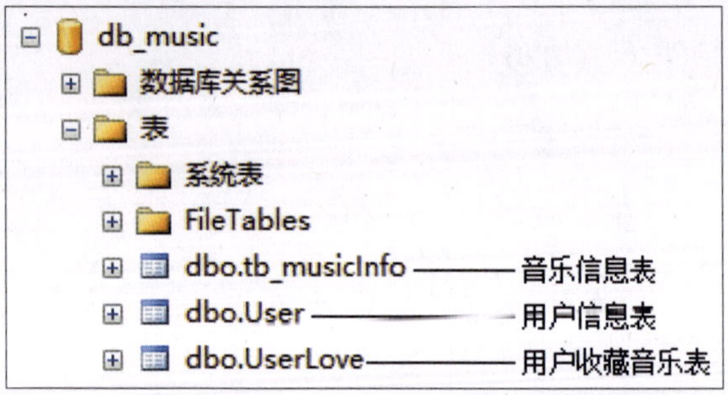

图 3.4　甜橙音乐网的数据库结构

3.4　首页页面设计

☑ 开发时间：2小时～3小时　　☑ 开发难度：★★★☆☆

☑ 源码路径：光盘\Code\03\Module\001

☑ 关键词：添加控件　操作数据库　页面布局　随机音乐　轮播图

当用户访问甜橙音乐网时，首先进入的就是网站的“首页”。在甜橙音乐网的首页中，用户可以浏览轮播效果图，浏览最新的热门歌曲，同时通过菜单上的超链接也可以跳转到“排行榜”“专辑”“艺人”“风格”等页面。网站首页的具体效果如图3.5所示。

图 3.5　甜橙音乐网首页效果

3.4.1　首页页面布局（1115562011313103115.html）

视 频 讲 解

甜橙音乐网首页布局的实现比较简单，对首页进行布局的具体步骤如下。

（1）打开Visual Studio 2015开发环境，在菜单栏中依次选择“文件”→“新建”→“网站”菜单项，如图3.6所示。

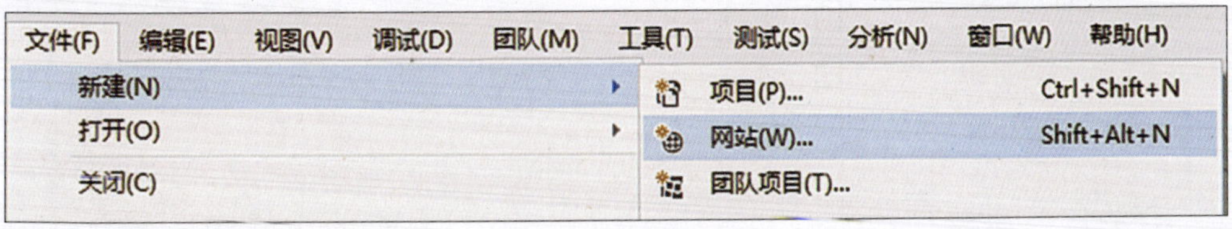

图 3.6　新建网站

（2）弹出“新建网站”对话框，该对话框中选择ASP.NET空网站，并且输入网站的路径，单击“确定”按钮，完成网站的建立，如图3.7所示。

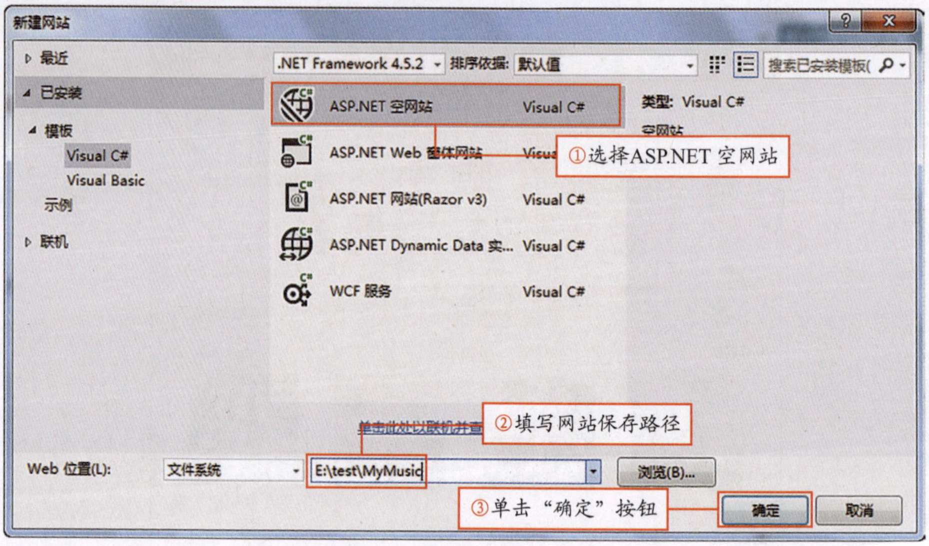

图 3.7 “新建网站”对话框

（3）新建的网站项目列表如图3.8所示。

图 3.8 网站项目列表

（4）选中MyMusic网站项目，单击右键，依次选择“添加”→“添加新项”菜单项，弹出如图3.9所示的“添加新项”对话框，选择HTML页，在“名称”文本框中输入“index.html”，最后单击“添加”按钮。

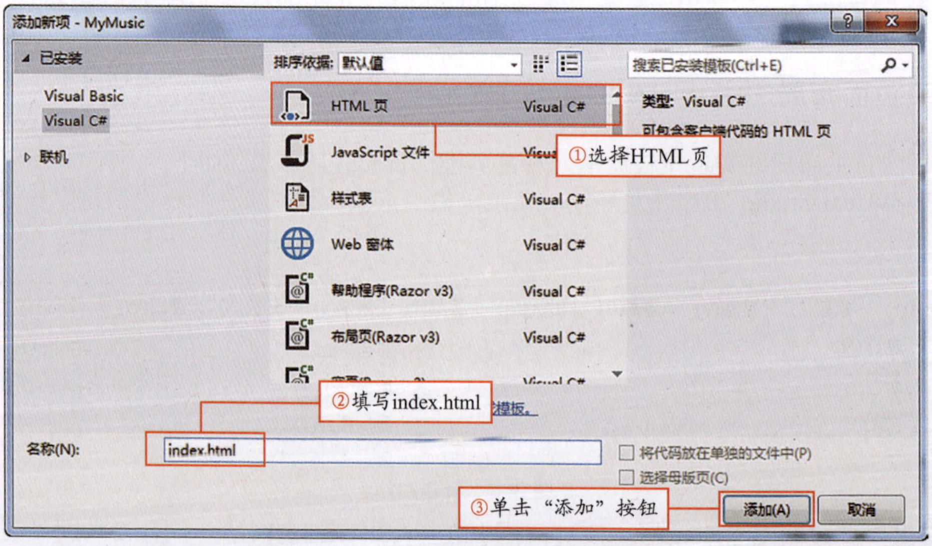

图 3.9 “添加新项”对话框

（5）在“解决方案资源管理器”中出现如图3.10所示的index.html页面，该页面就是要设计的甜橙音乐网首页。

图 3.10　新建的 index.html 页面

通过以上步骤创建了一个index.html页面，接下来对该页面进行设计。首先在“解决方案资源管理器”中双击打开index.html文件，该文件的默认代码如图3.11所示，在图中标注的两个位置添加相应的布局代码。

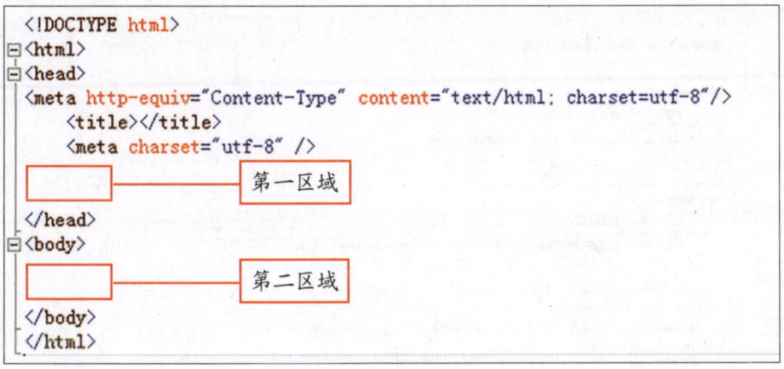

图 3.11　index.html 文件默认代码

在图3.11中的第一区域添加引入JavaScript文件和样式的代码，具体代码如下：

<代码 01　　代码位置：光盘\Code\03\Bits\01.txt>　（111556201030110311 1.html）

```
<script src="js/jquery.min.js"></script>
<script src="js/Exect.js"></script>
<style>
    /*所有标签都添加这个样式*/
    * {
        padding: 0px;
        margin: 0px;
    }
</style>
```

在图3.11中的第二区域添加布局代码，这里使用了iframe框架，它是一个网页的框架，通过使用该框架可以访问网站中的任何页面，具体代码如下：

<代码 02　　代码位置：光盘\Code\03\Bits\02.txt>　（111556201030110311 2.html）

```
<body style="background-color:#f1f1f1;background-image:url('OrderImg/upimg.png');
background-size:100% 2200px;">
    <!--头部显示区域-->
    <div id="top"></div>
    <!--主体显示区域-->
```

```
    <div style="width:900px;margin:auto;">
        <!--显示hot页面-->
        <iframe id="centerHtml" src="hot.html" style="border:none;
width:900px;height:1920px;"></iframe>
    </div>
</body>
</html>
```

运行一下　运行 index.html 页面，会弹出如图 3.12 所示的错误页面。

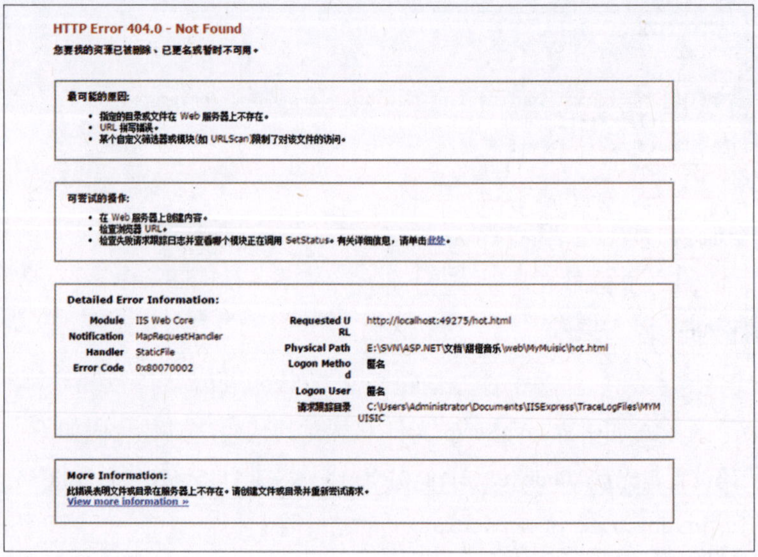

图 3.12　错误页面

图3.12中的错误提示主要是由于缺少一个页面引起的，另外，在运行这个页面时还需要复制一些网站必要的素材。找到光盘中的本项目文件夹下的“bin/css/gp/images/js/musicFile/OrderImg”文件夹，复制到刚才创建的项目中。

在项目中创建hot.html页面，并在该页面中如图3.13所示的位置添加布局代码。

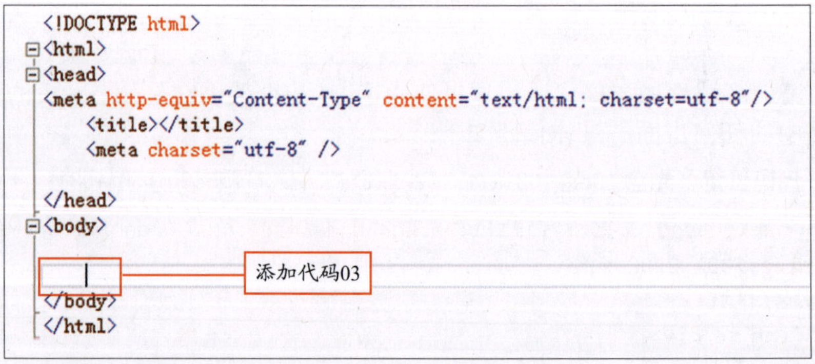

图 3.13　hot.html 页面中的布局代码添加位置

打开hot.html，添加轮播图，这里只能显示一张图片，其中，<img>为图片标签，<ul>为列表标签，设置“position:relative”样式表示采用相对定位，设置“overflow:hidden”样式表示隐藏滚动条，“text-overflow:clip”样式表示：如果当前标签的宽度小于内容中的宽度，则截断显示。具体代码如下：

<代码 03　　代码位置：光盘 \Code\03\Bits\03.txt>　（111556201030110311 3.html）

```
01 <div style="width:100%; height:1800px;background-color:#fff;">
02         <!--图片循环-->
03         <div id="lb" style="width:900px; height:350px; position:relative; overflow: hidden;text-overflow: clip; ">
04             <ul>
05                 <li><img src="gp/banner1.png" /></li>
06                 <li><img src="gp/banner2.png" /></li>
07                 <li><img src="gp/banner3.png" /></li>
08             </ul>
09             <div class="imgbanner">
10                 <div class="imgbannerDiv">
11                     <img src="gp/banner1.png" />
12                     <img src="gp/banner2.png" />
13                     <img src="gp/banner3.png" />
14                 </div>
15             </div>
16         </div>
17 <!--这里添加下一段代码-->
18 </div>
```

在代码03中的第17行处添加代码04，主要使用DIV+CSS布局“猜你喜欢”版块，具体代码如下：

<代码 04　　代码位置：光盘 \Code\03\Bits\04.txt>

```
<!--一段文字-->
<div style="margin-top:10px;">
    <font style="font-size:20px;font-weight:900; margin-left:20px;">猜你喜欢</font>
</div>
<!--添加几组图片及歌曲名称-->
<div id="youlove" style="height:200px;width:100%;margin-top:20px;">
    <div style="width:160px;height:200px;float:left;margin-left:52px;">
        <img src="gp/2ne1.png" style="width:160px;height:160px; cursor:pointer;" />
        <div style="text-align:center;">失忆</div>
        <div style="text-align:center;font-size:8px;">Andy</div>
    </div>
    <div style="width:160px;height:200px;float:left;margin-left:52px;">
        <img src="OrderImg/1.jpg" style="width:160px;height:160px; cursor:pointer;" />
        <div style="text-align:center;">爱的狂想曲</div>
        <div style="text-align:center;font-size:8px;">Tim</div>
    </div>
    <div style="width:160px;height:200px;float:left;margin-left:52px;">
        <img src="OrderImg/1.jpg" style="width:160px;height:160px; cursor:pointer;" />
```

```
19            <div style="text-align:center;">微笑</div>
20            <div style="text-align:center;font-size:8px;">Lily</div>
21        </div>
22        <div style="width:160px;height:200px;float:left;margin-left:52px;">
23            <img src="OrderImg/1.jpg" style="width:160px;height:160px; cursor:pointer;" />
24            <div style="text-align:center;">梦</div>
25            <div style="text-align:center;font-size:8px;">Popy</div>
26        </div>
27    </div>
28    <!—这里添加下一段代码-->
```

运行一下 在“解决方案资源管理器”中选中 index.html，单击鼠标右键，选择“在浏览器中查看”，浏览 index.html 网页，如图 3.14 所示。

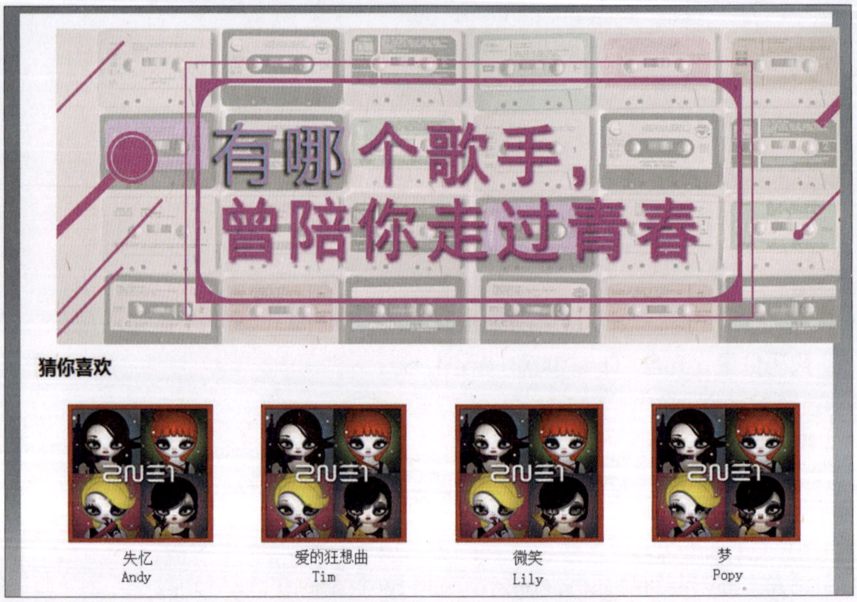

图 3.14　index.html 的效果

在代码04中的第28行处添加代码05，这里主要使用DIV+CSS布局显示“甜橙推荐”版块及页脚，具体代码如下：

<代码 05　　代码位置：光盘 \Code\03\Bits\05.txt>

```
<!--显示一段文字-->
<div style="margin-top:10px;height:40px;">
    <font style="font-size:20px;font-weight:900;float:left; margin-left:20px;">甜橙推荐
</font>
    <div style="height:30px;width:90px;color:white;margin-top:20px;margin-left:60px;
line-height:30px;text-align:center;float:right;cursor:pointer;">
<img src="gp/一键播放.png" /></div>
```

```
</div>
<!--显示推荐的歌曲-->
<div id="tuijian" style="margin-top:20px;overflow:hidden;">
</div>
<div style="margin-left:auto; margin-right:auto; width:800px;">
    <img src="tools/页脚.png" />
</div>
```

运行一下　浏览 index.html 页面，效果如图 3.15 所示。

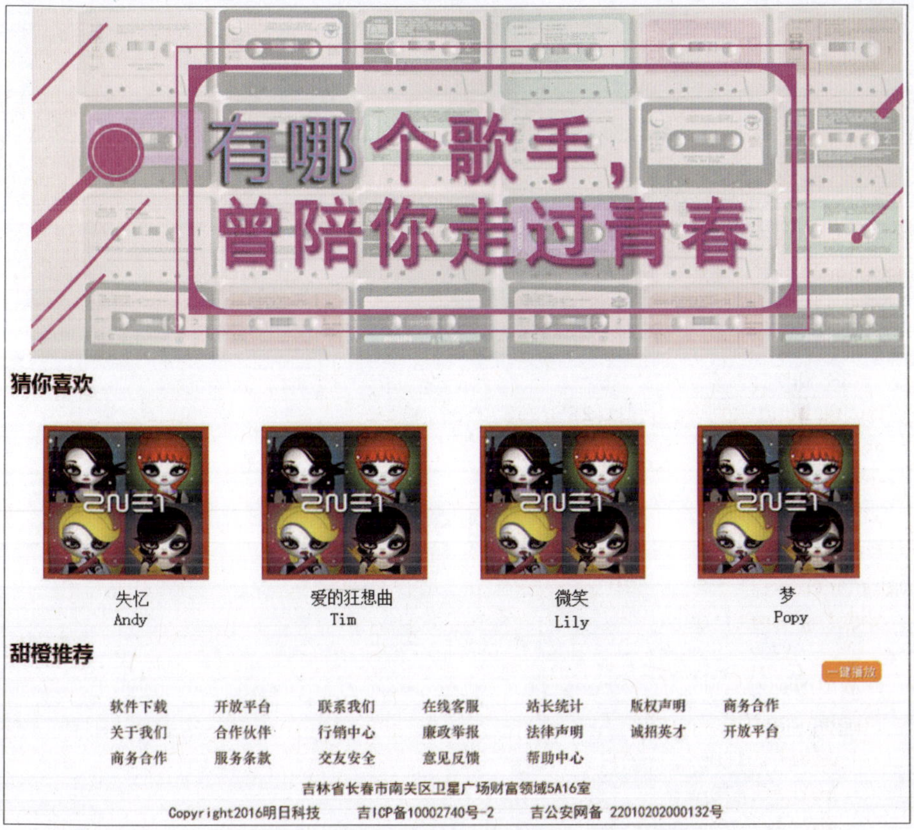

图 3.15　首页中显示“甜橙推荐”版块及页脚

打开hot.html页面，在图3.16所示位置添加引用文件和样式的代码。

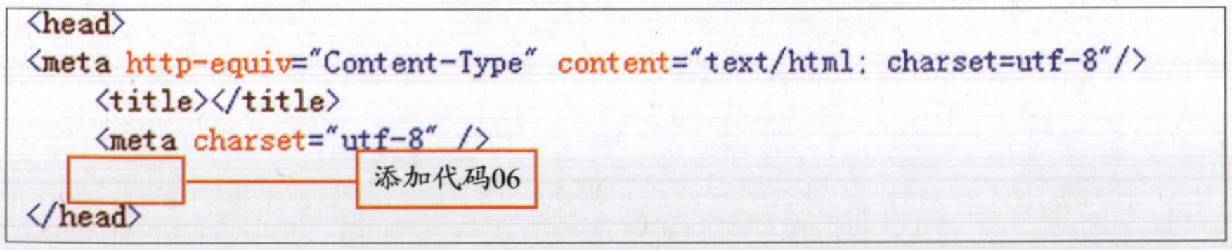

图 3.16　hot.html 页面中添加引用文件和样式代码的位置

在图3.16所示位置添加代码06，用来设置统一样式和轮播图的样式。其中，<script>标签用于引用JavaScript文件，<style>中的内容为样式代码，具体代码如下：

<代码 06　　代码位置：光盘 \Code\03\Bits\06. txt>

```
<!--引用JavaScript文件-->
<script src="js/jquery.min.js"></script>
<!--应用CSS文件-->
<link href="cs/css.css" rel="stylesheet" />
<!--引用JavaScript文件-->
<script src="js/lb.js"></script>
<meta charset="utf-8" />
<style>
    /*所有样式统一*/
    * {
        padding: 0px;
        margin: 0px;
        font-family: "Comic Sans MS","宋体",sans-serif;
        color: #7F7F7F;
    }
    /*轮播用的样式开始*/
    .imgbanner {
        position: absolute;
        top: 390px;
        left: 0px;
        background-color: rgba(255,255,255,.4);
        height: 75px;
        width: 100%;
    }
    /*列表图片区域*/
    .imgbannerDiv {
        padding-left: 60px;
    }
        /*列表图片*/
        .imgbannerDiv img {
            width: 150px;
            height: 70px;
            margin: 2px 20px;
            cursor: pointer;
        }
    /*轮播用的样式结束*/
</style>
```

运行一下　浏览 index.html 页面，看一看是不是有所不同了，这就是样式表的用处，如图 3.17 所示。

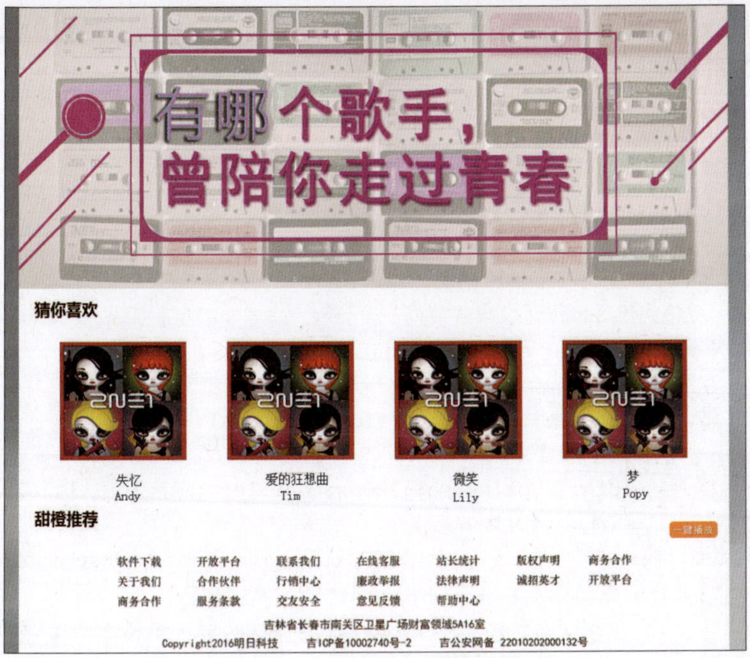

图 3.17　添加样式后的首页效果

3.4.2　根据喜好推荐音乐（1115562011313103116.html）

实现根据喜好推荐音乐功能时，需要用到JavaScript脚本，因此首先添加JavaScript代码，在hot.html文件中找到如图3.18所示的位置。

视频讲解

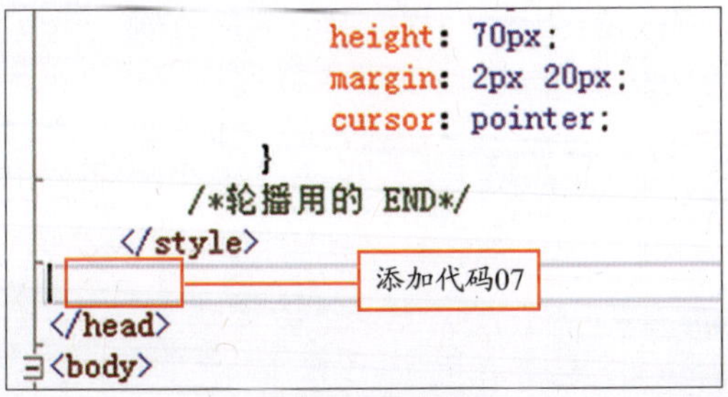

图 3.18　hot.html 文件中添加 JavaScript 代码的位置

在图3.18所示位置添加JavaScript代码，主要使用Ajax技术调用后台方法实现获取猜你喜欢的音乐，由于这里获取到的是一组相同的数据，因此使用each循环显示。具体代码如下：

＜代码 07　　代码位置：光盘\Code\03\Bits\07.txt＞　（1115562010301103114.html）

```
<script>
//获取猜你喜欢
function CheckLove() {
    //调用后台方法
    var pd = { "t": "GetLove" };
    $.ajax({
```

代码解释

```
            type: "post",
            url: "tools/Handler.ashx",
            data: pd,
            dataType: "json",
            success: function (data) {
                if (data.status != "-1") {
                    //清空div
                    $('#youlove').empty();
                    //格式化后台传递过来的数据
                    var dataobj = eval("(" + data.status + ")");
                    //循环数据
                    $.each(dataobj.root, function (i, item) {
                        //设置html文本
var html='<div style="width:160px;height:200px;float:left;margin-left:52px;"
onclick="lisen(\'' + item.musicPath + '\')">' +
'<img src="' + item.imgs + '" style="width:160px;height:160px; cursor:pointer;" />' +
'<div style="text-align:center;">' + item.musicName + '</div>' +
'<div style="text-align:center;font-size:8px;">' + item.singerName + '</div>' +'</div>';
                            //向div中添加html
                            $('#youlove').append(html);
                        });
                    }
                },
                error: function (XMLHttpRequest, textStatus, errorThrown) {
                }
            });
        }
</script>
```

在项目中创建tools文件夹，然后将光盘中“Code\03\Src\tool\页脚.png”文件复制到新创建的tools文件夹中，创建步骤如图3.19所示。

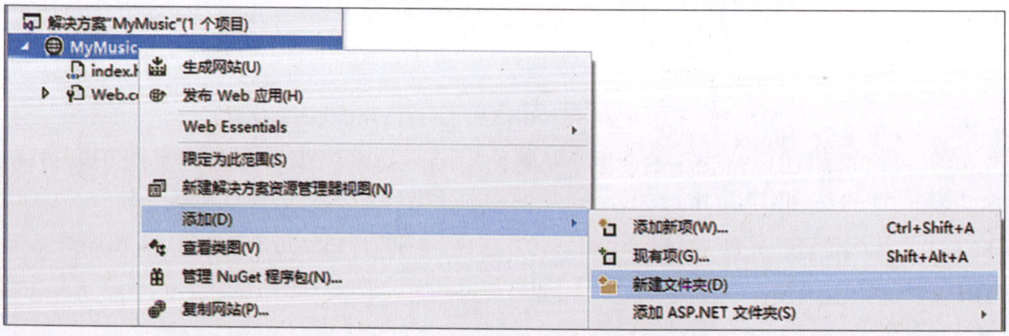

图 3.19　创建 tools 文件夹

选中创建的tools文件夹，单击右键，选择“添加”→“添加新项”菜单项，弹出“添加新项”对话框，在该对话框中选择“一般处理程序”，“名称”文本框中输入“Handler.ashx”，单击“添加”按钮，如图3.20所示。

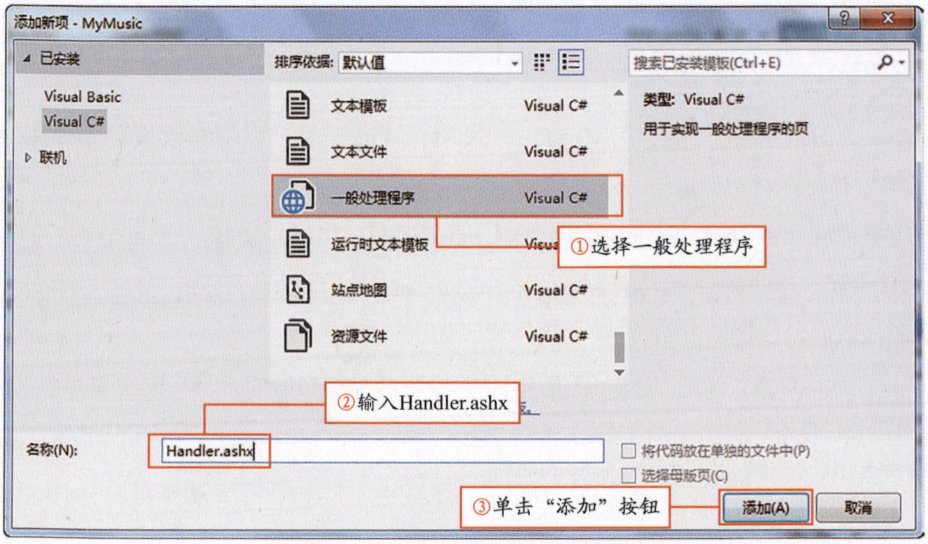

图 3.20　添加 Handler.ashx 文件

Handler.ashx文件会自动打开，在该文件中找到如图3.21所示的位置进行代码的填充。

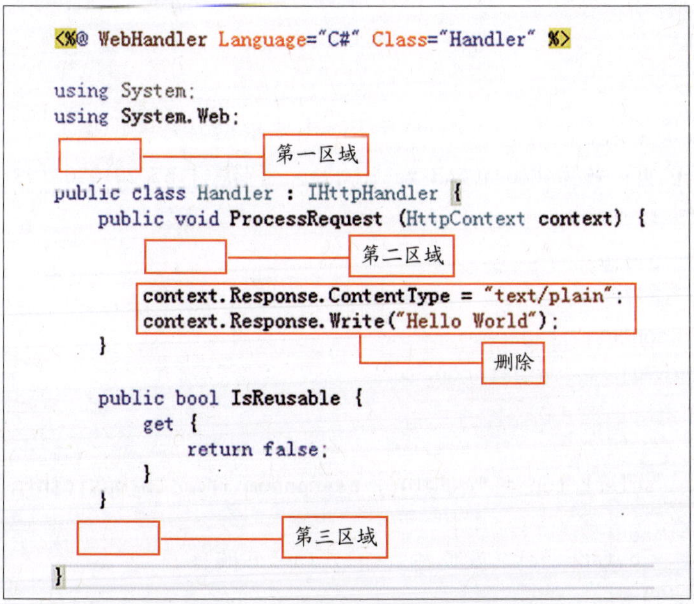

图 3.21　Handler.ashx 文件的代码添加位置

在图3.21中的第一区域添加必要的命名空间，具体代码如下：

＜代码 08　　代码位置：光盘 \Code\03\Bits\08.txt＞

```
using System.Data; //引用命名空间
using System.IO;
using ICSharpCode.SharpZipLib.Checksums;
using ICSharpCode.SharpZipLib.Zip;
using ICSharpCode.SharpZipLib.GZip;
```

在Handler.ashx文件中找到以下代码：

```
public class Handler : IHttpHandler                                //继承
```

修改Handler类的继承类，为其增加IrequiresSessionState父类，以便在该文件中使用Session，修改后的代码如下：

```
public class Handler : IHttpHandler, System.Web.SessionState.IRequiresSessionState
```

在图3.21中的第二区域接收前台传递的值，并根据传值调用相应的方法，其中，HttpContext.Current.Request["t"]用来获取前台传递的参数t的值，具体代码如下：

〈代码 09　　代码位置：光盘 \Code\03\Bits\09.txt〉（111556201030110311 5.html）

```
//前台传递过来的标识
 string t = HttpContext.Current.Request["t"];
 switch (t)
 {
     case "GetLove":
         //猜你喜欢
          GetLove(context);
          break;
 }
```

在图3.21中的第三区域定义一个GetLove()方法，主要根据喜好实现推荐音乐的功能，代码如下：

〈代码 10　　代码位置：光盘 \Code\03\Bits\10.txt〉（111556201030110311 6.html）

```
/// <summary>
/// 猜你喜欢
/// </summary>
/// <param name="context"></param>
public void GetLove(HttpContext context)
{
    //查询语句
    string sql = "select top 4 *,NEWID() as random from tb_musicInfo order by random";
    //查到数据
    DataTable dt = dataOperate.getRows(sql).Tables[0];
    if (dt != null)
    {
        string json = f.ToJson(dt);                            //格式化数据
        json = json.Replace("\"", "\\\"");                     //去除不识别的数据
        context.Response.Write("{\"status\":\"" + json + "\"}");//向客户端返回查询到的数据
    }
}
```

编写完上面的代码后，在Visual Studio 2015开发环境中会出现如图3.22所示的红色波浪线（错误提示）。

```
/// <summary>
/// 猜你喜欢
/// </summary>
/// <param name="context"></param>
public void GetLove(HttpContext context)
{
    //查询语句
    string sql = "select top 4 *,NEWID() as random from tb_musicInfo order by random";
    //查到数据
    DataTable dt = dataOperate.getRows(sql).Tables[0];
    if (dt != null)
    {
        //格式化数据
        string json = f.ToJson(dt);
        json = json.Replace("\"", "\\\"");
        context.Response.Write("{\"status\":\"" + json + "\"}");
    }
}

}
```

图 3.22　错误代码

图3.22中出现红色的波浪线是由于找不到dataOperate对象和 f 对象造成的，接下来解决这两处错误。

（1）首先解决 f 对象找不到的问题，选中MyMusic项目，单击鼠标右键，选择“添加”→“添加新项”菜单，在弹出的“添加新项”对话框中选择“类”，名称输入“f.cs”，单击“添加”按钮，如图3.23所示。

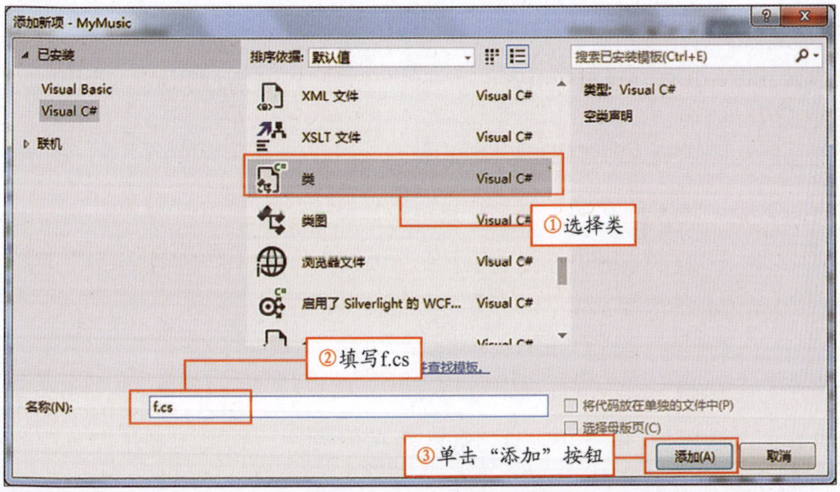

图 3.23　添加 f. cs 类文件

弹出如图3.24所示的对话框，该对话框中单击“是”按钮，将创建的f.cs类文件放到App_Code文件夹中。

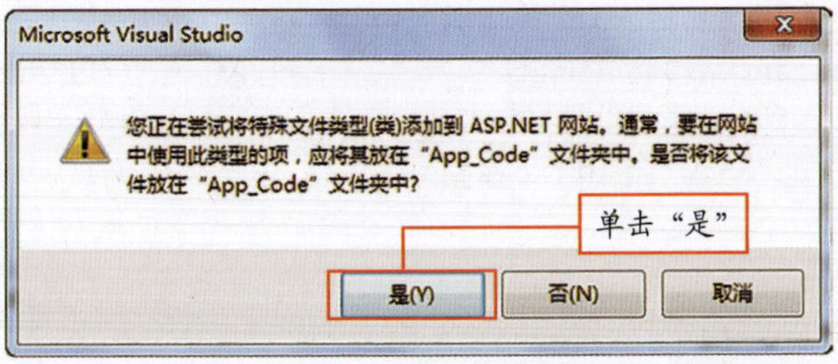

图 3.24　确认将 f. cs 类文件放到 App_Code 文件夹中

在新创建的f.cs类文件中找到如图3.25所示的代码位置，进行代码编辑。

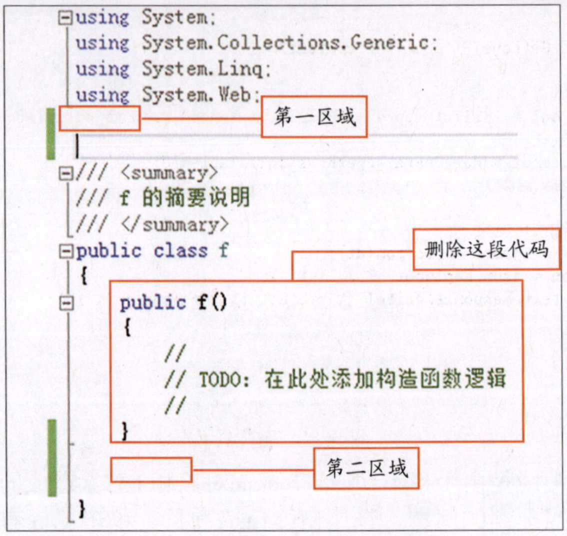

图 3.25　f.cs 类文件中的代码编辑位置

在图3.25中的第一区域添加必要的命名空间，具体代码如下：

＜代码 11　　代码位置：光盘\Code\03\Bits\11.txt＞

```
using System.Web.Script.Serialization;                     //引用命名空间
using System.Collections;
using System.Collections.Generic;
```

将f类修改为静态类，将下面代码：

```
public class f
```

修改为：

```
public static class f                                      //定义一个静态类
```

在图3.25中的第二区域添加将表格转换成JSON数据的方法，这里用到了序列化，把DataTable序列化成JSON格式的字符串，具体代码如下：

＜代码 12　　代码位置：光盘\Code\03\Bits\12.txt＞　（111556201030110３117.html）

```
public static string ToJson(this DataTable dt)
{
    JavaScriptSerializer javaScriptSerializer = new JavaScriptSerializer();
    javaScriptSerializer.MaxJsonLength = Int32.MaxValue; //取得最大数值
    ArrayList arrayList = new ArrayList();               //一个数组列表
    foreach (DataRow dataRow in dt.Rows)
    {
      //实例化一个参数集合
       Dictionary<string, object> dictionary = new Dictionary<string, object>();
          foreach (DataColumn dataColumn in dt.Columns)
```

代码解释

```
            {
                dictionary.Add(dataColumn.ColumnName, dataRow[dataColumn.ColumnName].
    ToString());                                                    //向列表中添加数据
            }
            arrayList.Add(dictionary);                              //向ArrayList集合中添加键值
        }
        return "{root:" + javaScriptSerializer.Serialize(arrayList) + "}";//返回一个JSON字符串
    }
```

这时再次查看Handler.ashx文件，发现 f 下面的红色波浪线已经消失了。

（2）解决dataOperate对象找不到的问题，在“解决方案资源管理器”中选中App_Code文件夹，单击鼠标右键，选择“添加”→“类”菜单项，如图3.26所示。

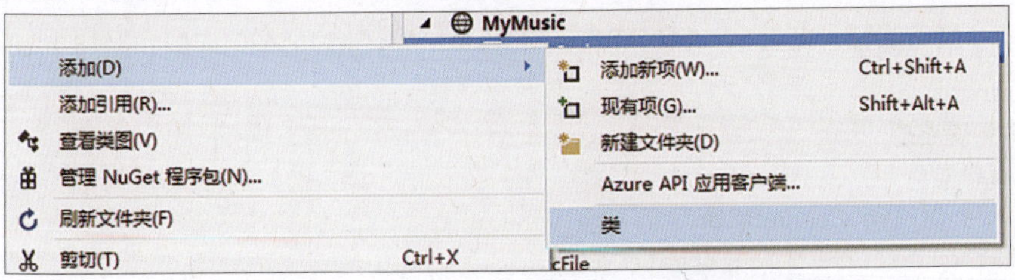

图 3.26　选择“添加”→“类”菜单

弹出“指定项名称”对话框，输入名称“dataOperate.cs”，单击“确定”按钮，如图3.27所示。

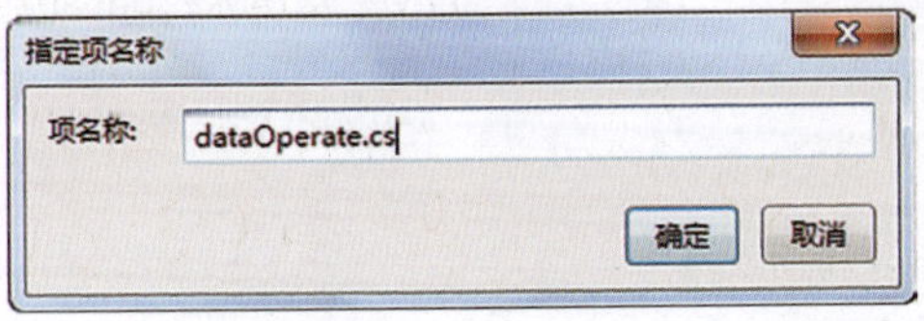

图 3.27　设置类名称

在新创建的dataOperate.cs类文件中找到如图3.28所示的代码位置，进行代码编辑。

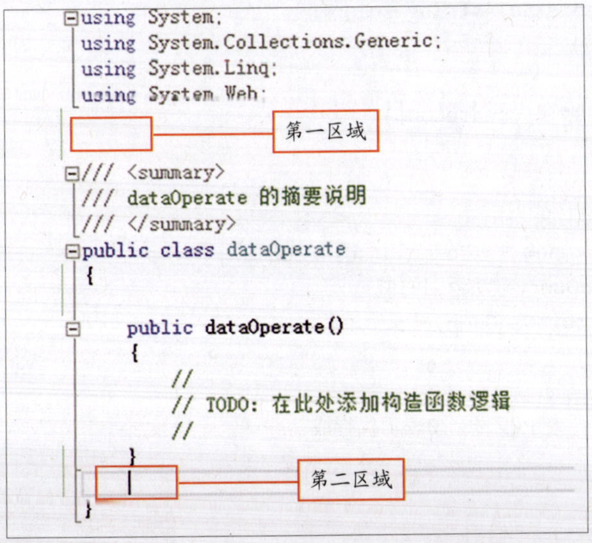

图 3.28　dataOperate.cs 类文件中的代码编辑位置

在图3.28中的第一区域添加必要的命名空间，具体代码如下：

<代码 13　　代码位置：光盘\Code\03\Bits\13.txt>

```
using System.Data;                                    //引用一个命名空间
using System.Configuration;
using System.Web.Security;
using System.Web.UI;
using System.Web.UI.WebControls;
using System.Web.UI.WebControls.WebParts;
using System.Web.UI.HtmlControls;
using System.Data.SqlClient;
```

在图3.28中的第二区域添加连接和操作SQL Server数据库的方法，具体代码如下：

<代码 14　　代码位置：光盘\Code\03\Bits\14.txt>　（1115562010301103118.html）

代码解释

```
/// <summary>
/// 创建数据库连接
/// </summary>
/// <returns>返回SqlConnection对象</returns>
public static SqlConnection createCon()
{
    //创建SqlConnection对象
    SqlConnection con = new SqlConnection("server=XIAOKE;database=db_music;uid=sa;pwd=;");
    return con;
}
/// <summary>
/// 执行对数据库的添加、删除和插入操作
/// </summary>
/// <param name="sql">需要执行的SQL语句</param>
/// <returns>返回一个布尔值，当执行成功返回true，否则返回false</returns>
public static bool execSql(string sql)
{
    //创建数据库连接
    SqlConnection con = createCon();
    //打开数据库连接
    con.Open();
    //创建SqlCommand对象
    SqlCommand com = new SqlCommand(sql, con);
    //获取ExecuteNonQuery方法返回的值
    int i = com.ExecuteNonQuery();
    //关闭数据库连接
    con.Close();
    //判断返回的值是否大于0，大于0表示执行成功
    if (i > 0)
    {
        return true;
```

```
    }
    else
        return false;
}
/// <summary>
/// 返回查询的指定列
/// </summary>
/// <param name="sql">需要查询的SQL语句</param>
/// <returns>返回查询的列</returns>
public static string getTier(string sql)
{
    //创建数据库连接
    SqlConnection con = createCon();
    //打开数据库连接
    con.Open();
    //创建SqlCommand对象
    SqlCommand com = new SqlCommand(sql, con);
    //获取ExecuteReader()方法返回的对象
    SqlDataReader sdr = com.ExecuteReader();
    //读取一条记录
    sdr.Read();
    //获取查询的指定列值
    string str = sdr[0].ToString();
    con.Close();
    sdr.Close();
    return str;
}
/// <summary>
/// 查询数据并返回SqlDataReader对象
/// </summary>
/// <param name="sql">需要查询的SQL语句</param>
/// <returns>返回SqlDataReader对象</returns>
public static SqlDataReader getRow(string sql)
{
    //创建数据库连接对象
    SqlConnection con = createCon();
    //打开数据库连接
    con.Open();
    //创建SqlCommdand对象
    SqlCommand com = new SqlCommand(sql, con);
    //获取ExecuteReader方法返回的SqlDataReader对象
    SqlDataReader sdr = com.ExecuteReader();
    return sdr;
}
/// <summary>
```

3

```
/// 查询数据并返回DataSet对象
/// </summary>
/// <param name="sql">需要执行的SQL语句</param>
/// <returns>返回DataSet对象</returns>
public static DataSet getRows(string sql)
{
    //创建数据库连接
    SqlConnection con = createCon();
    //打开数据库连接
    con.Open();
    //创建SqlDataAdapter对象
    SqlDataAdapter sda = new SqlDataAdapter(sql, con);
    //创建DataSet对象
    DataSet ds = new DataSet();
    //填充DataSet对象
    sda.Fill(ds);
    con.Close();
    return ds;
}
```

说明： 代码 14 中的 "server=XIAOKE;database=db_music;uid=sa;pwd=;"，server 为数据库服务器名，uid 为用户名，pwd 为密码，运行程序前，需要根据本地计算机情况进行修改。

这时再次查看Handler.ashx文件，发现出现错误的红色波浪线已经全部消失了。

在hot.html文件中找到如图3.29所示的位置，添加前台触发代码。

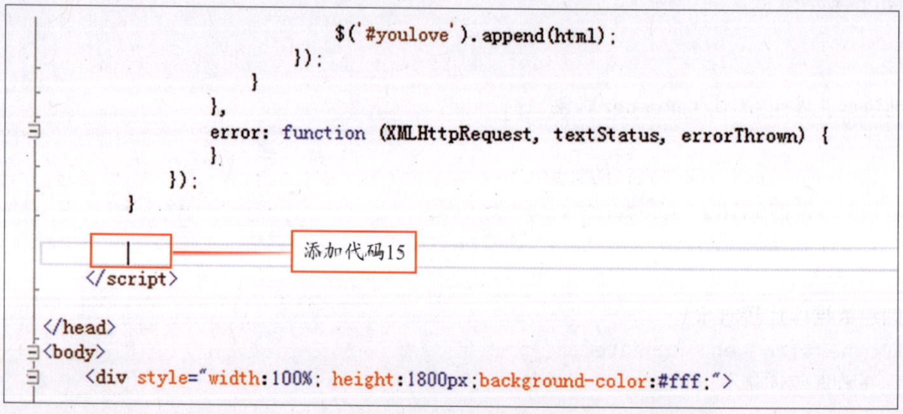

图 3.29　hot.html 文件中添加前台触发代码的位置

在图3.29所示位置添加JavaScript代码，该段代码主要定义了一个匿名方法，用来显示所喜欢的音乐，具体代码如下：

<代码 15　　代码位置：光盘 \Code\03\Bits\15.txt>

```
//调用JavaScript方法
$(function () {
```

```
    //所有收藏
    CheckLove();
    window.setInterval(function () {
        //每5秒搜索一次
        CheckLove();
    }, 5000);
});
//听歌
function lisen(a) {
    //调用后台的方法
   var pd = { "t": "lisem", "mp3": a };
   $.ajax({
       type: "post",
       url: "tools/Handler.ashx",
       data: pd,
       dataType: "json",
       success: function (data) {
           //判断后台数据
           if (data.status != "-1") {
               //弹出层
               window.parent.Eject('lisen.html', '', 360, 250);
           }
       },
       error: function (XMLHttpRequest, textStatus, errorThrown) {
       }
   });
}
```


运行一下　运行 index.html 页面，效果如图 3.30 所示，该页面的“猜你喜欢”模块中每 5 秒钟会刷新一次。

图 3.30　根据喜好推荐音乐

3.4.3 系统随机推荐音乐（1115562011313103117.html）

视频讲解

在hot.html文件中找到如图3.31所示的位置，此处添加推荐音乐的前台调用代码。

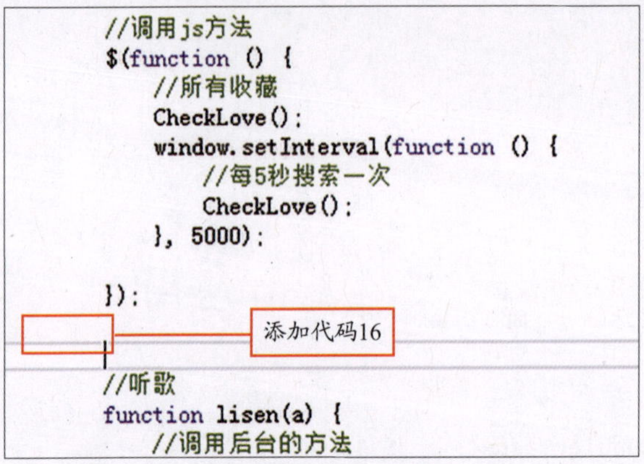

图 3.31 添加代码

在图3.31所示位置定义一个tuijina()方法，该方法主要用来调用后台方法，获取后台传递来的一组数据，并将其分析之后显示到前台页面中，代码如下：

<代码 16 代码位置：光盘\Code\03\Bits\16.txt> （1115562010301103119.html）

代码解释

```
//获取推荐
var gequ = '';
function tuijina() {
    //调用后台方法
    var pd = { "t": "Gettuijian" };
    $.ajax({
        type: "post",
        url: "tools/Handler.ashx",
        data: pd,
        dataType: "json",
        success: function (data) {
            if (data.status != "-1") {
                //清空div
                $('#tuijian').empty();
                //格式化后台传递过来的数据
                var dataobj = eval("(" + data.status + ")");
                //循环传递过来的数据
                $.each(dataobj.root, function (i, item) {
var html = '<div style="border-bottom:1px solid #bababa; height:90px; line-height:90px;
cursor:pointer; overflow:hidden;">'+'<div style="height:90px;" onclick="onclickXm(this)">'+
'<div style="float:left; "><font style="margin-left:60px; font-size:22px; font-weight:700;
color:rgb(148, 148, 148);">' + item.singerName + '</font></div>' +
'<div style="margin-top:40px;float:right;"><img src="gp/Broadcast.png" style="float:right;
margin-right:40px;" onclick="lisen(\'' + item.musicPath +
```

```
'\')" /><img src="gp/Collect.png" style="float:right; margin-right:40px;" onclick="lisen(\"+
item.musicPath + '\')" /></div>' +' </div>' +
'<div style="clear:both;background-color:rgb(217, 217, 217);">' +' <img onclick="lisen(\" +
item.musicPath + '\')" src="' + item.imgs + '" style="height:60px;width:60px;
margin-top:10px;margin-left:30px;float:left;" />' +
'<div style="float: left;height:80px;font-weight:600;margin-left:60px;">' +
item.musicName + '</div>' +'<div style="float:right; margin-left:60px;
margin-right:30px; color:rgb(255, 106, 0)" onclick="setLove(\" + item.id +'\')">收藏</div>'+'
<div style="float:right;width:400px;line-height:30px;">' +'</div>' + ' </div>' +'</div>';
                    //添加html文本
                    $('#tuijian').append(html);
                    gequ += item.musicPath + ';';
                });
            }
        },
        error: function (XMLHttpRequest, textStatus, errorThrown) {
        }
    });
}
```

在hot.html文件中找到如图3.32所示位置，添加调用tuijina()方法的代码

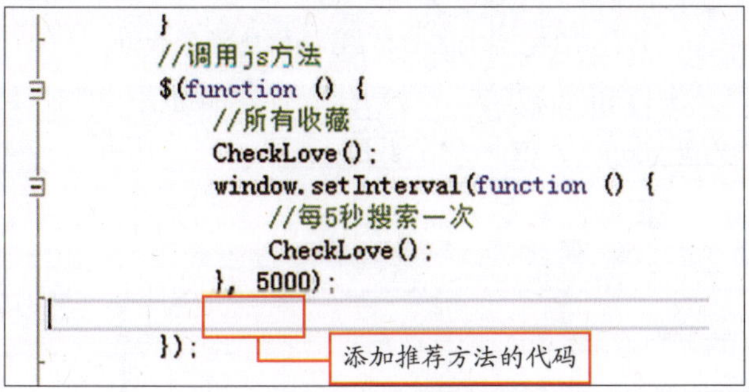

图 3.32　在 hot.html 文件中添加调用 tuijina() 方法的位置

要添加的代码如下：

```
tuijina();                    //获取推荐
```

由于在代码16中调用了后台方法获取推荐数据，所以需要打开Handler.ashx文件，找到如图3.33所示的位置，添加获取推荐的后台代码。

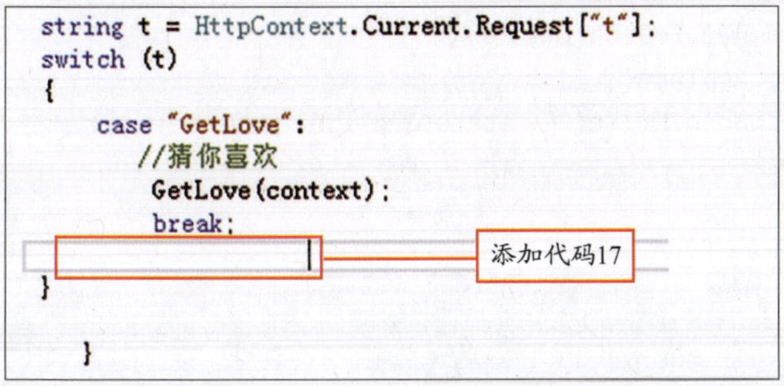

图 3.33　Handler.ashx 文件中添加获取推荐代码的位置

在如图3.33所示的位置添加代码17。

＜代码 17　　代码位置：光盘 \Code\03\Bits\17.txt＞

```
case "Gettuijian":
    //获取推荐
    Gettuijian(context);
    break;
```

代码17中用到了Gettuijian()方法，因此需要编写该方法，在Handler.ashx文件中找到3.34所示位置。

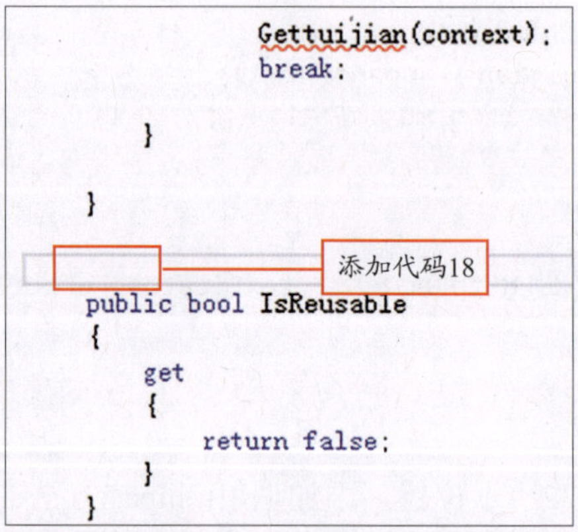

图 3.34　添加 Gettuijian() 方法的位置

在图3.34中所示位置定义Gettuijian()方法，用来获取推荐音乐，具体代码如下：

＜代码 18　　代码位置：光盘 \Code\03\Bits\18.txt＞

```
/// <summary>
/// 获取推荐
/// </summary>
/// <param name="context"></param>
public void Gettuijian(HttpContext context)
{
    //设置查询语句
    string sql = "select top 3 *,NEWID() as random from tb_musicInfo order by random";
    //到数据库中查询
    DataTable dt = dataOperate.getRows(sql).Tables[0];
    if (dt != null)
    {
        string json = f.ToJson(dt);                                   //格式化数据
        json = json.Replace("\"", "\\\"");                            //去除识别不了的字符
        context.Response.Write("{\"status\":\"" + json + "\"}");     //向前台传递数据
    }
}
```

运行一下

运行 index.html 页面，会发现甜橙推荐发生了变化，如图 3.35 所示。

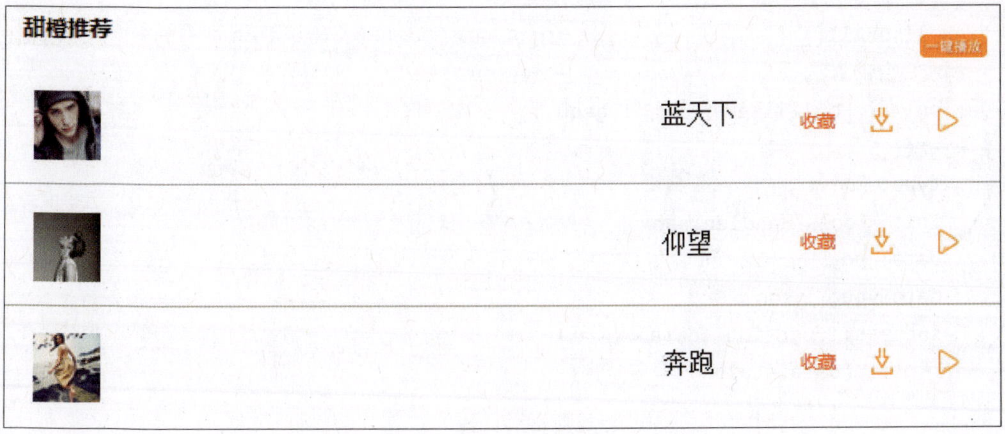

图 3.35　随机推荐音乐

3.4.4　一键播放功能的实现（▷ 1115562011313103118.html）

视频讲解

打开hot.html页面，找到以下代码：

```
<div style="height:30px;width:90px;color:white;margin-top:20px;margin-left:60px;line-height:30px;
text-align:center;float:right;cursor:pointer;"><img src="gp/一键播放.png" /></div>
```

为“一键播放”图片添加单击事件，将上面代码修改如下：

```
<div style="height:30px;width:90px;color:white;margin-top:20px;margin-left:60px;
line-height:30px;text-align:center;float:right;cursor:pointer;" onclick="lisenAll()"><img
src="gp/一键播放.png" /></div>
```

上面代码中用到了lisenAll()方法，因此需要定义该方法，在hot.html页面中找到如图3.36所示代码位置。

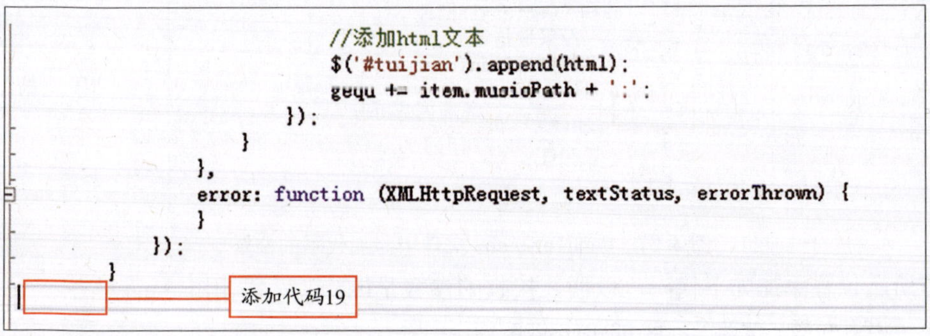

图 3.36　添加 lisenAll() 方法的位置

在图3.36所示位置定义lisenAll()方法，在该方法中调用后台lisem()方法实现音乐播放的功能，具体代码如下：

<代码 19　代码位置：光盘\Code\03\Bits\19.txt>

```
//听推荐的所有歌曲
```

3

```
function lisenAll() {
    //调用后台的方法
    var pd = { "t": "lisem", "mp3": gequ };
    $.ajax({
        type: "post",
        url: "tools/Handler.ashx",
        data: pd,
        dataType: "json",
        success: function (data) {
            if (data.status != "-1") {
                //弹出层
                window.parent.Eject('lisen.html', '', 360, 250);
            }
        },
        error: function (XMLHttpRequest, textStatus, errorThrown) {
        }
    });
}
```

上面代码中用到Handler.ashx文件中的lisem()方法，因此需要定义lisem()方法。打开Handler.ashx文件，找到如图3.37所示位置。

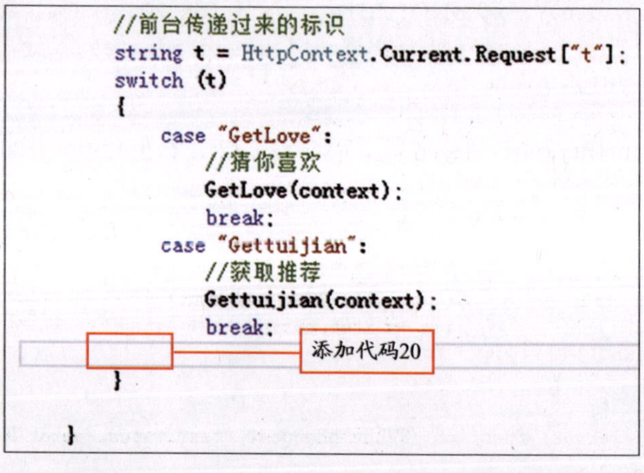

图 3.37　Handler.ashx 文件中添加代码的位置

在图3.37所示位置添加如下代码，以便在接收的参数是lisem时，调用lisem()方法。

<代码 20　代码位置：光盘 \Code\03\Bits\20.txt>

```
case "lisem":
    //听歌
    lisem(context);
    break;
```

接下来添加lisem()方法的实现，在Handler.ashx文件中找到如图3.38所示的位置。

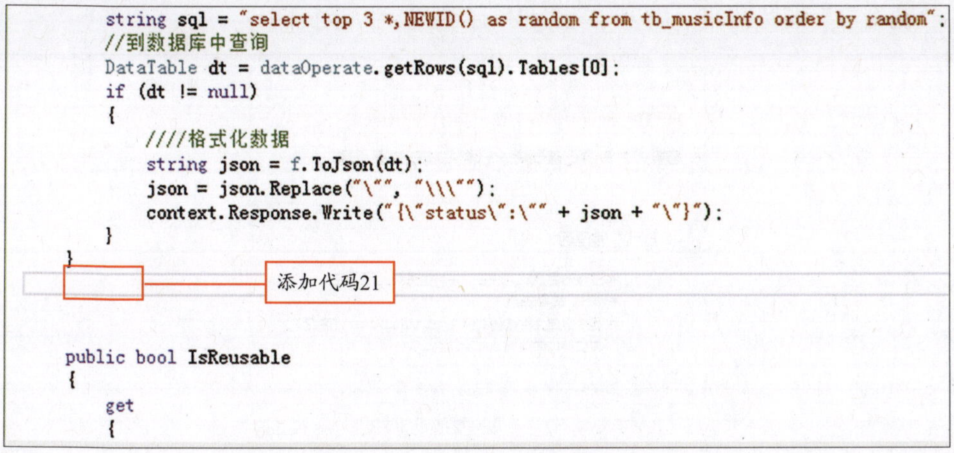

图 3.38　lisem() 方法添加位置

在图3.38所示位置定义一个lisem()方法，用于实现听歌功能。该方法将获取前台传递的歌曲名称存储到Session中，并向前台传递一个成功标识，具体代码如下：

<代码 21　代码位置：光盘 \Code\03\Bits\21.txt>

```
/// <summary>
/// 听歌
/// </summary>
/// <param name="context"></param>
public void lisem(HttpContext context)
{
    string mp3 = HttpContext.Current.Request["mp3"];          //获取要听的MP3
    HttpContext.Current.Session["mp3"] = mp3;                 //设置MP3
    context.Response.Write("{\"status\":\"0\"}");
}
```

运行一下　运行 index.html，效果如图 3.39 所示。

图 3.39　index 页面效果

单击“一键播放”图片按钮，出现如图3.40所示的错误提示页面。

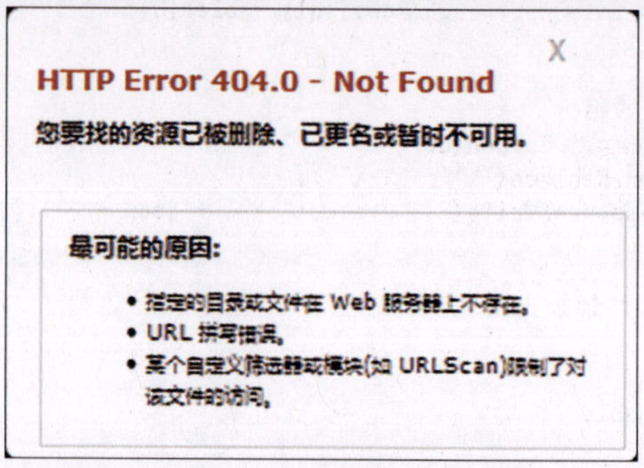

图 3.40　单击“一键播放”时的提示页面

出现如图3.40所示的错误提示页面是因为当前项目中没有这个页面造成的，接下来创建并设计该页面。要创建的这个页面在hot.html页面的lisenAll()方法中提到过，它就是lisen.html页面。

在MyMuisic项目中创建一个lisen.html页面，在其默认代码的如图3.41所示位置添加页面布局代码。

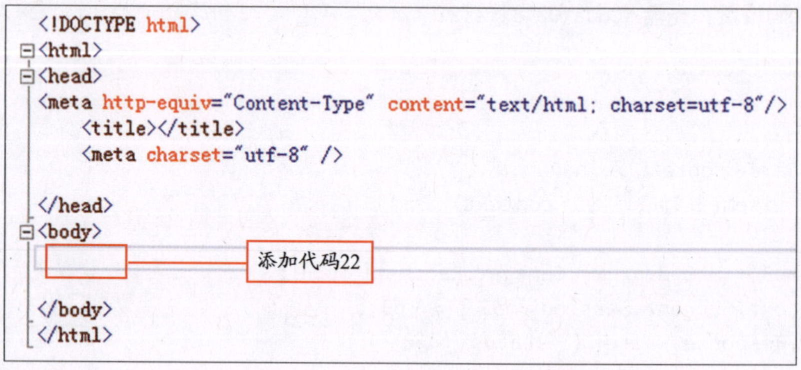

图 3.41　lisen.html 页面的布局代码添加位置

图3.41所示位置添加的布局代码是由一个div标签和一个audio标签组成的，其中，audio标签用来播放音乐。代码如下：

<代码 22　代码位置：光盘\Code\03\Bits\22.txt>　(1115562010301103120.html)

```
<!--音乐名称-->
<div id="musicName" style="width:50px;margin:auto;padding-top:60px;"></div>
<!--音乐播放器-->
<audio id="source" controls style="margin-top:60px;margin-left:20px;"></audio>
```

代码解释

接下来在lisen.html页面的如图3.42所示位置添加获取需要播放的音乐文件的代码。

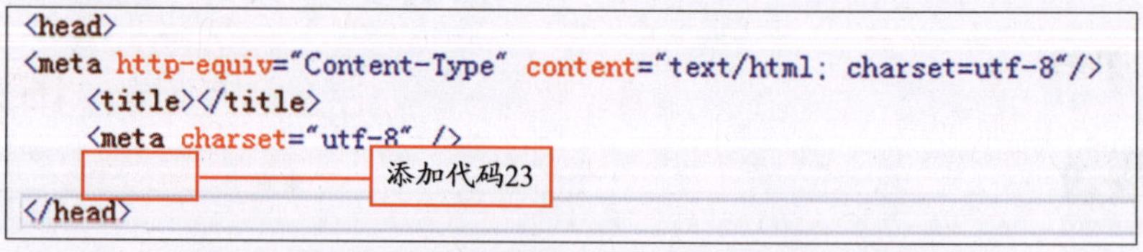

图 3.42　获取要播放的音乐文件的代码添加位置

在图3.42所示位置定义一个GetMp3()方法，用来将获取到的数据添加到相应的标签中，代码如下：

<代码 23　代码位置：光盘\Code\03\Bits\23.txt>

```
<script src="js/jquery.min.js"></script>
<script src="js/Exect.js"></script>
<script>
//获取MP3
function GetMp3() {
    var pd = { "t": "getlisen" };
    $.ajax({
        type: "post",
        url: "tools/Handler.ashx",
        data: pd,
        dataType: "json",
        success: function (data) {
            if (data.status != "-1") {
                var mp3 = data.status;                       //获取MP3的列表
                musicList = mp3.split(';');                  //把列表分割成单个的MP3的名称
                $('#musicName').html(musicList[int]);        //把当前的歌名添加到页面中
                //把要播放的歌曲设置到播放器上
                $('#source').attr('src', "musicFile/" + musicList[int]);
                document.getElementById('source').play(); //播放歌曲
            }
        },
        error: function (XMLHttpRequest, textStatus, errorThrown) {
        }
    });
}
</script>
```

打开tools文件夹中的Handler.ashx文件，找到如图3.43所示位置。

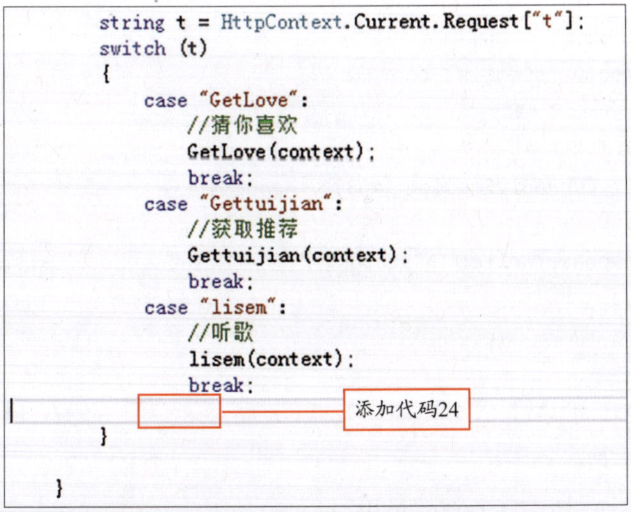

```
string t = HttpContext.Current.Request["t"];
switch (t)
{
    case "GetLove":
        //猜你喜欢
        GetLove(context);
        break;
    case "Gettuijian":
        //获取推荐
        Gettuijian(context);
        break;
    case "lisem":
        //听歌
        lisem(context);
        break;

}

}
```


图 3.43　Handler.ashx 文件中的代码添加位置

在图3.43所示位置添加代码24，用于在接收的参数为getlisten时执行getlisen()方法。

<代码 24　代码位置：光盘 \Code\03\Bits\24.txt>

```
case "getlisen":
        //获取歌曲
        getlisen(context);
        break;
```

接下来添加getlisen()方法的实现代码，在Handler.ashx文件中找到如图3.44所示的位置。

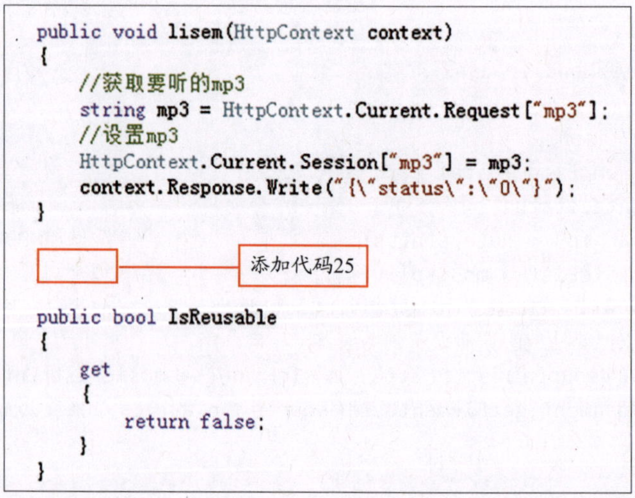

图 3.44　添加 getlisen() 方法的位置

在图3.44所示的位置定义一个getlisen()方法，用来实现获取音乐路径的功能，具体代码如下：

<代码 25　代码位置：光盘 \Code\03\Bits\25.txt>

```
/// <summary>
/// 获取歌曲
/// </summary>
/// <param name="context"></param>
public void getlisen(HttpContext context)
{
    //是否有准备播放的MP3
    if (HttpContext.Current.Session["mp3"] != null)
    {
        context.Response.Write("{\"status\":\"" + HttpContext.Current.Session["mp3"].
ToString() + "\"}");
        return;                                                   //如果有要播放的MP3就返回
    }
    context.Response.Write("{\"status\":\"-1\"}");                //如果没有，返回"-1"
}
```

打开lisen.html页面，找到如图3.45所示位置。

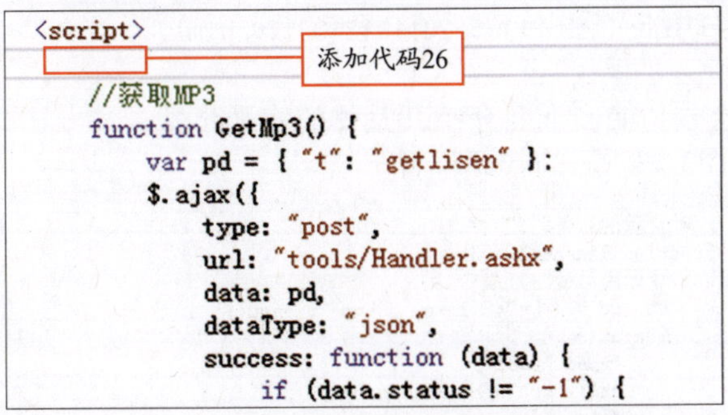

图 3.45　lisen.html 页面中的代码添加位置

在图3.45所示位置添加代码26，在这段代码中，首先实例化一个歌曲列表，设置一个参数为当前播放数，然后添加一个事件，指示是否已经播放完成。代码如下：

<代码 26　代码位置：光盘 \Code\03\Bits\26.txt>　（1115562010301103121.html）

```
var musicList = new Array();                        //歌曲列表
var int = 0;                                        //当前播放数
$(function () {
    GetMp3();
    //绑定方法，音乐播放完成的触发
    $('#source').bind('ended', function () {
        int = int + 1;                              //当前的音乐索引加1
        if (musicList.length - 1 == int)
        {
            $('#musicName').html('已经听完了！');    //如果已经没有歌曲可以播放了，就显示提示信息
            return;
        }
        $('#musicName').html(musicList[int]);       //添加当前播放的歌曲名称
        $('#source').attr('src', "musicFile/" + musicList[int]);//设置歌曲超链接
        document.getElementById('source').play(); //播放当前歌曲
    });
});
```

代码解释

运行一下

运行 index.html，单击“一键播放”图片按钮，即可弹出正在播放的音乐页面，如图 3.46 所示。

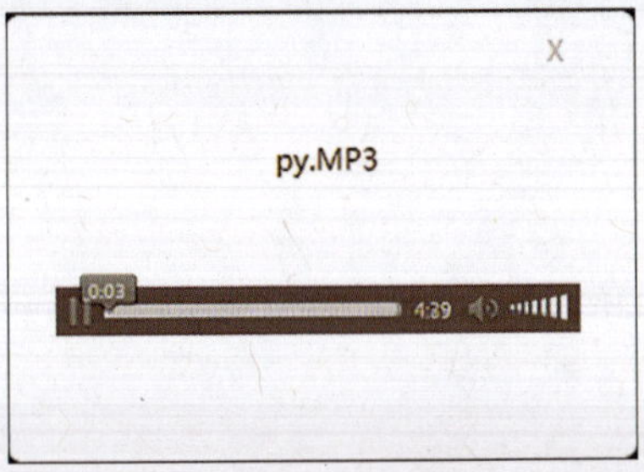

图 3.46　音乐播放页面

3.4.5 实现音乐的收藏功能（1115562011313103119.html）

视频讲解

本节主要实现音乐的收藏功能，下面介绍其具体的实现步骤。

打开hot.html，找到如图3.47所示的代码位置。

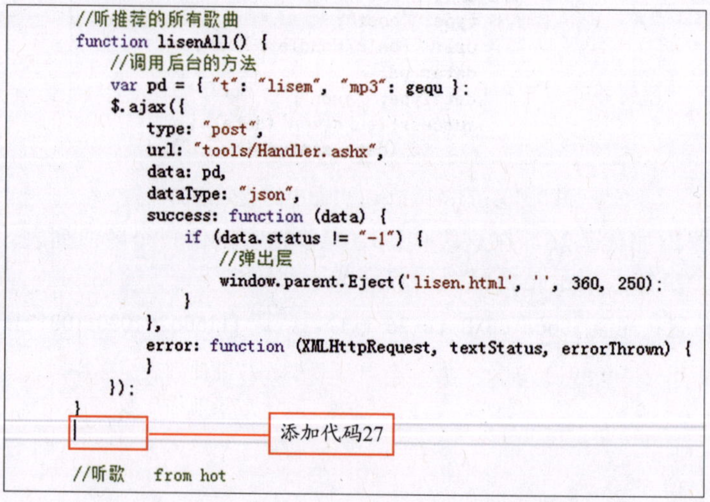

图 3.47 hot.html 文件中添加音乐收藏代码的位置

在图3.47所示位置添加实现音乐收藏的JavaScript代码，首先将收藏的id传递到后台，如果后台运行成功，就会向前台传递成功的标识；如果没有成功，则向前台传递失败的标识。代码如下：

<代码 27　代码位置：光盘\Code\03\Bits\27.txt>

```
//设置收藏
function setLove(a) {
    //调用后台方法
    var pd = { "t": "SetLove", "musicId": a };
    $.ajax({
        type: "post",
        url: "tools/Handler.ashx",
        data: pd,
        dataType: "json",
        success: function (data) {
            //判断后台传递过来的数据是什么
            if (data.status != "-1") {
                alert('收藏成功了');              //弹出收藏成功提示
            }
            else {
                alert('请登录');                  //弹出请登录提示
            }
        },
        error: function (XMLHttpRequest, textStatus, errorThrown) {
        }
    });
}
```

打开Handler.ashx文件，找到如图3.48所示的位置。

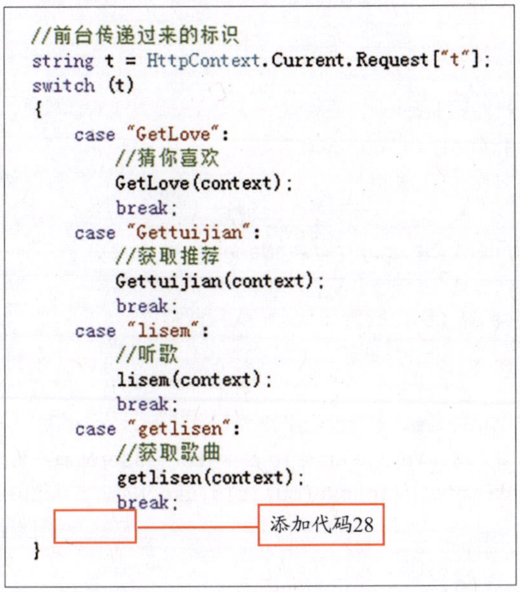

```
//前台传递过来的标识
string t = HttpContext.Current.Request["t"];
switch (t)
{
    case "GetLove":
        //猜你喜欢
        GetLove(context);
        break;
    case "Gettuijian":
        //获取推荐
        Gettuijian(context);
        break;
    case "lisem":
        //听歌
        lisem(context);
        break;
    case "getlisen":
        //获取歌曲
        getlisen(context);
        break;
                         添加代码28
}
```

图 3.48　Handler.ashx 文件中添加音乐收藏的后台代码

在图3.48所示位置添加以下代码，检测当传递过来的参数为SetLove时，调用SetLove()方法。

＜代码 28　代码位置：光盘 \Code\03\Bits\28.txt＞

```
case "SetLove":
    //设置收藏
    SetLove(context);
    break;
```

接下来在Handler.ashx文件中实现SetLove()方法，找到如图3.49所示位置。

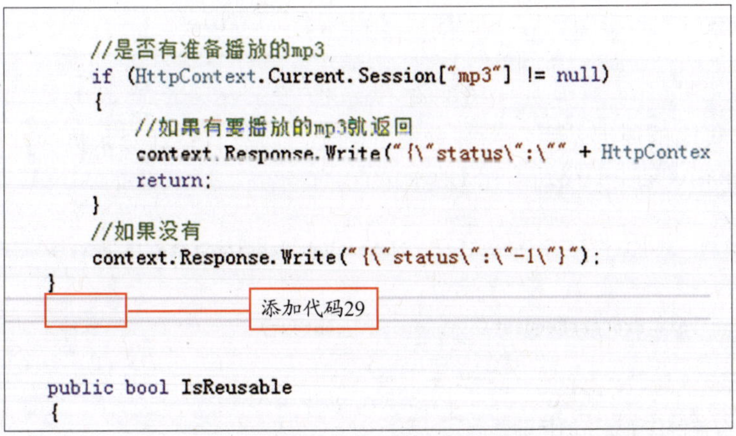

```
    //是否有准备播放的mp3
    if (HttpContext.Current.Session["mp3"] != null)
    {
        //如果有要播放的mp3就返回
        context.Response.Write("{\"status\":\"" + HttpContex
        return;
    }
    //如果没有
    context.Response.Write("{\"status\":\"-1\"}");
}
                         添加代码29

public bool IsReusable
{
```

图 3.49　实现 SetLove() 方法的代码添加位置

在图3.49所示位置定义SetLove()方法，该方法用来实现音乐的收藏功能。具体实现时，首先检测用户是否登录，如果登录则添加收藏，否则返回没有登录的标识。具体代码如下：

<代码 29　代码位置：光盘\Code\03\Bits\29.txt>

```
/// <summary>
/// 设置收藏
/// </summary>
/// <param name="context"></param>
public void SetLove(HttpContext context)
{
    //检验此人是否登录
    if (HttpContext.Current.Session["userName"] == null)
    {
        context.Response.Write("{\"status\":\"-1\"}");          //如果没有登录返回"-1"
        return;
    }
    string musicId = HttpContext.Current.Request["musicId"];  //音乐id
    string userName = HttpContext.Current.Session["userName"].ToString();//用户名
    string sql = "insert into UserLove(musicId,userName) values('" + musicId + "','" +
userName + "')";                                             //组合SQL语句
    //执行SQL语句
    dataOperate.execSql(sql);
    context.Response.Write("{\"status\":\"0\"}");
}
```

运行index.html页面，单击“收藏”按钮，这时会弹出如图3.50所示的页面，提示用户登录。

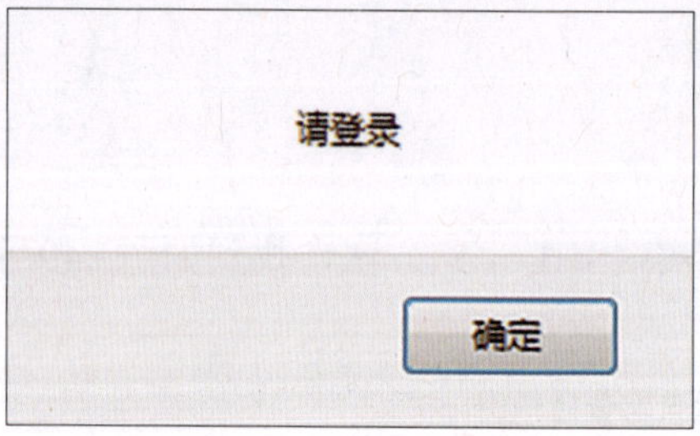

图 3.50　提示用户登录

出现图3.50所示页面的原因是用户没有登录，由于当前没有设计登录页面，因此这里需要设计一个伪登录。在Handler.ashx文件中找到图3.51所示位置。

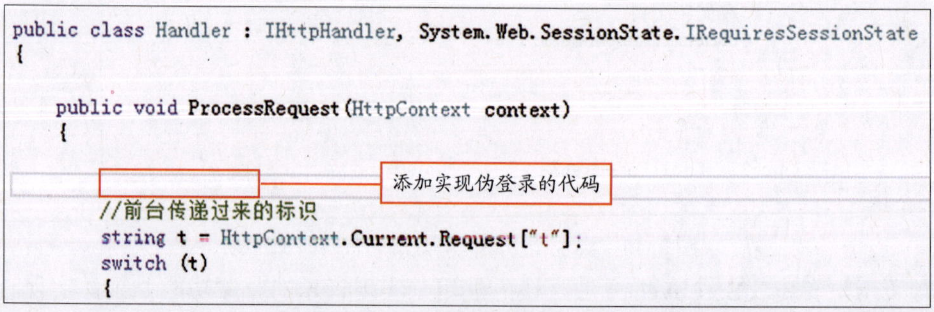

图 3.51　设计伪登录功能的代码添加位置

在图3.51所示位置添加以下代码，即可实现伪登录。

```
HttpContext.Current.Session["userName"] = "admin";
```

重新运行index.html页面，单击“收藏”，会弹出收藏成功的提示框，如图3.52所示。

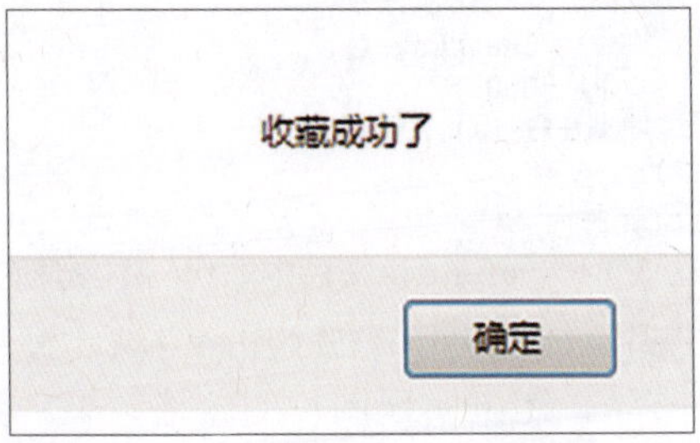

图 3.52　收藏成功的提示框

视频讲解

3.4.6　首页轮播效果的实现（111556201131310312O.html）

页面的轮播图是很多网站都有的功能，本节将对甜橙音乐网首页的轮播效果进行讲解，效果如图3.53所示。

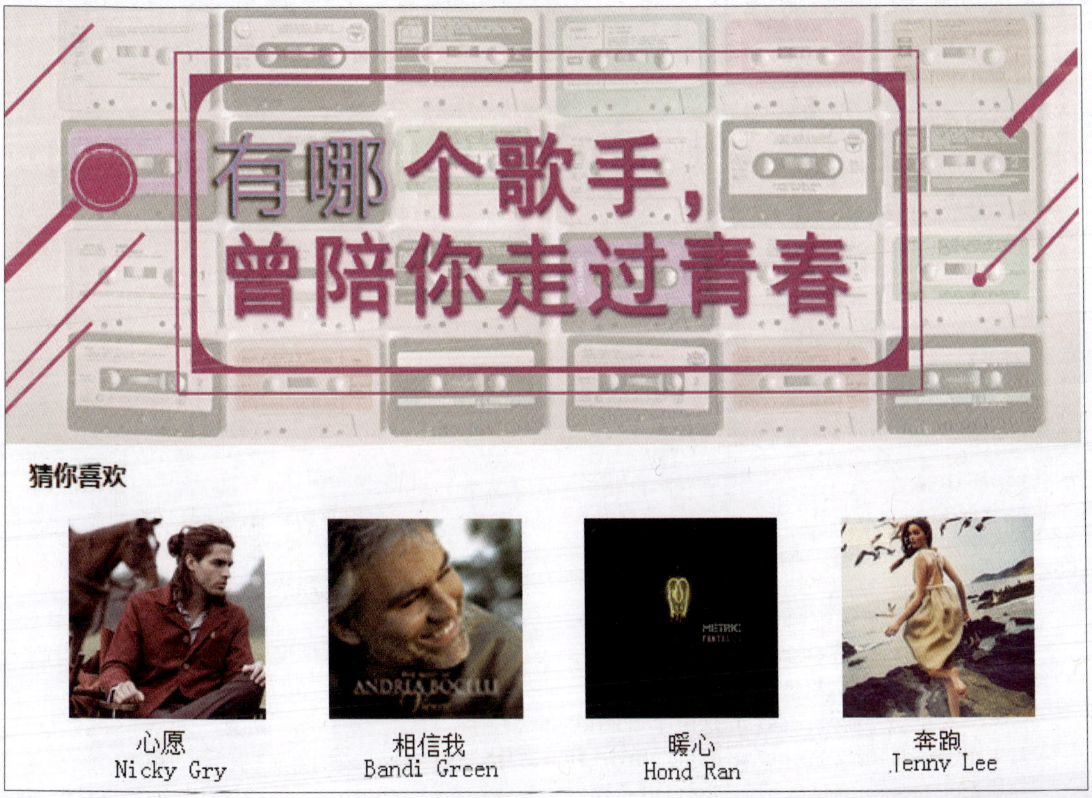

图 3.53　轮播图

在hot.html文件中找到如图3.54所示的代码位置。

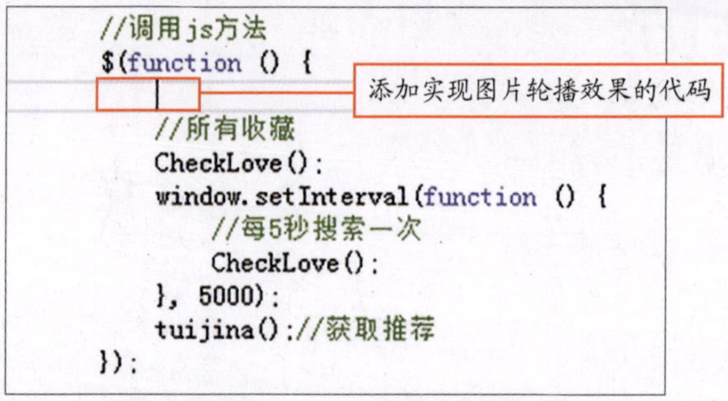

图 3.54　hot.html 文件中的代码添加位置

在图3.54所示位置添加以下代码，该代码用于调用lb()方法实现轮播效果，lb()方法是在JavaScript文件夹下的lb.js文件中定义的一个方法，用来实现图片的轮播效果。具体代码如下：

```
lb();                                                    //调用轮播方法
```

运行index.html页面，查看首页轮播图，效果如图3.55所示。

图 3.55　首页轮播图效果

lb()方法的代码（该段代码不用手动编写，在资源文件中已经编写好，直接调用即可）如下：

<代码 30　代码位置：光盘\Code\03\Bits\30.txt>

```
//轮播图片
function lb() {
    var DeTime = 3000;                                  //设置图片之间的等待时间
    var ClickDeTime = 0;                                //单击等待时间（自动设定）
    var listImg = $('#lb ul li');                       //图片集合
    listImg.css('list-style-type', 'none');
    var maxWidth = $('#lb').width();                    //最大宽度
    var maxHeight = $('#lb').height();                  //最大高度
    $('#lb ul li img').css('height', maxHeight + "px"); //设置图片高度
    $('#lb ul li img').css('width', maxWidth + "px");   //设置图片宽度
    listImg.css("position", "absolute");
    listImg.css('top', '0');
    listImg.css('left', 0);
```

```
    var animateIndex = listImg.length - 1;                  //记录当前图片索引
    var imgAnimate = window.setInterval(function () {       //设置动画效果
        if (ClickDeTime > 0) {
            ClickDeTime -= DeTime;
            return;
        }
        $('#lb ul li:last-child').animate({ "left": maxWidth + "px" }, 1000, function () {
            var temp = $(this).clone();                     //克隆一个对象
            $(this).remove();                               //移除一个对象
            temp.css('left', '0');
            $('#lb ul').prepend(temp);                      //向标签的末尾添加内容
            animateIndex--;
            if (animateIndex < 0) {
                animateIndex = listImg.length - 1;
            }
        })
    }, DeTime);
    //鼠标经过div显示导航
    var bennerTop = maxHeight - $('.imgbanner').height();
    $('#lb').mouseover(function () {
        $('.imgbanner').stop(true, false).animate({ 'top': bennerTop + "px" }, 600)
    }).mouseout(function () {
        $('.imgbanner').stop(true, false).animate({ 'top': maxWidth + "px" }, 600)
    });
    //导航信息中添加单击事件
    $('.imgbannerDiv img').click(function () {
        var index = $(this).index();
        $('#lb ul li:last-child').stop(true, true);             //停止动画
        var Aint = animateIndex + 1 + (listImg.length - 1) - index;  //获得运行次数
        for (var i = 0; i < Aint; i++) {
            var temp = $('#lb ul li:last-child').clone();
            $('#lb ul li:last-child').remove();
            $('#lb ul').prepend(temp);
            animateIndex--;
            if (animateIndex < 0) {
                animateIndex = listImg.length - 1;
            }
            ClickDeTime = DeTime;
        }
        window.setInterval(imgAnimate);
    });
}
```

3.5 页头设计

☑ 开发时间：2小时～3小时　　☑ 开发难度：★★★☆☆

☑ 源码路径：光盘\Code\03\Module\002

☑ 关键词：页头设计　Banner　搜索功能　跳转页面

3.5.1 设计音乐网的 Banner（1115562011313103121.html）

视频讲解

甜橙音乐网的Banner是在top.html中实现的，因此首先需要创建该页面。在MyMusic网站项目中创建一个top.html页面，在如图3.56所示的位置添加布局代码。

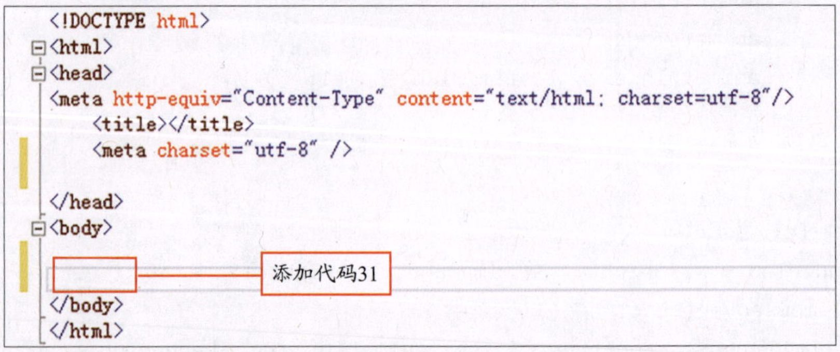

图 3.56　top.html 页面中的布局代码添加位置

top.html页面中使用DIV+CSS进行布局，主要显示网页的Logo以及导航栏。top.html页面布局代码如下：

<代码 31　代码位置：光盘\Code\03\Bits\31.txt>

```
<div style="width:900px;position:relative;height:69px;width:900px;margin:auto;">
        <!--显示网页Logo-->
        <div style="float:left;padding-top:10px;margin-left:40px;">
            <img src="images/甜橙音乐网.png" />
        </div>
        <div style="width:628px;height:69px;float:left;"> </div>
        <!--显示我的音乐和发现音乐-->
        <div style="font-weight:900;color:rgb(108, 108, 108);position:absolute;top:35px;right:410px;font-size:20px;">
            <font style="cursor:pointer;color:#F59405;" onclick="onclickIndex()">发现音乐</font>
            <font style="margin-left:40px;cursor:pointer;color:#F59405;" onclick="mymusic()">我的音乐</font>
        </div>
        <!--显示登录和注册的一些信息-->
        <div style="font-weight:300;color:rgb(108, 108, 108);position:absolute;top:45px;right:40px;font-size:14px;">
            <font id="reg" style="cursor:pointer;color:#F59405;" onclick="reg()">免费注册</font>
            <font id="login" style="margin-left:20px;cursor:pointer;color:#F59405;" onclick="login()">立即登录</font>
```

```
                <font id="uName" style="margin-left:20px;cursor:pointer;color:#F59405;"></font>
                <font id="out" style="margin-left:20px;cursor:pointer;color:#F59405;" onclick="Out()">退出</font>
            </div>
        </div>
        <!--显示Benner-->
        <div style="height:40px;background-image:url('images/导航底栏_图层 1.jpg')">
            <div style="width:1100px;margin:auto;">
                <div class="menu" style="margin-left:100px;background-image:url(images/鼠标点击.png);" onclick="ClickMenu('hot.html',this)">热门</div>
                <div class="menu" onclick="ClickMenu('Ranking.html', this)">排行榜</div>
                <div class="menu" onclick="ClickMenu('Album.html', this)">专辑</div>
                <div class="menu" onclick="ClickMenu('artist.html', this)">艺人</div>
                <div class="menu" onclick="ClickMenu('Style.html', this)">风格</div>
                <div style="float:right;margin-top:10px; margin-right:130px;">
                    <input id="findStr" type="text" placeholder="音乐搜索" />
                    <font style="color:#fff;margin-left:10px;font-size:11px;" >查询</font>
                </div>
            </div>
        </div>
```


完成以上步骤后，打开index.html主页面，找到如图3.57所示的位置。

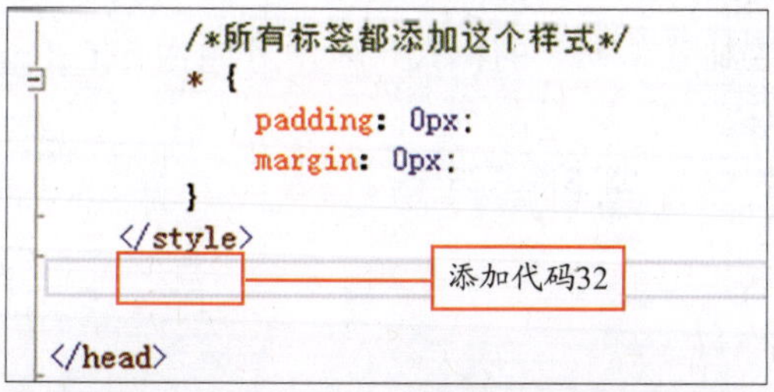

图 3.57　index.html 页面代码添加位置

在图3.57所示的位置添加以下代码，用来使用jQuery技术将页面读取到id为top的div中。

<代码 32　代码位置：光盘 \Code\03\Bits\32. txt>

```
<script>
    //读取页面到id为top的div中
    $(function () {
        $('#top').load('top.html');
    });
</script>
```

运行一下　运行 index.html 页面，Banner 效果如图 3.58 所示。

图 3.58　首页 Banner 运行效果

仔细观察图3.58，发现Banner部分是混乱的，这是因为没有加入样式代码，接下来添加样式代码，在top.html页面中找到如图3.59所示的位置。

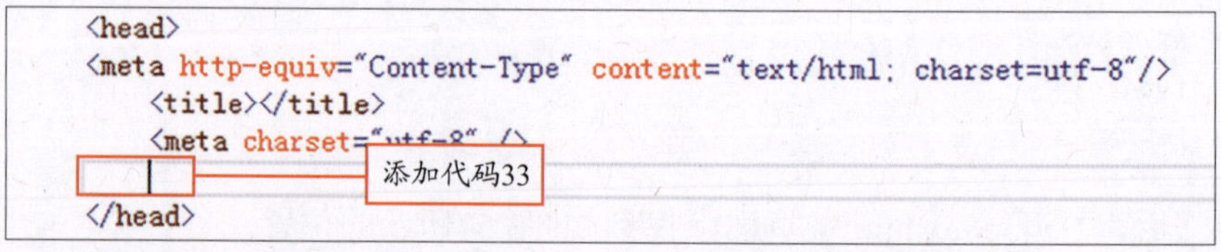

```
<head>
<meta http-equiv="Content-Type" content="text/html; charset=utf-8"/>
    <title></title>
    <meta charset="utf-8" />

</head>
```


图 3.59　top.html 页面中添加样式代码的位置

在图3.59所示的位置添加控制菜单列表的样式代码，其中，text-align为文字内容的显示位置，center为居中显示。具体代码如下：

<代码 33　代码位置：光盘\Code\03\Bits\33.txt>

```
<style>
    /*样式*/
    .menu {
        float: left;                        /*位置设置*/
        height: 40px;                       /*高度*/
        width: 100px;                       /*宽度*/
        line-height: 40px;                  /*行高*/
        text-align: center;                 /*文字对齐方式*/
        cursor: pointer;                    /*鼠标经过鼠标样式*/
        font-weight: 600;                   /*文字的粗细样式*/
        font-size: 19px;                    /*文字的大小*/
        color: #ffffff;                     /*文字的颜色*/
    }
</style>
```

运行一下

运行 index.html 页面，即可看到正常的 Banner 效果，如图 3.60 所示。

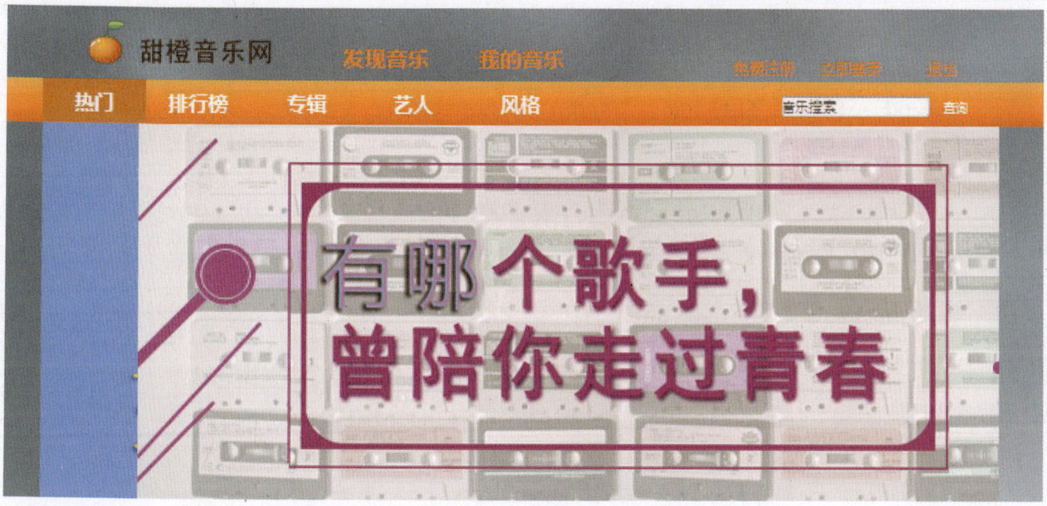

图 3.60　首页 Banner 运行效果

3.5.2　音乐的搜索功能（1115562011313103122.html）

视频讲解

在甜橙音乐网的首页导航栏中有一个搜索文本框，输入要搜索的关键字后，单击“查询”按钮，即可根据用户的输入查询音乐信息，如3.61所示。

图 3.61　音乐的搜索功能

下面讲解音乐搜索功能的具体实现。

首先添加JavaScript查询方法，在top.html页面中找到如图3.62所示的位置。

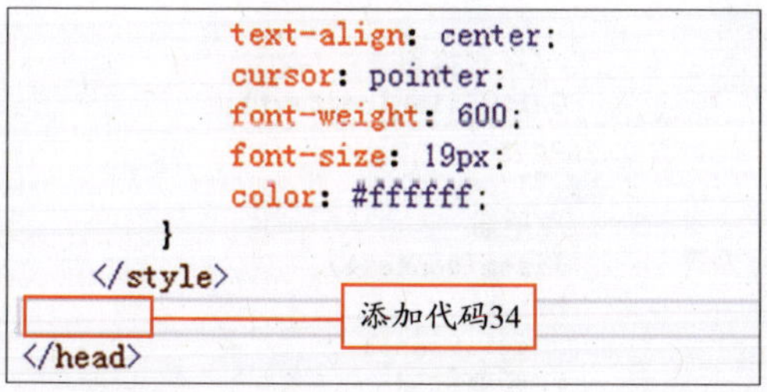

图 3.62　top.html 页面中添加查询音乐方法的位置

在如图3.62所示的位置定义一个find()方法，用来实现音乐的查询功能，该方法主要是通过Ajax技术调用后台的SetFind()方法实现的。具体代码如下：

＜代码 34　代码位置：光盘 \Code\03\Bits\34.txt＞

```
<script>
    //单击查询
    function find() {
```

```
            //调用后台方法
            var findStr = $('#findStr').val();
            var pd = { "t": "SetFind", "findStr": findStr };
            $.ajax({
                type: "post",
                url: "tools/Handler.ashx",
                data: pd,
                dataType: "json",
                success: function (data) {
                    if (data.status != "-1") {
                        //设置属性
                        $('#centerHtml').attr('src', 'find.html');
                    }
                },
                error: function (XMLHttpRequest, textStatus, errorThrown) {
                }
            });
        }
    </script>
```

在top.html页面中找到以下代码：

```
<font style="color:#fff;margin-left:10px;font-size:11px;">查询</font>
```

为上面代码中的“查询”标签添加onclick单击事件，使其调用定义的find()方法，将上面代码修改如下：

```
<font style="color:#fff;margin-left:10px;font-size:11px;" onclick="find()">查询</font>
```

由于find()方法中用到了一个SetFind()方法，因此需要在后台定义该方法。打开Handler.ashx文件，找到如图3.63所示的位置。

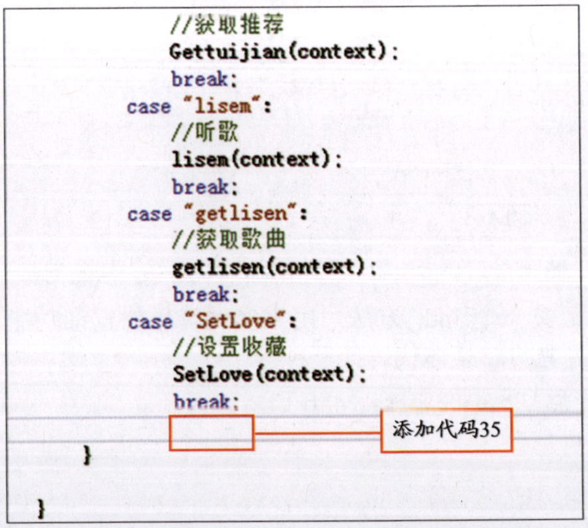

图 3.63　Handler.ashx 文件中添加代码的位置

在图3.63所示的位置添加以下代码，以便在传递的参数为SetFind时，执行SetFind()方法。

＜代码 35　　代码位置：光盘 \Code\03\Bits\35. txt＞

```
case "SetFind":
    //设置查询
    SetFind(context);
    break;
```

接下来实现SetFind()方法，在Handler.ashx文件中找到如图3.64所示的位置。

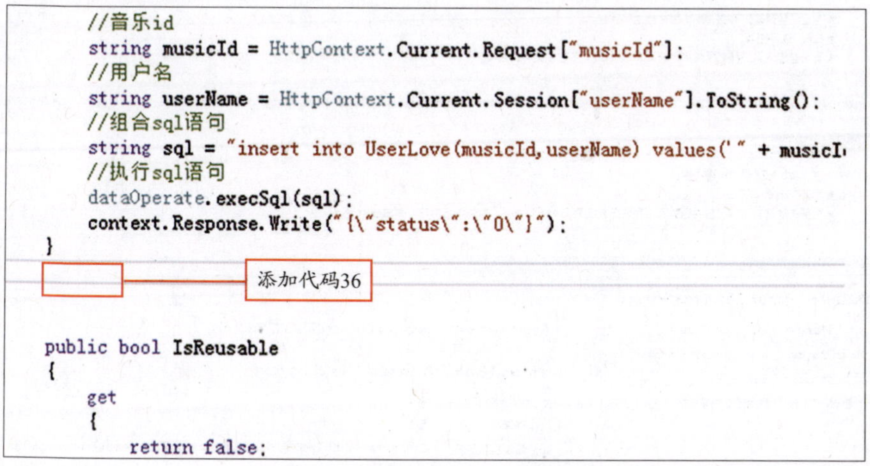
```
        //音乐id
        string musicId = HttpContext.Current.Request["musicId"];
        //用户名
        string userName = HttpContext.Current.Session["userName"].ToString();
        //组合sql语句
        string sql = "insert into UserLove(musicId,userName) values('" + musicI
        //执行sql语句
        dataOperate.execSql(sql);
        context.Response.Write("{\"status\":\"0\"}");
    }

    public bool IsReusable
    {
        get
        {
            return false;
```


图 3. 64　SetFind() 方法的添加位置

在图3.64所示的位置定义一个SetFind()方法，该方法用来接收前台传递的参数findStr，并存储到Session中，最后传递到前台，具体代码如下：

＜代码 36　　代码位置：光盘 \Code\03\Bits\36. txt＞

```
/// <summary>
/// 设置查询
/// </summary>
/// <param name="context"></param>
public void SetFind(HttpContext context)
{
    //设置查询内容
    HttpContext.Current.Session["findStr"] = HttpContext.Current.Request["findStr"];
    context.Response.Write("{\"status\":\"0\"}");
}
```

运行index.html页面，输入查询关键字，单击“查询”，如3.65所示。

图 3. 65　输入查询关键字

网站跳转到了一个不存在的页面，显示如图3.66所示的错误页面。

图 3.66 查询音乐时的错误页面

出现如图3.66所示的页面是因为查询页面find.html不存在，因此应该首先创建该页面。在当前项目中创建一个find.html页面，创建完成后找到如图3.67所示的位置，添加布局代码和样式代码。

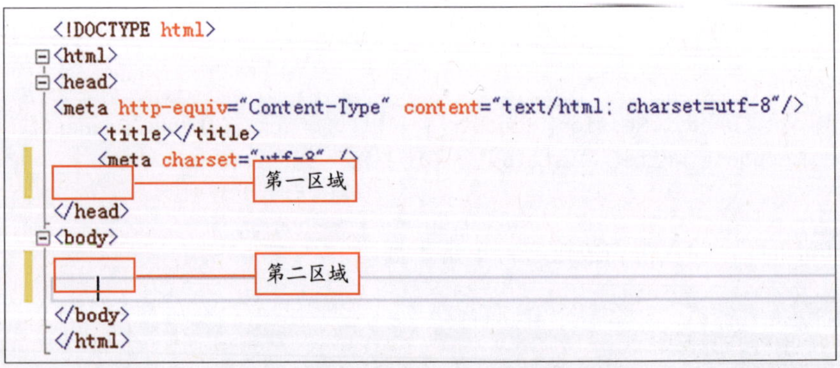

图 3.67 find.html 页面中的代码添加位置

在图3.67中的第一区域添加代码37，分别用来引用CSS样式文件和JavaScript文件，并设置一些公共的样式。

<代码 37　代码位置：光盘 \Code\03\Bits\37.txt>

```
<link href="css/css.css" rel="stylesheet" />
<script src="js/jquery.min.js"></script>
<style>
    /*控制所有的样式统一*/
    * {
        padding: 0px;                                       /*内边距*/
        margin: 0px;                                        /*外边距*/
        font-family: "Comic Sans MS","微软雅黑",sans-serif;    /*字体*/
        color: #7F7F7F;                                     /*字体颜色*/
    }
    /*一个样式控制页面的左面*/
    .leftmenu {
        border: 1px solid #808080;                          /*边框的样式*/
        width: 130px;                                       /*宽度*/
        height: 130px;                                      /*高度*/
        border-radius: 130px;                               /*圆角设置*/
        text-align: center;                                 /*文字对齐方式*/
        line-height: 130px;                                 /*行高*/
        margin: auto;                                       /*外边距*/
        margin-top: 30px;                                   /*到顶部的距离*/
        cursor: pointer;                                    /*鼠标经过时的样式*/
    }
    /*控制菜单的样式*/
    .selectLeftMenu {
        background-color: rgb(255, 139, 27);                /*背景颜色*/
        border: none;                                       /*边框样式*/
        color: white;                                       /*文字颜色*/
        font-weight: 600;                                   /*文字粗细*/
    }
</style>
```

在图3.67中的第二区域添加两个<div>标签，进行页面的布局，具体代码如下：

<代码 38　代码位置：光盘 \Code\03\Bits\38.txt>

```
<div style="width:900px;height:40px;font-size:25px; padding-left:50px;margin-top:20px;
background-color:#fff;">
    </div>
    <div id="rank" style="background-color:#fff;">
    </div>
    <div style="width:900px;height:40px;font-size:25px; padding-left:50px;
background-color:#fff;">
    </div>
```

在find.html页面中找到如图3.68所示的代码位置。

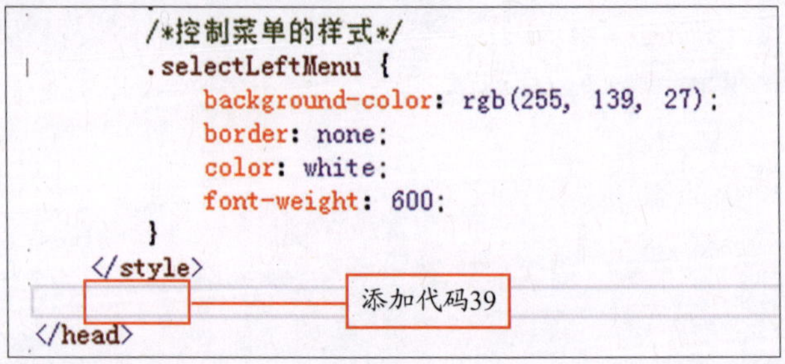

图 3.68　find.html 页面中的代码添加位置

在图3.68所示的位置添加代码39，主要用来定义公共变量和获取查询音乐的方法。代码如下：

<代码 39　代码位置：光盘 \Code\03\Bits\39.txt>　（1115562010301103122.html）

```
<script>
var pageInt = 1;                                                          //第几页
var pageCount = 5;                                                        //一页多少条
var count = 1;                                                            //当前是第几条
$(function () {
    tuijina();
});
//获取查询
function tuijina() {
    var pd = { "t": "GetFind", "pageInt": pageInt, "pageCount": pageCount };
    $.ajax({
        type: "post",
        url: "tools/Handler.ashx",
        data: pd,
        dataType: "json",
        success: function (data) {
            if (data.status != "-1") {
                $('#rank').empty();                                       //清空标签内内容
                var dataobj = eval("(" + data.status + ")");              //格式化内容
                $.each(dataobj.root, function (i, item) {
var html ='<div style="margin-top:20px;border:1px solid #b7b7b7; border-left:none;
border-right:none; border-top:none; height:100px; padding-top:10px; padding-bottom:10px;
width:100%;">' + '<div style="float:left; height:100px;line-height:100px; margin-left:40px;
"><input name="music" type="checkbox" value="' + item.musicPath + '"/></div>' + '<div style=
"float:left;height:100px;line-height:100px;margin-left:40px;"><font style= "font-size:20px;
">'+ count + '</font></div>' +' <div style="float:left; height:100px; line-height: 100px;
margin-left:40px;"><img src="' + item.imgs + '" style="height:100px; width:100px; " /></div>'
+'<div style="float:left; height:50px; margin-left:20px; width:200px; margin-top:50px;">' +
item.musicName + '<br />' + item.singerName + '</div>' +'<div style="float:left; height:50px;
margin-left:100px; width:50px; margin-top:50px; cursor:pointer;" onclick="linsen(\'' +
item.musicPath + '\')">播放</div>' +'<div style="float:left; height:50px; margin-left:0px;
width:50px; margin-top:50px; cursor:pointer;" onclick="down(\'' + item.musicPath + '\')">
下载</div>' +'</div>';
```

```
                        $('#rank').append(html);          //向标签中添加内容
                        count++;
                    });
                    $('#addMore').show();                 //显示内容
                }
                else {
                    $('#rank').html('<div style="text-align:center">没有查询到任何歌曲</div>');
                                                          //添加提示信息
                    $('#addMore').hide();                 //隐藏内容
                }
            },
            error: function (XMLHttpRequest, textStatus, errorThrown) {
            }
        });
    }
    //试听
    function linsen(a) {
        var pd = { "t": "lisem", "mp3": a };              //向后台传递参数
        $.ajax({
            type: "post",
            url: "tools/Handler.ashx",
            data: pd,
            dataType: "json",
            success: function (data) {
                if (data.status != "-1") {
                    window.parent.Eject('lisen.html', '', 360, 250); //弹出页面
                }
            },
            error: function (XMLHttpRequest, textStatus, errorThrown) {
            }
        });
    }
    //下载
    function down(a) {
        window.open('musicFile/' + a);                    //下载文件
    }
    //单击加载更多
    function add() {
        pageInt += 1;                                     //页数加一
        tuijina()                                         //获取推荐信息
    }
    //播放所选
    function lisenAll() {
        var musiclist = '';
        $('input[name = "music"]:checked').each(function () {
```

```
            musiclist += $(this).val() + ";";              //添加内容到音乐列表
        });
        if (musiclist == '') {
            alert('您没有选中任何音乐');                    //向用户提示信息
            return;
        }
        linsen(musiclist);                                  //试听音乐
    }
</script>
```

代码39中用到了Getfind()方法，因此需要在后台实现该方法。打开Handler.ashx文件，找到如图3.69所示的代码位置。

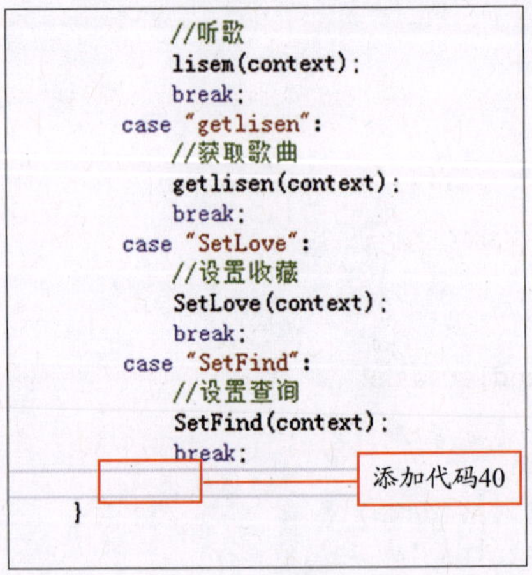

图 3.69　Handler.ashx 文件中的代码添加位置

在图3.69所示的位置添加代码40，用来在接收的参数为GetFind时执行Getfind()方法。

＜代码 40　代码位置：光盘 \Code\03\Bits\40. txt＞

```
case "GetFind":
        //查询歌曲
        GetFind(context);
        break;
```

接下来实现GetFind()方法，在Handler.ashx文件中找到如图3.70所示的位置。

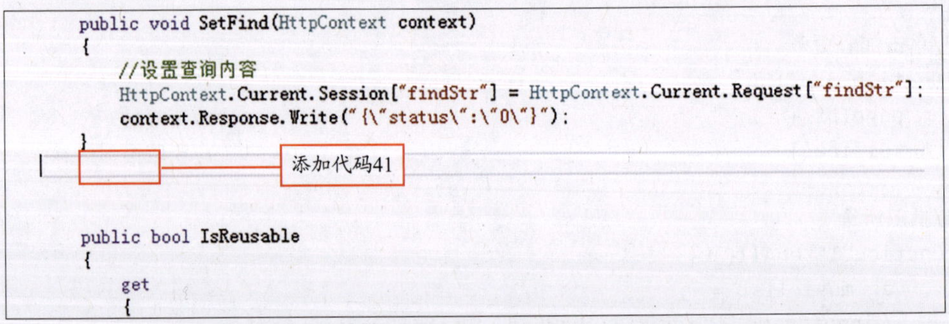

图 3.70　添加 GetFind() 方法的位置

在图3.70所示的位置定义GetFind()方法，该方法首先获取前台传递的参数值，根据这些参数值从数据库中获取相应的歌曲信息，具体代码如下：

<代码 41　代码位置：光盘\Code\03\Bits\41.txt>

```
/// <summary>
/// 查询歌曲
/// </summary>
/// <param name="context"></param>
public void GetFind(HttpContext context)
{
    int pageInt = int.Parse(HttpContext.Current.Request["pageInt"]);··  //第几页
    int pageCount = int.Parse(HttpContext.Current.Request["pageCount"]);//一页多少条数据
    string findStr = HttpContext.Current.Session["findStr"].ToString(); //查询的东西
    int start = pageInt * pageCount - (pageCount - 1);          //开始行数
    int end = pageInt * pageCount;                              //结束行数
    string sql = "select * from (select *,ROW_NUMBER()OVER(order by addtime) AS RowNum
from( select * from tb_musicInfo where musicName like '%" + findStr + "%') as a) as b where
RowNum>=" + start + " and RowNum<=" + end + "";                 //设置SQL语句
    DataTable dt = dataOperate.getRows(sql).Tables[0];          //获取后台数据
    if (dt.Rows.Count > 0)
    {
        string json = f.ToJson(dt);                             //格式化后台数据
        json = json.Replace("\"", "\\\"");                      //移除不能识别的内容
        context.Response.Write("{\"status\":\"" + json + "\"}");//向客户端返回音乐列表
    }
    else
    {
        context.Response.Write("{\"status\":\"-1\"}");
    }
}
```

运行一下　运行 index.html 页面，在“搜索”文本框中输入歌曲名，单击“查询”，效果如图 3.71 所示。

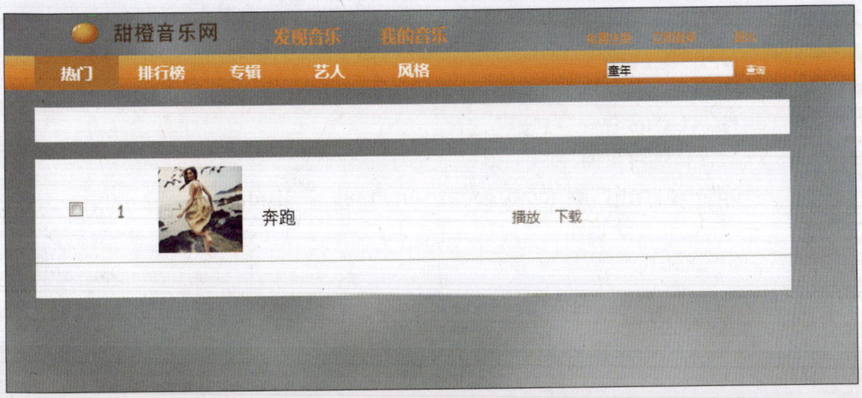

图 3.71　音乐的搜索功能

3.5.3　退出登录（1115562011313103123.html）

视频讲解

在top.html页面中找到以下代码：

```
<font id="out" style="margin-left:20px;cursor:pointer;color:#F59405;">退出</font>
```

为上面代码中的“退出”标签添加onclick事件，以便在单击该标签时，执行相应的操作，修改后的代码如下：

```
<font id="out" style="margin-left:20px;cursor:pointer;color:#F59405;" onclick="Out()">退出</
font>
```

上面的代码中用到了Out()方法，因此需要定义该方法。在top.html页面中找到如图3.72所示的位置。

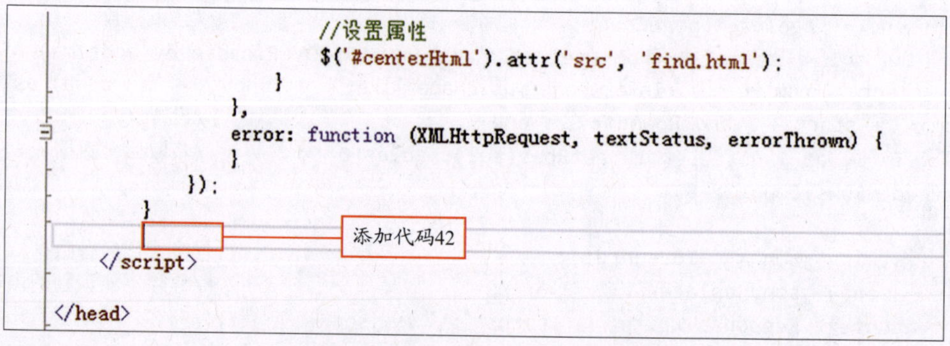

图 3.72　添加 Out() 方法的代码位置

在图3.72所示位置定义Out()方法，用于调用后台退出方法，实现跳转到主页的功能，具体代码如下：

<代码 42　代码位置：光盘\Code\03\Bits\42.txt>

```
//单击退出
function Out() {
    var pd = { "t": "outHtml" };
    $.ajax({
        type: "post",
        url: "tools/Handler.ashx",
        data: pd,
        dataType: "json",
        success: function (data) {
            if (data.status != "-1") {
                //父窗体跳转页面
                window.parent.window.location.href = 'index.html';
            }
        },
        error: function (XMLHttpRequest, textStatus, errorThrown) {
        }
    });
}
```

代码42中需要向Handler.ashx文件中传递outHtml参数，因此打开Handler.ashx文件，找到如图3.73所示的位置。

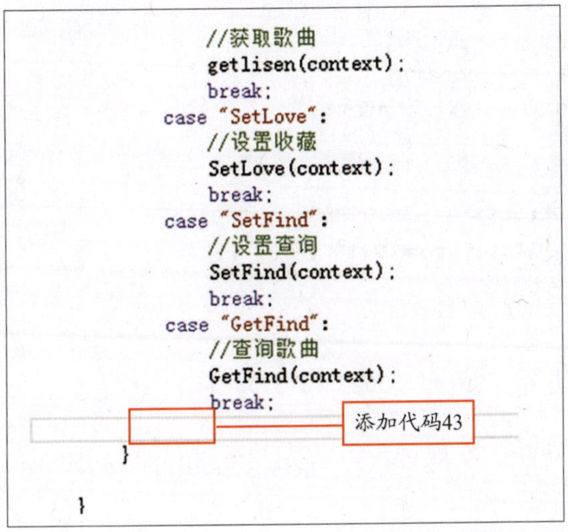

图 3.73　添加处理 outHtml 参数的代码位置

在图3.73所示的位置添加处理outHtml参数的代码，判断当传递的参数为outHtml时，执行outHtml()方法，具体代码如下：

〈代码 43　代码位置：光盘 \Code\03\Bits\43.txt〉

```
case "outHtml":
    //退出方法
    outHtml(context);
    break;
```

接下来实现代码43中用到的outHtml()方法，在Handler.ashx文件中找到如图3.74所示的代码位置。

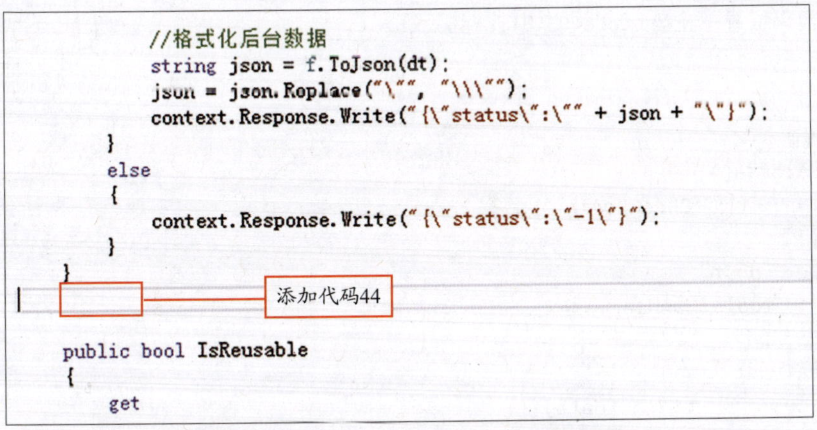

图 3.74　定义 outHtml() 方法的代码位置

在图3.74所示的位置定义一个outHtml()方法，用于重置当前登录的用户名，并向前台传递一个成功的标识，具体代码如下：

<代码 44　代码位置：光盘 \Code\03\Bits\44. txt>

```
/// <summary>
/// 退出
/// </summary>
/// <param name="context"></param>
public void outHtml(HttpContext context)
{
    //服务器标识设置为空
    HttpContext.Current.Session["userName"] = null;
    context.Response.Write("{\"status\":\"0\"}");
}
```

3.5.4　完成页面跳转等功能（111556201131310312４. html）

视频讲解

本节主要讲解页面跳转功能的实现过程，首先在top.html页面中找到如图3.75所示的位置。

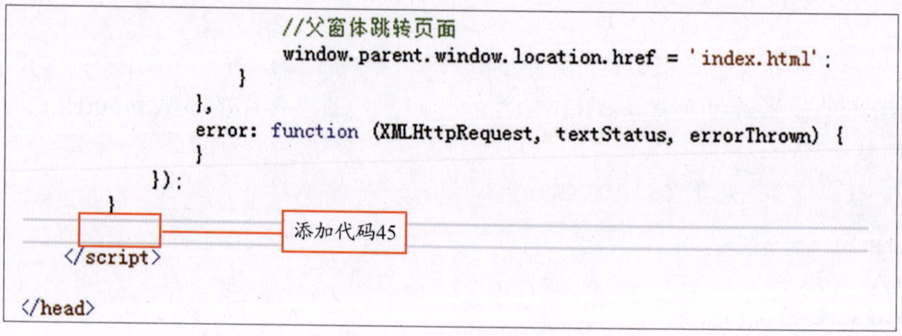

图 3.75　top. html 页面中添加代码的位置

在图3.75所示位置添加代码45，实现首页、注册、登录、我的音乐和上传歌曲等页面的跳转功能，具体代码如下：

<代码 45　代码位置：光盘 \Code\03\Bits\45. txt>

```
//调用方法
$(function () {
    //隐藏标签
    $('#out').hide();
    var pd = { "t": "CheckLogin" };
    $.ajax({
        type: "post",
        url: "tools/Handler.ashx",
        data: pd,
        dataType: "json",
        success: function (data) {
            if (data.status != "-1") {
                //隐藏标签
                $('#reg').hide();
```

```
                //隐藏标签
                $('#login').hide();
                //添加内容
                $('#uName').html(data.status);
                //显示标签
                $('#out').show();
            }
        },
        error: function (XMLHttpRequest, textStatus, errorThrown) {
        }
    });
});
//单击热门
function onclickIndex() {
    //修改属性
    $('#centerHtml').attr('src', 'hot.html');
}
//单击免费注册
function reg() {
    //修改属性
    $('#centerHtml').attr('src', 'reg.html');
}
//单击立即登录
function login() {
    //修改属性
    $('#centerHtml').attr('src', 'lgoin.html');
}
//单击我的音乐
function mymusic() {
    //修改属性
    $('#centerHtml').attr('src', 'Mymusic.html');
}
//上传歌曲
function UpMusic()
{
    $('#centerHtml').attr('src', 'Upmusic.html');
}
//单击菜单
function ClickMenu(a, b) {
    //设置属性
    $('#centerHtml').attr('src', a);
    //设置样式
    $('.menu').css('background-image', '');
    //设置样式
    $(b).css('background-image', 'url(images/鼠标点击.png)');
```

```
}
```

接下来在Handler.ashx文件中实现检测用户是否登录的功能，找到如图3.76所示的位置。

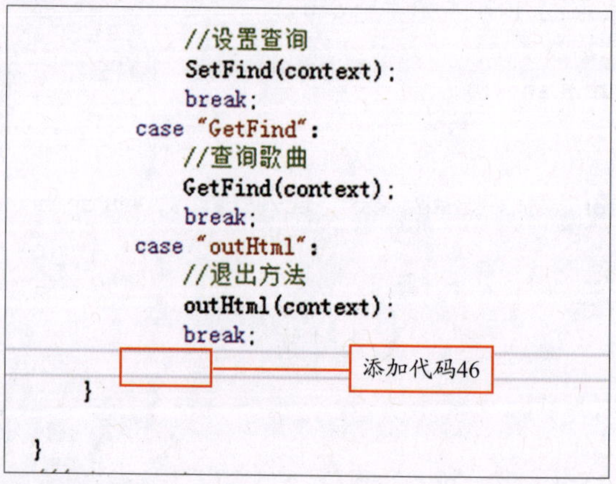

图 3.76　Handler.ashx 文件中代码添加位置

在图3.76所示的位置添加验证是否登录的方法，当参数为CheckLogin时，执行CheckLogin()方法，具体代码如下：

<代码 46　代码位置：光盘\Code\03\Bits\46.txt>

```
case "CheckLogin":
        //检查是否登录
        CheckLogin(context);
        break;
```

接下来在如图3.77所示的位置添加CheckLogin()方法。

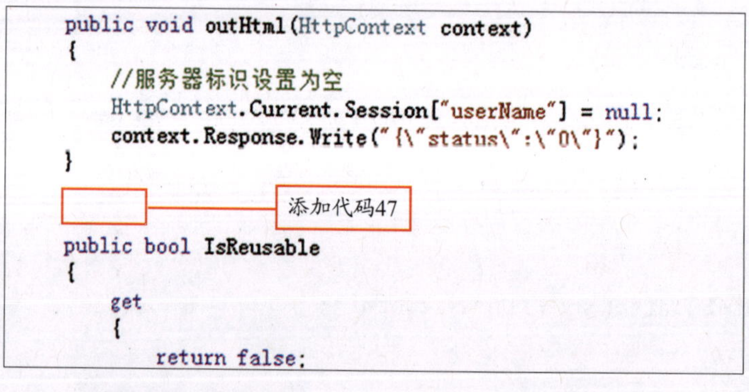

图 3.77　实现 CheckLogin() 方法的代码添加位置

CheckLogin()方法用来检测用户是否登录。如果Sesion为空，则说明未登录，向前台返回失败标识；否则，返回登录的用户名，具体代码如下：

<代码 47　代码位置：光盘\Code\03\Bits\47.txt>

```
/// <summary>
/// 是否登录
```

```
/// </summary>
/// <param name="context"></param>
public void CheckLogin(HttpContext context)
{
    if (HttpContext.Current.Session["userName"] == null)      //是否登录
    {
        context.Response.Write("{\"status\":\"-1\"}");        //返回登录失败
        return;
    }
    context.Response.Write("{\"status\":\"" +
     HttpContext.Current.Session["userName"].ToString() + "\"}");//返回登录的用户名
}
```

3.6　我的音乐设计

☑ 开发时间：45分～1小时20分　　☑ 开发难度：★★★☆☆

☑ 源码路径：光盘\Code\03\Module\003

☑ 关键词：查询数据库　播放音乐　搜索功能　跳转页面

3.6.1　我的音乐页面布局（1115562011313103125.html）

视频讲解

我的音乐页面是在Mymusic.html页面中实现的，因此首先需要创建一个Mymusic.html页面，创建完成后，在该页面中如图3.78所示的位置添加页面布局代码。

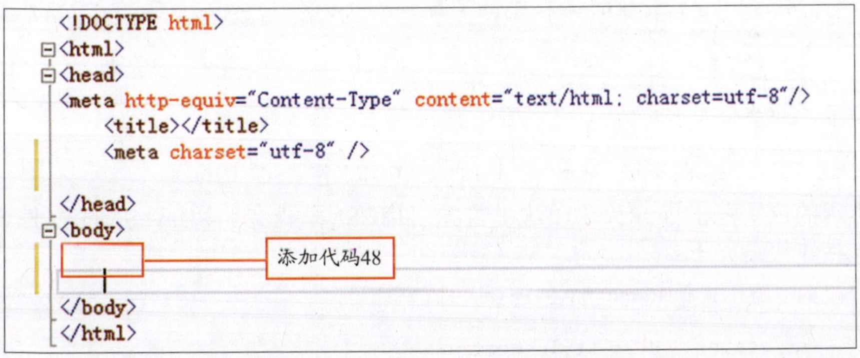

图 3.78　Mymusic.html 页面中添加布局代码的位置

在图3.78所示的位置添加布局代码，这里主要使用DIV+CSS进行布局，其中用到了很多div标签，分别表示歌曲的图片、列表，以及播放和下载。具体代码如下：

＜代码 48　代码位置：光盘 \Code\03\Bits\48.txt＞

```
<div style="width:900px;height:40px;font-size:25px; padding-left:50px;margin-top:20px;">
    </div>
<!--布局文件-->
    <div id="rank">
```

```
        <div style="margin-top:20px;border:1px solid #b7b7b7;border-left:none;
border-right:none;border-top:none; height:100px;padding-top:10px;padding-bottom:10px;width:100%;">
<!--复选框-->
<div style="float:left;height:100px;line-height:100px;margin-left:40px;">
<input name="music" type="checkbox" value="" /></div>
            <div style="float:left;height:100px;line-height:100px;
margin-left:40px;"><font style="font-size:20px;"></font></div>
<!--一张图片-->
<div style="float:left;height:100px;line-height:100px;margin-left:40px;">
<img src="OrderImg/2.jpg" style="height:100px;width:100px;" /></div>
<!--歌曲列表-->
<div style="float:left;height:50px;margin-left:20px;width:200px;margin-top:50px;">
一首简单的歌曲 </div>
<!--播放歌曲-->
            <div
style="float:left;height:50px;margin-left:100px;width:50px;margin-top:50px;
cursor:pointer;">播放</div>
<!--下载歌曲-->
<div style="float:left;height:50px;margin-left:0px;width:50px;margin-top:50px;
cursor:pointer;">下载</div>
        </div>
    </div>
```

接下来添加页面样式代码，在Mymusic.html页面中找到如图3.79所示的位置。

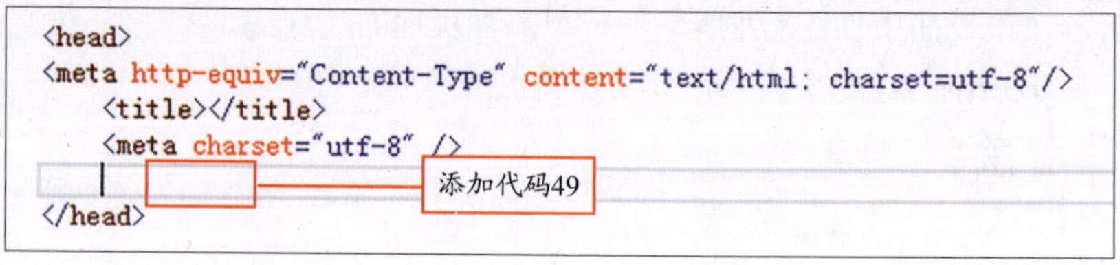

图 3.79　Mymusic.html 页面中添加样式代码的位置

在图3.79所示的位置添加样式代码，这里首先引用CSS样式文件和JavaScript文件，然后添加该页面的样式代码，具体代码如下：

<代码 49　代码位置：光盘 \Code\03\Bits\49.txt>

```
<link href="css/css.css" rel="stylesheet" />
<script src="js/jquery.min.js"></script>
<style>
    /*所有标签都用同一样式*/
    * {
        padding: 0px;                                            /*设置内边距*/
        margin: 0px;                                             /*设置外边距*/
        font-family: "Comic Sans MS","微软雅黑",sans-serif;      /*字体*/
        color: #7F7F7F;                                          /*文字颜色*/
    }
```

```
    /*左标签样式*/
    .leftmenu {
        border: 1px solid #808080;                  /*边框样式*/
        width: 130px;                               /*宽度*/
        height: 130px;                              /*高度*/
        border-radius: 130px;                       /*圆角样式*/
        text-align: center;                         /*文字位置*/
        line-height: 130px;                         /*行高*/
        margin: auto;                               /*设置外边距*/
        margin-top: 30px;                           /*文字到顶部的距离*/
        cursor: pointer;                            /*鼠标经过标签时的样式*/
    }
    /*选中样式*/
    .selectLeftMenu {
        background-color: rgb(255, 139, 27);        /*背景颜色*/
        border: none;                               /*边框*/
        color: white;                               /*文字颜色*/
        font-weight: 600;                           /*文字粗细*/
    }
</style>
```

3

3.6.2　显示我的所有音乐（ 1115562011313103126.html）

视频讲解

页面布局完成后，接下来开始编写逻辑代码，首先添加查询用户所收藏歌曲的JavaScript代码，在Mymusic.html页面中找到如图3.80所示的位置。

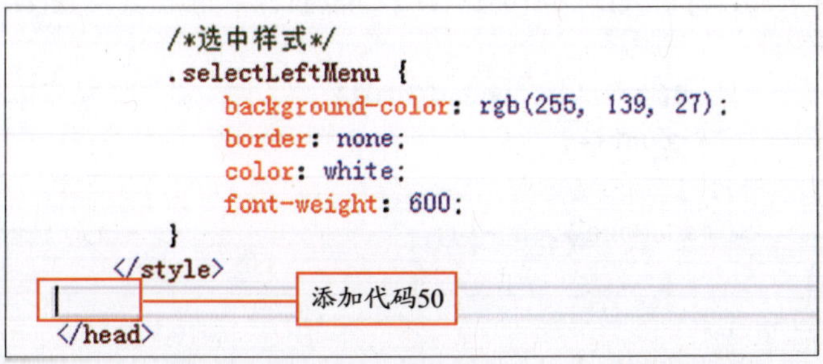

图 3.80　添加查询用户所收藏歌曲的 JavaScript 代码的位置

查询用户所收藏的歌曲功能通过JavaScript代码实现，该代码中首先定义3个变量，分别用来标识当前页、每页显示记录数、当前选中记录索引；然后定义一个tuijina()方法，通过Ajax访问后台，以便获取指定用户收藏的歌曲。具体代码如下：

＜代码 50　代码位置：光盘 \Code\03\Bits\50.txt＞

```
<script>
var pageInt = 1;                                    //第几页
var pageCount = 5;                                  //一页有多少条
var count = 1;                                      //当前是第几条
```

```
//获取收藏的歌曲
function tuijina() {
    //向后台传递的参数
    var pd = { "t": "GetMyLove", "pageInt": pageInt, "pageCount": pageCount };
    $.ajax({
        type: "post",
        url: "tools/Handler.ashx",
        data: pd,
        dataType: "json",
        success: function (data) {
            if (data.status != "-1") {
                $('#rank').empty();                                     //把内容设置为空
                var dataobj = eval("(" + data.status + ")");   //格式化内容格式
                $.each(dataobj.root, function (i, item) {
var html ='<div style="margin-top:20px;border:1px solid #b7b7b7; border-left:none;
border-right:none; border-top:none; height:100px; padding-top:10px; padding-bottom:10px;
width:100%;">' +' <div style="float: left;height:100px; line-height:100px; margin-left:40px;">
<input name="music" type="checkbox" value="' + item.musicPath + '" /></div>' +' <div style=
"float:left;height:100px;line-height:100px;margin-left:40px;"><font style= "font-size:20px;
">' + count + '</font></div>' +' <div style="float:left; height:100px; line-height:100px;
margin-left:40px;"><img src="' + item.imgs + '" style="height:100px;width:100px;" /></div>'
+' <div style="float:left;height:50px;margin-left:20px;width:200px;margin-top:50px;">' +
item.musicName + '<br />' + item.singerName + '</div>' +' <div style="float:left; height:50px;
margin-left:100px; width:50px; margin-top:50px; cursor:pointer;" onclick="linsen(\'' +
item.musicPath + '\')">播放</div>' +' <div style="float:left; height:50px; margin-left:0px;
width:50px; margin-top:50px; cursor:pointer;" onclick="down(\'' + item.musicPath + '\')">
下载</div>' +'</div>';
                        $('#rank').append(html);                        //向标签中添加内容
                        count++;
                    });
                    $('#addMore').show();                               //显示内容
                }
                else {
                    $('#addMore').hide();                               //隐藏内容
                }
            },
            error: function (XMLHttpRequest, textStatus, errorThrown) {
            }
        });
    }
</script>
```

代码50中需要向Handler.ashx文件中传递GetMyLove参数，因此打开Handler.ashx文件，找到如图3.81所示的位置。

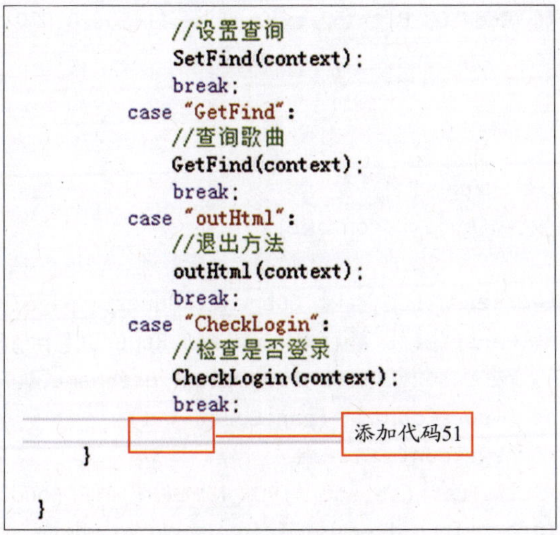

```
        //设置查询
        SetFind(context);
        break;
    case "GetFind":
        //查询歌曲
        GetFind(context);
        break;
    case "outHtml":
        //退出方法
        outHtml(context);
        break;
    case "CheckLogin":
        //检查是否登录
        CheckLogin(context);
        break;

}

}
```


图 3.81　添加处理 GetMyLove 参数的代码位置

在图3.81所示位置添加处理GetMyLove参数的代码，判断当传递的参数为GetMyLove时，执行GetMyLove()方法，具体代码如下：

<代码 51　　代码位置：光盘 \Code\03\Bits\51.txt>

```
case "GetMyLove":
    //获取我的收藏
    GetMyLove(context);
    break;
```

接下来实现上面代码中用到的GetMyLove()方法，在Handler.ashx文件中找到如图3.82所示的位置。

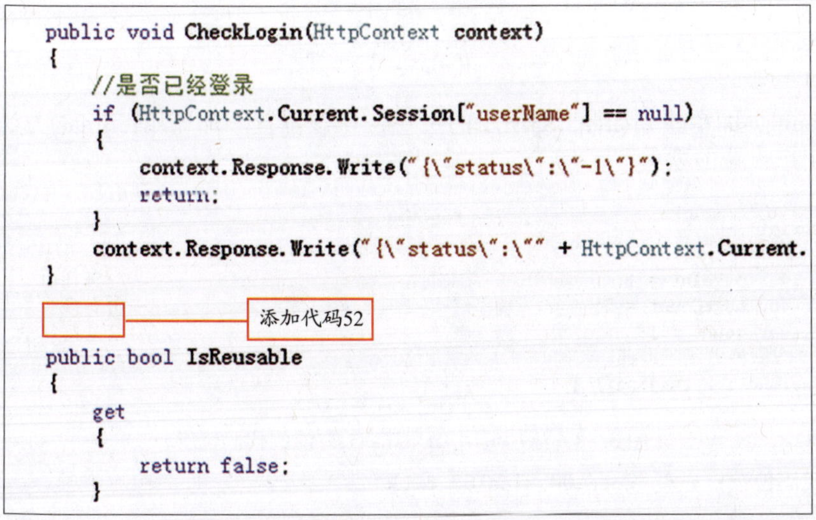

```
public void CheckLogin(HttpContext context)
{
    //是否已经登录
    if (HttpContext.Current.Session["userName"] == null)
    {
        context.Response.Write("{\"status\":\"-1\"}");
        return;
    }
    context.Response.Write("{\"status\":\"" + HttpContext.Current.
}

public bool IsReusable
{
    get
    {
        return false;
    }
```


图 3.82　实现 GetMyLove() 方法的代码添加位置

在图3.82所示的位置定义一个GetMyLove()方法，用来获取指定用户收藏的所有歌曲，并将获取到的数据传递到前台，具体代码如下：

〈代码 52　代码位置：光盘\Code\03\Bits\52.txt〉（1115562010301103123.html）

代码解释

```
/// <summary>
/// 获取收藏的歌曲
/// </summary>
/// <param name="context"></param>
public void GetMyLove(HttpContext context)
{
    int pageInt = int.Parse(HttpContext.Current.Request["pageInt"]);      //第几页
    int pageCount = int.Parse(HttpContext.Current.Request["pageCount"]); //一页有多少条数据
    string userName = HttpContext.Current.Session["userName"].ToString();//设置登录名
    int start = pageInt * pageCount - (pageCount - 1);             //开始行数
    int end = pageInt * pageCount;                                 //结束行数
    string sql = "select * from (select *,ROW_NUMBER()OVER(order by addtime) AS RowNum from( select tb_musicInfo.* from tb_musicInfo,UserLove where tb_musicInfo.id=UserLove.musicId and UserLove.userName ='" + userName + "' ) as a) as b where RowNum>=" + start + " and RowNum<=" + end + "";                                          //设置SQL语句
    DataTable dt = dataOperate.getRows(sql).Tables[0];             //获取后台数据
    if (dt.Rows.Count > 0)
    {
        string json = f.ToJson(dt);                                //格式化后台传递过来的数据
        json = json.Replace("\"", "\\\"");                         //去掉不能识别的内容
        context.Response.Write("{\"status\":\"" + json + "\"}"); //向客户端显示内容
    }
    else
    {
        context.Response.Write("{\"status\":\"-1\"}");
    }
}
```

在Mymusic.html页面中找到如图3.83所示的位置，在该位置添加调用tuijina()方法的代码，以便在页面加载时显示用户收藏的歌曲。

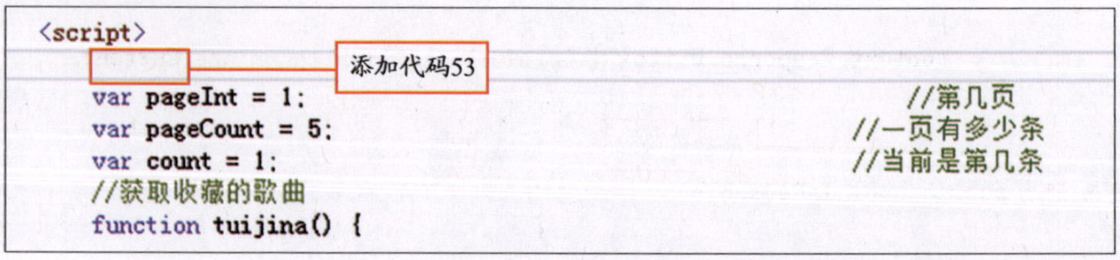

图 3.83　添加调用 tuijina() 方法的代码位置

〈代码 53　代码位置：光盘\Code\03\Bits\53.txt〉

```
$(function () {
        tuijina();                                        //推荐功能
    });
```

运行一下　运行 index.html 页面，单击导航栏中的“我的音乐”，如果用户已经登录，则显示其收藏的歌曲，效果如图 3.84 所示。

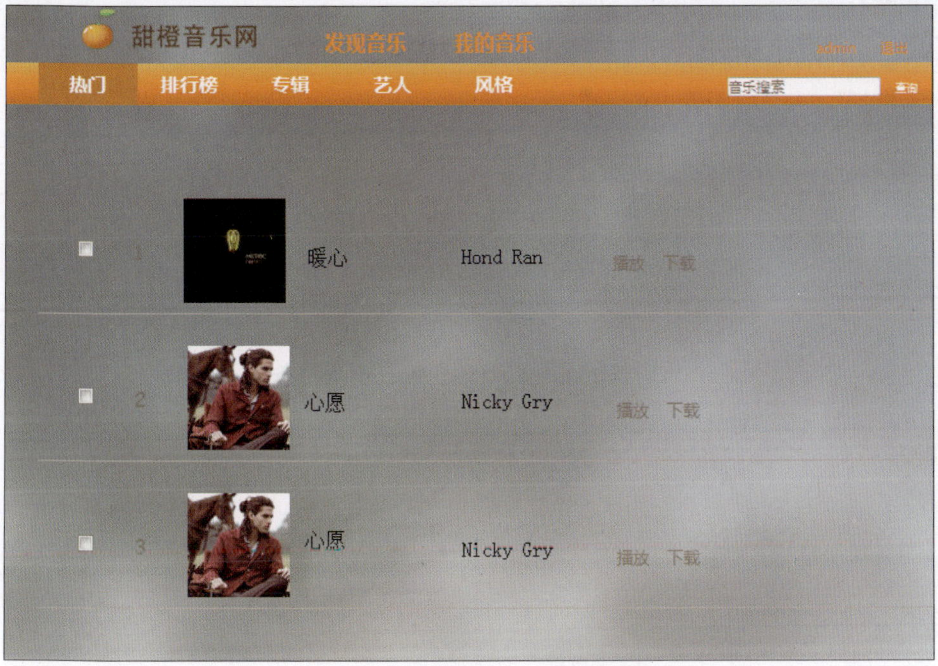

图 3.84　显示用户收藏的歌曲

3.6.3　播放所选择的音乐（1115562011313103127.html）

视频讲解

当用户选中指定音乐前面的复选框后，单击“播放”，即可播放所选择的音乐，本节讲解如何实现该功能。首先在Mymusic.html页面中找到如图3.85所示的位置。

```
                    else {
                        $('#addMore').hide();              //隐藏内容
                    }
                },
                error: function (XMLHttpRequest, textStatus, errorThrown) {
                }
            });
        }
                                        添加代码54
    </script>
```

图 3.85　Mymusic.html 页面的添加代码位置

在图3.85所示的位置添加JavaScript代码，用来判断用户是否登录、播放选中音乐和试听某一首音乐的功能，具体代码如下：

<代码 54　代码位置：光盘 \Code\03\Bits\54.txt>

```
$(function()
```

```
    {
        //是否登录
        var pd = { "t": "CheckLogin" };
    $.ajax({
        type: "post",
        url: "tools/Handler.ashx",
        data: pd,
        dataType: "json",
        success: function(data) {
            if (data.status == "-1")
            {
                window.location.href = 'lgoin.html';
            }
        },
        error: function(XMLHttpRequest, textStatus, errorThrown) {
        }
    });
});
//播放所选
function lisenAll()
{
    //所选择的音乐列表
    var musiclist = '';
    //获取所选音乐
    $('input[name = "music"]:checked').each(function() {
        musiclist += $(this).val() + ";";
    });
    //如果没有选择，弹出提示
    if (musiclist == '')
    {
        alert('您没有选中任何音乐');
        return;
    }
    //听音乐
    linsen(musiclist);
}
//试听
function linsen(a)
{
    var pd = { "t": "lisem", "mp3": a };
    $.ajax({
    type: "post",
        url: "tools/Handler.ashx",
        data: pd,
        dataType: "json",
```

```
            success: function(data) {
            if (data.status != "-1")
            {
                window.parent.Eject('lisen.html', '', 360, 250);
            }
        },
            error: function(XMLHttpRequest, textStatus, errorThrown) {
        }
    });
}
```

接下来在Mymusic.html页面中找到如图3.86所示的位置，在此处添加一个div标签，并为其添加onclick事件，使其调用lisenAll()方法，以实现播放选中音乐的功能。

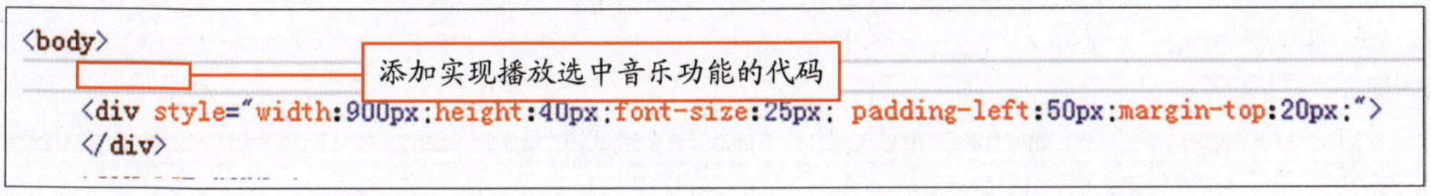

图 3.86　Mymusic.html 页面中调用 lisenAll() 方法的代码添加位置

添加的代码如下：

```
<div><font onclick="lisenAll()">播放所选</font></div>    <!--显示一段文字-->
```

3.7　排行榜设计

☑ 开发时间：45分～1小时40分　　☑ 开发难度：★★★☆☆

☑ 源码路径：光盘\Code\03\Module\004

☑ 关键词：排行榜　加载更多　压缩文件　下载文件

视频讲解

3.7.1　排行榜的页面布局（1115562011313103128.html）

排行榜是在Ranking.html页面中实现的，因此首先需要创建一个Ranking.html页面，创建完成后，在该页面找到如图3.87所示的位置添加页面布局代码。

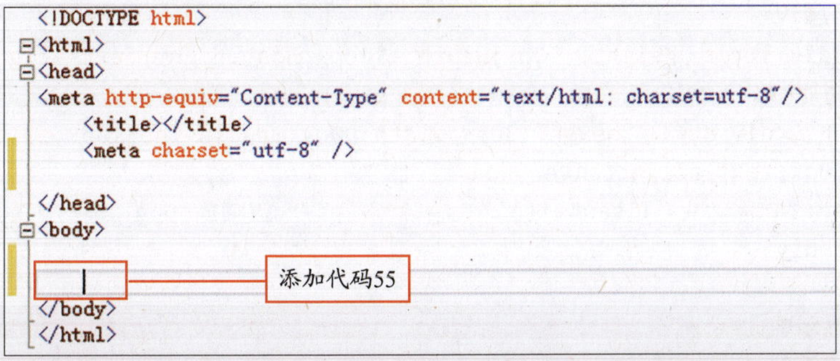

图 3.87　Ranking.html 页面中添加布局代码的位置

在图3.87所示的位置添加布局代码，这里主要使用DIV+CSS进行布局，其中用到了很多div标签，分别代表歌曲的不同类别。具体代码如下：

<代码 55　代码位置：光盘\Code\03\Bits\55.txt>（ 111556201030110312 4.html）

代码解释

```
<!--排行分类-->
    <div style="height:800px;width:180px;border:1px solid #b7b7b7;float:left;margin-left:20px;">
        <div style="width:100%;height:50px;font-size:20px;font-weight:900;text-align:center;margin-top:30px;color:#F59405">甜橙音乐网</div>
<!--显示一段文字-->
        <div class="leftmenu" onclick="setClass(0,this)" style="background-image:url(gp/原创排行榜.png)"></div>
<!--显示一段文字-->
        <div class="leftmenu" onclick="setClass(1,this)" style="background-image:url(gp/新歌排行榜.png)"></div>
<!--显示一段文字-->
        <div class="leftmenu" onclick="setClass(2,this)" style="background-image:url(gp/甜橙音乐排行榜.png)"></div>
    </div>
    <!--语言分类-->
    <div style="width:681px;height:800px;float:right;">
        <div style="border-bottom:1px solid #b7b7b7;height:50px;border-top:1px solid #b7b7b7;">
            <div class="topMenu" style="color:#F59405" onclick="conClick('',this)">
                全部
            </div>
            <div class="topMenu" onclick="conClick('华语',this)">
                华语
            </div>
            <div class="topMenu" onclick="conClick('欧美',this)">
                欧美
            </div>
            <div class="topMenu" onclick="conClick('日本',this)">
                日本
            </div>
            <div class="topMenu" onclick="conClick('韩国',this)">
                韩国
            </div>
            <div style="height: 50px;width: 120px;float:right;text-align:center;line-height: 50px;cursor: pointer;margin-right:70px;">
                <div style="height:30px;width:90px;margin-top:10px;margin-left:60px;line-height:30px;text-align:center;float:left;cursor:pointer;" onclick="lisenAll()"><img src="gp/一键播放.png" /></div>
            </div>
        </div>
        <!--显示歌曲-->
        <div id="rank">
```

```
        </div>
        <!--获取更多-->
        <div id="addMore" style="text-align:center;height:200px;">
            <div style="height:60px;background-color:rgb(255, 106, 0);border-radius:20px;
margin-top:20px;color:white;font-weight:900;line-height:60px;
cursor:pointer;" onclick="add()">点击加载更多</div>
        </div>
    </div>
```

接下来，在Ranking.html页面中如图3.88所示的代码位置添加页面样式代码。

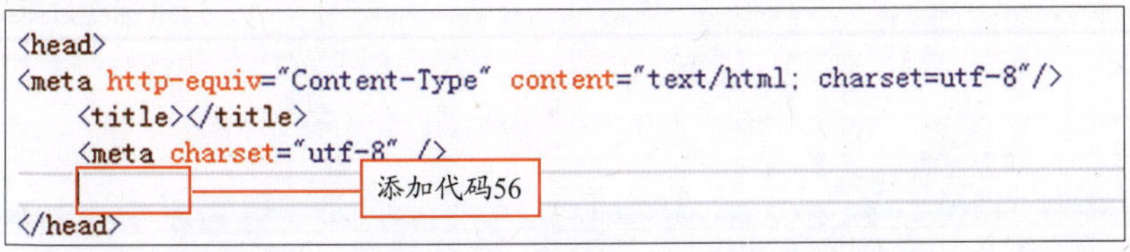

图 3.88　Ranking.html 页面中添加样式代码的位置

在图3.88所示的位置添加样式代码，这里首先引用CSS样式文件和JavaScript文件，然后添加该页面的样式代码，具体代码如下：

< 代码 56　代码位置：光盘 \Code\03\Bits\56.txt>

```
<link href="css/css.css" rel="stylesheet" />
<script src="js/jquery.min.js"></script>
<style>
    /*所有标签都用统一样式*/
    * {
        padding: 0px;                                               /*与内边界的距离*/
        margin: 0px;                                                /*与外边界的距离*/
        font-family: "Comic Sans MS","微软雅黑",sans-serif;         /*字体*/
        color: #7F7F7F;
    }
    /*左菜单样式*/
    .leftmenu {
        width: 100px;                                               /*宽度*/
        height: 100px;                                              /*高度*/
        text-align: center;                                         /*文字位置*/
        line-height: 130px;                                         /*行高*/
        margin: auto;                                               /*与外边界的距离*/
        margin-top: 30px;                                           /*到顶部的距离*/
        cursor: pointer;                                            /*鼠标经过时的样式*/
    }
    /*选中样式*/
    .selectLeftMenu {
        background-color: rgb(255, 139, 27);                        /*背景颜色*/
        border: none;                                               /*边框的样式*/
```

```
            color: white;                                         /*文字的样式*/
            font-weight: 600;                                     /*文字的粗细*/
        }
        /*语言样式*/
        .topMenu {
            height: 50px;                                         /*高度*/
            width: 70px;                                          /*宽度*/
            float: left;                                          /*位置设置*/
            text-align: center;                                   /*文字位置*/
            line-height: 50px;                                    /*行高*/
            cursor: pointer;                                      /*鼠标经过时的样式*/
        }
    </style>
```

运行一下 运行 index.html 页面，单击“排行榜”，将进入排行榜页面，效果如图 3.89 所示。

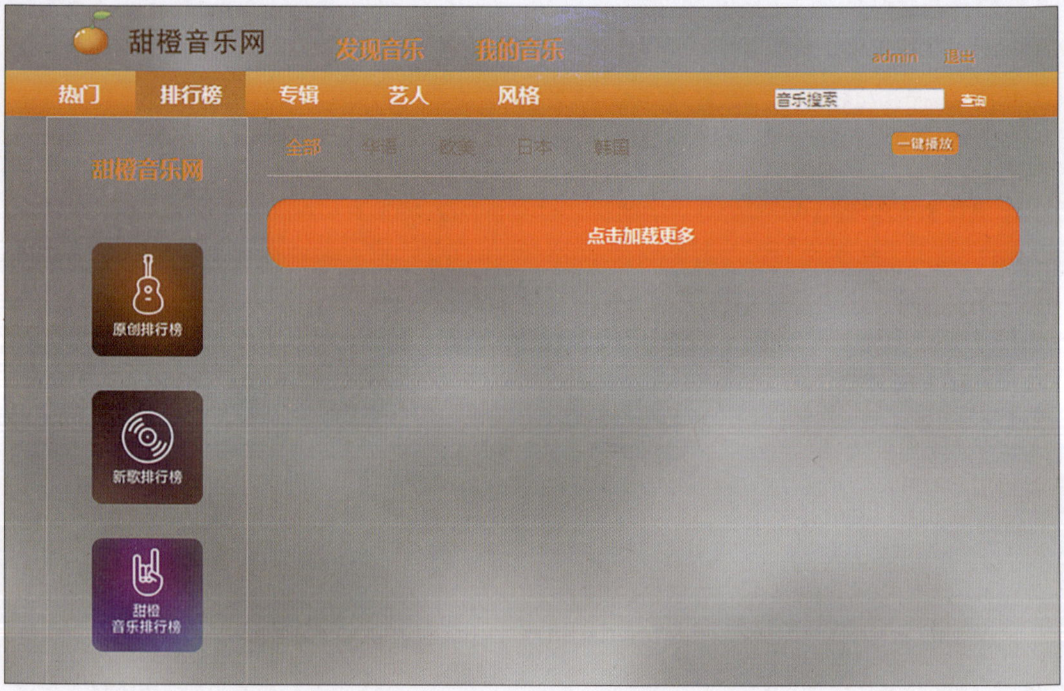

图 3.89　排行榜页面运行效果

3.7.2　单独播放功能的实现（1115562011313103129.html）

视频讲解

本小节将讲解如何在排行榜页面中实现播放单首音乐。首先需要获取歌曲列表，在Ranking.html页面中找到如图3.90所示的位置。

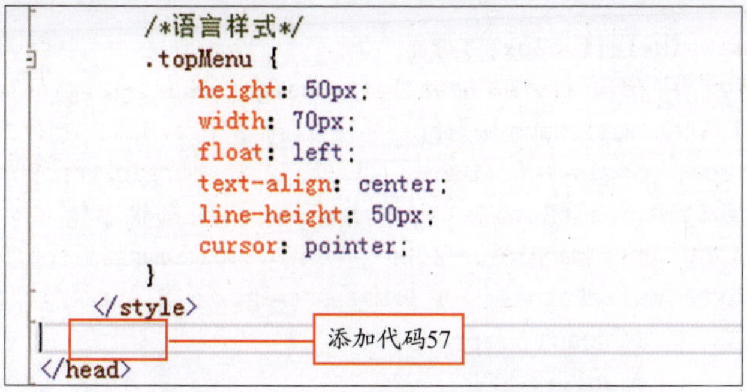

图 3.90　Ranking.html 页面中添加代码的位置

获取排行榜页面中的歌曲列表功能是通过JavaScript代码实现的，在代码中首先要定义5个变量，然后定义一个tuijina()方法，通过Ajax访问后台以便获取指定类别的歌曲列表，最后将获取到的歌曲信息传递到前台。具体代码如下：

<代码 57　代码位置：光盘 \Code\03\Bits\57.txt>

```
<script>
var phType = '';                                              //排行类型
var country = '';                                             //类型
var pageInt = 1;                                              //第几页
var pageCount = 5;                                            //一页有多少条
var count = 1;                                                //当前是第几条
$(function () {
    tuijina();                                                //获取歌曲列表
});
//获取指定类型的歌曲列表
function tuijina() {
    //向后台传递的参数
    var pd = { "t": "GetRank", "phType": phType, "country": country, "pageInt": pageInt,
"pageCount": pageCount };
            $.ajax({
                type: "post",
                url: "tools/Handler.ashx",
                data: pd,
                dataType: "json",
                success: function (data) {
                    if (data.status != "-1") {
                        //$('#rank').empty();
                        var dataobj = eval("(" + data.status + ")");  //格式化内容
                        $.each(dataobj.root, function (i, item) {
var html = '<div style="margin-top:20px;border:1px solid #b7b7b7; border-left:none;
border-right:none; border-top:none; height:100px; padding-top:10px; padding-bottom:10px;
width:100%;">' +'<div style= "float:left; height:100px; line-height:100px;
margin-left:40px;"><input name="music"type="checkbox" value="'+item.musicPath + '"/>
</div>'+ '<div style="float:left;height:100px;line-height:100px;margin-left:40px;"><font style=
"font-size:20px;">' + count + '</font></div>' +'<div style= "float:left; height:100px;
```

```
line-height:100px;margin-left:40px;"><img src="' +item.imgs + '" style="height:100px;
width:100px;"/> </div>' +' <div style="float:left; height:50px; margin-left:20px; width:200px;
margin-top:50px;">' + item.musicName + '<br />' + item.singerName + '</div>' +' <div style=
"float:left; height:50px; margin-left:100px; width:50px; margin-top:50px; cursor:pointer;"
onclick="linsen(\'' + item.musicPath + '\')"><img src="gp/播放.png" /></div>' +' <div
style="float:left; height:50px; margin-left:0px; width:50px; margin-top:50px; cursor:pointer;"
onclick="down(\'' + item.musicPath + '\')"><img src="gp/下载.png" /></div>' +'</div>';
                    $('#rank').append(html);                           //向标签中添加内容
                    count++;
                });
                $('#addMore').show();                                  //显示标签
            }
            else {
                $('#addMore').hide();                                  //隐藏标签
            }
        },
        error: function (XMLHttpRequest, textStatus, errorThrown) {
        }
    });
}
</script>
```

代码57中需要向Handler.ashx文件中传递GetRank参数，因此打开Handler.ashx文件，找到如图3.91所示的位置。

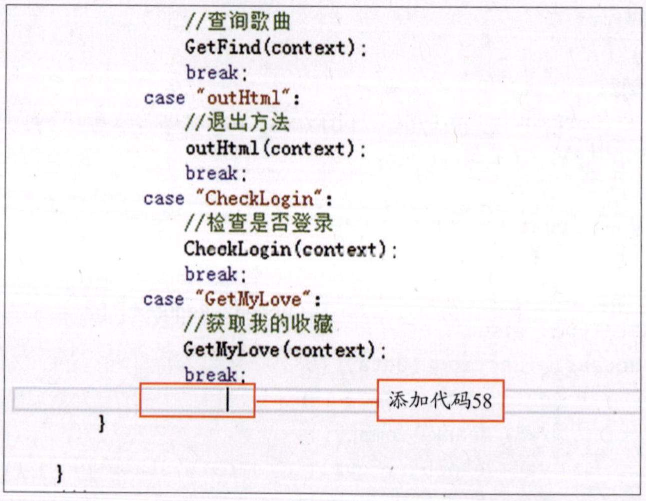

图 3.91　处理 GetRank 参数的代码添加位置

在图3.91所示的位置添加处理GetRank参数的代码，当传递的参数为GetRank时，执行GetRank()方法，具体代码如下：

<代码 58　代码位置：光盘 \Code\03\Bits\58. txt>

```
case "GetRank":
```

```
        //查询排行
        GetRank(context);
        break;
```

接下来实现上面代码中用到的GetRank()方法，在Handler.ashx文件中找到如图3.92所示的位置。

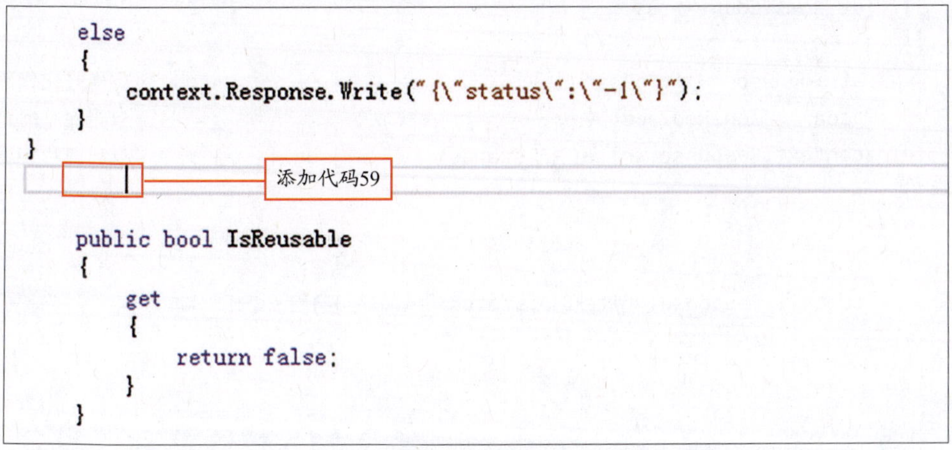

图 3.92　实现 GetRank() 方法的位置

在如图3.92所示的位置定义一个GetRank()方法，该方法首先获取前台传递的值，然后进行页面计算，并通过SQL语句查询后台数据库中的指定类别歌曲信息，最后将查询结果返回给前台。具体代码如下：

＜代码 59　代码位置：光盘 \Code\03\Bits\59.txt＞

```
/// <summary>
    /// 查询排行榜
    /// </summary>
    /// <param name="context"></param>
    public void GetRank(HttpContext context)
    {
        string phType = HttpContext.Current.Request["phType"];           //排行类型
        string country = HttpContext.Current.Request["country"];         //类型
        int pageInt = int.Parse(HttpContext.Current.Request["pageInt"]); //第几页
        int pageCount = int.Parse(HttpContext.Current.Request["pageCount"]);  //一页有多少条数据
        string orderyb = "musicName";                                    //设置列表排列方式
        if (phType == "1")
        {
            orderyb = "addtime";
        }
        if (phType == "2")
        {
            orderyb = "musicType";
        }
        int start = pageInt * pageCount - (pageCount - 1);               //开始行数
        int end = pageInt * pageCount;                                   //结束行数
```

```
        string sql = "select * from (select *,ROW_NUMBER()OVER(order by " + orderyb + ") AS RowNum
    from(select * from tb_musicInfo where country like '%" + country + "%') as a) as b
where RowNum>= " + start + " and RowNum<=" + end + "";                    //组合成SQL语句
        DataTable dt = dataOperate.getRows(sql).Tables[0];                 //查询后台数据
        if (dt.Rows.Count > 0)
        {
            string json = f.ToJson(dt);                                    //格式化代码
            json = json.Replace("\"", "\\\"");                             //删除有问题的符号
            context.Response.Write("{\"status\":\"" + json + "\"}");       //向前台传递歌曲列表
        }
        else
        {
            context.Response.Write("{\"status\":\"-1\"}");
        }
    }
```

运行一下

运行 index.html 页面，单击“排行榜”，将显示歌曲列表，效果如图 3.93 所示。

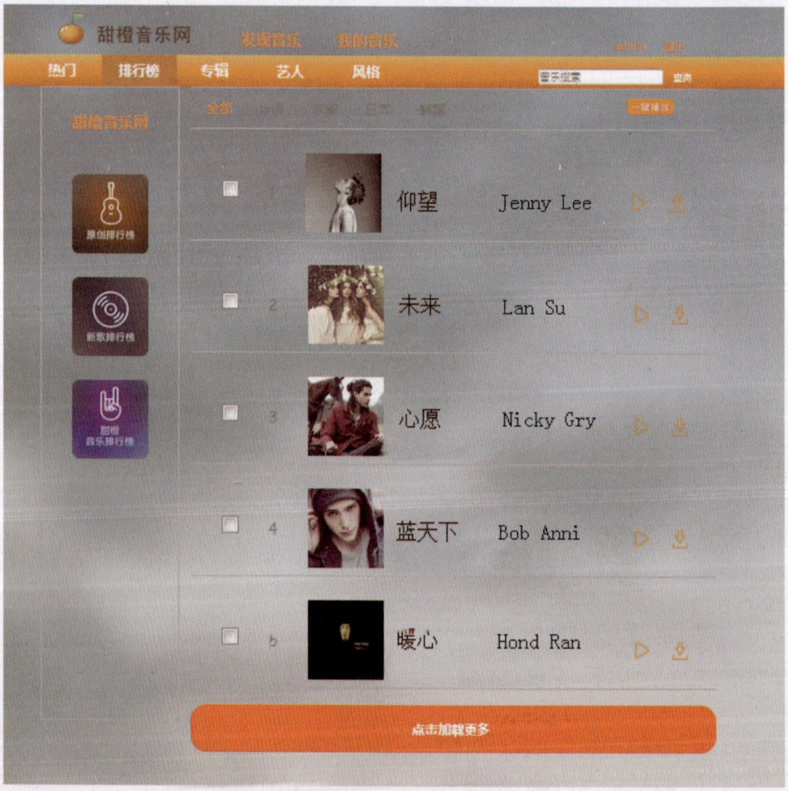

图 3.93　排行榜中显示歌曲列表

获取完歌曲列表后，接下来实现播放功能，在Ranking.html页面中找到如图3.94所示的位置。

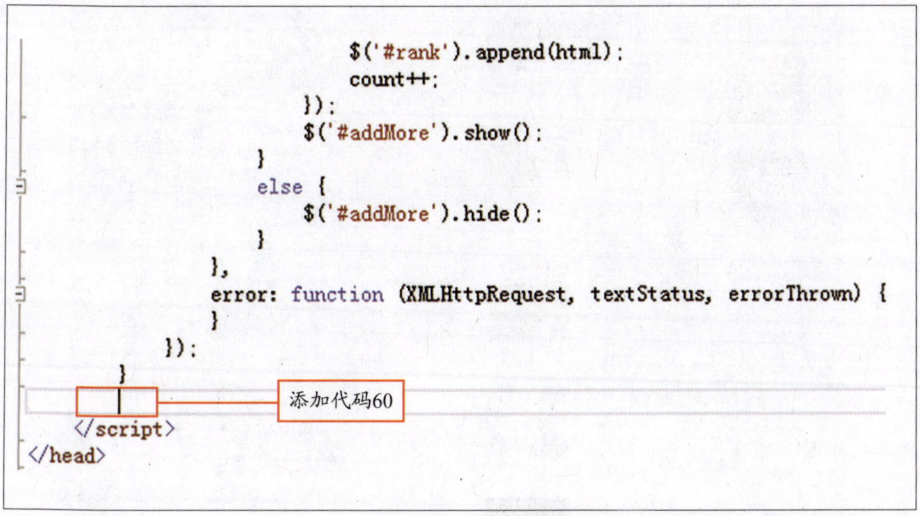

图 3. 94　实现播放功能的代码添加位置

在图3.94所示的位置定义一个JavaScript方法，命名为linsen()，用来实现播放单曲音乐的功能，具体代码如下：

＜代码 60　代码位置：光盘 \Code\03\Bits\60. txt＞

```
//试听
function linsen(a) {
    var pd = { "t": "lisem", "mp3": a };
    $.ajax({
        type: "post",
        url: "tools/Handler.ashx",
        data: pd,
        dataType: "json",
        success: function (data) {
            if (data.status != "-1") {
                window.parent.Eject('lisen.html', '', 360, 250);
            }
        },
        error: function (XMLHttpRequest, textStatus, errorThrown) {
        }
    });
}
```

运行一下　运行 index.html 页面，在排行榜页面中，单击任意一首歌曲后面的试听按钮，如图 3.95 所示。弹出播放页面，该页面中即可播放指定的音乐，如图 3.96 所示。

图 3.95　单击任意一个歌曲后面的试听按钮

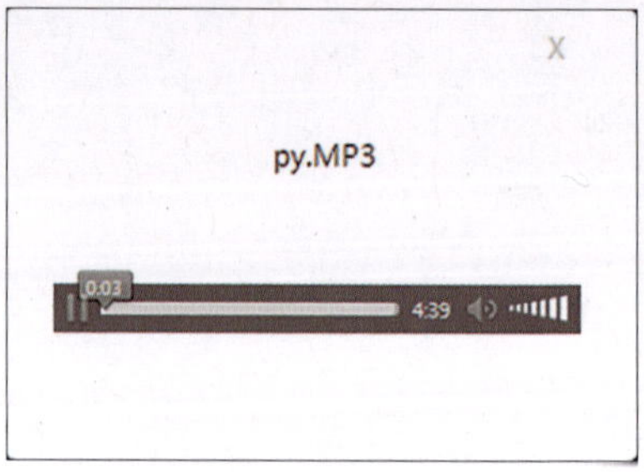

图 3.96　播放页面

3.7.3　实现音乐压缩下载功能（111556201131310313 0.html）

视频讲解

在排行榜页面中的每首音乐后面，提供了下载图标，单击该图标，可以下载指定的音乐，效果如图3.97所示。本小节将讲解如何实现音乐下载功能。

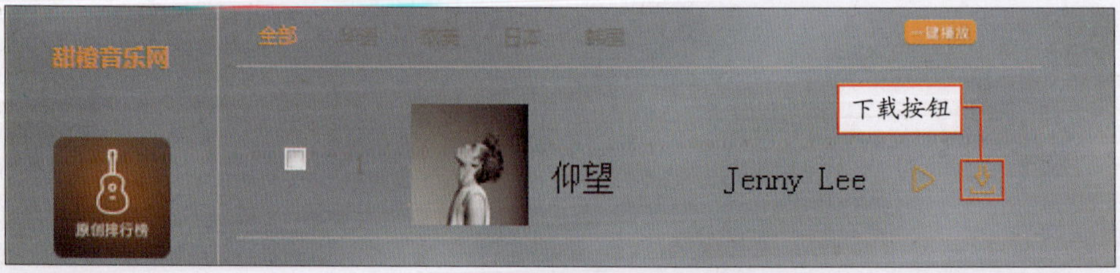

图 3.97　歌曲列表中的下载按钮

在Ranking.html页面中找到如图3.98所示的位置，在此处添加下载功能的实现代码。

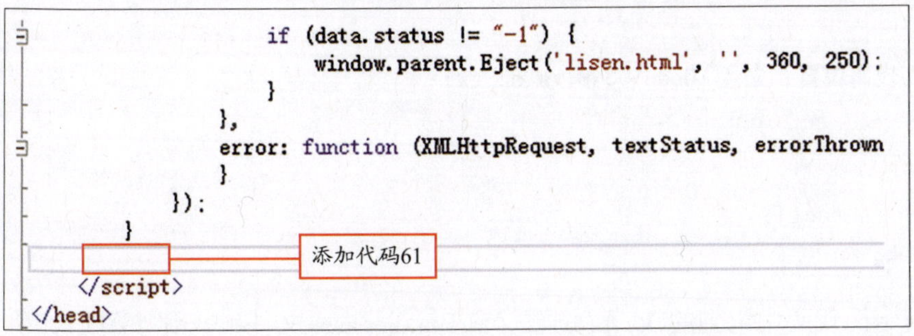

图 3.98　实现下载功能的代码添加位置

歌曲的下载功能主要是通过JavaScript代码实现的，定义一个down()方法，通过Ajax访问后台，获取下载的音乐文件。具体代码如下：

＜代码 61　代码位置：光盘 \Code\03\Bits\61.txt＞

```
//下载
function down(a) {
    var pd = { "t": "Down", "file": "musicFile/" + a };          //向后台传递的参数
    $.ajax({
        type: "post",
        url: "tools/Handler.ashx",
        data: pd,
        dataType: "json",
        success: function (data) {
            window.open("musicFile/" + data.status);           //下载文件
        },
        error: function (XMLHttpRequest, textStatus, errorThrown) {
            alert(textStatus);
        }
    });
}
```

代码61中需要向Handler.ashx文件中传递Down参数，因此打开Handler.ashx文件，找到如图3.99所示的代码位置。

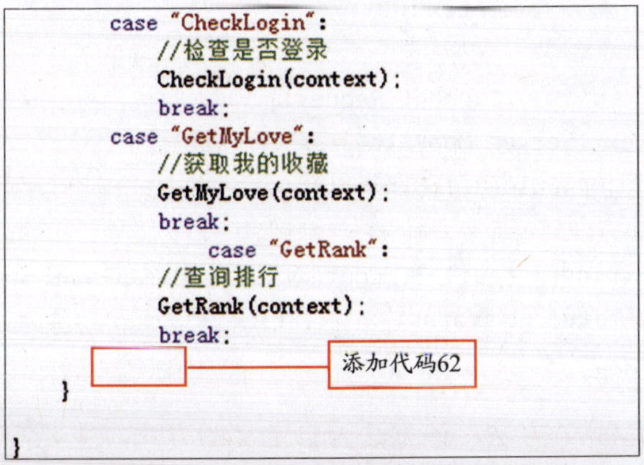

图 3.99　处理 Down 参数的代码添加位置

在图3.99所示的位置添加处理Down参数的代码，当传递的参数为Down时执行Down()方法，具体代码如下：

<代码 62　代码位置：光盘 \Code\03\Bits\62. txt>

```
case "Down":
        //下载文件
        Down(context);
        break;
```

接下来实现上面代码中用到的Down()方法，在Handler.ashx文件中找到如图3.100所示的位置。

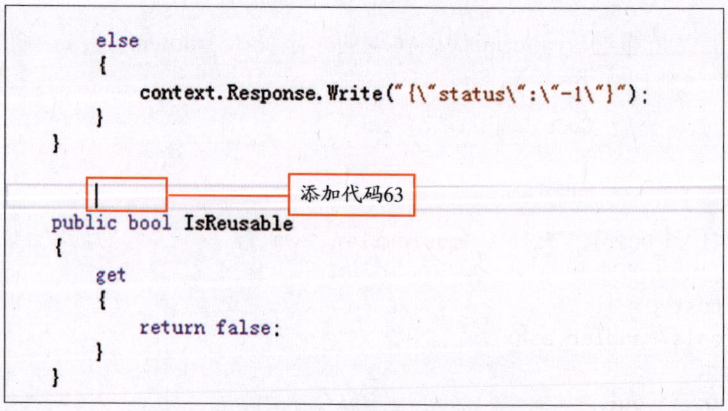

图 3. 100　实现 Down() 方法的位置

在图3.100所示的位置定义一个Down()方法，用来实现音乐的下载功能，具体实现时，首先获取前台传递的参数值，然后对音乐文件进行压缩并下载，具体代码如下：

<代码 63　代码位置：光盘 \Code\03\Bits\63. txt>

```
/// <summary>
/// 下载文件
/// </summary>
/// <param name="context"></param>
public void Down(HttpContext context)
{
    string file = HttpContext.Current.Request["file"];          //获取文件地址
    string url = context.Server.MapPath("../" + file);          //转换成服务器绝对路径
    string time = Guid.NewGuid().ToString();                    //设置文件名称
    string md = "../musicFile/" + time + ".zip";                //组合成文件相对路径
    ZipFileMain(new string[] { url }, context.Server.MapPath(md), 0); //压缩文件
    context.Response.Write("{\"status\":\"" + time + ".zip\"}");
}
```

代码63中用到了ZipFileMain()方法，该方法为自定义的方法，主要实现压缩文件的功能，其代码添加位置如图3.101所示。

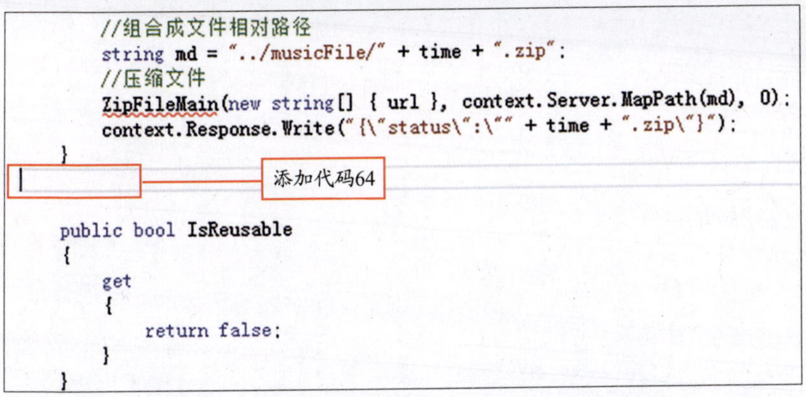

图 3.101　实现 ZipFileMain() 方法的代码添加位置

ZipFileMain()方法的代码如下：

<代码 64　代码位置：光盘 \Code\03\Bits\64.txt>

```
/// <summary>
// 压缩文件
// </summary>
// <param name="fileName">要压缩的所有文件（完全路径)</param>
// <param name="name">压缩后文件路径</param>
// <param name="Level">压缩级别</param>
public void ZipFileMain(string[] filenames, string name, int Level)
{
    ZipOutputStream s = new ZipOutputStream(File.Create(name));
    Crc32 crc = new Crc32();
    s.SetLevel(Level);                                              //压缩级别
    try
    {
        foreach (string file in filenames)
        {
            FileStream fs = File.OpenRead(file);                    //打开压缩文件
            byte[] buffer = new byte[fs.Length];                    //设置文件字节流
            fs.Read(buffer, 0, buffer.Length);                      //读取文件到字节流中
            ZipEntry entry = new ZipEntry(System.IO.Path.GetFileName(file));//建立压缩实体
            entry.DateTime = DateTime.Now;                          //设置压缩时间
            entry.Size = fs.Length;                                 //空间大小
            fs.Close();                                             //关闭文件流
            crc.Reset();                                            //重置
            crc.Update(buffer);                                     //重置文件流
            entry.Crc = crc.Value;
            s.PutNextEntry(entry);                                  //序列化导出文件
            s.Write(buffer, 0, buffer.Length);                      //生成文件
        }
    }
    catch
```

```
    {
        throw;
    }
    finally
    {
        s.Finish();
        s.Close();
    }
}
```

运行一下 运行 index.html 页面，在排行榜页面中，单击任意一首歌曲后面的下载按钮，即可下载该音乐。

3.7.4 点击加载更多（1115562011313103131.html）

单击如图3.102所示的排行榜页面底部的“点击加载更多”按钮，可以以瀑布流的形式加载更多的歌曲列表。

图 3.102　点击加载更多

接下来实现“点击加载更多”功能，在Ranking.html页面中找到如图3.103所示的位置。

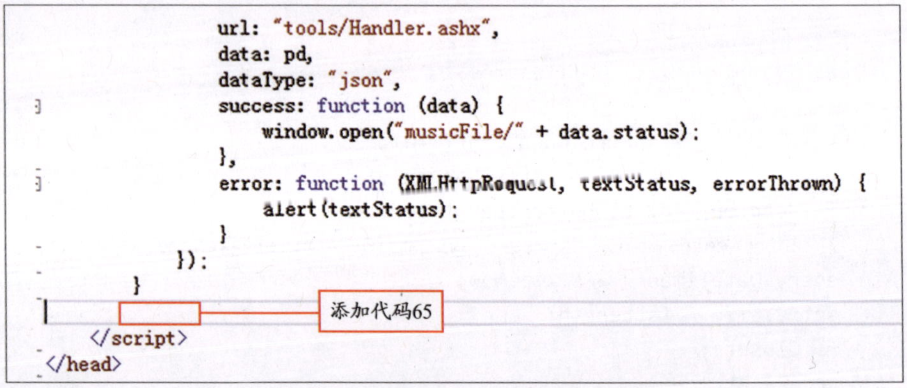

```
                url: "tools/Handler.ashx",
                data: pd,
                dataType: "json",
                success: function (data) {
                    window.open("musicFile/" + data.status);
                },
                error: function (XMLHttpRequest, textStatus, errorThrown) {
                    alert(textStatus);
                }
            });
        }
    </script>
</head>
```


图 3.103　实现“点击加载更多”功能的代码添加位置

“点击加载更多”按钮的功能主要通过JavaScript代码实现，定义一个add()方法，该方法首先将当前页数加1，然后调用tuijina()方法，即可实现加载更多歌曲列表的功能，具体代码如下：

<代码 65　代码位置：光盘 \Code\03\Bits\65.txt>（1115562010301103125.html）

```
//点击加载更多
function add() {
```

```
    pageInt += 1;                    //当前页数加1
    tuijina()                        //调用查询函数
}
```

代码解释

运行一下

运行 index.html 页面，在排行榜页面中，单击“点击加载更多”按钮，即可在页面下方加载更多的歌曲列表。

3.8　本章总结

下面通过一个思维导图对本章涉及的模块及主要知识点进行总结，如图3.104所示。

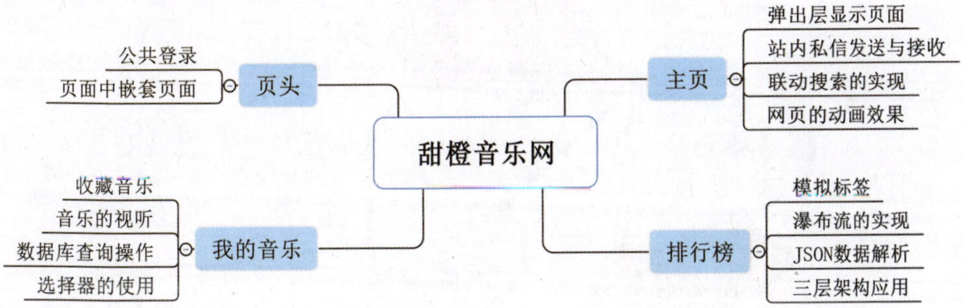

图 3.104　甜橙音乐网知识点总结

第三章

恭喜你完成了本章学习！

通过日夜征战，你已经攻占了ASP. NET大陆的部分板块！

但是此处土地还很荒芜，后续还需要通过你已经掌握的《甜橙音乐网——听见好声音》核心技能，在这些荒芜的土地上辛勤耕耘，把它变成程序开发领域的繁华之地。

请继续在ASP. NET大陆里开疆拓土吧！

攻占ASP.NET大陆

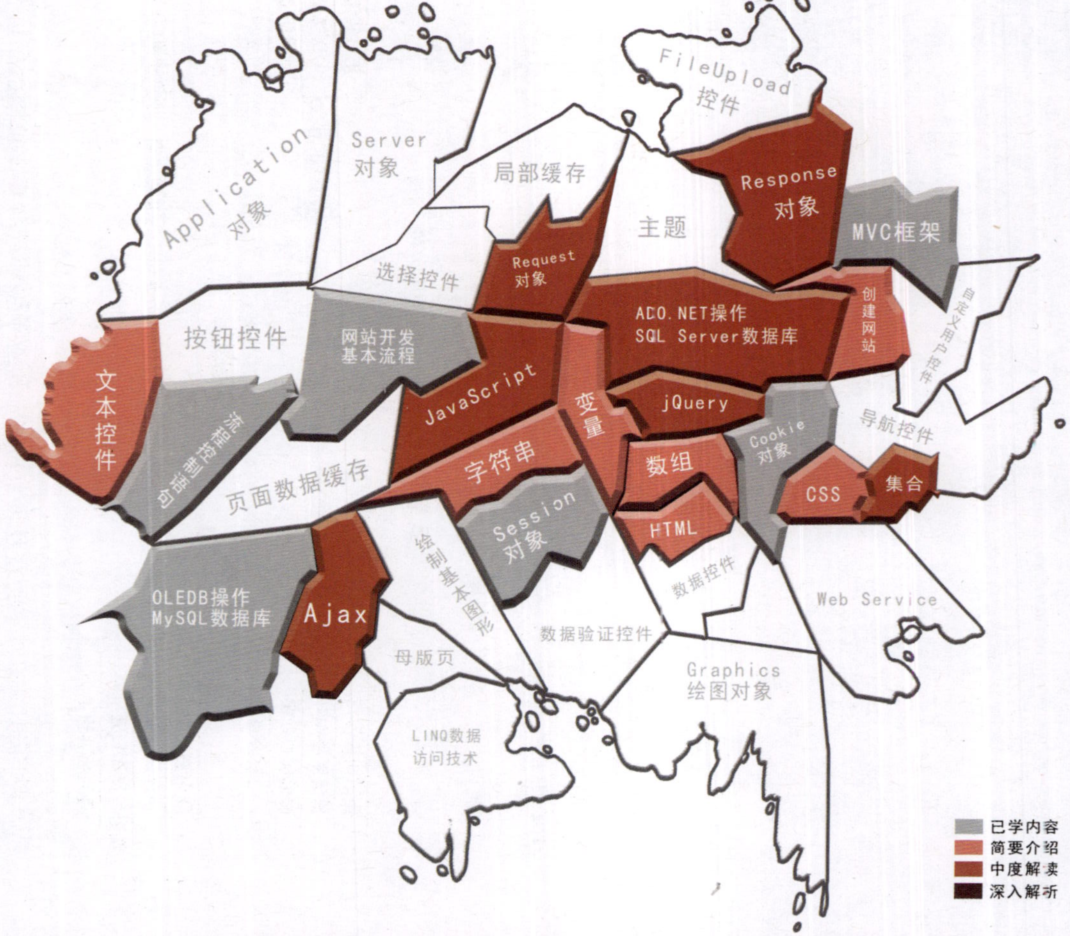

武林号令：入武林者，需在武林圣地——明日学院（www.mingrisoft.com）登记造册，尽享武林人士特权。

ASP.NET 大咖实战训练营

1.《甜橙音乐网——听见好声音》项目换肤训练

为《甜橙音乐网——听见好声音》更换自己喜欢的界面，网站提供3套设计好的界面及素材，部分界面如图1—图3所示。您也可以用自己设计的界面替换原程序界面（下载换肤素材、分享换肤后的效果和领取勋章，可通过扫描右侧二维码或输入http://www.mingrisoft.com/Practice/09010301.html网址实现）。

图1

图2

图3

2.《甜橙音乐网——听见好声音》功能修改训练

- ☐（1）在《甜橙音乐网——听见好声音》的网页头部添加播放历史记录的功能，如图4所示。
- ☐（2）在《甜橙音乐网——听见好声音》的网页底部添加读取友情链接的功能，如图5所示。
- ☐（3）在《甜橙音乐网——听见好声音》的推荐列表添加按类型排序的功能，如图6所示。

图4

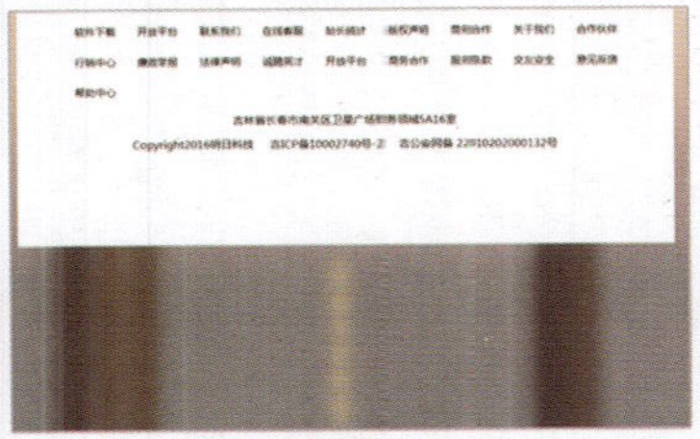

图5

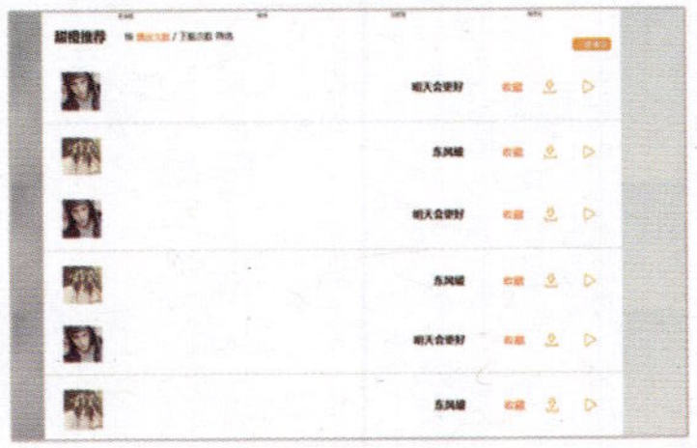

图6

3. 开发实战训练

找身边可以用程序解决的问题（生活和工作中不方便、重复的事情，有趣的项目或游戏），做一个简单的程序初步实现核心功能。然后在使用中不断完善功能，做到极致，你就是编程大咖。赶快写出你要开发的项目吧！

项目名称：________________

如果你还没有发现生活中能用编程解决的问题和项目，可以扫描右侧二维码或登录http://www.mingrisoft.com/Practice/09/Product.html，看大家正在做哪些项目，说不定这里可以激发你的灵感。

扫码获取资源

☐ 完成任务一：项目换肤训练

☐ 完成任务二：功能修改训练

☐ 完成任务三：开发实战训练

扫码领取勋章

第4章

千寻网——遇见TA，遇见爱

（ASP.NET + Ajax + ADO.NET 技术实现）

千寻网是一个功能完善的婚恋网站，主要由前台交友信息和后台会员管理两大部分组成。前台功能主要包括查询交友信息、显示交友信息、会员登录、会员信息管理、修改会员档案信息、上传会员信息、管理我的好友信息、查看和发送短信息。后台管理主要包括管理网站注册会员信息、安全退出等功能。通过本章学习，你将学到：

- ADO.NET技术的应用
- 如何实现自动登录
- jQuery插件的使用
- DIV+CSS布局
- Ajax无刷新技术应用

预备知识导图

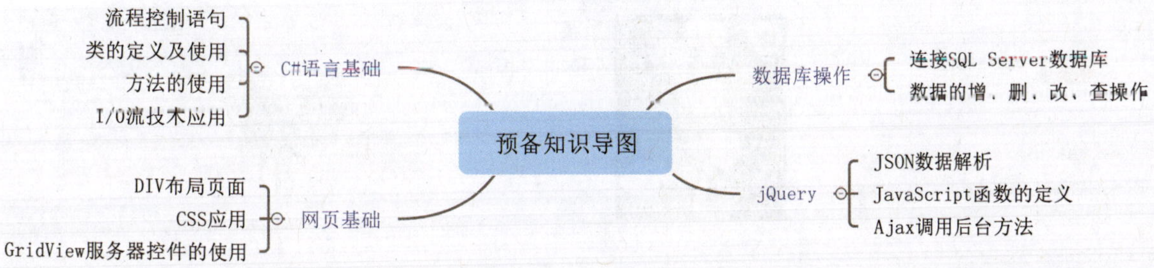

界面预览

【消息】
账号:54941654978
【退出】
千寻网--遇见TA，遇见爱
你要找 男
年龄 18 - 80
地区 ==省不限== ==城市不限==
搜索
查询伴侣
上传照片
基础信息
用户名：mr
昵称：雄心壮志
性别：男
生日：1982-08-08
学历：博士
身高：180
体重：75
收入：￥1-3万
择偶标准
地区：吉林省
年龄：20到25
身高：160到165
婚姻状态：未婚
好友组
昵称：雄心壮志
昵称：博远
昵称：天逸
雄心壮志
180cm 博士
私信
雳霆
180cm 本科
私信
博远
176cm 硕士
私信
刘成安
179cm 本科
私信
天逸
175cm 大专
私信
泽然
180cm 本科
私信
振嘉
180cm 大专
私信
运佳
177cm 大专
私信
软件下载
开放平台
联系我们
在线客服
站长统计
版权声明
商务合作

首页（P269）

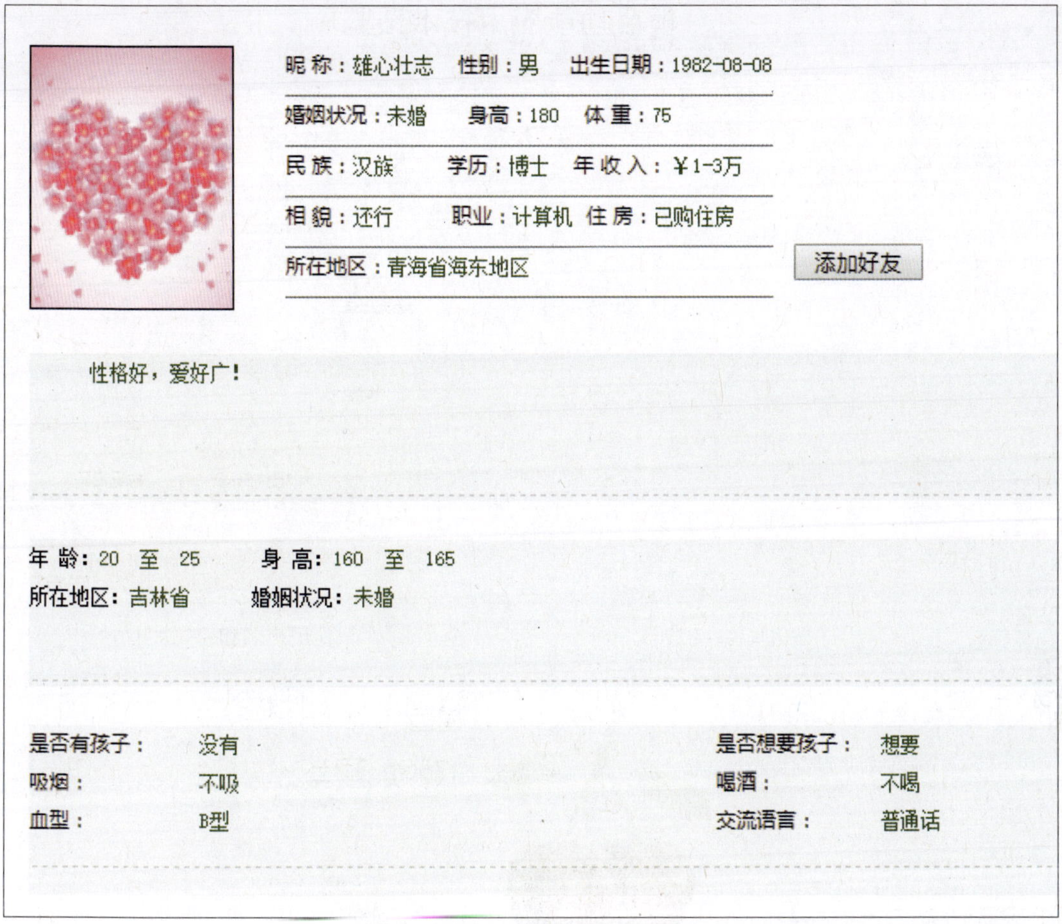

详细信息（P284）

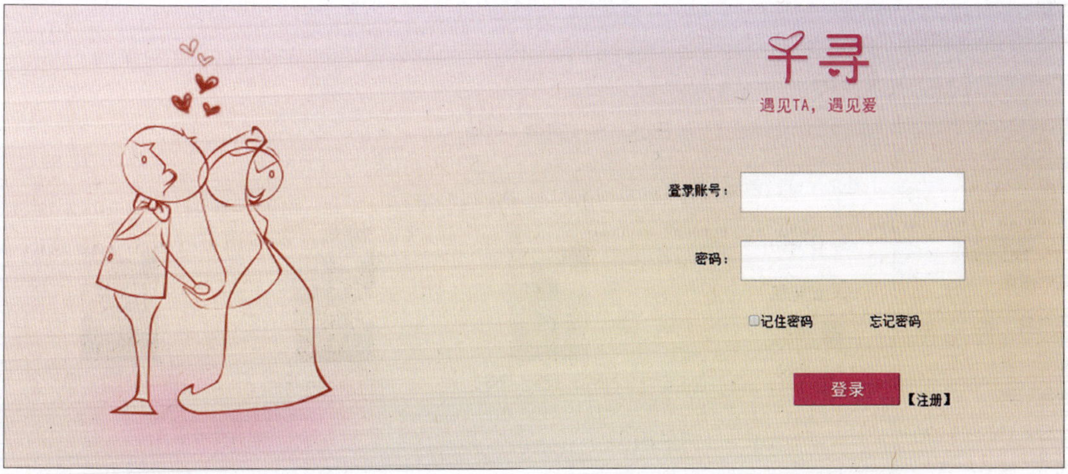

登录页面（P264）

项目功能应用技术预览

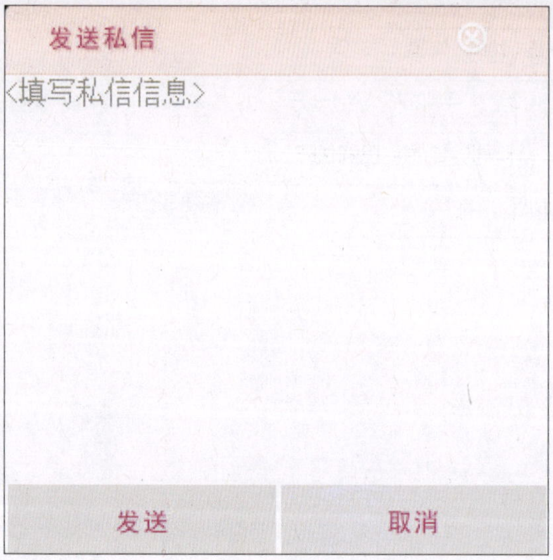

弹出页面（P276）

记住用户名和密码（P264）

计算匹配指数（P287）

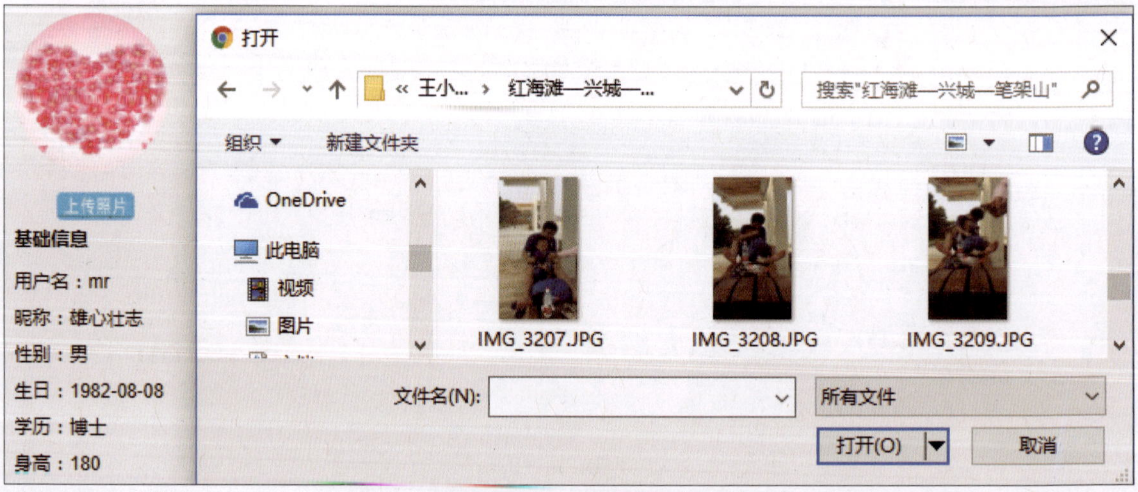

上传图片（见光盘）

4.1　开发背景

当前社会，信息就是资本，信息就是财富。千寻网能够搜集大量征婚信息，为未婚人士提供服务，让未婚人群找到自己心仪的另一半，从而将会有大量用户访问网站，使网站产生较大的影响，并产生经济效益。本网站相关开发细节如图4.1所示。

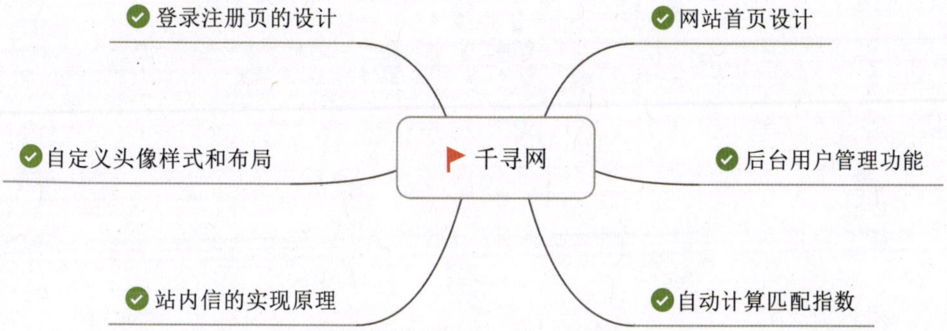

图 4.1　千寻网相关开发细节

4.2　系统功能设计

4.2.1　系统功能结构

千寻网系统功能结构如图4.2所示。

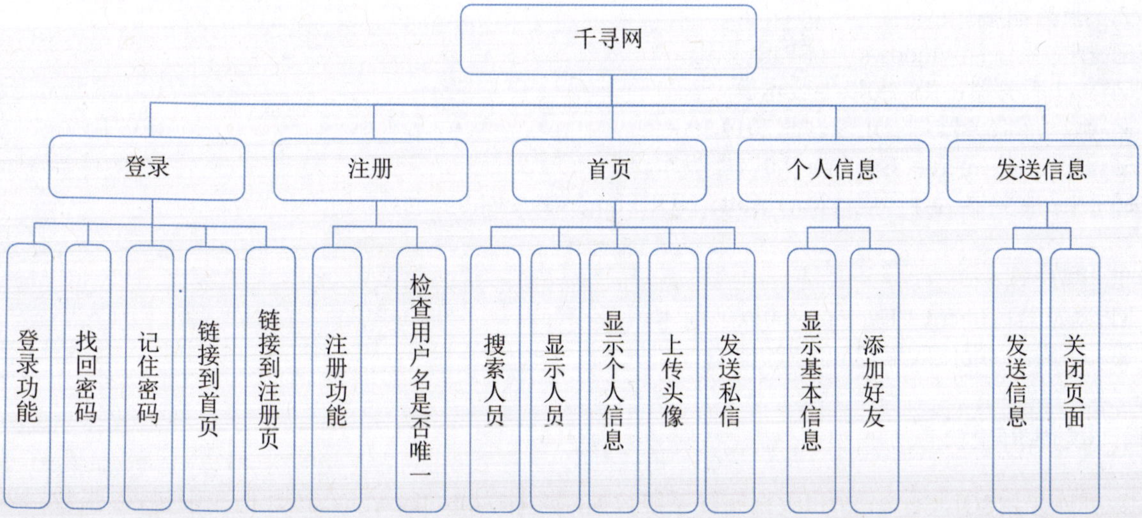

图 4.2　千寻网系统功能结构

4.2.2 系统业务流程

千寻网的系统业务流程如图4.3所示。

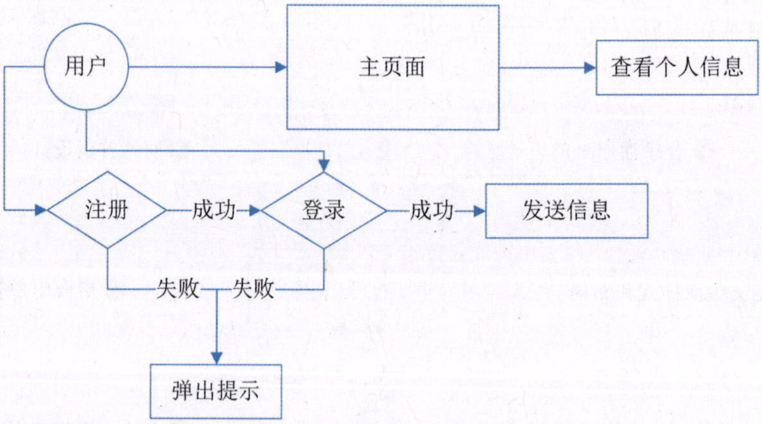

图 4.3 千寻网系统业务流程

4.3 系统开发环境要求

1．网站开发环境

- ☑ 网站开发环境：Visual Studio 2015 免费社区版。
- ☑ 网站开发语言：ASP.NET、C#。
- ☑ 网站后台数据库：SQL Server 2014。
- ☑ 开发环境运行平台：Windows 7（SP1）以上。

2．服务器端

- ☑ 操作系统：Windows 7（SP1）以上。
- ☑ Web服务器：IIS 7.0以上版本。
- ☑ 数据库服务器：SQL Server 2014。
- ☑ 浏览器：Internet Explorer 9.0以上版本。
- ☑ 网站服务器运行环境：Microsoft . NET Framework v4.0以上。

3．客户端

- ☑ 浏览器：Internet Explorer 9.0以上版本。
- ☑ 分辨率：最佳效果1280×720像素（宽屏）。

4.4 数据库设计

数据库采用SQL Server 2014数据库，系统数据库名称为db_JiaoYou。该数据库中包含3张数据表。从读者角度出发，为了使读者对本系统后台数据库中的数据表有一个更清晰的认识，笔者在此特别设计了一个数据表树型结构图，如图4.4所示，该数据表树型结构图包含系统中所有的数据表。

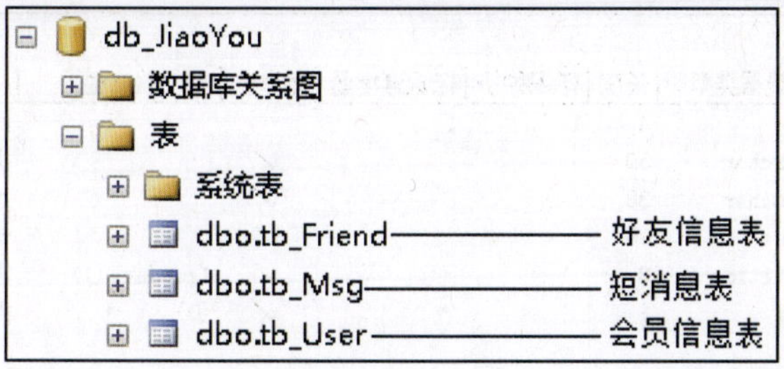

图 4.4　数据库结构

下面对主要数据表的结构进行讲解。

☑ 会员信息表（tb_User）

会员信息表主要用于保存网站会员的档案信息，该表的结构如图4.5所示。

tb_User

列名	数据类型	长度	标识	标识递增量	允许空	描述
ID	bigint	8	✓	1		流水号
UserName	varchar	100			✓	会员注册ID号
PassWord	varchar	30			✓	用户密码
NickName	varchar	30			✓	会员昵称
Sex	varchar	4			✓	性别
BirthDay	varchar	20			✓	出生日期
Address	varchar	150			✓	出生地址
Stature	varchar	10			✓	身高
Avoirdupois	varchar	10			✓	体重
Education	varchar	10			✓	学历
Earning	varchar	20			✓	年收入
Nation	varchar	10			✓	民族
BloodType	varchar	6			✓	血型
Looks	varchar	20			✓	相貌
Metier	varchar	20			✓	职业
Housing	varchar	20			✓	住房
BuyCar	varchar	20			✓	购车
Marriage	varchar	20			✓	婚姻状况
HaveBaby	varchar	6			✓	是否有孩子
HavingBaby	varchar	20			✓	未来是否要小
Smoke	varchar	6			✓	吸烟
Drink	varchar	6			✓	喝酒
UseLanguage	varchar	50			✓	使用语言
SexLike	varchar	500			✓	性格和爱好
FriendCome	varchar	150			✓	朋友来自
FriendAgeSta	int	4			✓	要求朋友最小
FriendAgeEnd	int	4			✓	要求朋友最大
FriendStatur	int	4			✓	朋友最低身高
FriendStatur	int	4			✓	朋友最高身高
FriendMarria	varchar	10			✓	朋友婚姻状态
PhotoPath	varchar	50			✓	会员图片路径

图 4.5　会员信息表

☑ 短消息表（tb_Msg）

短消息表主要用于保存会员与会员之间发送的短消息，该表的结构如图4.6所示。

tb_Msg

列名	数据类型	长度	标识种子	标识递增量	允许空	默认值	描述
ID	int	4	1	1			流水号
Sender	varchar	30			✓		消息发送者
Accepter	varchar	30			✓		消息接收者
Msg	text	16			✓		短消息
MsgDate	datetime	8			✓	(getdate())	消息发送时间
CheckRead	bit	1			✓	(0)	是否阅读

图 4.6　短信息表

☑ 好友信息表（tb_Friend）

好友信息表主要保存自己的用户ID和好友的用户ID，该表的结构如图4.7所示。

tb_Friend

列名	数据类型	长度	允许空	标识种子	标识递增量	描述
ID	int	4		1	1	
UserName	varchar	30	✓			注册会员ID号
FriendName	varchar	30	✓			加入好友ID号

图 4.7　好友信息表

4.5　公共类设计

4.5.1　数据层功能设计

数据层设计主要实现逻辑业务层与SQL Server数据库建立一个连接访问桥。该层主要通过编写相应方法实现打开和关闭数据库连接以及执行数据的增、删、改、查功能。

☑ 打开和关闭数据库连接的方法

建立数据库的连接，主要通过SqlConnection类实现，具体实现时，首先初始化数据库连接字符串，然后通过State属性判断连接状态，如果数据库连接状态为关闭，则打开数据库连接；而关闭数据库连接时，主要使用SqlConnection类的Close()方法实现。实现打开和关闭数据库连接的方法的代码如下：

<代码 01　代码位置：光盘\Code\04\Bits\01.txt>　（1115562010301104111.html）

代码解释

```
private SqlConnection con;                          //创建连接对象
#region   打开数据库连接
/// <summary>
/// 打开数据库连接
/// </summary>
private void Open()
{
    // 打开数据库连接
    if (con == null)
    {
        con = new SqlConnection("Data Source=(local);DataBase=db_JiaoYou;User ID=sa;PWD=123456");
```

```
    }
    if (con.State == System.Data.ConnectionState.Closed)
        con.Open();                                    // 打开数据库连接
}
#endregion
#region  关闭数据库连接
/// <summary>
/// 关闭数据库连接
/// </summary>
public void Close()
{
    if (con != null)
        con.Close();
}
```

☑ 执行参数命令文本或SQL语句

RunProc()方法为可重载方法。其中，RunProc(string procName)方法用于执行简单的数据库添加、修改、删除等操作（如SQL语句）；RunProc（string procName, SqlParameter[] prams）方法用于执行复杂的数据库添加、修改、删除等操作（如带参数SqlParameter的命令文本的SQL语句）。

实现可重载方法RunProc()的完整代码如下：

<代码 02　　代码位置：光盘 \Code\04\Bits\02.txt>　（1115562010301104112.html）

```
/// <summary>
/// 执行命令
/// </summary>
/// <param name="procName">命令文本</param>
/// <param name="prams">参数对象</param>
/// <returns></returns>
public int RunProc(string procName, SqlParameter[] prams)
{
    SqlCommand cmd = CreateCommand(procName, prams);
    cmd.ExecuteNonQuery();
    this.Close();
    //得到执行成功返回值
    return (int)cmd.Parameters["ReturnValue"].Value;
}
/// <summary>
/// 直接执行SQL语句
/// </summary>
/// <param name="procName">命令文本</param>
/// <returns></returns>
public int RunProc(string procName)
{
    this.Open();
    SqlCommand cmd = new SqlCommand(procName, con);
```

代码解释

```
    cmd.ExecuteNonQuery();
    this.Close();
    return 1;
}
```

☑ 执行查询命令文本，并且返回DataSet数据集

RunProcReturn()方法为可重载方法，返回值为DataSet类型。功能为执行带参数SqlParameter的命令文本，并返回查询结果集DataSet。下面代码中RunProcReturn(string procName, SqlParameter[] prams,string tbName)方法用于执行带参数SqlParameter的查询命令文本；RunProcReturn(string procName, string tbName)方法用于直接执行查询SQL语句。

可重载方法RunProcReturn()的完整代码如下：

〈代码 03　　代码位置：光盘 \Code\04\Bits\03.txt〉（1115562010301104113.html）

代码解释

```
/// <summary>
/// 执行查询命令文本，并且返回DataSet数据集
/// </summary>
/// <param name="procName">命令文本</param>
/// <param name="prams">参数对象</param>
/// <param name="tbName">数据表名称</param>
/// <returns></returns>
public DataSet RunProcReturn(string procName, SqlParameter[] prams, string tbName)
{
    SqlDataAdapter dap = CreateDataAdaper(procName, prams);
    DataSet ds = new DataSet();
    dap.Fill(ds, tbName);
    this.Close();
    //得到执行成功返回值
    return ds;
}
/// <summary>
/// 执行命令文本，并且返回DataSet数据集
/// </summary>
/// <param name="procName">命令文本</param>
/// <param name="tbName">数据表名称</param>
/// <returns>DataSet</returns>
public DataSet RunProcReturn(string procName, string tbName)
{
    SqlDataAdapter dap = CreateDataAdaper(procName, null);
    DataSet ds = new DataSet();
    dap.Fill(ds, tbName);
    this.Close();
    //得到执行成功返回值
    return ds;
}
```

4.5.2　序列化 JSON 格式的字符串

定义一个 f 类，该类为静态类，其中定义一个ToJson()方法，用于将DataTable格式的数据格式化成JSON格式的字符串，该功能是通过序列化转换格式实现的，代码如下：

〈代码 04　　代码位置：光盘 \Code\04\Bits\04.txt〉（111556201030110411 4.html）

代码解释

```
public static string ToJson(this DataTable dt)
{
    JavaScriptSerializer javaScriptSerializer = new JavaScriptSerializer();
    javaScriptSerializer.MaxJsonLength = Int32.MaxValue; //取得最大数值
    ArrayList arrayList = new ArrayList();
    foreach (DataRow dataRow in dt.Rows)
    {
        //实例化一个参数集合
        Dictionary<string, object> dictionary = new Dictionary<string, object>();
        foreach (DataColumn dataColumn in dt.Columns)
        {
            dictionary.Add(dataColumn.ColumnName, dataRow[dataColumn.ColumnName].ToString());
        }
        arrayList.Add(dictionary);                             //ArrayList集合中添加键值
    }
    //返回一个JSON字符串
    return "{root:" + javaScriptSerializer.Serialize(arrayList) + "}";
}
```

4.5.3　字符串格式化方法

定义一个StringFormat类，该类主要对字符串进行处理，在该类中定义一个OutString()方法，主要用于返回要显示的字符串，并使用省略号代替超过限定字数的字符，代码如下：

〈代码 05　　代码位置：光盘 \Code\04\Bits\05.txt〉

```
/// <summary>
/// 返回要显示的字符串，并用省略号代替超过限定字数的字符
/// </summary>
/// <param name="instr">要输出的文本</param>
/// <param name="WordCount">要输出的字数</param>
/// <param name="Prolong">增加延长符号</param>
/// <returns></returns>
public static string OutString(string instr, int WordCount, bool Prolong)
{
    byte[] mybyte = System.Text.Encoding.Default.GetBytes(instr);    //获取字符串
    if (mybyte.Length > WordCount)
    {
        outstr = new StringBuilder();
```

```
        for (int i = 0; i < instr.Length; i++)
        {
            //对字符串进行默认编码
            byte[] tempByte = System.Text.Encoding.Default.GetBytes(outstr.ToString());
            if (tempByte.Length < WordCount * 2)        //字符串长度是否超过了指定长度
            {
                outstr.Append(instr.Substring(i, 1)); //截取字符串
            }
            else
            {
                if (Prolong)
                {
                    outstr.Append("...");                  //添加结尾符号
                }
                break;
            }
        }
        return outstr.ToString();
    }
    else
    {
        return instr;
    }
}
```

4.5.4 JavaScript 公共方法设计

定义一个Eject()方法，该方法为JavaScript方法，主要用来将页面以层的方式显示出来，具体实现时，首先获取浏览器的高度和宽度，然后进行计算，最后以层的方式进行显示。Eject()方法代码如下：

<代码 06　　代码位置：光盘\Code\04\Bits\06.txt>

```
//弹出页面方法集合，htmlSrc为html页面路径
//如果调用的标签在子窗体，则调用这个子窗体
function Eject(htmlSrc, title, width, height) {
    var winHeight = $(window.parent).height();                    //获取浏览器高度
    var winWidth = $(window.parent).width();                      //获取浏览器宽度
    var top = ((winHeight - height) / 2) + $(document).scrollTop(); //计算上部分高度
    var left = (winWidth - width) / 2;                            //计算左部分宽度
    var CoverHtml = '<div id="coverDiv" style="background-color:rgba(0,0,0,.9); width:'
+ (window.parent.document.body.scrollWidth + 10) + 'px; height:' +
(window.parent.document.body.scrollHeight + 10) + 'px; position:absolute; top:0px;
left:0px; z-index:200;"></div>';                                  //添加遮盖层
    //添加内容
```

```
    var ContentHtml = '<div id="tdiv" class="tdiv" style="position:absolute; top:-' +
(height + top) + 'px; left:' + left + 'px; background-color:white; border:solid 1PX
#C4C4C4; box-shadow:1px 1px 10px; border-radius:10px; onverflow:hidden;
text-overflow:clip; overflow:hidden; width:' + width + 'px; height:' + height + 'px;
z-index:200;">';
    ContentHtml += '<div style="width:100%; height:0px; border-radius:2PX 2PX 0PX 0PX;
position:relative;  ">';
    ContentHtml += '<div id="CloseCover" style=" cursor:pointer; position:absolute;
width:30px; height:30px; text-align:center; line-height:30px; top:5px; right:30px;
border-radius:5px 5px 0px 0px; color:rgb(200,200,200);" onclick="Cover(this)" title="
点击我就关闭了！">X</div>';
    ContentHtml += '</div>';
    ContentHtml += '<iframe scrolling="no" src="' + htmlSrc + '" width="' + width + '"
height="' + height + '" style="border:none;"></iframe>';
    ContentHtml += '</div>';
  $(window.parent.document.body).append(CoverHtml + ContentHtml); //向body最后添加标签
    $(window.parent.document.body).css('overflow', 'hidden');       //设置浏览器滚动条隐藏
    anim('#tdiv', winHeight - $(document).scrollTop(), top);        //设置动画
}
```

定义一个anim()方法，用来为弹出层添加动画，这里用到的是每一秒执行一次的Javascript方法，主要通过setInterval()方法实现，代码如下：

<代码 07　代码位置：光盘\Code\04\Bits\07.txt>　（1115562010301104115.html）

代码解释

```
//窗体动画
function anim(id, height, top) {
    var defaulttop = -height;                        //设置弹出窗体距离浏览器顶部的距离
    var aniva = window.parent.window.setInterval(function () {     //每毫秒调用一次
        if (defaulttop >= top) {                     //如果距离浏览器顶部的距离大于设定的距离
            $(id).css('top', top);                   //设置距顶部的距离
            window.parent.window.clearInterval(aniva);             //停用每秒调用一次的方法
        }
        $(id, parent.document).css('top', defaulttop);             //设置当前的距离
        defaulttop = defaulttop + 50;                //当前距离加50
    }, 1);
}
```

4.6　登录页面设计

4.6.1　登录页面布局

千寻网的登录页面主要实现网站的登录功能，其运行效果如图4.8所示。

图 4.8　登录页面

接下来对登录页面的布局进行讲解，登录页面是在login.html中实现的，使用了DIV+CSS进行布局，该页面中主要用到了登录账号文本框、密码文本框、记住密码复选框、登录按钮、忘记密码超链接和注册超链接，其布局代码如下：

<代码 08　　代码位置：光盘 \Code\04\Bits\08.txt>

```
<body>
    <!--这个div为绝对定位，宽度为1000px-->
    <div id="cc" style="position:absolute; width:1000px;">
        <!--放一张两个小人的图片-->
        <img id="ren" src="img/ren.png" style="width:350px;" />
        <!--放一个放文本框和按钮的div，向右浮动-->
        <div style="float:right;">
            <!--放一个网站的Logo，单击可以链接到首页-->
            <div><img src="img/qxlogo.png" style="margin-left:200px;cursor:pointer;" onclick="urlindex()" /></div>
            <div style="font-size:15px; line-height:30px;margin-top:60px;margin-left:110px;">
                <!--在这个div中放一段文字和一个输入用户名的文本框-->
                <font >登录账号：</font><input id="txtUserName" type="text" style="height:40px;width:250px;margin-left:6px;" />
            </div>
            <div style="font-size:15px; line-height:30px;margin-top:30px;margin-left:140px;">
                <!--在这个div中放一段文字和一个输入密码的文本框-->
                <font >密码：</font><input id="txtPwd" type="password" style="height:40px;width:250px;margin-left:6px;" />
            </div>
            <div style="font-size:15px; line-height:30px;margin-top:30px;margin-left:110px;">
                <div style="float:left;margin-right:50px; ">
                  <!--单击记住密码复选框，如果选中，网站将记住密码，用户可以不用再重新输入-->
                    <input id="jizhu" type="checkbox" style="margin-left:90px;" />记住密码
```

```
                </div>
                <div style="float:right;margin-right:50px; ">
                    <!--忘记密码的功能，单击可以弹出当前人员的密码-->
                    <font style="cursor:pointer;" onclick="GetPwd()">忘记密码</font>
                </div>
            </div>
            <div style="font-size:15px; line-height:30px;margin-top:30px;margin-left:40px; clear:both;">
        <!--具有登录功能的按钮，也是一张图片，通过设置onclick属性，即可将其当作一个按钮使用-->
                <img src="img/btn-up.png" onclick="Login()" style="cursor:pointer; margin-left:210px;margin-top:40px;" />
                <!--具有注册功能的按钮，这个标签有单击事件，所以可以当作一个按钮使用-->
                <font style="cursor:pointer; " onclick="reg()">【注册】</font>
            </div>
        </div>
    </div>
</body>
```

接下来引用CSS样式文件和相关资源文件。找到光盘中的JiaoYou文件夹下的“css”“image”“img”“js”“Photo”文件夹，将它们复制到自己项目中的JiaoYou文件夹中；然后在login.html页面中添加引用CSS样式文件的代码和页面控制的JavaScript代码，代码如下：

＜代码 09　　代码位置：光盘 \Code\04\Bits\09.txt＞

```
<link href="css/css.css" rel="stylesheet" />
    <script src="js/jquery-1.10.2.min.js"></script>
    <script>
        $(function () {                                 //浏览器加载时所执行的方法
            setSize();                                  //调用JavaScript方法
            $(window).resize(function () {              //浏览器改变大小的监听器
                setSize();                              //调用JavaScript方法
            });
        });
        //重新计算标签大小，浏览器改变大小的时候，让控件看起来不难看
        function setSize() {
            var h = parseFloat($(window).height());     //获取浏览器高度，转换成数字类型
            var w = parseFloat($(window).width());      //获取浏览器宽度，转换成数字类型
            //设置背景图片的大小，用jQuery设置css属性
            $('#body').css('background-size', w + 'px ' + h + 'px');
            //设置css属性，改变标签距离浏览器顶部的距离
            $('#cc').css('top', h / 2 - 300 + "px");
            $('#cc').css('left', w / 2 - 500 + "px");    //和左边的距离
        }
    </script>
```

4.6.2 用户登录验证

定义一个Login()方法，该方法主要用来验证各个标签中用户输入的值是否正确，以实现用户的登录验证。Login()方法代码如下：

<代码 10　　代码位置：光盘\Code\04\Bits\10.txt>　（1115562010301104116.html）

代码解释

```
function Login() {
    var txtUserName = $('#txtUserName').val();
    var txtPwd = $('#txtPwd').val();
    if (txtUserName == '' || txtPwd == '') {
        alert('用户名密码不能为空');                          //弹出提示
        return;
    }
    //向后台传递的参数
    var pd = { "t": "1", "txtUserName": txtUserName, "txtPwd": txtPwd };
    $.ajax({
        type: "post",
        url: "tools/Handler.ashx",
        data: pd,
        dataType: "json",
        success: function (data) {                           //后台方法执行成功
            if (data.status != "-1") {
                if ($('#jizhu').is(':checked')) {            //记住密码被选中
                    setCookie('name', txtUserName);          //在客户端记录用户名
                    setCookie('pwd', txtPwd);                //在客户端记录密码
                }
                window.location.href = '../jiaoyou/Login/index.html'; //跳转页面
            }
            else {
                alert('用户名称或密码不正确');                //弹出提示
            }
        },
        error: function (XMLHttpRequest, textStatus, errorThrown) {
        }
    });
}
```

搜索一下	什么是 Ajax？

4.6.3 忘记密码功能的实现

在login.html页面中定义一个JavaScript方法，命名为GetPwd()方法，该方法主要用来通过向后台传递参数，并调用后台中的相应方法，实现获取指定用户密码的功能。前台的GetPwd()方法代码如下：

<代码 11　　代码位置：光盘 \Code\04\Bits\11.txt>

```
//获取密码
function GetPwd() {
    var txtUserName = $('#txtUserName').val();  //获取id属性为txtUserName标签的值
    if (txtUserName == '') {                     //如果值为空，弹出提示，阻止方法向下运行
        alert('用户名不能为空');                  //弹出提示
        return;
    }
    //调用后台方法，调用的方法标识为“2”，向后台传递参数为txtUserName
    var pd = { "t": "2", "txtUserName": txtUserName };
    $.ajax({
        //传递的方式为POST方式，传递的地址为tools/Handler.ashx，返回的值为JSON的数据格式
        type: "post",
        url: "tools/Handler.ashx",
        data: pd,
        dataType: "json",
        success: function (data) {
            if (data.status != "-1") {           //获取返回的值
                alert("密码为：" + data.status); //弹出提示
            }
            else {
                alert('没有此用户名');            //弹出提示
            }
        },
        //只要返回的值有错误，就会执行这里的代码，如弹出提示等
        error: function (XMLHttpRequest, textStatus, errorThrown) {
        }
    });
}
```

上面代码中用到的后台方法同样命名为GetPwd()，在该方法中，根据前台传递的参数查询密码，并返回到前台，代码如下：

<代码 12　　代码位置：光盘 \Code\04\Bits\12.txt>　（111556201030110411 7.html）

```
//查询自己的密码
public void GetPwd(HttpContext context)
{
    //获取前台输入的用户名
    string txtUserName = HttpContext.Current.Request.Form["txtUserName"];
    MarriageLogin login = new MarriageLogin();
    string pwd = login.GetPwd(txtUserName);                    //获取密码
    if (pwd != "")
    {
        context.Response.Write("{\"status\":\"" + pwd + "\"}"); //返回密码
    }
```

代 码 解 释

```
    else
    {
        context.Response.Write("{\"status\":\"-1\"}");          //返回查询失败
    }
}
```

上面的代码中用到了MarriageLogin类中的GetPwd()方法，该方法用来使用SQL语句执行查询指定用户密码的操作，代码如下：

<代码 13　　代码位置：光盘\Code\04\Bits\13.txt>

```
/// <summary>
/// 查询密码
/// </summary>
/// <param name="userName"></param>
/// <returns></returns>
public string GetPwd(string userName)
{
    return data.RunProcReturn("Select PassWord from tb_User where UserName ='" + userName
+ "'", "tb_User").Tables[0].Rows[0][0].ToString();          //获取用户的密码
}
```

4.6.4　记住用户名和密码

记住用户名和密码的功能主要是使用Cookie实现，具体实现时，首先需要设置时长，本项目中设置记录用户名和密码的时长是30天，然后写入客户端浏览器的Cookie中。代码如下：

<代码 14　　代码位置：光盘\Code\04\Bits\14.txt>

```
//设置Cookie
function setCookie(name, value) {
    var Days = 30;                                              //有效时间为30天
    var exp = new Date();
  //计算时间和设置时间，天数为30天，每天24小时，每小时为60分钟，每分钟为60秒，每秒为1000毫秒
    exp.setTime(exp.getTime() + Days * 24 * 60 * 60 * 1000); //设置cookie的值为毫秒
    //设置Cookie
    document.cookie = name + "=" + escape(value) + ";expires=" + exp.toGMTString();
}
function getCookie(name) {                                      //读取Cookie
   //利用正则表达式获取Cookie的值
   var arr, reg = new RegExp("(^| )" + name + "=([^;]*)(;|$)");
    if (arr = document.cookie.match(reg))                       //获取到的Cookie的值
        return unescape(arr[2]);
    else
        return null;
}
```

4.7　千寻网首页设计

4.7.1　首页布局与设计

千寻网的首页可以实现缘分搜索、会员登录、显示最新注册会员交友信息以及匹配度等功能，其运行效果如图4.9所示。

图 4.9　千寻网首页效果

布局千寻网的首页时，首先需要添加JavaScript引用和CSS引用，代码如下：

<代码 15　　代码位置：光盘 \Code\04\Bits\15.txt>

```
<link href="../css/css.css" rel="stylesheet" type="text/css" />
<script src="../js/jquery-1.10.2.min.js"></script>              <!---引用一个js文件-->
<script src="../js/area_data.js"></script>                      <!---引用一个js文件-->
<script src="../js/Exect.js"></script>                          <!---引用一个js文件-->
<script src="../js/jquery.form.min.js"></script>                <!---引用一个js文件-->
```

搜索一下	jQuery 的用法。

接下来使用DIV+CSS对千寻网的首页进行布局，布局代码如下：

〈代码 16　　代码位置：光盘\Code\04\Bits\16.txt〉

```
<body style="background-color:#fafafa;">
    <div style="width: 800px; margin: auto;">
        <div style="float: left; position:relative; ">
            <img src="../img/页眉.png" />
            <font id="zh" style="position:absolute;top:10px;left:500px;cursor:pointer; font-size:14px;" onclick="UpdateMy()">账号:54941654978</font>          <!--显示账号-->
            <font id="out" style="cursor:pointer;position:absolute;top:10px;right:10px; font-size:14px;" onclick="out()">【退出】</font>          <!--显示退出-->
            <font id="login" style="cursor:pointer;position:absolute;top:10px;right:10px; font-size:14px;" onclick="login()">【登录】</font>          <!--显示登录-->
            <font id="news" style="cursor:pointer;position:absolute;top:10px;right:325px; font-size:14px;" onclick="news()">【消息】</font>          <!--显示消息-->
        </div>
    </div>

    <div style="width:800px;margin:auto;">
        <div id="mynei" style="float:left; width:168px;padding-left:30px;margin-right:2px;background-color:#f3f3f3">
            <div style="border-right:1px solid #bebebe;height:800px;overflow-y:auto; overflow-x:hidden;">
                <div>
                    <img id="previewImage" src="images/login_03.gif" style="height:100px;width:100px;border-radius:100px;" />
                    <form id="form1" method="post" enctype="multipart/form-data" action="UploadImage.ashx" >
<!--显示上传图片-->
                        <div class="file" style="width:25px;height:8px;text-align:center;margin-top:10px;margin-left:27px;">
                            <input type="file" value="上传照片" id="uploadImage" name="uploadImage" onchange="fileUp()" />
                        </div>
                    </form>
                </div>
                <!--显示基础信息-->
                <div style="font-weight:800;font-size:12px;margin-bottom:10px;">基础信息</div>
                <div id="UserDes" style="width:135px; height:200px; ">
                </div>
                <!--显示择偶标准-->
                <div style="font-weight:800;font-size:12px;margin-bottom:10px;">择偶标准</div>
```

```
                <div id="zODes" style="width:135px; height:110px; ">
                </div>
                 <!--显示好友组-->
                <div style="font-weight:800;font-size:12px;margin-bottom:10px;">好友组</div>
                <div id="py" style="width:135px;">
                </div>
            </div>
        </div>
        <div id="neirong" style="float:left; width:597px; margin:auto;height:800px;overflow-y:auto; overflow-x:hidden;background-color:#f3f3f3">
<!--显示详细的择偶标准-->
            <div style="font-size:12px;line-height:30px;">
                <font style="margin-left:15px;font-size:12px;">你要找</font>
                <select id="sex" style="background-color:#2f1010;color:#fff;height:18px;"><option value="男" style="font-size:12px;">男</option><option value="女" style="font-size:12px;">女</option></select>
                <font style="margin-left:10px;font-size:12px;">年龄</font>
                <select id="sAge" style="background-color:#2f1010;color:#fff;height:18px;"></select>
                <font style="margin-left:10px;">-</font>
                <select id="eAge" style="background-color:#2f1010;color:#fff; height:18px;"></select>
                <font style="margin-left:10px;font-size:12px;">地区</font>
                <select id="sltState" onchange="shenchange(this)" style="font-size:12px; background-color:#2f1010;color:#fff;height:18px;">
                    <option selected="selected" value="0" >==省不限==</option>
                    <option value="北京市">北京市</option>
                    <option value="上海市">上海市</option>
                    <option value="天津市">天津市</option>
                    <option value="重庆市">重庆市</option>
                    <option value="河北省">河北省</option>
                    <option value="山西省">山西省</option>
                    <option value="辽宁省">辽宁省</option>
                    <option value="吉林省">吉林省</option>
                    <option value="黑龙江省">黑龙江省</option>
                    <option value="江苏省">江苏省</option>
                    <option value="浙江省">浙江省</option>
                    <option value="安徽省">安徽省</option>
                    <option value="福建省">福建省</option>
                    <option value="江西省">江西省</option>
                    <option value="山东省">山东省</option>
                    <option value="河南省">河南省</option>
                    <option value="湖北省">湖北省</option>
                    <option value="湖南省">湖南省</option>
                    <option value="广东省">广东省</option>
```

```
                        <option value="海南省">海南省</option>
                        <option value="四川省">四川省</option>
                        <option value="贵州省">贵州省</option>
                        <option value="云南省">云南省</option>
                        <option value="陕西省">陕西省</option>
                        <option value="甘肃省">甘肃省</option>
                        <option value="青海省">青海省</option>
                        <option value="内蒙古自治区">内蒙古自治区</option>
                        <option value="广西壮族自治区">广西壮族自治区</option>
                        <option value="西藏自治区">西藏自治区</option>
                        <option value="宁夏回族自治区">宁夏回族自治区</option>
                        <option value="新疆维吾尔自治区">新疆维吾尔自治区</option>
                        <option value="其他">其他</option>
                    </select>
                    <select id="sltCity" style="background-color:#2f1010;color:#fff;height:18px;">
                        <option selected="selected" value="0" style="font-size:12px;">==城市不限==</option>
                    </select>
                    <input type="button" onclick="serach()" style="font-size:12px;background-image:url(../img/ss.png);width:40px;border:none;margin-left:20px;" />
                </div>
                <div style="font-size:18px;font-weight:800; padding-left:30px;line-height:50px;font-size:12px;">
                    查询伴侣
                </div>
                <div id="people">
                </div>
            </div>
        </div>
        <div style="height:5px;width:100%;clear:both;"></div>
        <div style="height:100px;width:800px;margin:auto;background-color:#f1f1f1;clear:both;font-size:12px;">
            <div style="padding-top:40px;padding-left:80px;float:left;">软件下载</div>
            <div style="padding-top:40px;padding-left:50px;float:left;">开放平台</div>
            <div style="padding-top:40px;padding-left:50px;float:left;">联系我们</div>
            <div style="padding-top:40px;padding-left:50px;float:left;">在线客服</div>
            <div style="padding-top:40px;padding-left:50px;float:left;">站长统计</div>
            <div style="padding-top:40px;padding-left:50px;float:left;">版权声明</div>
            <div style="padding-top:40px;padding-left:50px;float:left;">商务合作</div>
        </div>
</body>
```

4.7.2　根据登录状态控制标签显示

在千寻网的首页index.html文件中，使用jQuery的ajax()方法判断用户是否登录，以便控制页面中的标签显示情况，代码如下：

<代码 17　　代码位置：光盘 \Code\04\Bits\17.txt>

```
//检查是否登录
var pd = { "t": "9" };
$.ajax({
    type: "post",
    url: “../tools/Handler.ashx”,
    data: pd,
    dataType: “json”,
    success: function (data) {
        if (data.status != “-1”) {
            $(‘#zh’).show();                                  //显示登录
            $(‘#out’).show();                                 //显示退出
            $(‘#login’).hide();                               //隐藏登录
            $(‘#news’).show();                                //显示新消息
            $(‘#myneiCon’).show();                            //显示我的昵称
            $(‘#bottom’).css(‘width’, ‘798px’);               //显示登录按钮
        }
        else {
            $(‘#zh’).hide();                                  //隐藏登录
            $(‘#out’).hide();                                 //隐藏退出
            $(‘#myneiCon’).hide();                            //隐藏我的昵称
            $(‘#login’).show();                               //显示登录
            //$(‘#neirong’).css(‘float’, ‘none’);
            $(‘#news’).hide();                                //隐藏新消息
            $(‘#bottom’).css(‘width’, ‘627px’);               //设置按钮的宽度
            $(‘#mynei’).html(‘<img src="../img/ren.png" style="width:150px;height:197px;" />
<img src="../img/ren.png" style="width:150px;height:197px;" />
<img src="../img/ren.png" style="width:150px;height:197px;" />
<img src="../img/ren.png" style="width:150px;height:197px;" />’);
        }
    },
    error: function (XMLHttpRequest, textStatus, errorThrown) {
    }
});
```

4.7.3　获取用户及其好友信息

如果用户已登录，则使用jQuery的ajax()方法异步获取指定用户的详细信息，并进行显示，代码如下：

<代码 18　　代码位置：光盘\Code\04\Bits\18.txt>　（ 1115562010301104118.html）

代码解释

```
//查询基本信息
var pd = { "t": "3" };
$.ajax({
    //传递方式为POST，处理页为Handler.ashx
    type: "post",
    url: "../tools/Handler.ashx",
    data: pd,
    dataType: "json",
    success: function (data) {
        if (data.status != "-1") {
            //格式化后台传递过来的值
            var dataobj = eval("(" + data.status + ")");
            //遍历后台传递过来的值
            $.each(dataobj.root, function (i, item) {
                //设置图片
                $('#previewImage').attr('src', '../../' + item.PhotoPath);
                //设置用户名
                $('#UserDes').append('<div class="userLine">用户名：' + item.UserName + '</div>');
                //设置昵称
                $('#UserDes').append('<div class="userLine">昵称：' + item.NickName + '</div>');
                //设置性别
                $('#UserDes').append('<div class="userLine">性别：' + item.Sex + '</div>');
                //设置生日
                $('#UserDes').append('<div class="userLine">生日：' + item.BirthDay + '</div>');
                //设置学历
                $('#UserDes').append('<div class="userLine">学历：' + item.Education + '</div>');
                //设置身高
                $('#UserDes').append('<div class="userLine">身高：' + item.Stature + '</div>');
                //设置体重
                $('#UserDes').append('<div class="userLine">体重：' + item.Avoirdupois +'</div>');
                //设置收入
                $('#UserDes').append('<div class="userLine">收入：' + item.Earning + '</div>');
                //设置地区
                $('#zODes').append('<div class="userLine">地区：' +
item.FriendCome.replace('0', '') + '</div>');
                adr = item.FriendCome;
                //设置年龄
                $('#zODes').append('<div class="userLine">年龄：' + item.FriendAgeStar +
'到' + item.FriendAgeEnd + '</div>');
```

```
                Sage = item.FriendAgeStar;
                Eage = item.FriendAgeEnd;
                //设置身高
                $('#zODes').append('<div class="userLine">身高：' +
    item.FriendStatureStar + '到' + item.FriendStatureEnd + '</div>');
                Ssg = item.FriendStatureStar;
                Esg = item.FriendStatureEnd;
                //设置婚姻状态
                $('#zODes').append('<div class="userLine">婚姻状态：' +
    item.FriendMarriage + '</div>');
                hyzt = item.FriendMarriage;
            });
        }
    },
    error: function (XMLHttpRequest, textStatus, errorThrown) {
    }
});
```

在index.html中定义一个SelectF()方法，该方法是一个JavaScript方法，主要用来实现登录用户存在好友时，查询好友信息，并进行显示。代码如下：

<代码 19　　代码位置：光盘 \Code\04\Bits\19.txt>

```
//查询好友
function SelectF() {
    var pd = { "t": "5" };                                        //向后台传递的参数
    $.ajax({
        type: "post",
        url: "../tools/Handler.ashx",
        data: pd,
        dataType: "json",
        success: function (data) {                                //成功执行后台方法
            $('#py').empty();                                     //清空显示内容
            if (data.status != "-1") {
                var dataobj = eval("(" + data.status + ")");     //格式化后台传递过来的数据
                $.each(dataobj.root, function (i, item) {
                    $('#py').append('<div class="userLine" style="width:140px;height:80px;
cursor:pointer;"><div style="float:left;"><img src="' + '../../' + item.PhotoPath + '"
style="width:50px;height:50px;border-radius:50px;"/></div><div style="float:left;"><font
style="margin-top:20px;display:block;"> 昵称：' + item.NickName + '</font></div></div>');
                });
```

```
            }
        },
        error: function (XMLHttpRequest, textStatus, errorThrown) {
        }
    });
}
```

4.7.4 发送站内私信

在千寻网的首页单击某用户右下角的“私信”按钮时，可以弹出“发送私信”窗口，在该窗口中可以向指定用户发送私信，如图4.10所示。

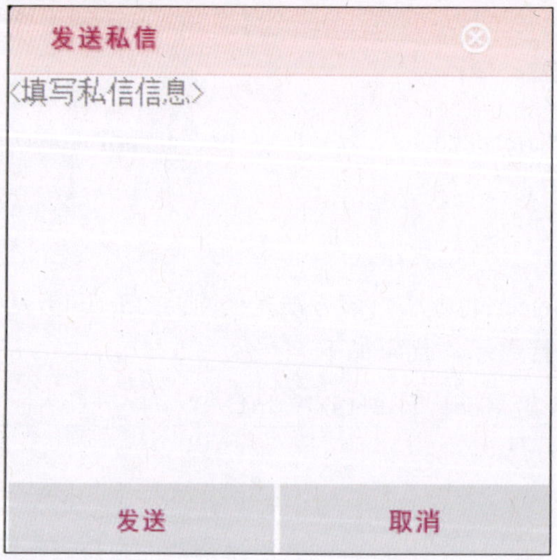

图 4.10 发送私信

单击首页中的“私信”按钮时，调用siliao()方法弹出发送私信页面，该页面以弹出层的形式进行显示，代码如下：

<代码 20　　代码位置：光盘\Code\04\Bits\20.txt>

```
//单击“私信”按钮时调用的方法
function siliao(a) {
    EjectIdent('../siliao.html?uname=' + a, '', 308, 307); //弹出一个页面
    //添加“关闭”按钮
    $('#CloseCover').html('<img src="../img/X.png" style="margin-top:5px;margom-left:10px;" />');
}
```

上面的代码中弹出的是siliao.html页面，该页面就是发送私信页面，在该页面中主要有一个文本框标签和两个按钮标签，其布局代码如下：

<代码 21　　代码位置：光盘\Code\04\Bits\21.txt>

```
<body>
```

```
    <div style="height:40px;line-height:40px;padding-left:30px;font-size:17px;font-weight:800;background-image:url(img/tobg.png)">

    </div>
    <div>
<!—私信文本框-->
        <textarea id="sx" placeholder="<填写私信信息>" style="resize:none; width:305px;height:215px;font-size:16px;border:none;"></textarea>
    </div>
    <div style="position:absolute;bottom:1px;">
        <input type="button" class="fs" onclick="Send()" />      <!—发送私信-->
        <input type="button" class="quxiao" onclick="CloseBtn()" />  <!—关闭发送私信窗口-->
    </div>
</body>
```

下面添加siliao.html页面的样式代码，具体如下：

＜代码 22　　代码位置：光盘\Code\04\Bits\22.txt＞

```
<style>
    .quxiao {
        width: 150px;                                         /*宽度*/
        height: 40px;                                         /*高度*/
        background-image: url(img/取消.png);                  /*背景图片*/
        border: none;
    }
    .quxiao:hover {
    background-image: url(img/取消悬浮.png);                  /*背景图片*/
    }
    .fs {
        margin-left:2px;                                      /*距离左边的距离*/
        width: 150px;                                         /*宽度*/
        height: 40px;                                         /*高度*/
        background-image: url(img/发送.png);                  /*背景图片*/
        border: none;
    }
        .fs:hover {
        background-image: url(img/发送悬浮.png);              /*背景图片*/
        }
</style>
```

定义一个SendMsg()方法，用来在发送私信页面中设置发送人、接收人、要发送的私信内容，代码如下：

＜代码 23　　代码位置：光盘\Code\04\Bits\23.txt＞

```
/// <summary>
/// 发送信息
```

```
/// </summary>
/// <param name="context"></param>
public void SendMsg(HttpContext context)
{
    if (HttpContext.Current.Session["UserName"] == null)                //用户是否登录
    {
        context.Response.Write("{\"status\":\"-1\"}");                  //如果没有登录返回-1
        return;
    }
    //获取前台传递过来的朋友的用户名
    string FriendName = HttpContext.Current.Request.Form["FriendName"];
    string msgStr = HttpContext.Current.Request.Form["msgStr"];         //获取前台的信息
    MarriageMsg msg = new MarriageMsg();
    msg.Sender = HttpContext.Current.Session["UserName"].ToString();   //设置发送人
    msg.Accepter = FriendName;                                          //设置目标人
    msg.Msg = msgStr;                                                   //设置要发送的信息
    msg.MsgAdd(msg);                                                    //发送信息
    context.Response.Write("{\"status\":\"0\"}");
}
```

上面的代码中用到了MsgAdd()方法，该方法用来将要发送的相关信息写入到tb_Msg数据表中，从而实现发送信息的功能。MsgAdd()方法的代码如下：

<代码 24　　代码位置：光盘 \Code\04\Bits\24. txt>　（1115562010301104119. html）

代码解释

```
/// <summary>
/// 添加短消息到数据库
/// </summary>
/// <param name="msg"></param>
/// <returns></returns>
public int MsgAdd(MarriageMsg msg)
{
    SqlParameter[] parms ={
        data.MakeInParam("@Sender",SqlDbType.VarChar,100,msg.Sender),
        data.MakeInParam("@Accepter",SqlDbType.VarChar,100,msg.Accepter),
        data.MakeInParam("@Msg",SqlDbType.Text,0,msg.Msg),
    };                                                                  //设置SQL语句参数
    return data.RunProc("Insert into tb_Msg(Sender, Accepter,Msg) values (@Sender,
@Accepter,@Msg)", parms);                                               //执行SQL语句
}
```

4.7.5　查看站内信

用户登录后，单击“信息”按钮，可以查看个人的站内信，如图4.11所示。

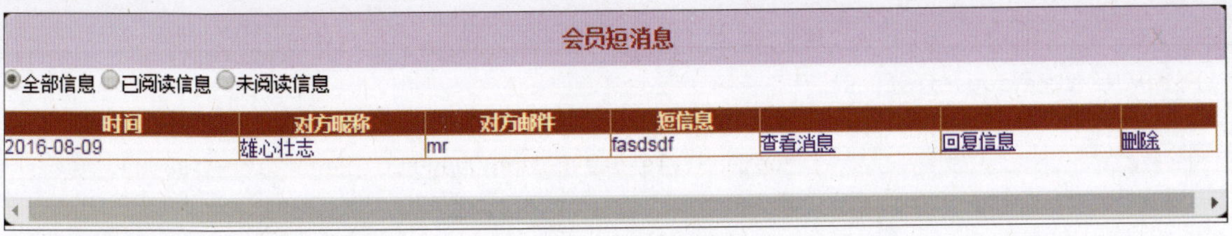

图 4.11　查看站内信

查看站内信页面是在FriendMsg.aspx中实现的，该页面使用Table+CSS进行布局，其布局代码如下：

< 代码 25　　代码位置：光盘 \Code\04\Bits\25.txt>

```
<table style="width: 795px; height: 338px" cellpadding="0" cellspacing="0"
align="center" bgcolor="#ffffff">
            <tr>
                <td align="center" bgcolor="#ffccff" class="cuhong" colspan="3"
style="height: 34px">会员短消息</td>
            </tr>
            <tr>
                <td colspan="3" style="height: 19px">
                    <!--单选按钮-->
                    <asp:RadioButton ID="rdoBtnAll" runat="server" AutoPostBack="True"
Checked="True"
                        GroupName="check" OnCheckedChanged= "rdoBtnAll_CheckedChanged"
Text="全部信息" />
                    <asp:RadioButton ID="rdoBtnTrue" runat="server" AutoPostBack="True"
GroupName="check"
                        OnCheckedChanged="rdoBtnTrue_CheckedChanged" Text="已阅读信息" />

                    <asp:RadioButton ID="rdoBtnFalse" runat="server"
AutoPostBack="True" GroupName="check"
                OnCheckedChanged="rdoBtnFalse_CheckedChanged" Text="未阅读信息" />
                  </td>
            </tr>
            <tr>
                <td colspan="3" style="height: 247px">
                    <!--显示所有信息的列表和翻页控件-->
                    <asp:GridView ID="GridView1" runat="server" AllowPaging="True"
AutoGenerateColumns="False"
                        BackColor="White" BorderColor="#CC9966" BorderStyle="None"
 BorderWidth="1px"
                        CellPadding="4" OnPageIndexChanging="GridView1_PageIndexChanging"
 OnRowDataBound="GridView1_RowDataBound"
                        OnRowDeleting="GridView1_RowDeleting" OnRowEditing=
"GridView1_RowEditing" OnSelectedIndexChanging="GridView1_SelectedIndexChanging"
                        PageSize="15" Width="783px">
```

```
                        <PagerSettings FirstPageText="第一页" LastPageText="末一页" Mode="NextPreviousFirstLast"
                            NextPageText="下一页" PreviousPageText="上一页" />
                        <FooterStyle BackColor="#FFFFCC" ForeColor="#330099" />
                        <Columns>
                            <asp:BoundField DataField="MsgDate" DataFormatString="{0:yyyy-MM-dd}" HeaderText="时间"
                                HtmlEncode="False" />
                            <asp:BoundField DataField="NickName" HeaderText="对方昵称" />
                            <asp:BoundField DataField="Sender" HeaderText="对方邮件" />
                            <asp:BoundField DataField="Msg" HeaderText="短信息" />
                            <asp:CommandField SelectText="查看消息" ShowSelectButton="True" />
                            <asp:CommandField EditText="回复信息" ShowEditButton="True" />
                            <asp:CommandField ShowDeleteButton="True" />
                        </Columns>
                        <RowStyle BackColor="White" ForeColor="#330099" />
                        <SelectedRowStyle BackColor="#FFCC66" Font-Bold="True" ForeColor="#663399" />
                        <PagerStyle BackColor="#FFFFCC" ForeColor="#330099" HorizontalAlign="Center" />
                        <HeaderStyle BackColor="#990000" Font-Bold="True" ForeColor="#FFFFCC" />
                    </asp:GridView>
                </td>
            </tr>
            <tr>
                <td colspan="3" style="vertical-align: top"></td>
            </tr>
        </table>
```

在FriendMsg.aspx页面的代码页中自定义一个BindGridView()方法，用于根据会员ID和设置的消息状态来查询会员短消息，并且绑定显示到GridView控件上。代码如下：

<代码 26　　代码位置：光盘 \Code\04\Bits\26.txt>　(1115562010301104120.html)

代码解释

```
private void BindGridView()
{
    msg.Accepter = Session["UserName"].ToString();              //获取用户名
    switch (CheckType)                                     //根据类型值来显示不同的短消息
    {
        case -1:
            GridView1.DataSource = msg.MsgSelectAccepterMsg(msg); //查询消息的方法
            GridView1.DataKeyNames = new string[] { "id" };          //设置控件的主键
            GridView1.DataBind();                                  //绑定数据到控件中
            break;
```

```
        case 0:
            GridView1.DataSource = msg.MsgSelectAccepterMsg(msg, false); //查询消息
            GridView1.DataKeyNames = new string[] { "id" };      //设置控件的主键
            GridView1.DataBind();                                //绑定数据到控件中
            break;
        case 1:
            GridView1.DataSource = msg.MsgSelectAccepterMsg(msg, true);  //查询消息
            GridView1.DataKeyNames = new string[] { "id" };      //设置控件的主键
            GridView1.DataBind();                                //绑定数据到控件中
            break;
    }
}
```

上面的代码中用到了一个MsgSelectAccepterMsg()方法，该方法为重载方法，它有两种重载形式，其中，第一种主要用来从v_msg视图中获取指定用户的站内信，代码如下：

<代码 27　　代码位置：光盘 \Code\04\Bits\27.txt>

```
/// <summary>
/// 获取接收者短信息
/// </summary>
/// <param name="msg"></param>
/// <returns></returns>
public DataSet MsgSelectAccepterMsg(MarriageMsg msg)
{
    SqlParameter[] parms ={
        data.MakeInParam("@Accepter",SqlDbType.VarChar,100,msg.Accepter),
    };                                                    //SQL语句的参数
    return data.RunProcReturn("SELECT * FROM v_msg where Accepter=@Accepter order by id 
desc", parms, "v_msg");                                   //执行SQL语句
}
```

MsgSelectAccepterMsg()方法的第二种重载形式，用来从v_msg视图中获取用户已阅读或者未阅读的站内信，代码如下：

<代码 28　　代码位置：光盘 \Code\04\Bits\28.txt>

```
/// <summary>
/// 获取接收者短信息
/// </summary>
/// <param name="msg">信息实例对象</param>
/// <param name="CheckRead">True已阅读  False未阅读</param>
/// <returns></returns>
public DataSet MsgSelectAccepterMsg(MarriageMsg msg, bool CheckRead)
{
    SqlParameter[] parms ={
        data.MakeInParam("@Accepter",SqlDbType.VarChar,100,msg.Accepter),
```

```
        data.MakeInParam("@CheckRead",SqlDbType.Bit,1,CheckRead),
    };                                                                  //SQL语句的参数
    return data.RunProcReturn("SELECT * FROM v_msg where Accepter=@Accepter and
CheckRead=@CheckRead  order by id desc", parms, "v_msg");              //执行SQL语句
}
```

在GridView控件中单击“查看消息”超链接，触发SelectedIndexChanging事件，在SelectedIndex-Changing事件中获取要查看的消息ID，并将页面跳转到MsgShow.aspx页面。代码如下：

<代码 29　　代码位置：光盘 \Code\04\Bits\29. txt>　（1115562010301104121. html）

```
//查看消息
protected void GridView1_SelectedIndexChanging(object sender, GridViewSelectEventArgs e)
{
    string id = GridView1.DataKeys[e.NewSelectedIndex].Value.ToString();//获取主键ID值
    int u = msg.MsgUpdate(id);                                          //修改阅读状态
    Session["MsgID"] = id;
    Response.Write("<script>window.open('MsgShow.aspx','','height=600, width=800,
top=200, left=200')</script>");
    Response.Write("<script>history.go(-1)</script>");
}
```

代码解释

查看消息的详细信息功能是在MsgShow.aspx页面中实现的，在该页面的加载事件中，首先根据消息ID获取要查看的消息，然后分别进行显示，代码如下：

<代码 30　　代码位置：光盘 \Code\04\Bits\30. txt>

```
protected void Page_Load(object sender, EventArgs e)
{
    DataSet dsMsg = msg.MsgSelectID(Session["MsgID"].ToString());      //根据消息ID查询数据
    txtMsg.Text = dsMsg.Tables[0].Rows[0]["msg"].ToString();           //显示消息内容
    string UserName = dsMsg.Tables[0].Rows[0][2].ToString();           //记录用户名
    FriendName = dsMsg.Tables[0].Rows[0][1].ToString();                //记录好友姓名
    //显示用户的昵称
    DataSet dsUser = login.SelectUser(UserName);
    imgUser.ImageUrl = "../" + "../" + dsUser.Tables[0].Rows[0]["PhotoPath"].ToString();
    lblUserNick.Text = dsUser.Tables[0].Rows[0]["NickName"].ToString();
    //显示好友的昵称
    DataSet dsFriend = login.SelectUser(FriendName);
    imgFriend.ImageUrl = "../"+ "../" + dsFriend.Tables[0].Rows[0]["PhotoPath"].ToString();
    lblFriendNick.Text = dsFriend.Tables[0].Rows[0]["NickName"].ToString();
}
```

4.7.6　用户自定义头像的实现

在首页中，单击上传头像，将调用fileUp()方法实现上传用户头像的功能，fileUp()方法是一个自定义的JavaScript方法，它主要使用Ajax表单提交的方式，提交到处理页中，这样可以防止页面刷新，fileUp()方法的代码如下：

〈代码 31　　代码位置：光盘 \Code\04\Bits\31.txt〉

```
//上传照片
function fileUp() {
//提交id为form1的表单，提交到UploadImage.ashx页面，提交方式为POST
$("#form1").ajaxSubmit({
    url: 'UploadImage.ashx',
    type: "post",
    success: function (data) {
    //如果从后台返回的不是“上传失败”，则隐藏设置图片的路径，在2000毫秒以内，进行动画显示
    if (data != "上传失败") {                                        //修改属性
        $("#previewImage").attr("src", "../../uploadimages/" + data).hide().fadeIn(2000);
    }
    else {
        alert("上传失败");                                           //提示信息
    }
}
});
}
```

上面的代码中用到了UploadImage.ashx代码页，在该页面的ProcessRequest()方法中，首先获取接收内容的类型和内容，然后判断如果有文件传递，则将该文件上传到指定的路径，并将该路径保存到相应的数据表中。代码如下：

〈代码 32　　代码位置：光盘 \Code\04\Bits\32.txt〉（ 1115562010301104122.html）

代码解释

```
public void ProcessRequest(HttpContext context)
{
    try
    {
        context.Response.ContentType = "text/plain";                  //设置接收类型
        HttpPostedFile file = context.Request.Files[0];               //获取前台返回的文件
        if (file != null)                                             //如果前台返回文件
        {
            string path = context.Server.MapPath("~/uploadimages/");  //图片保存的路径
            string folder = DateTime.Now.ToString("yyyyMMdd");//每天上传的保存图片的文件夹
            if (!System.IO.Directory.Exists(path + folder))  //如果文件夹不存在，则创建
            {
                System.IO.Directory.CreateDirectory(path + folder);  //创建文件夹
            }
            //上传图片的扩展名
            string type = file.FileName.Substring(file.FileName.LastIndexOf('.'));
            string saveName = Guid.NewGuid().ToString() + type;       //保存图片的文件名
            file.SaveAs(path + folder + "/" + saveName);              //保存图片
            context.Response.Write(folder + "/" + saveName);          //返回名称和路径
            string filenames = "uploadimages/" + folder + "/" + saveName;//设置文件名和路径
```

```
            string userName = HttpContext.Current.Session["UserName"].ToString();//获取用户名
                string sql = "update tb_User set PhotoPath='" + filenames + "' where UserName='" + userName + "'";                         //修改头像
                DataBase data = new DataBase();                                 //插入到数据库中
                data.RunProc(sql);
            }
        }
        catch
        { }
    }
```

搜索一下 相对路径和绝对路径的区别。

4.7.7 添加站内好友

在千寻网的首页中单击某用户的头像，可以查看其详细信息，如图4.12所示，在个人详细信息页面中，单击“添加好友”按钮，即可将其添加为自己的好友。

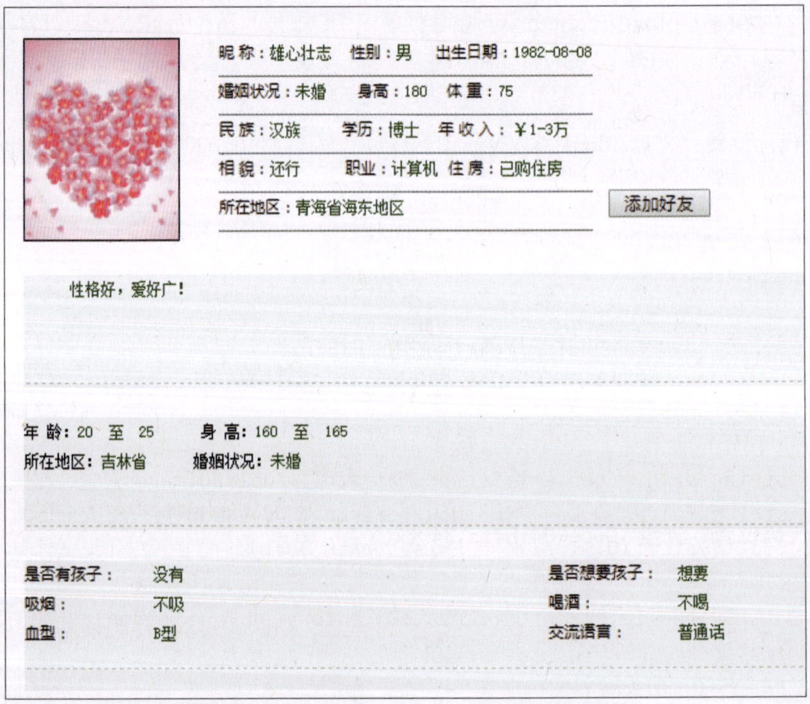

图 4.12　查看指定用户详细信息页面

查看指定用户详细信息页面是在FriendDetail.aspx代码页中实现的，在该页面中首先定义一个JavaScript方法，命名为addF()，该方法主要在单击“添加好友”时执行，判断用户是否登录，如果未登录或者已经是好友，弹出相应的信息提示；如果已经登录但不是好友，则提示添加好友成功。addF()方法代码如下：

＜代码 33　　代码位置：光盘 \Code\04\Bits\33. txt＞　（1115562010301104123. html）

代码解释

```
function addF() {
        var f = getQueryString('uname');                         //获取连接参数
        var pd = { "t": "10", "txtUserName": f };                //向后台传递的参数
        $.ajax({
            type: "post",
            url: "../tools/Handler.ashx",
            data: pd,
            dataType: "json",
            success: function (data) {
                if (data.status == "-1") {
                    alert('请登录');                                //弹出提示
                }
                else if (data.status == "-2") {
                    alert('已经添加过了');
                }
                else {
                    alert('添加好友成功');
                    window.parent.SelectF();
                    //关闭本窗体
                    var close = $('#CloseCover', parent.document);
                    $('#coverDiv', parent.document).remove();
                    $(close).parent().parent().remove();
                }
            },
            error: function (XMLHttpRequest, textStatus, errorThrown) {
            }
        });
    }
```

在Handler.ashx处理文件中定义一个AddFrend()方法，用来实现添加好友的功能。具体实现时，首先验证用户是否已经登录，然后获取当前登录用户和要添加的好友，并将获取到的数据传递到数据访问层，调用SelectFriend()方法判断是否已经是好友，如果不是，则调用FriendAdd()方法添加好友。AddFrend()方法代码如下：

＜代码 34　　代码位置：光盘 \Code\04\Bits\34. txt＞

```
/// <summary>
/// 添加好友
/// </summary>
/// <param name="context"></param>
public void AddFrend(HttpContext context)
{
    if (HttpContext.Current.Session["UserName"] == null)        //是否登录
    {
        context.Response.Write("{\"status\":\"-1\"}");            //如果没有登录，返回-1
```

```
            return;                                             //阻止方法向下进行
        }
        MarriageFriend friend = new MarriageFriend();
        //获取前台传递过来的好友的用户名
        string txtUserName = HttpContext.Current.Request.Form["txtUserName"];
        //获取当前所登录的用户
        friend.UserName = HttpContext.Current.Session["UserName"].ToString();
        friend.FriendName = txtUserName;                        //设置好友用户名
        if (friend.SelectFriend(friend).Tables[0].Rows.Count > 0) //查询是否已经添加好友了
        {
            context.Response.Write("{\"status\":\"-2\"}");      //如果已经添加了，返回-2
            return;
        }
        else
        {
            int i = friend.FriendAdd(friend);                   //添加好友
            context.Response.Write("{\"status\":\"0\"}");       //添加好友成功，返回0
        }
    }
```

上面的代码中用到了SelectFriend()方法和FriendAdd()方法，其中，SelectFriend()方法是在数据访问层中的MarriageFriend类中定义的，主要用来查询该用户是否已经将其加为好友。代码如下：

<代码 35　代码位置：光盘 \Code\04\Bits\35.txt>

```
/// <summary>
/// 查询该用户是否已经将其加为好友
/// </summary>
/// <param name="friend"></param>
/// <returns></returns>
public DataSet SelectFriend(MarriageFriend friend)
{
    SqlParameter[] parms ={
        data.MakeInParam("@UserName",SqlDbType.VarChar,100,friend.UserName),
        data.MakeInParam("@FriendName",SqlDbType.VarChar,100,friend.FriendName),
    };                                                          //SQL语句的参数
    return data.RunProcReturn("SELECT * FROM tb_Friend WHERE (UserName = @UserName ) AND (FriendName =  @FriendName )", parms, "tb_User");   //执行SQL语句
}
```

FriendAdd()方法也是在数据访问层的MarriageFriend类中定义的，主要用来实现添加好友的功能。代码如下：

<代码 36　代码位置：光盘 \Code\04\Bits\36.txt>

```
/// <summary>
/// 加为好友
/// </summary>
```

```
/// <param name="friend"></param>
/// <returns></returns>
public int FriendAdd(MarriageFriend friend)
{
    SqlParameter[] parms ={
        data.MakeInParam("@UserName",SqlDbType.VarChar,100,friend.UserName),
        data.MakeInParam("@FriendName",SqlDbType.VarChar,100,friend.FriendName),
    };
    return data.RunProc("Insert into tb_Friend(UserName, FriendName) values (@UserName, @FriendName)", parms);
}
```

4.7.8　计算匹配指数

千寻网首页的注册用户列表上，每个人旁边有一个圆圈，该圆圈上的进度显示的是这个人和当前登录用户的匹配指数，如图4.13所示。

图 4.13　匹配指数

用户的匹配指数是网站自动计算的，主要计算依据是判断用户的地区、年龄、身高和婚姻状态等数据是否符合当前登录用户的择偶标准。计算用户匹配指数的关键代码如下：

＜代码 37　　代码位置：光盘\Code\04\Bits\37.txt＞

```
//多一个增加25%
var tdz = item.Address;                                          //地区
var tage = new Date().getYear() - new Date(item.BirthDay).getYear(); //年龄
var tsg = item.Stature;                                          //身高
var thyzt = item.Marriage;                                       //婚姻状态
var s = 0;
var bgimg = '25.png';
if (tdz == adr) {
    s += 25;                                                     //判断地区
    bgimg = '25.png';
}
if (tage >= parseInt(Sage) && tage <= parseInt(Eage)) {           //判断年龄
    s += 25;
}
if (tsg >= parseInt(Ssg) && tsg <= parseInt(Esg)) {               //判断身高
```

```
    s += 25;
}
if (hyzt == thyzt) {                                            //判断婚姻状态
    s += 25;
}
//根据计算所得数据，显示相应的百分比图片
if (s == 50) {
    bgimg = '50.png';
}
if (s == 75) {
    bgimg = '75.png';
}
if (s == 100) {
    bgimg = '100.png';
}
```

4.8 本章总结

下面通过一个思维导图对本章所讲模块及主要知识点进行总结，如图4.14所示。

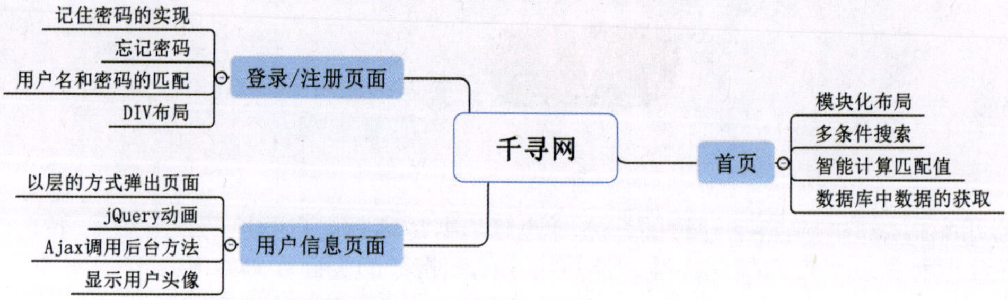

图 4.14　千寻网知识点总结

第 5 章

51 购商城

（ASP.NET + jQuery + XML 技术实现）

购物网站为买卖双方交易提供了便捷的平台，卖家可以在网站上发布其想出售商品的信息，买家可以从中选择并购买自己需要的物品。本章将使用 ASP.NET+SQL Server 技术开发一个简单的电子商务类网站——51 购商城，通过本章学习，你将学到：

- jQuery 基本应用
- JSON数据的解析
- 网站轮播图的实现
- 电子商务类网站的实现流程
- ADO.NET操作数据库
- 网站后台管理功能的实现
- XML文件的读取与写入

预备知识导图

界面预览

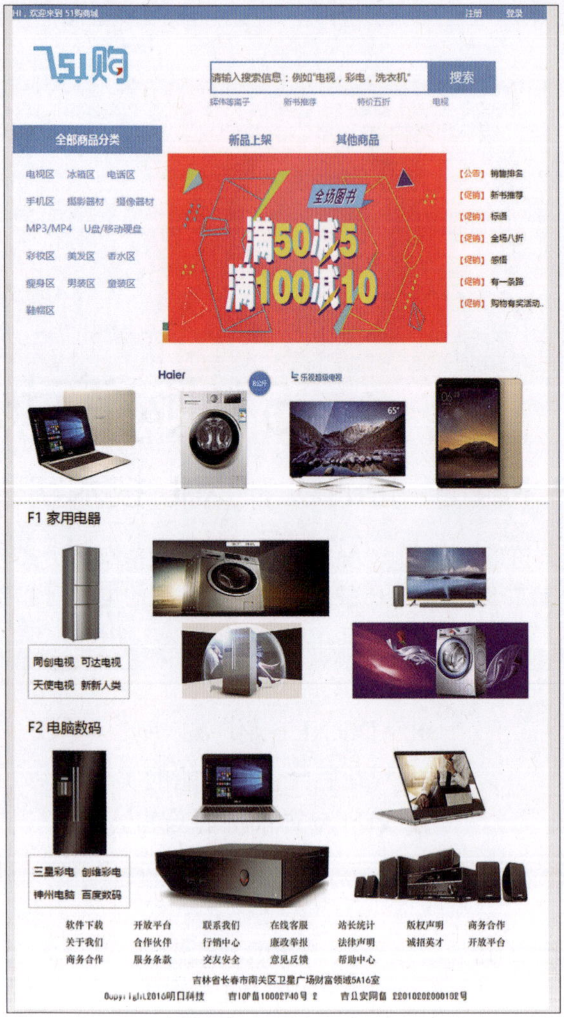

51 购商城首页（P296）

购买查看物品（见光盘）

后台管理模块界面（P327）

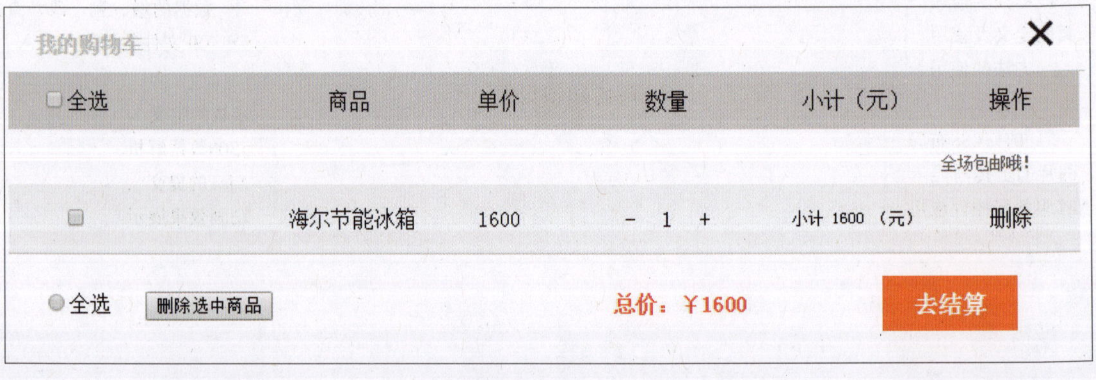

购物车（P313）

项目功能应用技术预览

轮播图（P288）

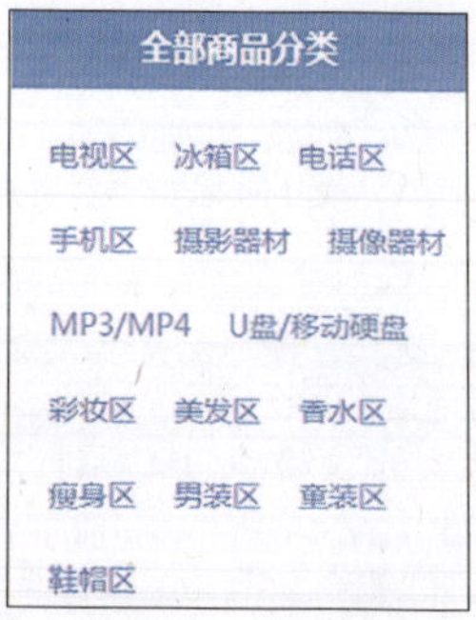

商品分类（P301）

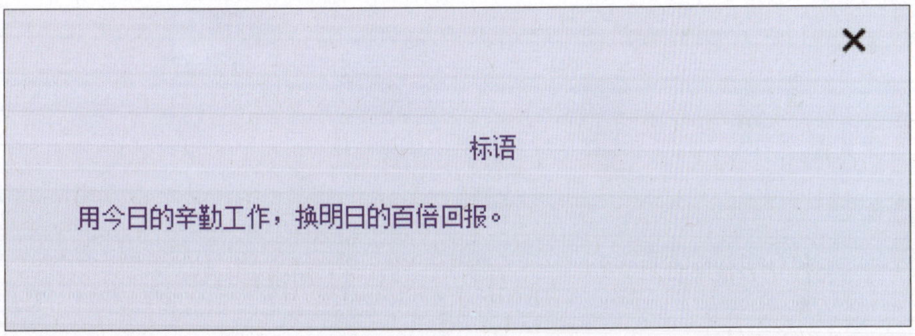

显示公告详细信息（P304）

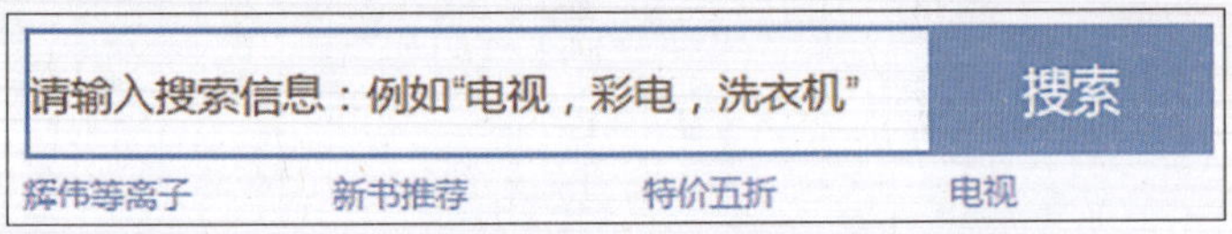

搜索商品（P306）

5.1 开发背景

购物网站已经和大家的日常生活密不可分，只要有网络和相关设备就可以随时选购自己需要的商品，并且可以享受商品送货上门的服务。虽然国内已经有很多的购物网站，但是没有一个网站可以把自己的制作细节展示给大家。本章将使用ASP.NET开发一个购物网站，并详细介绍开发时需要了解和掌握的相关开发细节，本网站开发细节设计如图5.1所示。

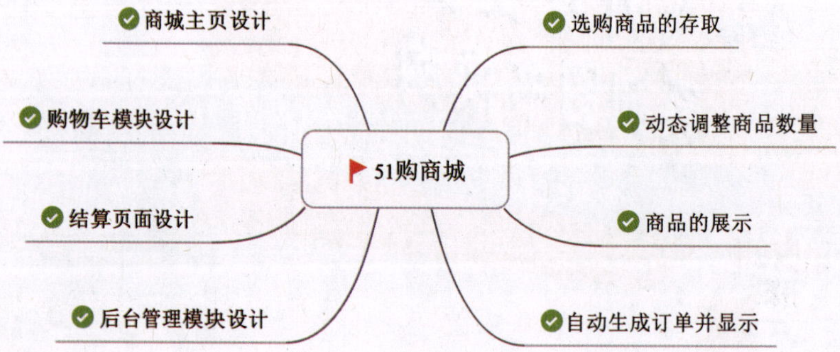

图 5.1　51 购商城开发细节

5.2 系统功能设计

5.2.1 系统功能结构

51购商城的功能结构如图5.2所示。

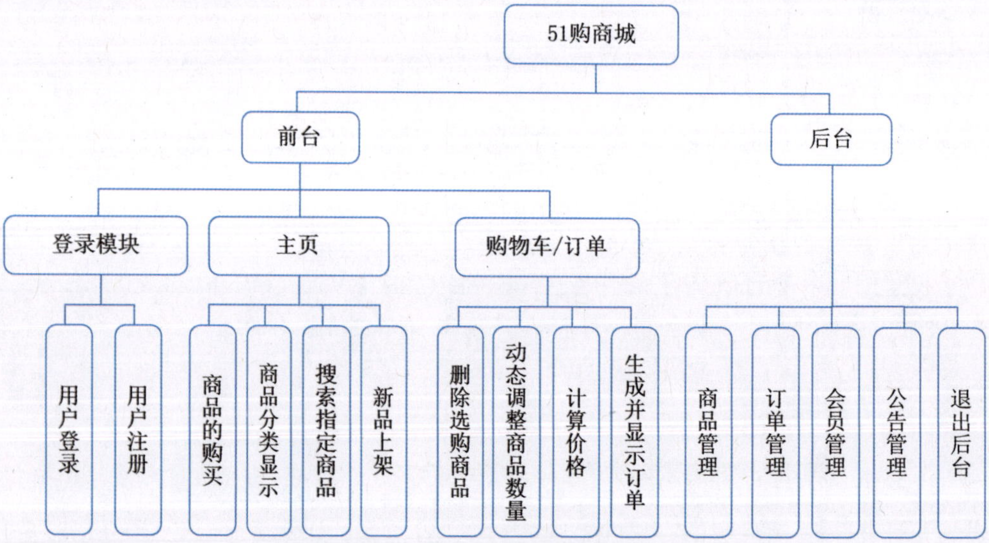

图 5.2　51 购商城系统功能结构图

5.2.2　系统业务流程

51购商城的业务流程如图5.3所示。

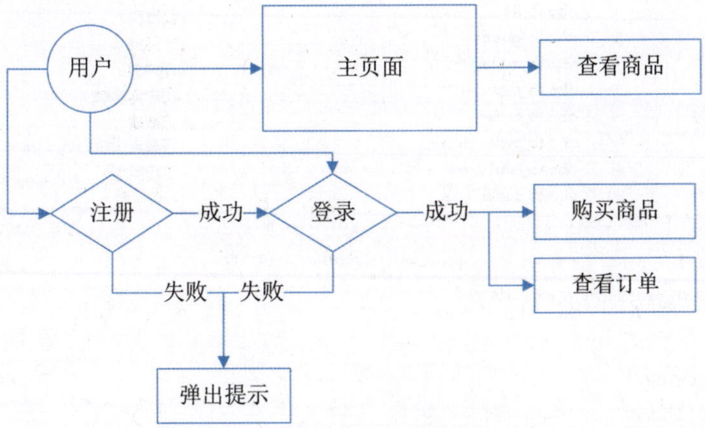

图 5.3　51 购商城系统业务流程图

5.3　系统开发环境要求

1．网站开发环境

☑ 网站开发环境：Visual Studio 2015 免费社区版。
☑ 网站开发语言：ASP.NET，C#。
☑ 网站后台数据库：SQL Server 2014。
☑ 开发环境运行平台：Windows 7（SP1）以上。

2．服务器端

☑ 操作系统：Windows 7（SP1）以上。
☑ Web服务器：IIS 7.0以上版本。
☑ 数据库服务器：SQL Server 2014。
☑ 浏览器：Internet Explorer 9.0以上版本。
☑ 网站服务器运行环境：Microsoft .NET Framework v4.0以上。

3．客户端

☑ 浏览器：Internet Explorer 9.0以上版本。
☑ 分辨率：最佳效果1280×720像素（宽屏）。

5.4　数据库设计

本网站使用SQL Server 2014数据库，该数据库可以存储庞大的数据。本章的数据库名称为db_NetShop，共包含10张数据表，其结构如图5.4所示。

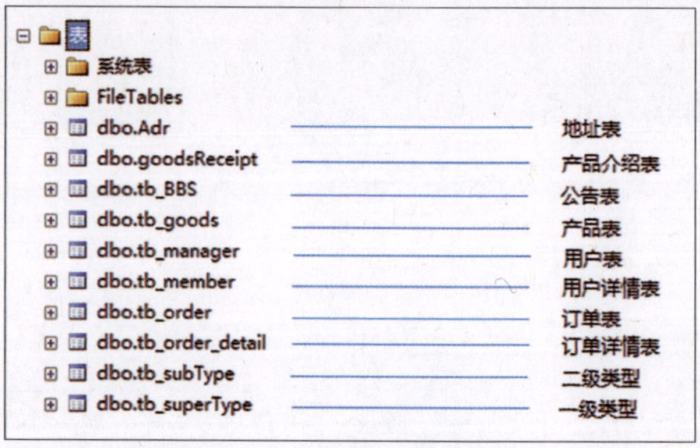

图 5.4　数据库结构

下面对重要的数据表的结构进行讲解。

1. 产品表（tb_goods）

产品表结构如表5.1所示。

表 5.1　产品表（tb_goods）

字段名称	描述	字段类型	是否为空
ID	产品 ID	bigint	否
typeID	类型 ID	int	否
goodsName	产品名称	varchar(20)	否
introduce	产品描述	text	是
price	原始价格	float	否
nowPrice	最新价格	float	是
picture	图片	vachar(100)	是
INTime	添加时间	datetime	否
newGoods	是否是最新商品	int	否

2. 用户详情表（tb_member）

用户详情表结构如表5.2所示。

表 5.2　用户详情表（tb_member）

字段名称	描述	字段类型	是否为空
ID	用户 ID	int	否
userName	用户名	varchar(20)	否
trueName	真实姓名	varchar(20)	否

续表

字段名称	描述	字段类型	是否为空
passWord	密码	varchar(20)	否
city	城市	varchar(20)	否
address	地址	varchar(100)	否
postcode	邮编	varchar(6)	否
cardNO	证件号码	varchar(24)	是
cardType	证件类型	varchar(20)	是
tel	电话	varchar(20)	是
email	邮箱	varchar(100)	否

3. 订单表（tb_order）

订单表结构如表5.3所示。

表 5.3　订单表（tb_order）

字段名称	描述	字段类型	是否为空
OrderID	订单 ID	bigint	否
username	用户名	varchar(15)	否
pay	付款方式	varchar(20)	否
carry	邮寄方式	varchar(20)	否
OrderDate	订单时间	smalldatetime	否
Enforce	是否已经发货	int	是
bz	备注	varchar(200)	否

4. 订单详情表（tb_order_detail）

订单详情表结构如表5.4所示。

表 5.4　订单详情表（tb_order_detail）

字段名称	描述	字段类型	是否为空
ID	订单表 ID	bigint	否
orderID	订单 ID	bigint	否
goodsID	产品 ID	bigint	否

5

续表

字段名称	描述	字段类型	是否为空
price	价格	float	否
number	数量	int	否

5.5　51 购商城首页设计

当用户访问51购商城时，首先进入的便是前台“首页”。前台首页设计的美观程度将直接影响用户的购买欲望。在51购商城的前台首页中，用户不但可以查看最新上架、各种分类的商品信息，还可以及时了解商城推出的最新活动或者广告。51购商城前台首页的运行结果如图5.5所示。

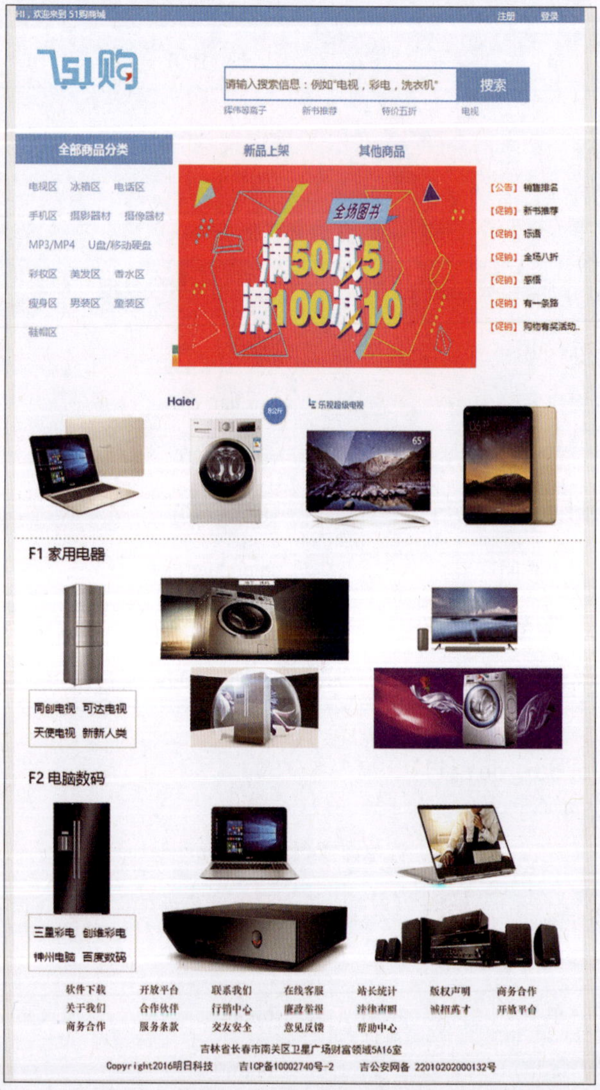

图 5.5　51 购商城首页

5.5.1　首页 Banner 设计

51购商城的前台首页Banner主要包括欢迎语句、用户信息、网站Logo和搜索栏等几部分，其布局代码如下：

〈代码 01　　代码位置：光盘 \Code\05\Bits\01.txt〉

```
<div style="background-image: url(image/KCM/NET电子商务网站首页_05.gif); width: 790px; height: 172px;">
    <div style="width: 100%; height: 20px;">
<!--显示欢迎语句-->
        <div style="color: #fff; width: 260px; float: left; margin-top: 3px;">Hi, 欢迎来到51购商城</div>
<!--显示退出功能-->
        <div id="outBtn" style="color: #fff; width: 60px; float: right; margin-top: 3px; cursor: pointer;" onclick="Out()">退出</div>
<!--显示登录功能-->
        <div id="loginBtn" style="color: #fff; width: 60px; float: right; margin-top: 3px; cursor: pointer;" onclick="ClickLogin()">登录</div>
<!--显示用户名-->
        <div id="userNameBtn" style="color: #fff; width: 60px; float: right; margin-top: 3px; cursor: pointer;" onclick="User()">用户名</div>
<!--显示注册-->
        <div id="regBtn" style="color: #fff; width: 60px; float: right; margin-top: 3px; cursor: pointer;" onclick="ClickReg()">注册</div>
<!--显示我的订单-->
        <div id="dingdanBtn" style="color: #fff; width: 60px; float: right; margin-top: 3px; cursor: pointer;" onclick="ClickOrder()">我的订单</div>
<!--显示购物车-->
        <div id="carBtn" style="color: #fff; width: 60px; float: right; margin-top: 3px; cursor: pointer;" onclick="shoppC()">购物车</div>
<!--显示客服中心-->
        <div id="kefuBtn" style="color: #fff; width: 60px; float: right; margin-top: 3px; cursor: pointer;" onclick="ceneter()">客服中心</div>
    </div>
        <div style="width: 100%; height: 50px;">
            <div style="width: 220px; height: 50px; float: left; margin-top: 60px; margin-left: 45px;">
            <div style="color: #fff; font-size: 20px; font-weight: 900;">DIANZISHANGWU</div>
            <div style="color: #fff; font-size: 20px; font-weight: 900;">电子商务中心</div>
        </div>
<!--显示查询文本框-->
        <div style="width: 500px; height: 50px; float: right; margin-top: 60px;">
            <input id="strSelect" type="text" style="height: 40px; width: 320px; float: left; font-size: 15px;" placeholder="请输入搜索信息：例如"电视，彩电，洗衣机"" />
```

```
            <input type="button" value="搜索" style="float: left; height: 46px; width: 100px; border: none; font-size: 18px; color: white; background-color: rgb(255, 106, 0)" onclick="Clickselect()" />
        </div>
        <div style="width: 500px; height: 20px; float: right; margin-top: 0px;">
            <div style="float: left; color: white; width: 110px;">辉伟等离子</div>
            <div style="float: left; color: white; width: 110px;">新书推荐</div>
            <div style="float: left; color: white; width: 110px;">特价五折</div>
            <div style="float: left; color: white; width: 110px;">电视</div>
        </div>
    </div>
</div>
```

5.5.2 轮播图显示

在首页的Banner下面以轮播图的方式展示商城的最新活动及热门商品，轮播图的具体功能为：鼠标经过图片时，下面会显示4张图片，用户可以进行单击选择图片。轮播图效果如图5.6所示。

图 5.6　首页轮播图效果

轮播图主要展示4张图片，其布局代码如下：

<代码 02　　代码位置：光盘 \Code\05\Bits\02.txt>

```
<div style="width: 420px; height: 270px; float: left;">
        <!--图片循环-->
        <div id="lb" style="width: 420px; height: 270px; position: relative; overflow: hidden; text-overflow: clip;">
        <ul>
            <li>
```

```
                <img src="OrderImg/1.jpg" /></li>
            <li>
                <img src="OrderImg/2.jpg" /></li>
            <li>
                <img src="OrderImg/3.jpg" /></li>
            <li>
                <img src="OrderImg/4.jpg" /></li>
        </ul>
        <div class="imgbanner">
            <div class="imgbannerDiv">
                <img src="OrderImg/1.jpg" />
                <img src="OrderImg/2.jpg" />
                <img src="OrderImg/3.jpg" />
                <img src="OrderImg/4.jpg" />
            </div>
        </div>
    </div>
</div>
```

轮播图布局完成后，4张轮播图是静态的，这时需要使用CSS+JavaScript控制轮播图的样式和移入、移出动画。首先，使用CSS控制轮播图样式，代码如下：

<代码 03　　代码位置：光盘 \Code\05\Bits\03.txt>

```
/*轮播用的*/
.imgbanner {
    position: absolute;                                    /*位置*/
    top: 320px;                                            /*x坐标*/
    left: 0px;                                             /*y坐标*/
    background-color: rgba(255,255,255,.4);                /*背景颜色*/
    height: 75px;                                          /*高度*/
    width: 100%;                                           /*宽度*/
}
.imgbannerDiv {
    padding-left: 20px;                                    /*距离左边的距离*/
}
    .imgbannerDiv img {
        width: 70px;                                       /*宽度*/
        height: 70px;                                      /*高度*/
        margin: 2px 10px;                                  /*距离外边界的距离*/
        cursor: pointer;                                   /*鼠标经过显示手型*/
    }
/*轮播用的 END*/
```

然后，定义一个JavaScript方法，命名为lb()，主要用来实现动态播放轮播图和轮播图上的鼠标移入、移出效果。lb()方法的代码如下：

<代码 04　　代码位置：光盘\Code\05\Bits\04.txt>　（1115562010301105111.html）

代码解释

```
//轮播图片
function lb() {
    var DeTime = 3000;                                          //设置图片之间的等待时间
    var ClickDeTime = 0;                                        //单击等待时间（自动设定）
    var listImg = $('#lb ul li');                               //图片集合
    listImg.css('list-style-type', 'none');
    var maxWidth = $('#lb').width();                            //最大宽度
    var maxHeight = $('#lb').height();                          //最大高度
    $('#lb ul li img').css('height', maxHeight + "px");         //设置图片大小
    $('#lb ul li img').css('width', maxWidth + "px");
    listImg.css("position", "absolute");
    listImg.css('top', '0');
    listImg.css('left', 0);
    var animateIndex = listImg.length - 1;                      //记录动画当前index
    var imgAnimate = window.setInterval(function () {           //设置动画效果
        if (ClickDeTime > 0) {
            ClickDeTime -= DeTime;
            return;
        }
        $('#lb ul li:last-child').animate({ "left": maxWidth + "px" }, 1000, function () {
            var temp = $(this).clone();                         //复制一个动画
            $(this).remove();                                   //移出这个动画
            temp.css('left', '0');                              //设置这个动画到左边的距离
            $('#lb ul').prepend(temp);                          //获取下一个对象
            animateIndex--;
            if (animateIndex < 0) {
                animateIndex = listImg.length - 1;
            }
        })
    }, DeTime);
    //鼠标经过div显示导航
    var bennerTop = maxHeight - $('.imgbanner').height();
    $('#lb').mouseover(function () {                            //优化动画效果
        $('.imgbanner').stop(true, false).animate({ 'top': bennerTop + "px" }, 600);
    }).mouseout(function () {                                   //优化动画效果
        $('.imgbanner').stop(true, false).animate({ 'top': maxWidth + "px" }, 600);
    });
    //导航信息中添加单击事件
    $('.imgbannerDiv img').click(function () {
        var index = $(this).index();
        $('#lb ul li:last-child').stop(true, true);             //停止动画
        var Aint = animateIndex + 1 + (listImg.length - 1) - index; //获得运行次数
        for (var i = 0; i < Aint; i++) {
```

```
            var temp = $('#lb ul li:last-child').clone();          //复制一个动画
            $('#lb ul li:last-child').remove();                    //移出这个动画
            $('#lb ul').prepend(temp);                             //获取下一个动画
            animateIndex--;
            if (animateIndex < 0) {
                animateIndex = listImg.length - 1;
            }
            ClickDeTime = DeTime;
        }
        window.setInterval(imgAnimate);                            //动画开始运行
    });
}

//鼠标经过商品类型时运行动画
function MouseInPro() {
    var timeover = null;
    var timeout = null;
    $('#ContentPro div').mousemove(function () {
        var img = $(this).children('img');                         //获取所有的img标签
        img.stop(false, false).animate({ "left": "0px" }, 260);    //优化动画
    });
    $('#ContentPro div').mouseout(function () {
        var img = $(this).children('img');                         //获取所有的img标签
        img.stop(false, false).animate({ "left": "-165px" }, 260); //优化动画
    });
}
```

5.5.3　显示全部商品分类

在51购商城的首页会显示所有的商品分类，用户可以根据分类查看指定类型的商品列表。商品分类导航如图5.7所示。

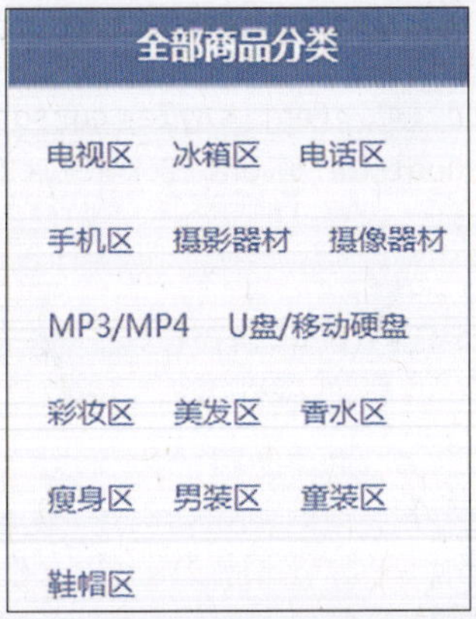

图 5.7　商品分类

5

商品分类导航是通过一个div显示的，其布局代码如下：

```
<div id="lx" style="background-color: rgb(255, 183, 104); width: 220px; height: 270px; float: left;">
<%--类型显示地方--%>
</div>
```

定义一个GetType()方法，该方法通过Ajax技术将参数传递到后台，并在后台获取参数，进行查询，最后将查询的数据传递到前台，从而控制显示和输出。GetType()方法的代码如下：

<代码 05　　代码位置：光盘\Code\05\Bits\05.txt>　（1115562010301105112.html）

```
//获取类型
 function GetType() {
     var pd = { "t": "SelectType" };                        //设置需要向后台传递的值
     $.ajax({
         type: "post",
         url: "tools/Handler.ashx",
         data: pd,
         dataType: "json",
         success: function (data) {
             if (data.status != "-1") {
                 var dataobj = eval("(" + data.status + ")");  //格式化后台传递过来的值
                 $('#lx').empty();                            //清空显示类型区域的内容
                 var tagtypeStr = '-99';                      //当前类型
                 var tagstr = '';                             //当前文本
                 var o = 1;
                 $.each(dataobj.root, function (i, item) {
                     var title = item.TypeName;               //显示文本
                     var values = item.ID;                    //值
                     var typeStr = item.superType;            //类型
                     if (tagstr == '') {
                         tagtypeStr = typeStr;
                     }
                     if (tagtypeStr == typeStr) {
                         tagstr += "<font style='cursor:pointer;margin-left:18px;margin-top:20px;display:block;float:left' onclick='ClickType(" + values + ")'>" + title + "</font>";
                             o++;
                             if (o == 4) {
                                 tagstr += "<br />";
                                 o = 1;
                             }
                         }
                         else {
```

```
                                    $('#lx').append('<div style="margin-left: 1px;
font-size: 14px; color: rgb(92, 92, 92)">' + tagstr + '</div>');
                            tagtypeStr = '-99';
                            tagstr = '';
                        }
                    });
                }
            },
            error: function (XMLHttpRequest, textStatus, errorThrown) {
            }
        });
}
```

代码05中，查询商品类型功能是通过后台的SelectType()方法实现的，在该方法中，通过执行SQL语句获取商品类型，并将获取到的数据转换为JSON格式的字符串，返回到前台。SelectType()方法的代码如下：

<代码 06　　代码位置：光盘 \Code\05\Bits\06.txt>　（1115562010301105113.html）

```
/// <summary>
/// 查询类型
/// </summary>
/// <param name="context"></param>
public void SelectType(HttpContext context)
{
    string sql = "select tb_subtype.*,tb_supertype.TypeName as ClassName from
tb_subtype,tb_supertype where tb_subtype.superType=tb_supertype.ID"; //SQL语句
    DataSet dssuper = DataBase.ReDataSet(sql);                  //执行SQL语句
    DataTable dt = dssuper.Tables[0];                           //提取查询出来的表
    if (dt.Rows.Count > 0)
    {
        string json = f.ToJson(dt);                    //把表格式化成JSON格式的字符串
        json = json.Replace("\"", "\\\"");                      //替换非法字符
        context.Response.Write("{\"status\":\"" + json + "\"}");
    }
    else
    {
        context.Response.Write("{\"status\":\"-1\"}");
    }
}
```

代码解释

5.5.4　显示边栏促销和公告

51购商城的首页中，在轮播图的右侧会显示公告列表，如图5.8所示。

5

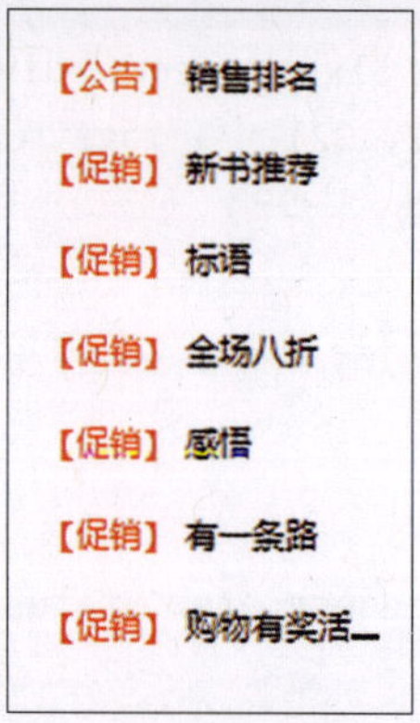

图 5.8　显示公告列表

单击其中一个公告或者促销时，弹出显示公告详细信息的窗口，如图5.9所示。

图 5.9　显示公告详细信息

公告列表部分使用DIV+CSS进行布局，其布局代码如下：

<代码 07　　代码位置：光盘 \Code\05\Bits\07.txt>

```
<div style="width: 150px; height: 300px; float: left;">
    <div id="gg" style="border: 1px solid rgb(194, 194, 194); height: 240px; width: 140px; border-radius: 10px; margin-left: 5px; margin-top: 20px;">
        <div style="margin-top: 15px; margin-left: 10px; cursor: pointer;" onclick="Clickph()"><font style="color: rgb(255, 106, 0)">【公告】</font> 销售排名</div>
    </div>
</div>
```

显示所有公告的功能是通过一个JavaScript方法实现的，方法的名称为GetBBS()，它主要用来从后台获取JSON字符串，并进行解析，显示到前台的指定位置。GetBBS()方法的代码如下：

<代码 08　　代码位置：光盘 \Code\05\Bits\08.txt>

```
//获取公告
function GetBBS() {
    var pd = { "t": "GetBBs" };                              //传递到后台的参数
    $.ajax({
        type: "post",
        url: "tools/Handler.ashx",
        data: pd,
        dataType: "json",
        success: function (data) {
            if (data.status != "-1") {
```

```
                var dataobj = eval("(" + data.status + ")");   //格式化数据
                $.each(dataobj.root, function (i, item) {
                    var html = '<div style="margin-top: 15px; margin-left: 10px;cursor:
pointer;white-space:nowrap; text-overflow:ellipsis;overflow:hidden;" onclick="clickBBs(\"
+ item.ID + '\')"><font style="color:#ff3300">【促销】</font> ' + item.title + '</div>';
                    $('#gg').append(html);                      //把数据显示到前台
                });
            }
        },
        error: function (XMLHttpRequest, textStatus, errorThrown) {
        }
    });
}
```

上面代码中，在后台执行查询公告信息的功能是通过GetBBs()方法实现的。在该方法中，通过执行SQL语句获取公告信息，并将获取到的数据转换为JSON格式的字符串，返回到前台。GetBBs()方法代码如下：

<代码 09　　代码位置：光盘 \Code\05\Bits\09.txt>

```
/// <summary>
/// 查询公告
/// </summary>
/// <param name="context"></param>
public void GetBBs(HttpContext context)
{
    string sql = "select top(7) * from tb_bbs order by INTime desc"; //SQL语句
    DataSet dssuper = DataBase.ReDataSet(sql);                  //执行SQL语句返回一组表
    DataTable dt = dssuper.Tables[0];                           //提取其中的第一张表
    if (dt.Rows.Count > 0)
    {
        string json = f.ToJson(dt);                             //格式化并返回到前台
        json = json.Replace("\"", "\\\"");
        context.Response.Write("{\"status\":\"" + json + "\"}");
    }
    else
    {
        context.Response.Write("{\"status\":\"-1\"}");
    }
}
```

在单击公告时，会弹出一个显示公告详细信息的页面，该功能主要用到了EjectIdent()方法，该方法中有4个参数，其中，第1个参数为要打开网页的路径，第2个参数为网页标题，这里设置为空，第3个和第4个参数分别表示要打开网页的高度和宽度。代码如下：

```
function clickBBs(a) {                                          //单击公告调用的方法
```

```
    EjectIdent('affiche.aspx?id=' + a, '', '500', '600');            //弹出一个页面
}
```

5.5.5 搜索所有商品

51购商城首页的搜索栏效果如图5.10所示。

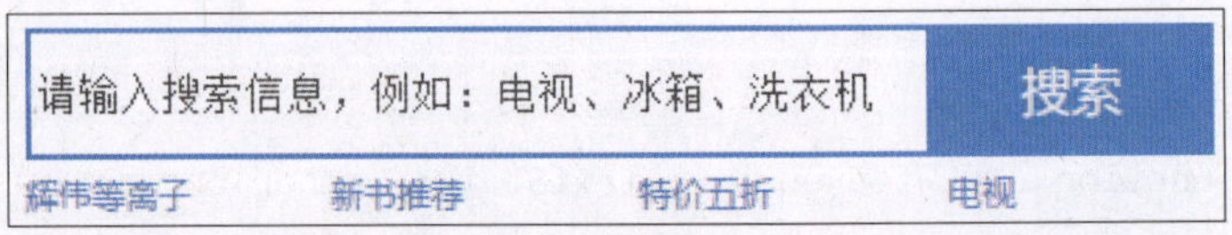

图 5.10　搜索栏

搜索栏主要由一个输入框和一个button组成，其布局代码如下：

<代码 10　　代码位置：光盘 \Code\05\Bits\10.txt>

```
<div style="width: 500px; height: 50px; float: right; margin-top: 60px;">
<input type="text", placeholder="请输入搜索信息，例如：电视、彩电、洗衣机" />
    <input id="strSelect" type="button" value="搜索" style="float: left; height: 46px; width: 100px; border: none; font-size: 18px; color: white; background-color: rgb(255, 106, 0)" onclick="Clickselect()" />
</div>
```

搜索商品功能主要是通过Clickselect()方法实现的，该方法为JavaScript方法，主要通过Ajax技术访问tools文件夹中的Handler.ashx文件，在Handler.ashx文件中执行完搜索操作后，Clickselect()方法对返回到前台的JSON数据进行解析，并显示在使用EjectIdent()方法弹出的select.html页面中，代码如下：

<代码 11　　代码位置：光盘 \Code\05\Bits\11.txt>

```
//单击搜索
function Clickselect() {
    var str = $('#strSelect').val();                              //获取文本框中的数据
    var pd = { "t": "SetSelectStr", "str": str };                 //设置传递到后台的数据
    $.ajax({
        type: "post",
        url: "tools/Handler.ashx",
        data: pd,
        dataType: "json",
        success: function (data) {
            if (data.status != "-1") {
                EjectIdent('select.html', '', '1000', '700');     //弹出一个页面
            }
        },
        error: function (XMLHttpRequest, textStatus, errorThrown) {
        }
    });

```

```
19 }
```

上面代码中解析的JSON字符串是通过后台的SetSelectStr()方法实现的，该方法主要用来设置查询的内容，代码如下：

<代码 12　　代码位置：光盘\Code\05\Bits\12.txt>　（1115562010301105114.html）

```
/// <summary>
/// 设置查询内容
/// </summary>
public void SetSelectStr(HttpContext context)
{
HttpContext.Current.Session["str"] = HttpContext.Current.Request["str"];//设置查询内容
    context.Response.Write("{\"status\":\"0\"}");
}
```

单击首页的“搜索”按钮后，会打开搜索页面，即select.html页面，该页面中以div进行布局，用来显示搜索到的商品列表。select.html页面的布局代码如下：

<代码 13　　代码位置：光盘\Code\05\Bits\13.txt>

```
<body>
    <!--显示搜索-->
    <div style="width:425px;margin:20px auto;height:50px;">
        <!--显示搜索文本框-->
        <input id="strSelect" type="text" style="height: 40px; width: 320px; float: left; font-size: 15px;" placeholder="请输入搜索信息，例如：电视、冰箱、洗衣机" />
        <input type="button" value="搜索" style="float: left; height: 46px; width: 100px; border: none; font-size: 18px; color: white; background-color: rgb(255, 106, 0)" onclick="Clickselect()" />
    </div>
    <div id="goods" style="margin-top:20px; overflow:auto; height:600px;clear:both;">
        <!--显示搜索到的内容-->
    </div>
    <!--单击产品的时候显示出来的产品详细信息-->
    <div id="cen" style="margin-left:150px; position:absolute;background-color:#e5e5e5; left:190px;top:150px;border:1px solid #cccccc; width:300px;height:400px;">
        <input type="hidden" id="proid" />
    <!--关闭按钮-->
        <div style="float:right;cursor:pointer;margin-top:10px;margin-right:10px; font-size:12px;" onclick="Close()">关闭</div>
        <div style="width:200px;margin:auto;margin-top:20px;">
        <img src="" id="proImg" style="height:200px;width:200px;margin:auto;" /></div>
<!--产品内容-->
        <div style="line-height:40px;margin-left:50px;">
            <div>产品名称：<font id="proName"></font></div>
```

```
            <div>原价：<font id="proPrice" style="text-decoration:line-through;"></font></div>
            <div>现价：<font id="pronowPrioce"></font></div>
            <div id="des"></div>
<!--购买按钮-->
            <div><input type="button" style="width:100px;margin-left:40px; height:30px;background-color:#ff6a00;border:none;color:#fff;" value="购买" onclick="buyCen()" /></div>
        </div>
    </div>
</body>
```

在select.html页面中定义一个GetDetile()方法，用来根据类型获取商品，并以列表形式显示。代码如下：

＜代码 14　　代码位置：光盘\Code\05\Bits\14.txt＞　（111556201030110515.html）

代码解释

```
//根据商品类型获取商品
function GetDetile() {
    var pd = { "t": "Select" };                                   //设置传递到后台的参数
    $.ajax({
        type: "post",
        url: "tools/Handler.ashx",
        data: pd,
        dataType: "json",
        success: function (data) {
            if (data.status != "-1") {
                var dataobj = eval("(" + data.status + ")");//格式化数据
                $.each(dataobj.root, function (i, item) {
                    var html = '<div style="height:100px;clear:both;margin-left:50px;">' +
                                '<div style="float:left;line-height:100px;font-size:12px;color:#808080;margin-left:20px;width:20px;">' + (i + 1) + '.</div>' +
                                         ' <div style="float:left; margin-left:10px;"><img src="' + item.picture + '" style="height:100px;width:100px;" /></div>' +
                                         ' <div style="float:left;line-height:100px;font-size:12px;color:#808080;margin-left:40px;width:200px;">' + item.goodsName + '</div>' +
                                         ' <div style="float:left;line-height:100px;font-size:12px;color:#808080;margin-left:40px;width:80px;">单价：￥' + item.price + '</div>' +
                                         ' <div style="float:left;line-height:100px;font-size:12px;color:#808080;margin-left:130px;">' +
                                         ' <input type="button" value="购买" style="background-color:#ff6a00;color:#fff;border:none;height:40px;width:80px;" onclick="buy(\'' + item.ID + '\')" />' +
                                         ' <input type="button" value="查看" style="background-color:#ff6a00;color:#fff;border:none;height:40px;width:80px;margin-left:20px;" onclick="look(\'' + item.ID + '\')" />' +
```

```
                                ' </div>' +
                                ' </div>';
                        $('#goods').append(html);                    //向页面添加内容
                    });
                }
                else {
                    $('#goods').html('<div style="font-size:28px;font-weight:900;text-align:center;margin-top:200px;">没有任何产品</div>');
                }
            },
            error: function (XMLHttpRequest, textStatus, errorThrown) {
            }
        });
    }
```

在搜索结果页的商品列表中单击“查看”按钮时，弹出提示框，显示商品的详细信息和“购买”按钮，实现代码如下：

<代码 15　　代码位置：光盘 \Code\05\Bits\15.txt>

```
//查看
function look(a) {
    $('#proid').val(a);                                          //设置值到标签中
    $('#cen').show();                                            //显示这个标签
    var pd = { "t": "GetGoodDetile", "id": a };                  //设置传递到后台的参数
    $.ajax({
        type: "post",
        url: "tools/Handler.ashx",
        data: pd,
        dataType: "json",
        success: function (data) {
            if (data.status != "-1") {
                var dataobj = eval("(" + data.status + ")");     //格式化查询到的内容
                $.each(dataobj.root, function (i, item) {
                    $('#proName').html(item.goodsName);          //设置产品名称
                    $('#proPrice').html(item.price);             //设置产品价格
                    $('#pronowPrioce').html(item.nowPrice);      //设置产品最新价格
                    $('#proImg').attr('src', item.picture);      //设置商品图片属性
                });
            }
        },
        error: function (XMLHttpRequest, textStatus, errorThrown) {
        }
    });
}
```

单击“购买”按钮，将选择的商品添加到个人的购物车中，实现代码如下.

<代码 16　　代码位置：光盘 \Code\05\Bits\16.txt>

```
//购买
function buy(a) {
    var id = a;
    var pd = { "t": "Buy", "id": id };                        //设置传递到后台的参数
    $.ajax({
        type: "post",
        url: "tools/Handler.ashx",
        data: pd,
        dataType: "json",
        success: function (data) {
            if (data.status != "-1") {
                alert('已经加入购物车');                        //弹出提示
            }
        },
        error: function (XMLHttpRequest, textStatus, errorThrown) {
        }
    });
}
```

上面的代码中需要与后台进行交互，在后台实现将商品加入购物车的功能，具体实现时，首先根据HttpContext.Current.Request[“id”];来获取商品的id，然后将该id插入到购物车中，即可实现加入购物车功能。代码如下：

<代码 17　　代码位置：光盘 \Code\05\Bits\17.txt>

```
/// <summary>
/// 单击购买按钮
/// </summary>
/// <param name="context"></param>
public void Buy(HttpContext context)
{
    string id = HttpContext.Current.Request["id"];      //获取传递过来的id
    Class2 sh = new Class2();
    sh.godataset(id);                                    //购买产品
    context.Response.Write("{\"status\":\"0\"}");
}
```

上面的代码中用到了一个自定义的godataset()方法，该方法用来实现加入购物车的逻辑，首先检查Session是否为空，如果为空，说明是第一次向购物车中添加商品；如果已经存在Session，将其转换为哈希表，并向哈希表中添加商品信息。代码如下：

<代码 18　　代码位置：光盘 \Code\05\Bits\18.txt>　（1115562010301105116.html）

```
public void godataset(string id)    //向Hashtable表中添加购买商品的id和数量
{
    if (Session["bus"] == null)
    {
```

代码解释

```
        Hashtable ht = new Hashtable();
        ht.Add(id, 1);                                //添加产品
        Session["bus"] = ht;                          //将产品保存到Session中
        dafill(ht);                                   //设置购物车
    }
    else
    {
        Hashtable ht = (Hashtable)Session["bus"];     //获取产品购物车
        if (ht[id] == null)
        {
            ht[id] = 1;                               //数量为一
        }
        else
        {
            ht[id] = (int)ht[id] + 1;                 //数量加一
        }
        Session["bus"] = ht;
        dafill(ht);
    }
}
```

5.5.6　显示最新上架的商品

在51购商城的首页可以显示最新上架的所有商品，该部分的布局代码如下（下面代码中的注释代码是显示商品的模板，按照该模板向div中添加代码，即可显示所有的商品）：

<代码 19　　代码位置：光盘 \Code\05\Bits\19.txt>

```
<body>
    <div id="goods" style="margin-top:20px; overflow:auto; height:670px;">
        <!--<div style="height:100px;clear:both;margin-left:50px;">
            <div style="float:left;line-height:100px;font-size:12px;color:#808080;
margin-left:20px;">1.</div>
            <div style="float:left; margin-left:10px;"><img src="image/父亲节1.jpg"
style="height:100px;width:100px;" /></div>
            <div style="float:left;line-height:100px;font-size:12px;color:#808080;
margin-left:40px;">超级变形洗衣机</div>
            <div style="float:left;line-height:100px;font-size:12px;color:#808080;
margin-left:40px;">单价：￥100</div>
            <div style="float:left;line-height:100px;font-size:12px;color:#808080;
margin-left:130px;">
                <input type="button" value="购买" style="background-color:#ff6a00;
color:#fff;border:none;height:40px;width:80px;" onclick="buy()" />
                <input type="button" value="查看" style="background-color:#ff6a00;
color:#fff;border:none;height:40px;width:80px;margin-left:20px;" />
```

```
            </div>
        </div>-->
    </div>
    <div id="cen" style="margin-left:150px; position:absolute;background-color:#e5e5e5;
  left:190px;top:150px;border:1px solid #cccccc;width:300px;height:400px;">
        <input type="hidden" id="proid" />
<!--关闭按钮-->
        <div style="float:right;cursor:pointer;margin-top:10px;margin-right:10px;font-size:12px;" onclick="Close()">关闭</div>
        <div style="width:200px;margin:auto;margin-top:20px;"><img src="" id="proImg" style="height:200px;width:200px;margin:auto;" /></div>
        <div style="line-height:40px;margin-left:50px;">
<!—产品名称-->
            <div>产品名称：<font id="proName"></font></div>
<!—产品原价-->
            <div>原价：<font id="proPrice" style="text-decoration:line-through;"></font></div>
<!—产品现价-->
            <div>现价：<font id="pronowPrioce"></font></div>
            <div id="des"></div>
<!—购买按钮-->
            <div><input type="button" style="width:100px;margin-left:40px;height:30px;background-color:#ff6a00;border:none;color:#fff;" value="购买" onclick="buyCen()" /></div>
        </div>
    </div>
</body>
```

5.5.7 显示其他的商品

单击首页的“其他商品”按钮，可以弹出一个显示更多商品的页面，该页面和显示最新上架商品使用同一个页面，只是传递的值不同，布局代码如下：

<代码 20　　代码位置：光盘 \Code\05\Bits\20.txt>

```
<div style="float: left; margin-left: 70px;">
    <div class="menu" onclick="goodShow(0)">新品上架</div>
    <div class="menu" onclick="goodShow(1)" style="margin-left: 40px;">其他商品</div>
</div>
```

打开其他商品页面调用方法的代码如下：

<代码 21　　代码位置：光盘 \Code\05\Bits\21.txt>

```
//单击特价商品和新品上架
function goodShow(a) {
```

```
    //0为新品上架，1为特价商品
    EjectIdent('GoodShow.html?id=' + a, '', '1000', '700');
}
```

5.6　购物车模块设计

在51购商城中，会员登录后，单击某商品可以进入到显示商品的详细信息页面，在该页面中，单击“购买”按钮，即可将该商品添加到购物车，购物车效果如图5.11所示。

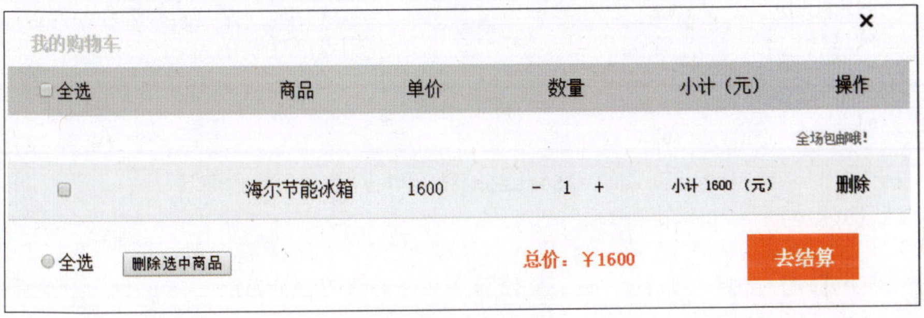

图 5.11　购物车

5.6.1　购物车架构

购物车中的商品使用XML文件进行保存，该文件中主要存储商品的单据号、商品类别号、商品名称、商品介绍、商品价格、商品图片、加入时间、是否新加入等信息。XML文件结构如下：

〈代码 22　　代码位置：光盘 \Code\05\Bits\22. txt〉

```
<?xml version="1.0" standalone="yes"?>
<diffgr:diffgram xmlns:msdata="urn:schemas-microsoft-com:xml-msdata"
xmlns:diffgr="urn:schemas-microsoft-com:xml-diffgram-v1">
  <NewDataSet>
    <Table diffgr:id="Table1" msdata:rowOrder="0">
      <ID>3</ID>
      <typeID>1</typeID>
      <goodsName>海尔节能冰箱</goodsName>
      <introduce>海尔节能冰箱经济型!!!</introduce>
      <price>1600</price>
      <nowPrice>1600</nowPrice>
      <picture>goodimg/1.jpg</picture>
      <INTime>2006-03-29T12:41:44+08:00</INTime>
      <newGoods>1</newGoods>
      <count />
    </Table>
  </NewDataSet>
</diffgr:diffgram>
```

定义一个godataset()方法，使用哈希表存储购物车中的商品编号和数量（本代码与代码18相同，此处主要为了讲解购物车的完整流程），代码如下：

〈代码 23　　代码位置：光盘 \Code\05\Bits\23. txt〉

```
public void godataset(string id)                 //使用Hashtable存储购物车中的商品id和数量
{
    if (Session["bus"] == null)                  //是否存在商品
    {
        Hashtable ht = new Hashtable();          //设置一张表来储存商品
        ht.Add(id, 1);                           //添加商品
        Session["bus"] = ht;
        dafill(ht);                              //把表进行储存
    }
    else
    {
        Hashtable ht = (Hashtable)Session["bus"];//获取所有的商品
        if (ht[id] == null)
        {
            ht[id] = 1;                          //设置数量为1
        }
        else
        {
            ht[id] = (int)ht[id] + 1;            //数量加1
        }
        Session["bus"] = ht;
        dafill(ht);
    }
}
```

搜索一下　什么是哈希表？

在后台的Handler.ashx文件中定义一个GetshopCar()方法，用来获取购物车中存储的所有商品信息，实现该方法时，首先需要加载XML文件，然后将XML文件中存储的数据格式化为JSON格式，并返回到前台。GetshopCar()方法的代码如下：

〈代码 24　　代码位置：光盘 \Code\05\Bits\24. txt〉（111556201030110511 7. html）

代码解释

```
/// <summary>
/// 获取购物车
/// </summary>
/// <param name="context"></param>
public void GetshopCar(HttpContext context)
{
    Class2.godset.WriteXml("F:\\aa.xml", XmlWriteMode.DiffGram);
    try
    {
        if (Class2.godset.Tables[0].Rows.Count > 0)
```

```
        {
            DataTable dt = Class2.godset.Tables[0];                  //获取查询到的购物车内容
            foreach (DataRow dr in dt.Rows)
            {
                dr["count"] = GetCount(dr["ID"].ToString());   //获取物品的数量
            }
            string json = f.ToJson(dt);                              //格式化查询到的数据
            json = json.Replace("\"", "\\\"");
            context.Response.Write("{\"status\":\"" + json + "\"}");
        }
        else
        {
            context.Response.Write("{\"status\":\"-1\"}");
        }
    }
    catch
    {
    }
}
```

上面代码中可以获取购物车中的商品，并以JSON格式传递到前台，接下来在前台对传递的JSON数据进行解析，以便在前台页面中显示购物车中的所有商品。代码如下：

<代码 25　　代码位置：光盘 \Code\05\Bits\25.txt>

```
//获取购物车
function GetShopCar() {
    var pd = { "t": "GetshopCar" };                                  //向后台传递参数
    $.ajax({
        type: "post",
        url: "tools/Handler.ashx",
        data: pd,
        dataType: "json",
        success: function (data) {
            if (data.status != "-1") {
                var dataobj = eval("(" + data.status + ")");   //格式化传递过来的数据
                $.each(dataobj.root, function (i, item) {
                    //计算金额
                    var amount = parseFloat(item.nowPrice) * parseInt(item.count);
                    var html = '<div id="car' + item.ID + '" style="border-bottom:1px solid #d1d1d1;height:50px;background-color:rgb(243, 243, 243)">' +
                                           '<div class="row50" style="width:100px;"><input class="ckClass" value="' + item.ID + '" type="checkbox" /></div>' +
                                           '<div class="row50" style="width:400px;line-height:26px;">' + item.goodsName + '</div>' +
                                           '<div class="row50" style="width:100px;">' + item.nowPrice + '</div>' +
```

5

```
                                        ' <div class="row50" style="width:150px;"><font
style="cursor:pointer;" onclick="reduce(this,\"" + item.ID + '\')">-</font><font
style="margin-left:20px;display">' + item.count + '</font><font style="margin-left:20px;
cursor:pointer;" onclick="add(this,\"" + item.ID + '\')">+</font></div>' +
                                        ' <div class="row50" style="width:130px;
font-size:12px;" class="amount">小计 ' + amount + '（元）</div>' +
                                        ' <div class="row50" style="width:100px;
cursor:pointer;" onclick="DeleteOne(\"" + item.ID + '\')">删除</div>' +
                              ' </div>';
                    allAmount += amount;
                    $('#car').append(html);                      //把内容添加到浏览器中
                $('#allamount').html('总价：￥' + allAmount);  //把计算出来的总价放到标签中
                });
            }
        },
        error: function (XMLHttpRequest, textStatus, errorThrown) {
        }
    });
}
```

5.6.2 购物车计算数量和小计

在前台页面中显示购物车中的所有商品时，会同时显示购买物品的数量，该功能是通过GetCount()方法实现的，该方法主要用于统计购物车中的商品数量，并返回。GetCount()方法的代码如下：

<代码 26　　代码位置：光盘 \Code\05\Bits\26.txt>

```
/// <summary>
/// 获取购物车内商品的数量
/// </summary>
/// <param name="context"></param>
public string GetCount(string id)
{
    string count = ((System.Collections.Hashtable)(HttpContext.Current.Session["bus"]))
[id].ToString();
    return count;
}
```

计算购物车中商品的总价格主要根据商品的数量和商品的当前价格计算商品的总价。关键代码如下：

```
var amount = parseFloat(item.nowPrice) * parseInt(item.count);    //计算金额
```

5.6.3 利用“+”和“-”修改商品数量

在购物车中，用户可以对所购买商品的数量进行修改，单击“+”，增加商品数量，单击“-”，减少商品数量。当单击“+”或者“-”时，小计也随之改变。如图5.12所示。

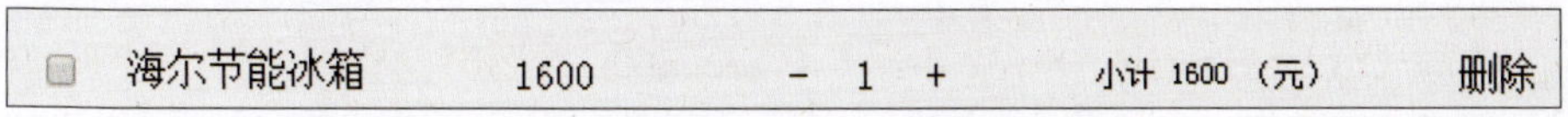

图 5.12　利用 “+” 和 “-” 修改商品数量

单击“-”，将购物车中的指定商品数量减1，该功能是通过一个名称为reduce的JavaScript方法实现的，在该方法中，首先通过传递的参数a获取要修改数量的商品，并对其数量执行减1操作；然后获取其单价和数量，并通过单价和数量计算小计金额；最后更新小计金额和总金额。代码如下：

＜代码 27　　代码位置：光盘 \Code\05\Bits\27.txt＞

```
//实现减操作的方法
function reduce(a, id) {
    //减少数量
    var next = $(a).next('font');                                    //获取此标记的下一个font标记

    if (next.html() != "0") {                                        //判断有没有下一个标记
        next.html(parseInt(next.html()) - 1);
    }
    //减少钱数
    var price = parseFloat($(a).parent().prev('div').html());  //单价
    var size = parseInt(next.html());                                //个数
    var amount = price * size;                                       //计算小计
    $(a).parent().next('div').html('小计 ' + amount + ' （元）'); //设置小计
    allAmount -= price;
    $('#allamount').html('总价：￥' + allAmount);
    var pd = { "t": "UpdateNum", "id": id, "type": "2" };          //传递到后台
    $.ajax({
        type: "post",
        url: "tools/Handler.ashx",
        data: pd,
        dataType: "json",
        success: function (data) {
        },
        error: function (XMLHttpRequest, textStatus, errorThrown) {
        }
    });
}
```

实现“+”操作的方法与“-”类似，具体代码如下：

＜代码 28　　代码位置：光盘 \Code\05\Bits\28.txt＞　（111556201030110518.html）

代码解释

```
//实现加操作的方法
function add(a, id) {
    var prev = $(a).prev('font');                                        //增加数量
    prev.html(parseInt(prev.html()) + 1);                                //增加钱数
    var price = parseFloat($(a).parent().prev('div').html())  ;          //单价
    var size = parseInt(prev.html());                                    //个数
    var amount = price * size;
```

```
    $(a).parent().next('div').html('小计 ' + amount + '（元）');
    allAmount += price;
    $('#allamount').html('总价：￥' + allAmount);
    var pd = { "t": "UpdateNum", "id": id, "type": "1" };//调用后台方法
    $.ajax({
        type: "post",
        url: "tools/Handler.ashx",
        data: pd,
        dataType: "json",
        success: function (data) {
        },
        error: function (XMLHttpRequest, textStatus, errorThrown) {
        }
    });
}
```

上面两个方法中都需要用到后台的UpdateNum()方法，该方法用来执行具体的修改购物车商品数量的操作。具体实现时，首先通过前台传递的id确定获取的是什么商品，然后通过type标识执行加或减操作，如果type为1，执行商品数量加1操作；如果不为1，则执行商品数量减1操作。UpdateNum()方法的代码如下：

<代码 29　　代码位置：光盘\Code\05\Bits\29.txt>

```
/// <summary>
/// 修改购物车商品的数量
/// </summary>
/// <param name="context"></param>
/// <returns></returns>
public void UpdateNum(HttpContext context)
{
    Class2 sh = new Class2();
    string id = HttpContext.Current.Request["id"];      //商品ID
    string type = HttpContext.Current.Request["type"]; //修改类型，有可能加，有可能减
    if (HttpContext.Current.Session["wo"] == null)
    {
        context.Response.Write("{\"status\":\"-1\"}");  //请登录
    }
    else
    {
        if (type == "1")
        {
            sh.godataset(id);                          //增加一个
        }
        else
        {
            sh.godatasetjs(id);                        //减少一个
```

```
        }
        context.Response.Write("{\"status\":\"0\"}");
    }
}
```

5.6.4　全选商品

购物车中有多个商品，用户可以选择购买哪几个，也可以全选购买，全选功能是通过一个JavaScript方法实现的，方法的名称为AllCheck()，其具体实现代码如下：

<代码 30　　代码位置：光盘 \Code\05\Bits\30.txt>

```
//全选
function AllCheck(a) {
    if ($(a).is(':checked')) {
        $('.ckClass').prop("checked", true);
    }
    else {
        $('.ckClass').removeAttr('checked');
    }
}
```

5.6.5　删除选中商品

如果不再想购买某商品，可以对其执行删除操作。在购物车中单击指定商品后面的“删除”标签，即可删除该商品。具体实现时，首先需要向用户确认是否删除，如果用户单击“确认”按钮，则将要删除的商品传递到后台执行删除操作，并重新计算小计和总价；如果单击“取消”按钮，则不执行删除操作。代码如下：

<代码 31　　代码位置：光盘 \Code\05\Bits\31.txt>

```
//删除商品
function DeleteGoods() {
    if ($('.ckClass:checked').length == 0)
    {
        return;
    }
    if (confirm('是否删除所选?')) {                                   //弹出提示
        var check = $('.ckClass:checked').each(function () {
            var id = $(this).val();
            var pd = { "t": "SetXml", "id": id };                  //向后台传递的参数
            $.ajax({
                type: "post",
                url: "tools/Handler.ashx",
                data: pd,
```

```
            dataType: "json",
            success: function (data) {
                //获取金额
                var amoun = $($('#car' + id).children('div').get(4)).html().replace
('小计', ").replace('（元）', ");
                allAmount -= parseFloat(amoun);
                $('#allamount').html('总价：￥' + allAmount); //设置总价
                $('#car' + id).remove();
            },
            error: function (XMLHttpRequest, textStatus, errorThrown) {
            }
        });
    });
  }
}
```

5.6.6　去结算功能的实现

当用户确认购物车中的商品后，单击“去结算”按钮，即可添加一个新订单，并将页面跳转到结算页面。“去结算”按钮效果如图5.13所示。

图 5.13　“去结算”按钮效果

“去结算”按钮实现的主要功能是添加订单，该功能实现时，首先需要通过JavaScript方法调用后台方法，并对后台传回的JSON数据进行解析，然后显示到结算页面中。代码如下：

＜代码 32　　代码位置：光盘\Code\05\Bits\32.txt＞

```
//添加订单
function AddOrder() {
    var DDfa = zf;
    var DDyu = 0;
    var Des = $('#des').val();                          //设置说明文字
    //向后台传递的参数
    var pd = { "t": "AddOrder", "DDfa": DDfa, "DDyu": DDyu, "Des": Des };
    $.ajax({
        type: "post",
        url: "tools/Handler.ashx",
        data: pd,
        dataType: "json",
        success: function (data) {
            if (data.status != "-1") {
                //关闭本窗体
```

```
                window.parent.window.Cover();                   //显示背景透明的层
                var close = $('#CloseCover', parent.document);
                $('#coverDiv', parent.document).remove();       //移出弹出的框
                $(close).parent().parent().remove();            //移出关闭按钮
            }
            else {
            }
        },
        error: function (XMLHttpRequest, textStatus, errorThrown) {
        }
    });
}
```

在后台定义一个AddOrder()方法，该方法用来执行具体的添加订单操作，在实现该方法时，通过前台传递的DDfa参数、DDfu参数和Des参数组成SQL插入语句和查询语句，然后分别执行数据库添加订单和查询订单操作，最后将查询到的订单数据返回到前台。代码如下：

<代码 33　　代码位置：光盘 \Code\05\Bits\33.txt>

```
/// <summary>
    /// 添加订单
    /// </summary>
    /// <param name="context"></param>
    public void AddOrder(HttpContext context)
    {
        string DDfa = HttpContext.Current.Request["DDfa"];     //订单支付方法
        string DDyu = HttpContext.Current.Request["DDyu"];     //订单金额
        string Des = HttpContext.Current.Request["Des"];       //订单说明
        string insertsql;
        strcon.Open();                                         //打开数据连接
        try
        {
            insertsql = "insert into tb_order(username,pay,carry,orderdate,enforce,bz)
values('" + HttpContext.Current.Session["wo"].ToString() + "','" + DDfa + "','" + DDyu
+ "','" + System.DateTime.Now + "','" + 0 + "','" + Des + "')";    //添加订单的SQL语句
            SqlCommand commz = strcon.CreateCommand();
            commz.CommandText = insertsql;                     //插入主表信息
            commz.ExecuteNonQuery();                           //执行SQL语句
            Int64 orderid = 0;
            SqlDataAdapter adamax = new SqlDataAdapter("select max(orderid) as ordmax
from tb_order", strcon);                                       //执行SQL语句
            DataSet maxds = new DataSet();
            adamax.Fill(maxds);                                //获取查询到的数据
            DataRow[] rows = maxds.Tables[0].Select();
            foreach (DataRow row in rows)
            { orderid = Convert.ToInt64(row["ordmax"]); }
            DataTable dt = Class2.godset.Tables[0];
            //dt.Columns.Add("count");
            foreach (DataRow dr in dt.Rows)
```

5

```
            {
                dr["count"] = GetCount(dr["ID"].ToString());
                int goodsid = int.Parse(dr["ID"].ToString());
                //获取查询到的单价
                Double price = Double.Parse(dr["nowPrice"].ToString());
                int number = int.Parse(dr["count"].ToString());
                //插入SQL语句
                insertsql = "insert into tb_order_detail (orderid,goodsid,price,number)
  values('" + orderid + "','" + goodsid + "','" + price + "','" + number + "')";
            commz.CommandText = insertsql;
            commz.ExecuteNonQuery();                      //向订单明细表中插入信息
        }
    }
    catch
    {
    }
    finally
    {
        Class2.godset.Clear();                           //清空数据集
        HttpContext.Current.Session["bus"] = null;
        //Response.Redirect("shopcar.aspx");
        context.Response.Write("{\"status\":\"0\"}");
    }
}
```

5.7 结算模块设计

在购物车中单击“去结算”按钮，跳转到结算页面，在该页面中输入收货人信息、支付方式和订单备注后，单击“提交订单”按钮，即可完成订单。如图5.14所示。

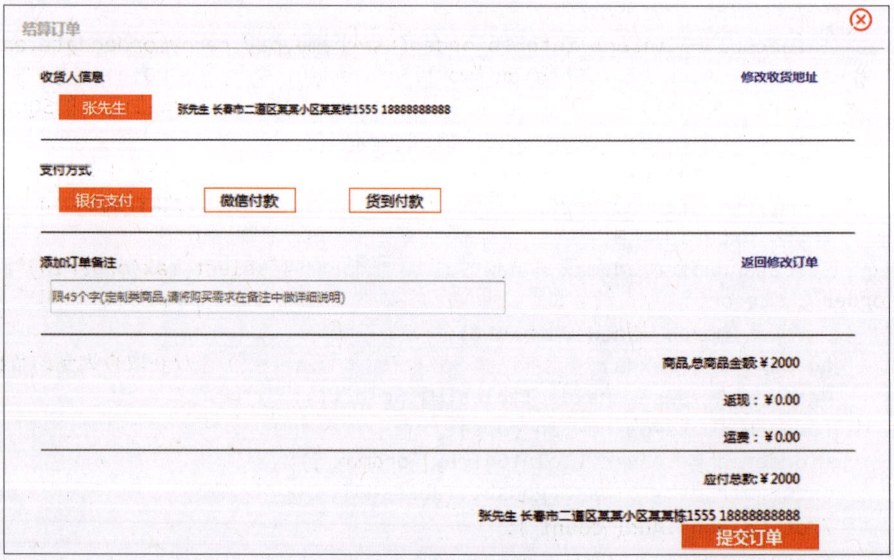

图 5.14 结算页面

5.7.1　修改收货地址

在结算页面中，用户可以对收货地址进行修改，该功能的实现需要同时用到前台JavaScript方法和后台逻辑处理方法，下面分别进行讲解。

在前台定义一个AddAdr()方法，该方法首先获取收货人的姓名、地址、详细地址、手机号码、固定电话号码、邮箱、备注、用户名等信息，并对这些信息进行验证。如果验证通过，则将这些信息以JSON格式传递到后台的处理文件中，后台的处理文件会对其进行分析和处理，并将结果传递到前台。AddAdr()方法的代码如下：

<代码 34　　代码位置：光盘 \Code\05\Bits\34.txt>

```
function AddAdr() {
        var Names = $('#Names').val();                                              //收货人姓名
        var adr = $('#adr').val();                                                  //收货人地址
        var Des = $('#Des').val();                                                  //详细地址
        var phone = $('#phone').val();                                              //手机号码
        var mobil = $('#mobil').val();                                              //固定电话号码
        var email = $('#email').val();                                              //邮箱
        var bieming = $('#bieming').val();                                          //备注
        var userName = $('#userName').val();                                        //用户名
        if (Names == '') {
            alert('收货人不能为空');                                                //弹出提示
            return;
        }
        if (Des == '') {
            alert('详细地址不能为空');                                              //弹出提示
            return;
        }
        if (phone == '') {
            alert('手机号不能为空');                                                //弹出提示
            return;
        }
        //向后台传递的参数
        var pd = { "t": "AddAdr", "Names": Names, "adr": adr, "Des": Des, "phone": phone,
"mobil": mobil, "email": email, "bieming": bieming, "userName": userName };
    $.ajax({
        type: "post",
        url: "tools/Handler.ashx",
        data: pd,
        dataType: "json",
        success: function (data) {
            if (data.status != "-1") {
                closeCeng();                                                        //关闭页面
                GetAdr();                                                           //获取地址信息
            }
            else {
```

```
        }
    },
    error: function (XMLHttpRequest, textStatus, errorThrown) {
    }
});
}
```

后台处理用户收货信息的方法名为AddAdr()，在该方法中，首先获取前台传递的用户信息，并根据这些信息组成用于添加收货地址的SQL语句，然后执行该SQL语句，并将执行结果返回到前台。AddAdr()方法的代码如下：

<代码 35　　代码位置：光盘\Code\05\Bits\35.txt>　（1115562010301105119.html）

代码解释

```
/// <summary>
/// 添加地址
/// </summary>
/// <param name="context"></param>
public void AddAdr(HttpContext context)
{
    string adr = HttpContext.Current.Request["adr"];                    //收货人地址
    string Des = HttpContext.Current.Request["Des"];                    //详细信息
    string phone = HttpContext.Current.Request["phone"];                //手机号码
    string mobil = HttpContext.Current.Request["mobil"];                //固定电话号码
    string email = HttpContext.Current.Request["email"];                //邮箱
    string bieming = HttpContext.Current.Request["bieming"];            //备注
    string Names = HttpContext.Current.Request["Names"];                //姓名
    string userName = HttpContext.Current.Session["wo"].ToString();     //登录人
    string sql = "delete Adr where UserName='" + userName + "'; insert into
Adr(id,adr,Des,phone,mobil,email,bieming,Names,UserName) values('" + Guid.NewGuid().
ToString() + "','" + adr + "','" + Des + "','" + phone + "','" + mobil + "','" + email
+ "','" + bieming + "','" + Names + "','" + userName + "')";
    strcon.Close();                                                     //关闭连接
    strcon.Open();                                                      //打开连接
    SqlCommand comm = strcon.CreateCommand();
    comm.CommandText = sql;                                             //设置SQL语句
    SqlTransaction myTransaction = strcon.BeginTransaction();           //开始一个事务
    comm.Transaction = myTransaction;
    try
    {
        comm.ExecuteNonQuery();                                         //执行SQL语句
        myTransaction.Commit();                                         //提交事务
    }
    catch
    {
        myTransaction.Rollback();                                       //回滚事务
    }
```

```
    finally
    {
        strcon.Close();
    }
    context.Response.Write("{\"status\":\"0\"}");
}
```

5.7.2　返回订单页面

返回订单功能的实现是通过一个JavaScript方法实现的，该方法的功能是将页面跳转到ShoppingCart.html页面，从而实现返回订单的功能。代码如下：

```
function fanhui() {
    window.location.href = 'ShoppingCart.html';              //跳转页面
}
```

5.7.3　计算订单总金额

计算订单总金额的公式是：sum(商品总个数*单价)。在购物车中计算订单总金额的关键代码如下：

```
var amoun = $($('#car' + id).children('div').get(4)).html().replace('小计', '').
replace('（元）', '');
allAmount -= parseFloat(amoun);
```

5.7.4　显示我的订单

单击51购商城首页的“我的订单”按钮，可以查看自己的历史订单，该部分使用DIV+CSS进行布局，代码如下（注释的代码是模板，JavaScript按照模板的格式将订单列表添加到ID为goods的div中）：

<代码 36　　代码位置：光盘\Code\05\Bits\36.txt>

```
<body>
    <div id="goods" style="margin-top:20px; overflow:auto; height:670px;">
        <!--<div style="height:100px;clear:both;margin-left:50px;">
            <div style="float:left;line-height:100px;font-size:12px;color:#808080;
margin-left:20px;">1.</div>
            <div style="float:left; margin-left:10px;"><img src="image/父亲节1.jpg"
style="height:100px;width:100px;" /></div>
            <div style="float:left;line-height:100px;font-size:12px;color:#808080;
margin-left:40px;">超级变形洗衣机</div>
            <div style="float:left;line-height:100px;font-size:12px;color:#808080;
margin-left:40px;">单价：￥100</div>
```

5

```
            <div style="float:left;line-height:100px;font-size:12px;color:#808080;
margin-left:40px;">数量：</div>
            <div style="float:left;line-height:100px;font-size:12px;color:#808080;
margin-left:40px;">支付方式</div>
            <div style="float:left;line-height:100px;font-size:12px;color:#808080;
margin-left:40px;">购买时间</div>
        </div>-->
    </div>
</body>
```

定义一个GetDetile()方法，该方法主要是将参数以JSON的方式传递到tools文件夹中的Handler.ashx处理文件中，经过Handler.ashx文件的分析和处理后得到处理结果，并将处理结果返回前台，然后前台通过each语句将订单列表数据显示到页面上。GetDetile()方法的代码如下：

<代码 37　　代码位置：光盘 \Code\05\Bits\37.txt>　（1115562010301105120.html）

代码解释

```
function GetDetile() {
            var pd = { "t": "GetOrderList" };                    //向后台传递的参数
            $.ajax({
                type: "post",
                url: "tools/Handler.ashx",
                data: pd,
                dataType: "json",
                success: function (data) {
                    if (data.status != "-1") {
                        var dataobj = eval("(" + data.status + ")"); //格式化数据
                        $.each(dataobj.root, function (i, item) {
                            var html = '<div style="height:100px;clear:both;
margin-left:50px;">' +
                                '   <div style="float:left;line-height:100px;
font-size:12px;color:#808080;margin-left:20px;">1.</div>' + '   <div style="
float:left;margin-left:10px;"><img src="' + item.picture + '" style="height:100px;
width:100px;" /></div>' + '   <div style="float:left;line-height:100px;font-size:12px;
color:#808080;margin-left:40px;">' + item.goodsName + '</div>' + '   <div style="
float:left;line-height:100px;font-size:12px;color:#808080;margin-left:40px;">单价：￥' +
item.nowPrice + '</div>' + '   <div style="float:left;line-height:100px;font-size:12px;
color:#808080;margin-left:40px;">数量：' + item.number + '</div>' + '   <div style="
float:left;line-height:100px;font-size:12px;color:#808080;margin-left:40px;">' + item.
pay + '</div>' + '   <div style="float:left;line-height:100px;font-size:12px;
color:#808080;margin-left:40px;">' + item.OrderDate + '</div>' + '   <div style="
float:left;line-height:100px;font-size:12px;color:#808080;margin-left:40px;">' +
(item.enforce == '0' ? "未执行" : "已执行") + '</div>' + ' </div>';
                            $('#goods').append(html);                //把数据设置到标签中
                        });
                    }
```

```
                else {
                    $('#goods').html('<div style="font-size:28px;font-weight:900;
text-align:center;margin-top:200px;">没有购买过任何东西</div>');
                }
            },
            error: function (XMLHttpRequest, textStatus, errorThrown) {
            }
        });
}
```

5.8　后台管理模块设计

后台管理模块主要用来对商品、订单、会员和公告等信息进行管理，其效果如图5.15所示。

图 5.15　后台管理模块界面

5.8.1　订单管理

在订单管理页面中，主要显示商城中所有的订单，该功能是通过一个自定义的dsdatabind()方法实现的。在该方法中，从订单表中获取所有的数据库，并绑定到 GridView控件中进行显示。另外，在对GridView进行绑定时，需要指定绑定的主键字段为订单号。dsdatabind()方法的代码如下：

<代码 38　　代码位置：光盘 \Code\05\Bits\38. txt>

```
protected void dsdatabind()                                    //绑定GridView1数据
{
```

```
    string newque = "select a.orderid,a.username,b.truename,a.pay,a.carry,a.orderdate,
case enforce when 0 then '未执行' else '已执行' end as zx from tb_order a left outer
join tb_member b on a.username=b.username ";                    //定义查询所有订单的语句
    SqlDataAdapter datap = new SqlDataAdapter(newque, strcon);
    datap.Fill(dset);                                            //获取查询到的内容
    GridView1.DataSource = dset;                                 //把数据设置到前台控件中
    this.GridView1.DataKeyNames = new string[] { "orderid" };   //设置控件的主键
    GridView1.DataBind();                                        //把数据绑定到控件中
    strcon.Close();                                              //关闭数据库连接
}
```

在订单列表中有一列“执行”按钮，该列主要标识订单是否已经发货，如果未执行，用户可以单击“执行”按钮，触发GridView控件的SelectedIndexChanging事件，在该事件中，通过更新订单数据表中的enforce字段的值，将该订单设置为已执行状态。代码如下：

<代码 39　　代码位置：光盘\Code\05\Bits\39.txt>

```
protected void GridView1_SelectedIndexChanging(object sender, GridViewSelectEventArgs e)
{
    strcon.Open();
    string orderid = GridView1.DataKeys[e.NewSelectedIndex].Value.ToString();
    //执行订单的sql语句
    SqlCommand comm = new SqlCommand("update tb_order set enforce=1 where orderid=" +
orderid, strcon);
    comm.ExecuteNonQuery();                                      //执行SQL语句
    dsdatabind();                                                //绑定控件
    strcon.Close();                                              //关闭数据库连接
}
```

5.8.2　会员管理

在会员管理页面中，管理员可以对网站已经注册的会员进行查看和删除，下面分别介绍查看和删除注册会员的关键实现代码。

定义dsdatabind()方法，该方法用来从tb_member数据表中获取所有的注册会员信息，并将查询结果绑定到GridView控件中进行显示。dsdatabind()方法的代码如下：

<代码 40　　代码位置：光盘\Code\05\Bits\40.txt>　（1115562010301105121.html）

代码解释

```
protected void dsdatabind()                                      //绑定GridView数据
{
    strcon.Open();                                               //打开连接
    string newque = "SELECT * FROM tb_member";                  //查询所有会员
    SqlDataAdapter datap = new SqlDataAdapter(newque, strcon);
    datap.Fill(dset);
    GridView2.DataSource = dset;                                 //设置数据源
    this.GridView2.DataKeyNames = new string[] { "id" };        //设置主键
    GridView2.DataBind();
```

```
        strcon.Close();
    }
```

触发GridView控件的RowDeleting事件，在该事件中，首先获取会员ID，然后根据该ID执行会员信息的删除操作，并重新对GridView控件进行数据绑定。GridView控件的RowDeleting事件代码如下：

〈代码 41　　代码位置：光盘 \Code\05\Bits\41.txt〉

```
protected void GridView2_RowDeleting(object sender, GridViewDeleteEventArgs e)
{
    strcon.Open();                                                  //打开数据库连接
    //获取要删除的会员编号
    string id = this.GridView2.DataKeys[e.RowIndex].Value.ToString();
    //定义执行删除指定会员的SQL语句
    SqlCommand comm = new SqlCommand("delete from tb_member where id=" + id, strcon);
    comm.ExecuteNonQuery();                                         //执行删除会员操作
    strcon.Close();
    dsdatabind();                                                   //关闭数据库连接
}
```

5.8.3　商品管理

在商品管理页面中，管理员可以对商品信息进行查看、编辑和删除，下面分别介绍查看、编辑和删除商品信息的关键实现代码。

定义dsdatabind()方法，该方法用来从tb_goods数据表中获取所有的商品信息，并将查询结果绑定到GridView控件中进行显示。dsdatabind()方法代码如下：

〈代码 42　　代码位置：光盘 \Code\05\Bits\42.txt〉

```
protected void dsdatabind()                                         //绑定GridView数据
 {
     string newque = "SELECT *, CASE newgoods WHEN 1 THEN '是' ELSE '否' END AS nngoods
FROM tb_goods";                                                     //查询所有的商品
    GridView1.DataSource = DataBase.ReDataSet(newque);
    this.GridView1.DataKeyNames = new string[] { "id" };
    GridView1.DataBind();                                           //绑定到前台GridView控件
}
```

对商品的编辑操作是在updategoods.aspx页面中实现的，从商品管理页面跳转到updategoods.aspx页面的关键代码如下：

```
<asp:HyperLinkField DataNavigateUrlFields="id"
 DataNavigateUrlFormatString="updategoods.aspx?id={0}" Text="编辑" HeaderText="编辑" />
```

在updategoods.aspx页面中实现修改商品信息的关键代码如下：

〈代码 43　　代码位置：光盘 \Code\05\Bits\43.txt〉

```
protected void Button1_Click(object sender, EventArgs e)
```

```
{
    string goodsname = TextBox1.Text.ToString();                //设置商品名称
    string introduce = TextBox4.Text.ToString();                //设置商品描述
    double price = Convert.ToDouble(TextBox3.Text);             //设置商品原价
    double nowprice = Convert.ToDouble(TextBox5.Text);          //设置商品现在价格
    string picture = TextBox2.Text.ToString();                  //设置商品图片
    int newgoods;                                               //标识是否为新上架商品
    if (RadioButtonList1.SelectedIndex == 0)
    {
        newgoods = 0;
    }
    else
    {
        newgoods = 1;
    }
    strcon.Open();                                              //打开数据库连接
    //定义更新商品信息的SQL语句
    string ingo = "update tb_goods set goodsname='" + goodsname + "',introduce='" +
introduce + "',price='" + price + "',nowprice='" + nowprice + "',picture='" + picture + "',
newgoods='" + newgoods + "',intime='" + System.DateTime.Now + "' where id="+mes;
    SqlCommand goodsin = new SqlCommand(ingo, strcon);          //生成命令执行对象
    goodsin.ExecuteNonQuery();                                  //执行商品更新操作
    strcon.Close();                                             //关闭数据库连接
    Response.Write("<script language='javascript'>alert('修改成功！');
location='goodsmanage.aspx'</script>");
}
```

触发GridView控件的RowDeleting事件，在该事件中，首先获取商品ID，然后根据该ID执行商品信息的删除操作，并重新对GridView控件进行数据绑定。GridView控件的RowDeleting事件代码如下：

<代码 44　　代码位置：光盘\Code\05\Bits\44.txt>

```
protected void GridView1_RowDeleting(object sender, GridViewDeleteEventArgs e)
{
    strcon.Open();                                              //打开数据库连接
    //获取要删除的商品编号
    string id = this.GridView1.DataKeys[e.RowIndex].Value.ToString();
    //定义执行删除指定商品的SQL语句
    SqlCommand comm = new SqlCommand( "delete from tb_goods where id="+id, strcon);
    comm.ExecuteNonQuery();                                     //执行删除商品操作
    dsdatabind();
    strcon.Close();                                             //关闭数据库连接
}
```

5.8.4　公告管理

在公告管理页面中，管理员可以对网站的公告信息进行查看、编辑和删除，下面分别介绍查看、编辑和删除网站公告信息的关键实现代码。

定义dsdatabind()方法，该方法用来从tb_BBS数据表中获取所有的公告信息，并将查询结果绑定到GridView控件中进行显示。dsdatabind()方法代码如下：

〈代码 45　　代码位置：光盘 \Code\05\Bits\45. txt〉（1115562010301105122. html）

```
protected void dsdatabind()                              //绑定GridView数据
{
    strcon.Open();
    string newque = "SELECT * FROM tb_BBS";              //获取所有公告信息的SQL语句
    SqlDataAdapter datap = new SqlDataAdapter(newque, strcon);//执行SQL语句
    datap.Fill(dset);                                          //填充数据到表中
    GridView1.DataSource = dset;                               //绑定数据到控件的数据源中
    this.GridView1.DataKeyNames = new string[] { "id" };       //设置主键
    GridView1.DataBind();                                      //绑定数据源到控件
    strcon.Close();                                            //关闭数据库连接
}
```

触发GridView控件的RowUpdating事件，该事件中，首先获取公告的ID，然后根据该ID执行修改公告信息的操作，最后重新对GridView控件进行数据绑定。GridView控件的RowUpdating事件代码如下：

〈代码 46　　代码位置：光盘 \Code\05\Bits\46. txt〉（1115562010301105123. html）

```
protected void GridView1_RowUpdating(object sender, GridViewUpdateEventArgs e)
{
    strcon.Open();                                                 //打开数据库连接
    string uid = this.GridView1.DataKeys[e.RowIndex].Value.ToString();//获取主键
    GridViewRow row = this.GridView1.Rows[e.RowIndex];                //获取每行的数据
    string ingo = "update tb_BBS set title='" + ((TextBox)(row.Cells[0].Controls[0])).
Text.ToString() + "',content='" + ((TextBox)(row.Cells[1].Controls[0])).Text.ToString() +
"' where id=" +uid;                                                   // SQL语句
    SqlCommand goodsin = new SqlCommand(ingo, strcon);                //执行SQL语句
    goodsin.ExecuteNonQuery();                                        //获取执行受影响的行
    strcon.Close();                                                   //关闭数据库连接
    GridView1.EditIndex = -1;
    dsdatabind();                                                     //绑定公告
}
```

触发GridView控件的RowDeleting事件，该事件中，首先获取公告ID，然后根据该ID执行公告信息的删除操作，并重新对GridView控件进行数据绑定。GridView控件的RowDeleting事件代码如下：

〈代码 47　　代码位置：光盘 \Code\05\Bits\47. txt〉

```
protected void GridView1_RowDeleting(object sender, GridViewDeleteEventArgs e)
{
    strcon.Open();                                                    //打开数据库连接
```

```
        //获取要删除的公告编号
        string id = this.GridView1.DataKeys[e.RowIndex].Value.ToString();
        //定义执行删除指定公告的SQL语句
        SqlCommand comm = new SqlCommand("delete from tb_BBS where id=" + id, strcon);
        comm.ExecuteNonQuery();                                      //执行删除公告操作
        strcon.Close();                                              //关闭数据库连接
        dsdatabind();
}
```

5.9 本章总结

下面通过一个思维导图对本章所讲模块及主要知识点进行总结，如图5.16所示。

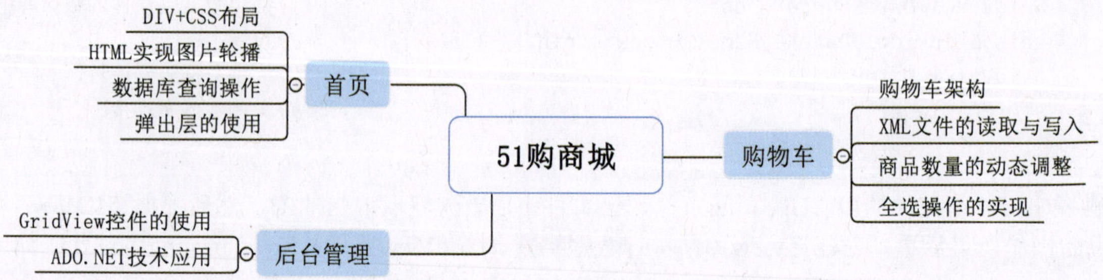

图 5.16　51 购商城知识点总结

第 6 章

OA 办公自动化管理系统

（WebForm + Frame 框架 + SQL Server 2014 实现）

OA 办公自动化管理系统，是伴随着 Internet 技术在各个领域的广泛应用和各行各业企业信息化建设的步伐应运而生的。传统的企业内信息的交流方式早已不能满足企业对大量信息的快速传递与处理的需求，OA 办公自动化管理系统的应用满足了企业的办公网络化、自动化的管理需求，提高了企业内部的管理水平，进而全面提升了企业在市场竞争中的综合竞争力。通过本章学习，你将学到：

- 文件的上传与下载
- Frame框架的使用
- ASP.NET服务器控件的使用
- 限制上传文件的大小
- 数据的增、删、改、查操作

预备知识导图

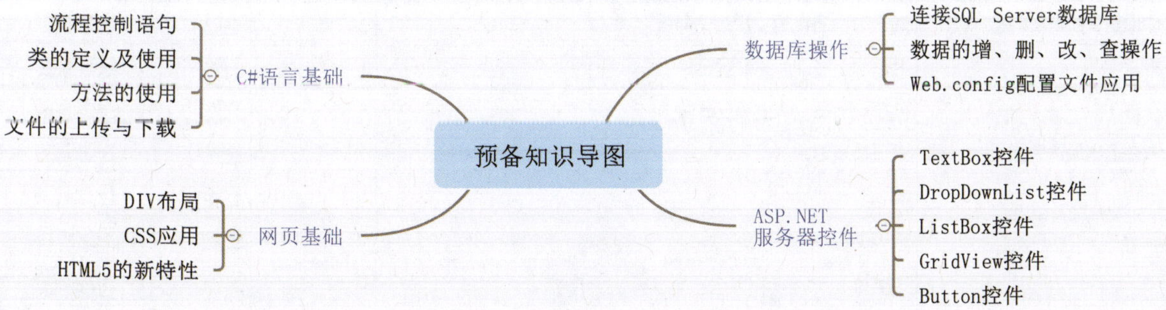

界面预览

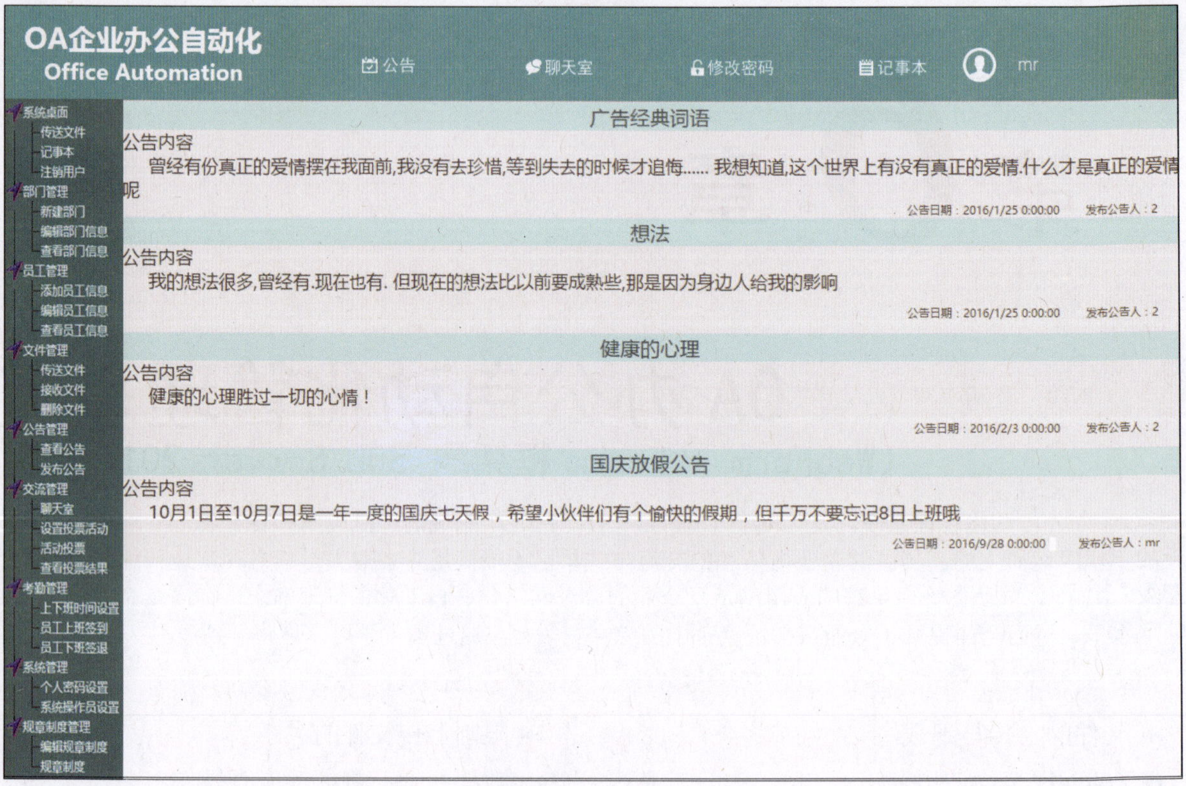

系统主页（P344）

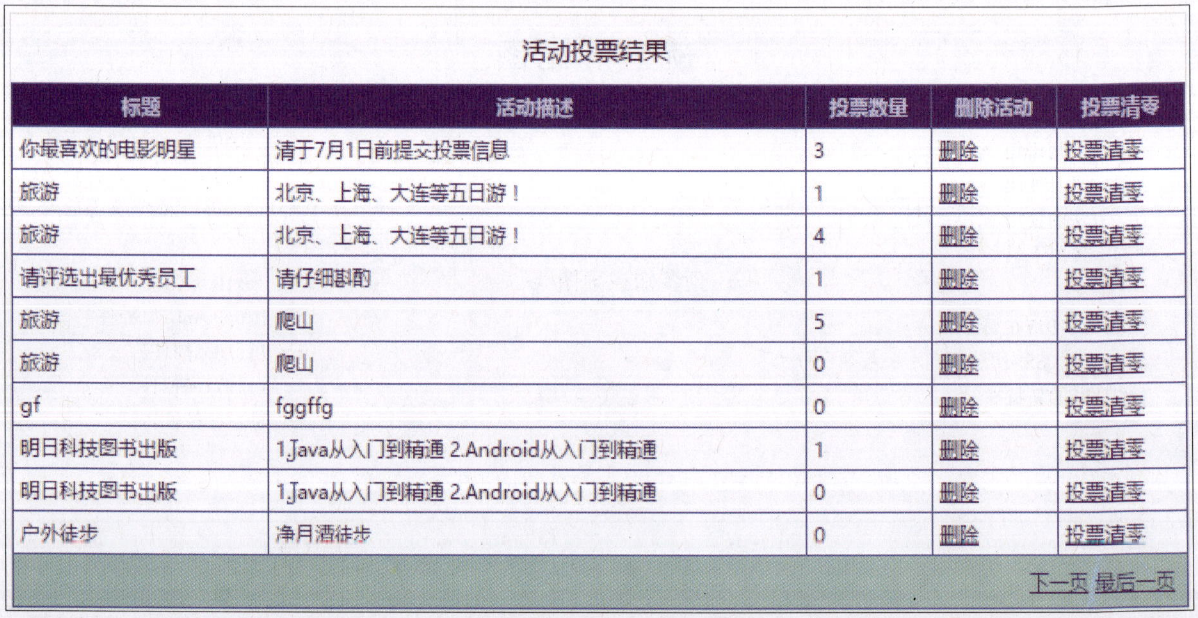

活动投票结果

标题	活动描述	投票数量	删除活动	投票清零
你最喜欢的电影明星	请于7月1日前提交投票信息	3	删除	投票清零
旅游	北京、上海、大连等五日游！	1	删除	投票清零
旅游	北京、上海、大连等五日游！	4	删除	投票清零
请评选出最优秀员工	请仔细斟酌	1	删除	投票清零
旅游	爬山	5	删除	投票清零
旅游	爬山	0	删除	投票清零
gf	fggffg	0	删除	投票清零
明日科技图书出版	1.Java从入门到精通 2.Android从入门到精通	1	删除	投票清零
明日科技图书出版	1.Java从入门到精通 2.Android从入门到精通	0	删除	投票清零
户外徒步	净月潭徒步	0	删除	投票清零

下一页 最后一页

查看投票页面（见光盘）

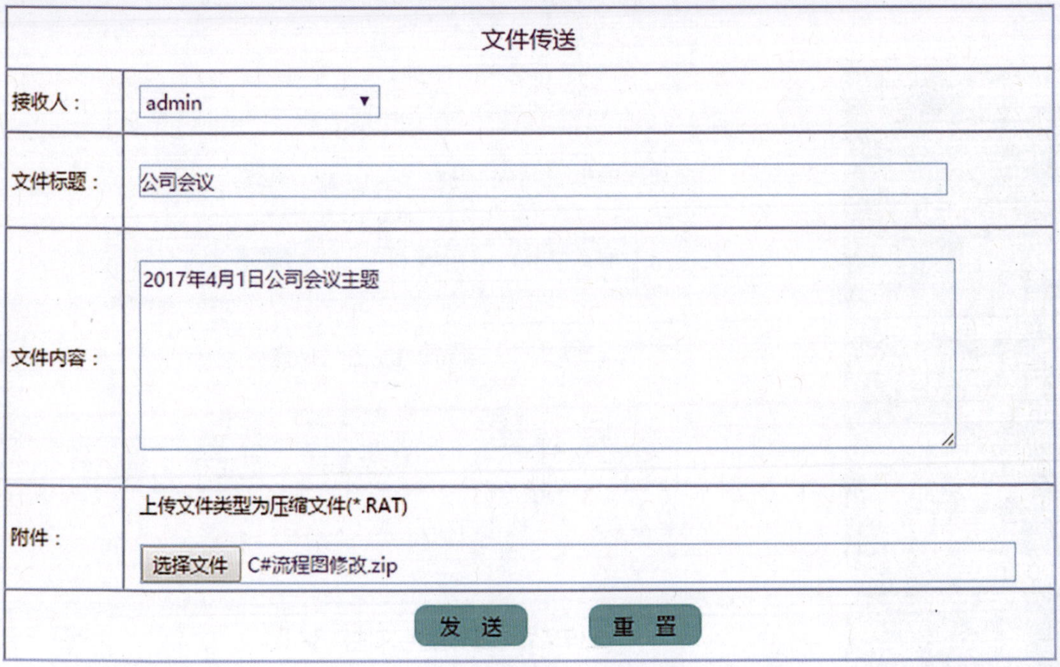

文件传送页面（P348）

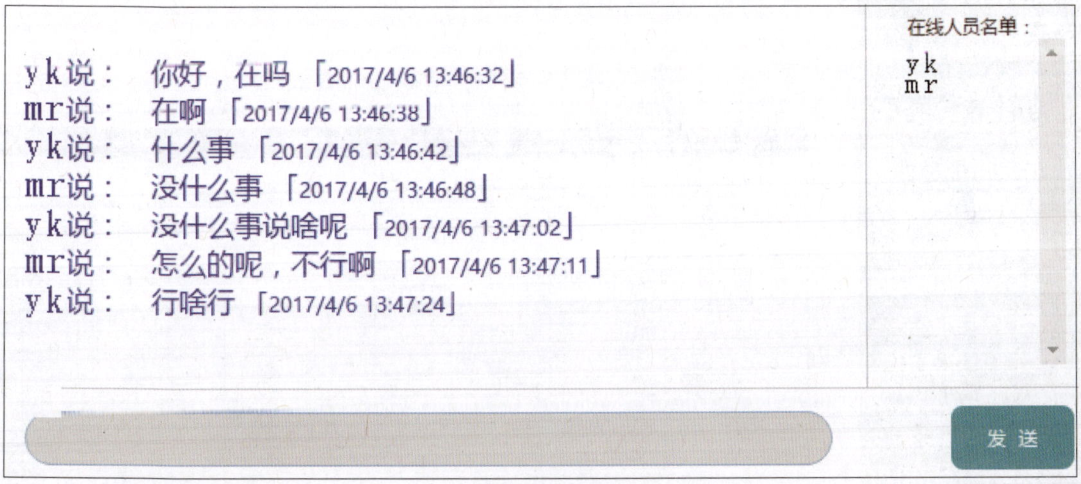

聊天室页面（P358）

项目功能应用技术预览

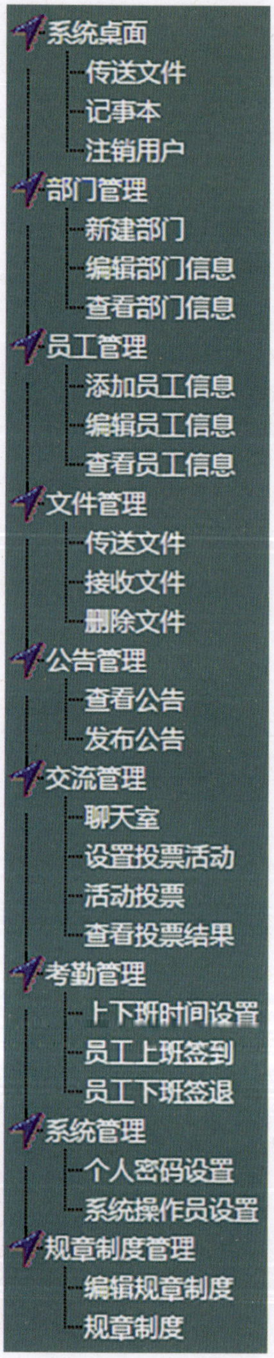

导航菜单（P345）

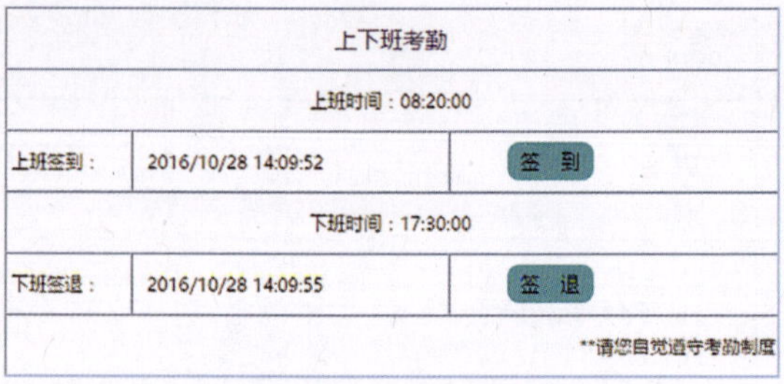

签到和签退功能（P355）

文件的下载（见光盘）

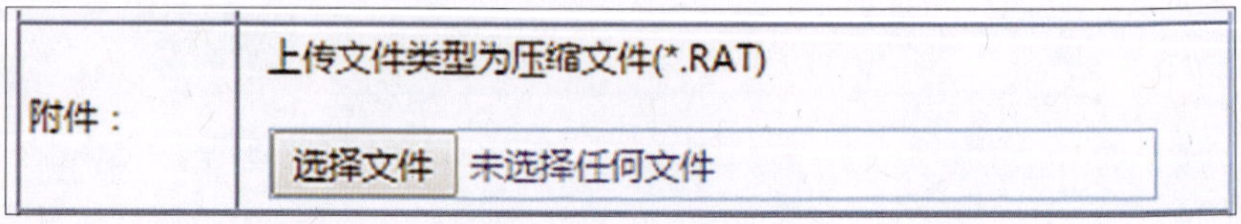

文件的上传（见光盘）

- = 员工基本信息 = -

ID	姓名	性别	学历	职称	部门	职务	联系电话	联系地址	在职否	编辑	删除
97	张耀庭	男性	专科	程序员	网络开发部门	普通职员	136****9542	中国吉林长春	在职	编辑	删除
98	无名	男性	专科	程序员	软件开发部门	普通职员	136****7541	中国吉林长春	在职	编辑	删除
100	风格	男性	专科	程序员	服务部门	部门主管	136****4415	中国吉林长春	在职	编辑	删除
101	fgfg	女性	专科	程序员	软件开发部门	普通职员	180****9920	中国吉林长春	在职	编辑	删除
102	李耀庭	男性	专科	程序员	图书创作部门	普通职员	188****3312	中国吉林长春	在职	编辑	删除
103	子浩	男性	专科	程序员	销售部门	总经理	130****8852	中国吉林长春	在职	编辑	删除
105	admin	男性	本科	程序员	企业综合部门	董事长	131****0228	中国吉林长春	在职	编辑	删除
108	mr	男性	博士	专家	企业综合部门	董事长	137****8030	中国吉林长春	在职	编辑	删除
119	宁宁	女性	大专	行政	企业综合部门	秘书	147****2215	中国吉林长春	在职	编辑	删除

GridView 显示员工信息（见光盘）

6.1　开发背景

为解决人们对办公效率的要求和高效的无纸化办公需求，开发了这个办公自动化管理系统，减少了办公人员工作量和工作强度。本网站相关开发细节如图6.1所示。

图 6.1　OA 办公自动化管理系统开发细节

6.2　系统功能设计

6.2.1　系统功能结构

本系统主要功能有系统桌面、部门管理、员工信息管理、文件管理、公告管理、交流管理、考勤管理、系统管理、规章制度管理等，如图6.2所示。

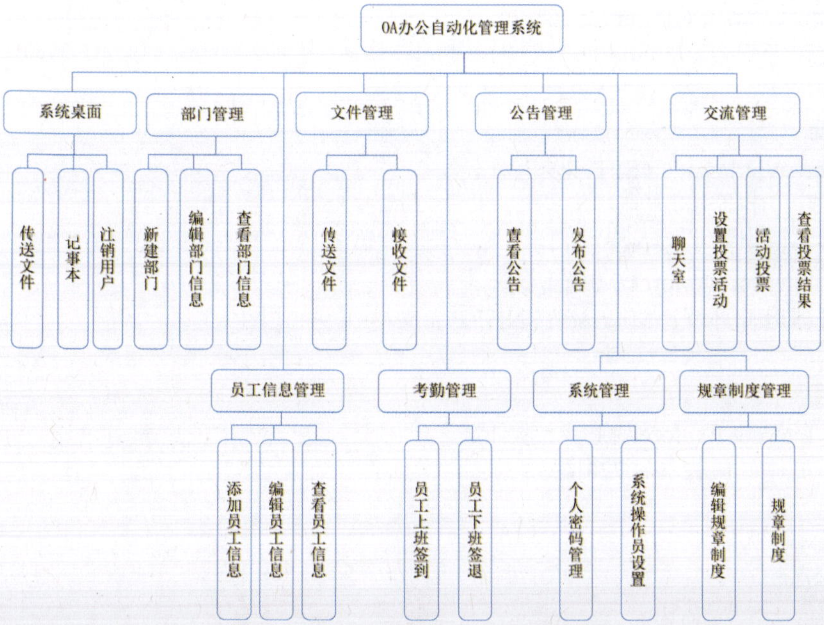

图 6.2　OA 办公自动化管理系统功能结构

6.2.2 系统业务流程

OA办公自动化管理系统业务流程，如图6.3所示。

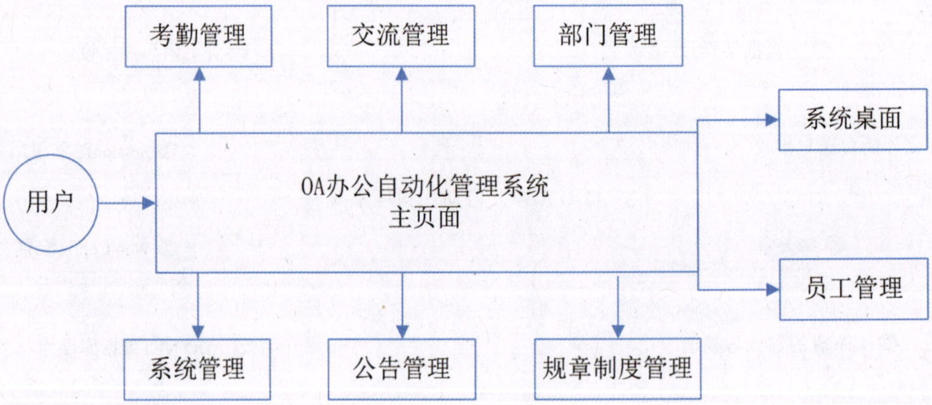

图 6.3 OA 办公自动化管理系统业务流程图

6.3 系统开发环境要求

1. 网站开发环境

☑ 网站开发环境：Visual Studio 2015 免费社区版。
☑ 网站开发语言：ASP.NET、C#。
☑ 网站后台数据库：SQL Server 2014。
☑ 开发环境运行平台：Windows 7（SP1）以上。

2. 服务器端

☑ 操作系统：Windows 7（SP1）以上。
☑ Web服务器：IIS 7.0以上版本。
☑ 数据库服务器：SQL Server 2014。
☑ 浏览器：Internet Explorer 9.0以上版本。
☑ 网站服务器运行环境：Microsoft . NET Framework v4.0以上。

3. 客户端

☑ 浏览器：Internet Explorer 9.0以上版本。
☑ 分辨率：最佳效果1280×720像素。

6.4 数据库设计

本系统使用的是SQL Server数据库，数据库命名为db_OA，共包含10张数据表，其结构如图6.4所示。

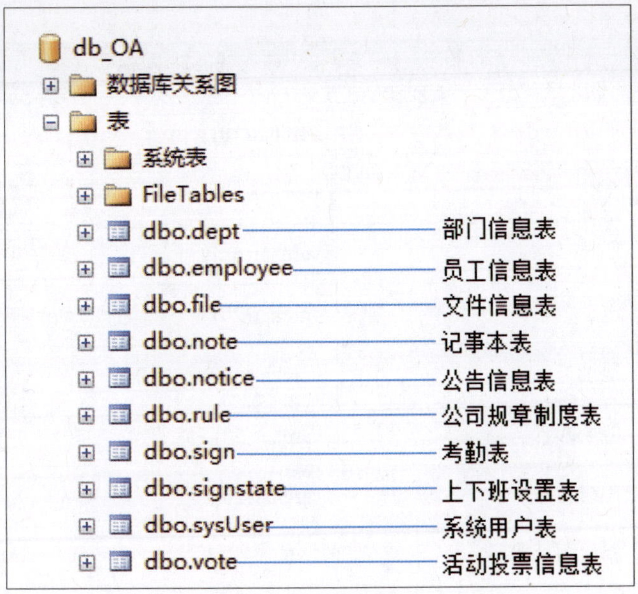

图 6.4　数据库文件

下面对重要的数据表结构进行介绍。

1. 部门信息表（dept）

部门信息表储存部门的一些基础信息，其表结构如表6.1所示。

表 6.1 部门信息表（dept）

字段名称	描述	字段类型	是否为空
deptID	部门 ID	int	否
deptName	部门名称	varchar(50)	否
memo	部门描述	text	是

2. 员工信息表（employee）

员工信息表储存员工的一些基础信息，其表结构如表6.2所示。

表 6.2 员工信息表（employee）

字段名称	描述	字段类型	是否为空
ID	ID	int	否
name	姓名	varchar(20)	否
sex	性别	varchar(8)	否
birthday	生日	smalldatetime	否
learn	学历	varchar(20)	否

6

续表

字段名称	描述	字段类型	是否为空
post	职称	varchar(10)	否
dept	部门	varchar(50)	否
job	职位	varchar(50)	否
tel	电话	varchar(20)	否
address	地址	varchar(100)	否
email	电子邮件	varchar(50)	是
state	在线状态	varchar(20)	否
photoPath	相片图片路径	text	是

3. 文件信息表（file）

文件信息表储存文件的一些基础信息，其表结构如表6.3所示。

表 6.3 文件信息表（file）

字段名称	描述	字段类型	是否为空
fileID	文件 ID	int	否
fileSender	文件传送人	varchar(20)	否
fileAccepter	文件接收人	varchar(20)	否
fileTitle	文件标题	varchar(50)	否
fileTime	文件传送时间	datetime	否
fileContent	文件描述	text	否
path	文件路径	varchar(100)	否
examine	接收状态	varchar(10)	否
fileName	文件名称	varchar(50)	否

4. 公告信息表（notice）

公告信息表储存公告的一些基础信息，其表结构如表6.4所示。

表 6.4 公告信息表（notice）

字段名称	描述	字段类型	是否为空
noticeID	公告 ID	int	否
noticeTitle	公告标题	varchar(40)	否
noticeTime	公告时间	datetime	否
noticePerson	公告人	varchar(20)	否
noticeContent	公告内容	text	否

6.5　项目目录结构预览

在一个项目中，不同的文件夹保存着不同类型的文件，这些文件和文件夹都是相互呼应的，OA办公自动化管理系统中各个文件和文件夹的所有功能和意义，如图6.5所示。

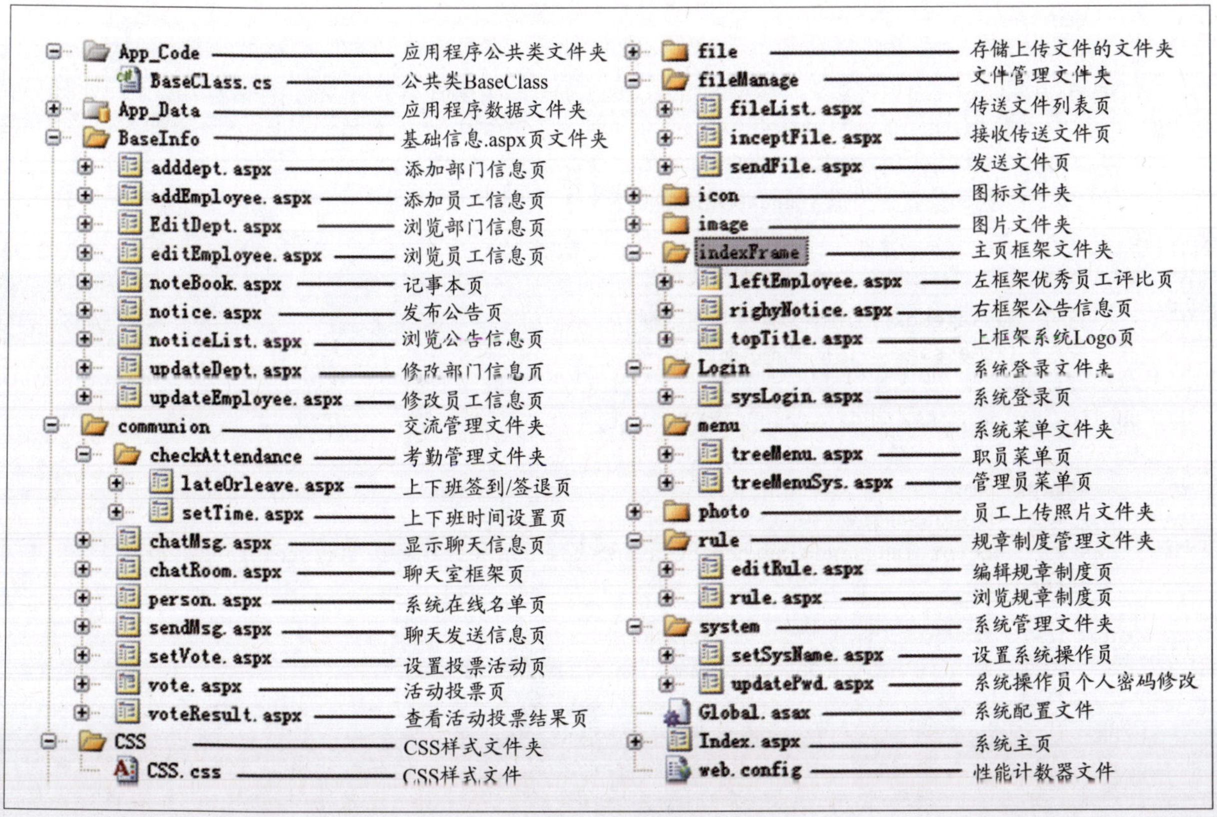

图 6.5　目录结构

6.6 公共类编写

6.6.1 web.config 文件设计

在本系统中web.config文件用于配置系统的总体信息，如数据库连接字符串、限制上传文件的大小及上传时间。该文件的具体配置代码如下：

<代码 01　　代码位置：光盘 \Code\06\Bits\01.txt>

```
<?xml version="1.0"?>
<!--配置数据库连接字符串-->
<configuration xmlns="http://schemas.microsoft.com/.NetConfiguration/v2.0">
    <appSettings>
            <add key="conStr" value="Server=(local);database=db_OA;Uid=sa;Pwd="/>
    </appSettings>
    <connectionStrings/>
    <system.web>
            …………省略去默认设置
     <!--控制用户上传文件最大为4M，最长时间为60秒，最多请求数为100-->
     <httpRuntime maxRequestLength="4096" executionTimeout="60" appRequestQueueLimit="100"/>
    </system.web>
</configuration>
```

6.6.2 MessageBox() 方法

在BaseClass.CS类文件中定义一个MessageBox()方法，用来在客户端显示对话框信息，返回值为string型，其中参数TxtMessage为对话框中显示的内容。该方法主要技术是通过JavaScript脚本语言中的alert()方法来实现。具体代码如下：

<代码 02　　代码位置：光盘 \Code\06\Bits\02.txt>

```
#region 显示客户端对话框
/// <summary>
/// 说明：MessageBox用来在客户端弹出对话框
/// 参数：TxtMessage 对话框中显示的内容
/// </summary>
public string MessageBox(string TxtMessage)
{
    string str;
    //设置一段JavaScript代码
    str ="<script language=javascript>alert('" + TxtMessage + "')</script>";
    return str;
}
#endregion
```

说明：① #region 预处理器指令是在使用 Visual Studio 代码编辑器的大纲显示功能时指定可展开或折叠的代码块。这个功能非常实用，尤其在编辑复杂的类时，可以使代码结构更加清晰，在查询代码时可以快速地找到需要的代码行，读者在初学时一定要学会运用这种预处理器指令的方法，养成良好的编程习惯。

6.6.3　ExecSQL() 方法

在BaseClass.CS类文件中定义一个ExecSQL()方法，用来执行SQL语句，返回值为Boolean型，主要实现对数据库中的数据进行添加、修改、删除等功能，相应功能执行成功后返回True，否则返回False 。具体代码如下：

＜代码 03　　代码位置：光盘 \Code\06\Bits\03. txt＞　（1115562010301106111. html）

```
#region  执行SQL语句
    /// <summary>
    /// 说明：ExecSQL用来执行SQL语句
    ///    返回值：操作是否成功(True\False)
    ///    参数：sQueryString SQL字符串
    /// </summary>
    public Boolean ExecSQL(string sQueryString)
    {
        SqlConnection con = new SqlConnection(ConfigurationManager.AppSettings["conStr"]);
        con.Open();
        SqlCommand dbCommand = new SqlCommand(sQueryString,con);      //设置SQL语句
        try
        {
            dbCommand.ExecuteNonQuery();                              //执行SQL语句
            con.Close();                                              //关闭数据库链接
        }
        catch (System.Exception e)
        {
            con.Close();
            return false;
        }
        return true;
    }
    #endregion
```

说明： 进行数据库相关操作过程中，需要通过using指令导入命名空间System.Data.SqlClient，否则程序编译失败。

6.6.4　GetDataSet() 方法

在BaseClass.CS类文件中定义一个GetDataSet()方法，用来执行SQL语句并且返回数据集，返回值为数据集DataSet型，主要实现对数据库中数据进行查询功能，执行成功后返回数据集。具体代码如下：

＜代码 04　　代码位置：光盘 \Code\06\Bits\04. txt＞　（1115562010301106112. html）

```
#region
    /// <summary>
    /// 说明：GetDataSet数据集，返回数据源的数据集
    ///    返回值：数据集DataSet
    ///    参数：sQueryString SQL字符串，TableName 数据表名称
```

```
/// </summary>
public System.Data.DataSet GetDataSet(string sQueryString, string TableName)
{
    SqlConnection con = new SqlConnection(ConfigurationManager.AppSettings["conStr"]);
     con.Open();                                                   //打开数据库连接
     SqlDataAdapter dbAdapter = new SqlDataAdapter(sQueryString, con); //设置SQL语句
     DataSet dataset = new DataSet();
     dbAdapter.Fill(dataset, TableName);                           //把查询到的数据存起来
     con.Close();                                                  //关闭数据库链接
     return dataset;
}
#endregion
```

6.7 OA 办公自动化主页设计

6.7.1 主页概述

OA办公自动化管理系统运行结果如图6.6所示。

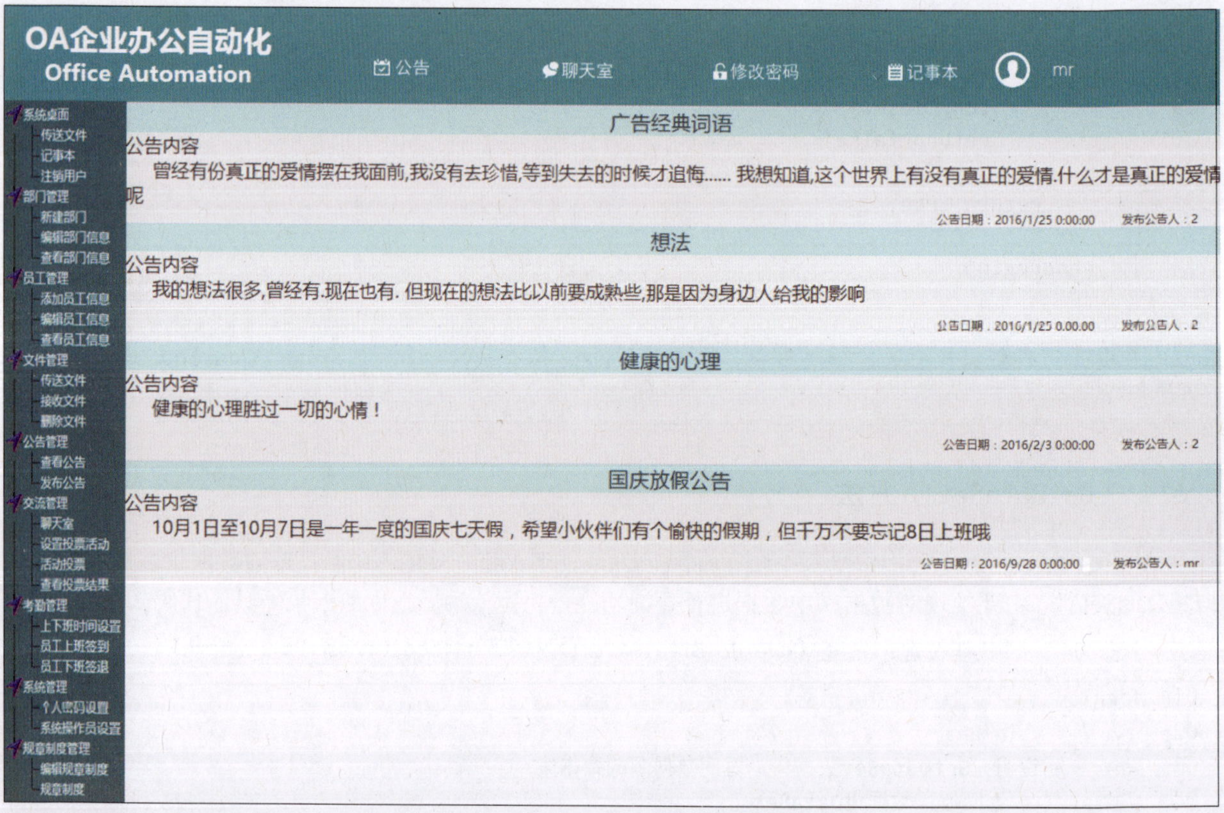

图 6.6　OA 办公自动化管理系统运行结果如图

6.7.2　设计主页面

主页通过frameset框架设计而成，主要分为三部分，各部分对应的文件如表6.5所示。

表 6.5　各部分对应的文件

区域	名称	说明	对应文件
1	旗帜广告区	用于显示系统的标识、标题	indexFrame/topTitle.aspx
2	左侧导航区	OA 办公自动化管理系统的导航菜单	indexFrame/treeMenuSys.aspx
3	公司信息公告区	主要用于业务管理	indexFrame/righyNotice.aspx

下面主要讲解左侧导航页面（treeMenuSys.aspx文件）的设计思想及实现步骤，旗帜广告区及公司信息公告区与左侧导航区的设计思想、实现过程基本相同。下面以左侧导航页面为例进行介绍。

左侧导航页面主要通过一个TreeView控件实现，其实现代码如下：

<代码 05　　代码位置：光盘 \Code\06\Bits\05.txt>

```
<table style="width: 150px" id="ig" class="css">
        <tr>
            <td colspan="3" rowspan="3" style="width: 702px; height: 463px;">
                <asp:TreeView ID="TreeView1" runat="server" Font-Size="Small" Height="427px" LineImagesFolder="~/icon"
                    ShowLines="True" Width="150px" Style="background-color:#0b838d;" CssClass="css" ForeColor="#ffffff" OnSelectedNodeChanged="TreeView1_SelectedNodeChanged">
                    <Nodes>
                        <asp:TreeNode Text="系统桌面" Value="系统桌面">
                            <asp:TreeNode Text="传送文件" Value="传送文件" NavigateUrl="~/fileManage/sendFile.aspx" Target="rightFrame"></asp:TreeNode>
                            <asp:TreeNode Text="记事本" Value="记事本" NavigateUrl="~/BaseInfo/noteBook.aspx" Target="rightFrame"></asp:TreeNode>
                            <asp:TreeNode Text="注销用户" Value="注销用户"></asp:TreeNode>
                        </asp:TreeNode>
                        <asp:TreeNode Checked="True" Text="部门管理" Value="部门管理">
                            <asp:TreeNode Text="新建部门" Value="新建部门" NavigateUrl="~/BaseInfo/adddept.aspx" Target="rightFrame"></asp:TreeNode>
                            <asp:TreeNode Text="编辑部门信息" Value="编辑部门信息" NavigateUrl="~/BaseInfo/EditDept.aspx" Target="rightFrame"></asp:TreeNode>
                            <asp:TreeNode Text="查看部门信息" Value="查看部门信息" NavigateUrl="~/BaseInfo/EditDept.aspx" Target="rightFrame"></asp:TreeNode>
                        </asp:TreeNode>
                        <asp:TreeNode Text="员工管理" Value="员工管理">
                            <asp:TreeNode Text="添加员工信息" Value="添加员工信息" NavigateUrl="~/BaseInfo/addEmployee.aspx" Target="rightFrame"></asp:TreeNode>
```

```
                    <asp:TreeNode Text="编辑员工信息" Value="编辑员工信息" NavigateUrl="~/BaseInfo/editEmployee.aspx" Target="rightFrame"></asp:TreeNode>
                    <asp:TreeNode Text="查看员工信息" Value="查看员工信息" NavigateUrl="~/BaseInfo/editEmployee.aspx" Target="rightFrame"></asp:TreeNode>
                </asp:TreeNode>
                <asp:TreeNode Text="文件管理" Value="文件管理">
                    <asp:TreeNode Text="传送文件" Value="传送文件" NavigateUrl="~/fileManage/sendFile.aspx" Target="rightFrame"></asp:TreeNode>
                    <asp:TreeNode Text="接收文件" Value="接收文件" NavigateUrl="~/fileManage/inceptFile.aspx" Target="rightFrame"></asp:TreeNode>
                    <asp:TreeNode Text="删除文件" Value="删除文件" NavigateUrl="~/fileManage/fileList.aspx" Target="rightFrame"></asp:TreeNode>
                </asp:TreeNode>
                <asp:TreeNode Text="公告管理" Value="公告管理">
                    <asp:TreeNode Text="查看公告" Value="查看公告" NavigateUrl="../BaseInfo/noticeList.aspx" Target="rightFrame"></asp:TreeNode>
                    <asp:TreeNode Text="发布公告" Value="发布公告" NavigateUrl="~/BaseInfo/notice.aspx" Target="rightFrame"></asp:TreeNode>
                </asp:TreeNode>
                <asp:TreeNode Text="交流管理" Value="交流管理">
                    <asp:TreeNode Text="聊天室" Value="聊天室" NavigateUrl="~/communion/chatRoom.aspx" Target="rightFrame"></asp:TreeNode>
                    <asp:TreeNode NavigateUrl="~/communion/setVote.aspx" Target="rightFrame" Text="设置投票活动"
                        Value="设置投票活动"></asp:TreeNode>
                    <asp:TreeNode Text="活动投票" Value="活动投票" NavigateUrl="~/communion/vote.aspx" Target="rightFrame"></asp:TreeNode>
                    <asp:TreeNode NavigateUrl="~/communion/voteResult.aspx" Target="rightFrame" Text="查看投票结果"
                        Value="查看投票结果"></asp:TreeNode>
                </asp:TreeNode>
                <asp:TreeNode Text="考勤管理" Value="考勤管理">
                    <asp:TreeNode Text="上下班时间设置" Value="上下班时间设置" NavigateUrl="~/communion/checkAttendance/setTime.aspx" Target="rightFrame"></asp:TreeNode>
                    <asp:TreeNode Text="员工上班签到" Value="员工上班签到" NavigateUrl="~/communion/checkAttendance/lateOrleave.aspx" Target="rightFrame"></asp:TreeNode>
                    <asp:TreeNode Text="员工下班签退" Value="员工下班签退" NavigateUrl="~/communion/checkAttendance/lateOrleave.aspx" Target="rightFrame"></asp:TreeNode>
                </asp:TreeNode>
                <asp:TreeNode Text="系统管理" Value="系统管理">
                    <asp:TreeNode Text="个人密码设置" Value="个人密码设置" NavigateUrl="~/system/updatePwd.aspx" Target="rightFrame"></asp:TreeNode>
```

```
                                    <asp:TreeNode Text="系统操作员设置" Value="系统操作员设置"
NavigateUrl="~/system/setSysName.aspx" Target="rightFrame"></asp:TreeNode>
                                </asp:TreeNode>
                                <asp:TreeNode Text="规章制度管理" Value="规章制度管理">
                                    <asp:TreeNode Text="编辑规章制度" Value="编辑规章制度"
NavigateUrl="~/rule/editRule.aspx" Target="rightFrame"></asp:TreeNode>
                                    <asp:TreeNode Text="规章制度" Value="规章制度"
NavigateUrl="~/rule/rule.aspx" Target="rightFrame"></asp:TreeNode>
                                </asp:TreeNode>
                            </Nodes>
                        </asp:TreeView>
                    </td>
                </tr>
</table>
```

6.7.3　显示所有公告信息

在载入Page_Load事件时，首先创建公共类BaseClass对象，并通过公共类对象bc调用GetDataSet()方法，然后将数据集返回结果赋值给DataList1.Source属性，最后通过DataList1的DataBind()方法将赋值的数据绑定到DataList1控件上。关键代码如下：

〈代码 06　　代码位置：光盘 \Code\06\Bits\06.txt〉（ 1115562010301106113.html）

```
protected void Page_Load(object sender, EventArgs e)
    {
        BaseClass bc = new BaseClass();
        DataList1.DataSource = bc.GetDataSet("SELECT name, dept, job, photoPath, qty FROM
(SELECT * FROM employee a INNER JOIN (SELECT TOP 10 * FROM (SELECT employeeName, COUNT(late)
+ COUNT(quit) AS qty FROM sign GROUP BY employeeName) DERIVEDTBL ORDER BY qty) b ON a.name
= b.employeeName) DERIVEDTBL ORDER BY qty", "sign");          //需要执行的SQL语句
        DataList1.DataBind();                                   //把数据绑定到控件中
    }
```

代码解释

6.8　传送文件

6.8.1　传送文件页面概述

传送文件主要是将文件传送给指定的员工。实现技术为：传送的文件保存到服务器上，服务器将传送文件的路径保存到数据库中，这样可以供接收人下载。传送文件页面如图6.7所示。

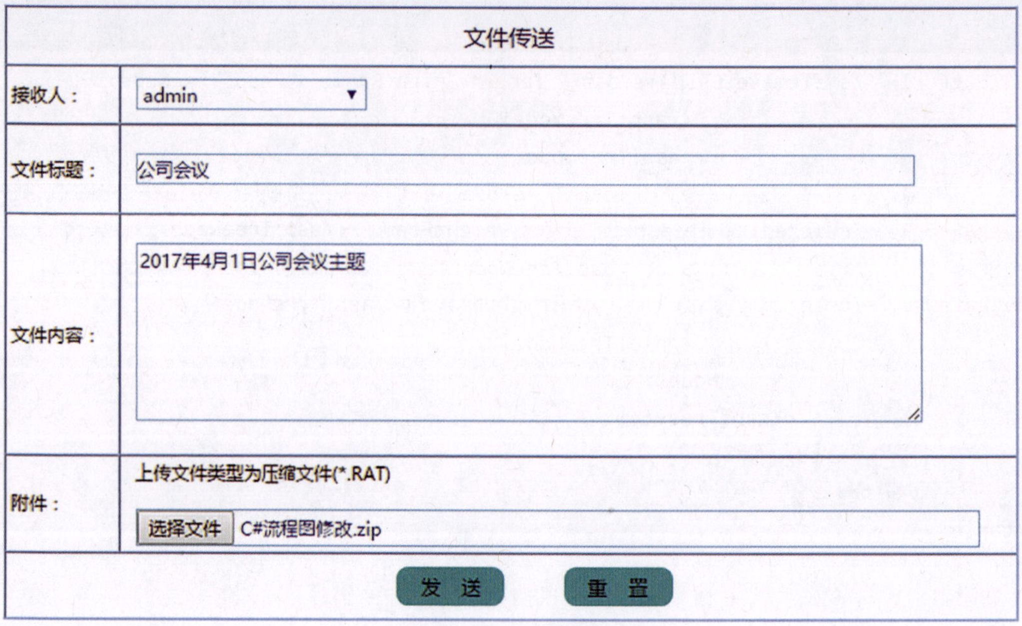

图 6.7 传送文件

6.8.2 设计传送文件页面

传送文件页面主要使用的控件及控件用途如表6.6所示。

表 6.6 传送文件页面用到的控件

控件名称	数量	描述	控件名称	数量	描述
Table	1	布局页面	Button	2	提交数据
File	1	选择上传文件	TextBox	2	数据录入
DropDownList	1	选择文件接收人	RequiredFieldValidator	2	验证文本 TextBox 不能为空

控件的属性设置，可以通过前台代码实现，也可以在“控件属性”对话框中设置实现。本页中使用的控件属性设置的代码如下：

＜代码 07　　代码位置：光盘 \Code\06\Bits\07.txt＞

```
<table style="width: 675px; height: 200px" class="css" border="1" align ="center">
            <tr>
<!--显示一段文字-->
                <td align="center" colspan="3" class="cssTitle">
                    文件传送</td>
            </tr>
            <tr>
                <td style="width: 64px">
```

```
                接收人：</td>
            <td colspan="2">
<!--显示接收人- ->
                <asp:DropDownList ID="ddlName" runat="server" Width="154px" CssClass="InputCss">
                </asp:DropDownList></td>
        </tr>
        <tr>
<!--显示文件标题-->
            <td style="width: 64px">
                文件标题：</td>
            <td colspan="2">
                <asp:TextBox ID="TextBox1" runat="server" Width="516px" CssClass="InputCss"></asp:TextBox><asp:RequiredFieldValidator
                    ID="RequiredFieldValidator1" runat="server" ControlToValidate="TextBox1" ErrorMessage="** 必填项"></asp:RequiredFieldValidator></td>
        </tr>
        <tr>
<!--显示文件内容-->
            <td style="width: 64px; height: 14px">
                文件内容：</td>
            <td style="height: 14px;" colspan="2">
                <asp:TextBox ID="TextBox2" runat="server" Height="109px" TextMode="MultiLine" Width="517px" CssClass="InputCss"></asp:TextBox><asp:RequiredFieldValidator
                    ID="RequiredFieldValidator2" runat="server" ControlToValidate="TextBox2" ErrorMessage="** 必填项"></asp:RequiredFieldValidator></td>
        </tr>
        <tr>
<!--显示附件-->
            <td style="width: 64px; height: 21px">
                附件：</td>
            <td colspan="2" style="height: 21px">
                <input id="File1" style="width: 594px" type="file" runat="server" class="InputCss" /></td>
        </tr>
        <tr>
<!--显示发送和重置按钮-->
            <td align="center" colspan="3">
                <asp:Button ID="btnSend" runat="server" Text="发　送" Width="72px" OnClick="btnSend_Click" CssClass="redButtonCss" />
                <asp:Button ID="Button2" runat="server" CausesValidation="False" Text="重　置" Width="72px" CssClass="redButtonCss" /></td>
        </tr>
    </table>
```

6.8.3 实现文件传输功能

创建全局BaseClass类对象及静态字符串变量，代码如下：

```
    BaseClass bc = new BaseClass();                           //实例化一个类
    static string path;                                       //声明一个静态字符串
```

在Page_Load装载事件中，将员工信息表（employee）中员工姓名装载到DropDownList控件中。在该事件中IsPostBack属性用来获取一个值，该值指示该页是否首次加载。具体代码如下：

<代码 08　　代码位置：光盘\Code\06\Bits\08.txt>

```
protected void Page_Load(object sender, EventArgs e)
{
    if(!IsPostBack)
    {
        //执行一个sql语句并且绑定到控件上
        ddlName.DataSource = bc.GetDataSet("select * from employee","employee");
        ddlName.DataTextField = "name";                       //设置显示的值
        ddlName.DataValueField = "name";                      //设置选择的值
        ddlName.DataBind();
    }
}
```

单击“发送”按钮，将文件相关信息存储到数据库中，并且把文件上传到服务器上。代码如下：

<代码 09　　代码位置：光盘\Code\06\Bits\09.txt>　（1115562010301106114.html）

```
protected void btnSend_Click(object sender, EventArgs e)
{
    //将附件传送到服务器上
    string str = this.File1.PostedFile.FileName;

    string ss = str.Substring(str.LastIndexOf("\\") + 1);   //剪切字符串
    string s = Server.MapPath("..\\file\\" + ss);            //获取服务器的绝对路径
    path= "..\\file\\" + ss;
    bool bl = bc.ExecSQL("INSERT INTO [file] (fileSender, fileAccepter, fileTitle, fileTime,
fileContent, path,examine,fileName) VALUES('" + Convert.ToString(Session["loginName"]) +
"','" + ddlName.Text + "','" + TextBox1.Text + "','" + DateTime.Today.ToString() + "','" +
TextBox2.Text + "','" + path + "','未接收','"+ss+"')");       //执行一个SQL语句
    if (bl)
    {
        Response.Write(bc.MessageBox("文件传送成功!"));           //弹出提示
    }
    else
    {
        Response.Write(bc.MessageBox("网络故障，文件传送失败!"));//弹出提示
    }
    if (str == string.Empty) return;
    this.File1.PostedFile.SaveAs(s);                          //把数据保存到服务器中
}
```

代码解释

6.8.4　如何限制上传文件的大小

默认情况下，上传文件的大小不能超过4MB，如果超过此界限，则不能上传文件。那么在实际的开发过程中，必须根据客户的要求限制上传文件的大小、请求时间、最多请求数量。

在ASP.NET中主要通过配置Web.Config文件实现限制上传文件的大小。打开Web.Config文件在<system.web></system.web>节点中加入如下代码：

```
<system.web>
..........
..........
 <!--控制用户上传文件最大为4M，最长时间为60秒，最多请求数为100-->
 <httpRuntime maxRequestLength="4096" executionTimeout="60" appRequestQueueLimit="100"/>
</system.web>
```

6.9　接收文件

6.9.1　接收文件页面概述

接收文件主要接收其他职员发送给本人的文件。如果登录操作员身份为系统管理员，那么本页显示所有用户发送的文件（包含已接收和未接收文件）。如果登录操作员身份为普通职员，那么本页显示接收该人员的文件，并且可以将已接收文件和未接收文件分开显示。如图6.8所示。

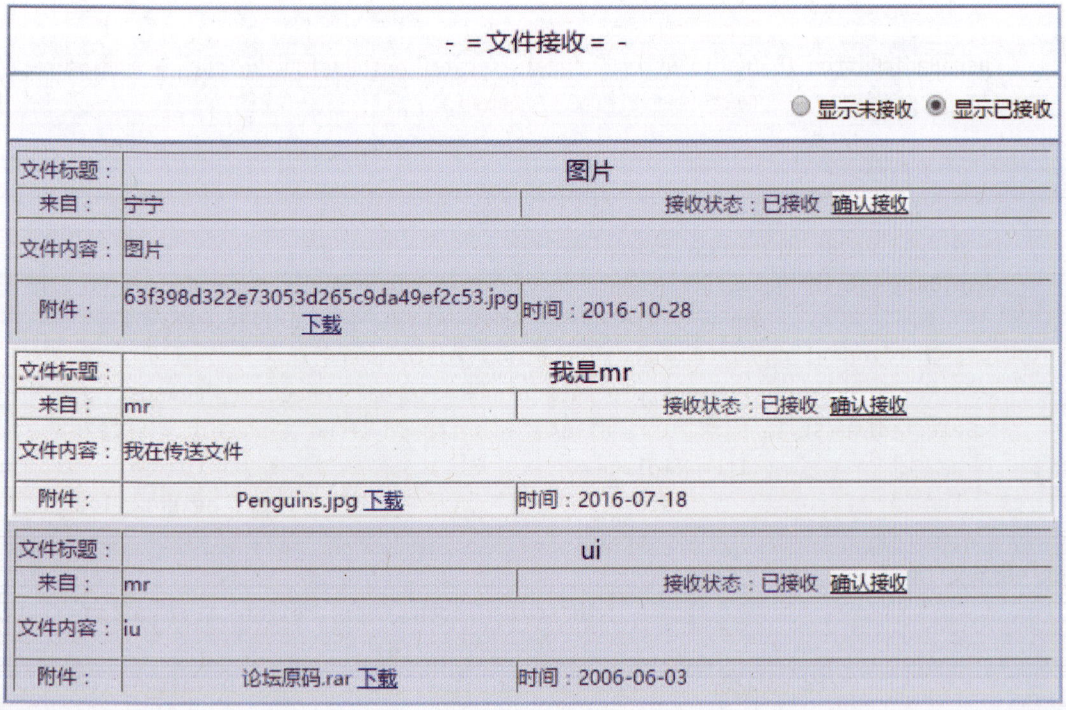

图 6.8　接收文件

6.9.2 设计接收文件页面

接收文件页面主要用到的控件及控件用途如表6.7所示。

表 6.7 接收文件页面用到的控件

控件名称	数量	描述	控件名称	数量	描述
Table	1	布局页面	Button	1	提交接收文件
Table	1	布局 DataList 模板	RadioButton	2	分组显示文件（接收与未接收）

控件的属性设置可以通过前台代码实现，也可以在“控件属性”对话框中设置实现。接收文件页面使用的控件属性设置的代码如下：

<代码 10　代码位置：光盘\Code\06\Bits\10.txt>

```
<table style="width: 432px; height: 1px" class="css" align="center" border="1">
            <tr>
<!--显示一段文字-->
                <td align="center" class="cssTitle" colspan="3" style="height: 1px">
                    一=文件接收=一</td>
            </tr>
            <tr>
<!--一组单选按钮显示是否接收-->
                <td align="right" class="css" colspan="3" style="height: 1px">
      <asp:RadioButton ID="RadioButton1" runat="server" AutoPostBack="True" Checked="True"
                        GroupName="aa" Text="显示未接收" />
     <asp:RadioButton ID="RadioButton2" runat="server" AutoPostBack="True" GroupName="aa"
                        Text="显示已接收" /> 
                </td>
            </tr>
            <tr>
                <td colspan="3" rowspan="2">
     <asp:DataList ID="DataList1" runat="server" BackColor="White" BorderColor="#E7E7FF"
                        BorderStyle="None" BorderWidth="1px" CellPadding="3"
GridLines="Horizontal" OnEditCommand="DataList1_EditCommand">
                        <FooterStyle BackColor="#B5C7DE" ForeColor="#4A3C8C" />
      <SelectedItemStyle BackColor="#738A9C" Font-Bold="True" ForeColor="#F7F7F7" />
                        <ItemTemplate>
                            <table border="1" style="width: 523px; height: 1px">
                                <tr>
<!--显示文件标题-->
                                    <td style="width: 63px; height: 11px" align="center">
                                        文件标题：</td>
                  <td colspan="2" style="height: 11px" class ="cssTitle" align="center">
                                   <%# DataBinder.Eval(Container.DataItem,"fileTitle") %>
```

```
                                    </td>
                                </tr>
                                <tr>
                                    <td align="center" style="width: 63px; height: 13px">
                                        来自：</td>
                                    <td style="width: 237px">
                                    <%# DataBinder.Eval(Container.DataItem,"fileSender") %>
                                    </td>
<!--显示接收状态-->
                                    <td align="center">
                                接收状态：<%#DataBinder.Eval(Container.DataItem,"examine") %>
                  <asp:Button ID="Button1" runat="server" CommandName="edit"
CssClass="blueButtonCss"
                                            Text="确认接收" /></td>
                                </tr>
                                <tr>
<!--文件内容-->
                                    <td style="width: 63px; height: 35px;" align="center">
                                        文件内容：</td>
                                    <td colspan="2" style="height: 35px">
                                    <%#DataBinder.Eval(Container.DataItem, "fileContent") %>
                                    </td>
                                </tr>
                                <tr>
<!--显示附件-->
                                    <td style="width: 63px; height: 18px;" align="center">
                                        附件：</td>
                                    <td style="width: 237px; height: 18px;" align="center">
                                    <%#DataBinder.Eval(Container.DataItem, "fileName") %>
<a href="<%#DataBinder.Eval(Container.DataItem, "path")%>">下载</a>
                                    </td>
                        <td style="height: 18px">
<!--显示时间-->
                    时间：<%#DataBinder.Eval(Container.DataItem, "fileTime") %></td>
                                </tr>
                            </table>
                        </ItemTemplate>
                        <AlternatingItemStyle BackColor="#F7F7F7" />
                          <ItemStyle BackColor="#E7E7FF" ForeColor="#4A3C8C" />
                          <HeaderStyle BackColor="#4A3C8C" Font-Bold="True"
ForeColor="#F7F7F7" />
                      </asp:DataList></td>
                </tr>
                <tr>
                </tr>
</table>
```

6.9.3 设置用户登录生命周期

在Page_Load页面装载事件下，判断系统登录Session变量是否已经结束该生命周期（Session [“loginName”] == string.Empty），如果已经结束，那么提示相关信息，并且返回系统主页；否则程序继续运行。根据RadioButton选中状态显示文件接收信息，具体代码如下：

〈代码 11　　代码位置：光盘 \Code\06\Bits\11. txt〉（1115562010301106115. html）

代码解释

```
protected void Page_Load(object sender, EventArgs e)
{
    if (Session["loginName"] == string.Empty)
    {
        bc.MessageBox("该用户在线20分钟,没有操作任何动作,即将返回到系统主页!"); //弹出提示
        Response.Redirect("../Index.aspx");                  //跳转页面
    }
    if (!IsPostBack)
    {
        if (Session["loginName"].ToString() == "admin")
        {
            DataList1.DataSource = bc.GetDataSet("select * from [file] order by fileTime desc", "file");          //执行SQL语句
            DataList1.DataKeyField = "fileid";               //设置主键
            DataList1.DataBind();                            //绑定数据
            RadioButton2.Enabled = false;                    //不显示按钮
            RadioButton1.Enabled =false;                     //不显示按钮
            return;
        }
        else
        {
            DataList1.DataSource = bc.GetDataSet("select * from [file] where examine='已接收' and fileAccepter='" + Session["loginName"].ToString() + "' order by fileTime desc", "file");          //执行SQL语句
            DataList1.DataKeyField = "fileid";               //设置主键
            DataList1.DataBind();                            //绑定到控件中
        }
    }
    if (RadioButton1.Checked)
    {
        DataList1.DataSource = bc.GetDataSet("select * from [file] where examine='未接收' and fileAccepter='" + Session["loginName"].ToString() + "' order by fileTime desc", "file");          //执行SQL语句
        DataList1.DataKeyField = "fileid";                   //设置主键
        DataList1.DataBind();                                //绑定到控件中
    }
    if (RadioButton2.Checked)
```

```
        {
            DataList1.DataSource = bc.GetDataSet("select * from [file] where examine='已接收' and fileAccepter='" + Session["loginName"].ToString() + "' order by fileTime desc", "file");                    //执行SQL语句
            DataList1.DataKeyField = "fileid";          //设置主键
            DataList1.DataBind();                       //绑定到控件中
        }
    }
```

6.10　上下班考勤

6.10.1　上下班考勤页面设计

上下班考勤页面主要用于实现员工签到和签退功能，其运行效果如图6.9所示。

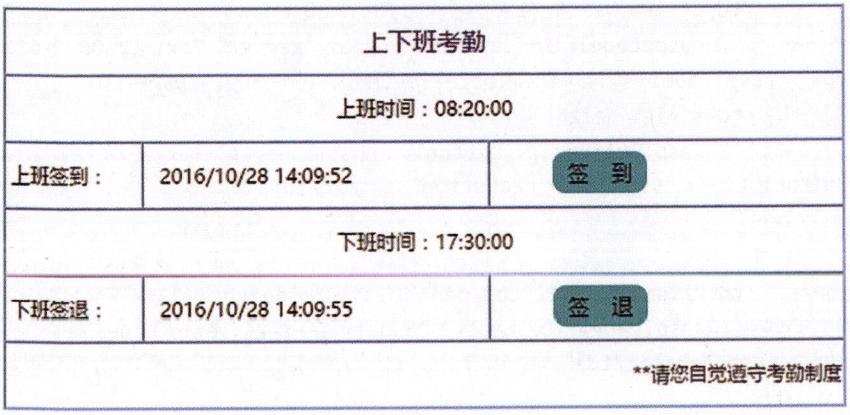

图 6.9　上下班考勤

6.10.2　设计上下班考勤页面

上下班考勤页面主要用到的控件及控件用途如表6.8所示。

表 6.8　上下班考勤页面用到的控件

控件名称	数量	描述	控件名称	数量	描述
Table	1	布局页面	Button	2	签到和签退
Table	1	布局 DataList 模板	Label	3	显示标题及上下班考勤时间

控件的属性设置，可以通过前台代码实现，也可以在“控件属性”对话框中设置实现，本页中使用的设置控件属性的代码如下：

<代码 12　　代码位置：光盘\Code\06\Bits\12.txt>

```
<table style="width: 319px; height: 1px" class="css" border="1" align="center">
            <tr>
                <td align="center" class="cssTitle" colspan="3">
<!--显示一段文字-->
                    <asp:Label ID="labTitle" runat="server" Text="上下班考勤"
Width="172px"></asp:Label></td>
            </tr>
            <tr>
                <td align="center" colspan="3" style="height: 6px">
                  <asp:Label ID="Label1" runat="server" Text="Label" Width="179px">
</asp:Label></td>
            </tr>
            <tr>
<!--上班签到时间-->
                <td style="width: 83px; height: 14px">
                    上班签到：</td>
                <td style="width: 195px; height: 14px">
                    <asp:Label ID="labSTime" runat="server" Text="2006-2-6 15:42:48"
Width="100px"></asp:Label><%#System.DateTime.Now.ToString() %></td>
                <td style="height: 14px">
                    <asp:Button ID="Button1" runat="server" Text="签  到" Width="58px"
OnClick="Button1_Click" CssClass="redButtonCss" /></td>
            </tr>
            <tr>
                <td align="center" colspan="3" style="height: 22px">
                    <asp:Label ID="Label2" runat="server" Text="Label"
Width="173px"></asp:Label></td>
            </tr>
            <tr>
<!--下班签退时间-->
                <td style="width: 83px; height: 31px">
                    下班签退：</td>
                <td style="width: 195px; height: 31px">
                    <asp:Label ID="labXTime" runat="server" Text="2006-2-6 15:42:48"
Width="100px"></asp:Label></td>
                <td style="height: 31px">
                     <asp:Button ID="Button2" runat="server" Text="签  退"
Width="58px" OnClick="Button2_Click" CssClass="redButtonCss" /></td>
            </tr>
            <tr>
                <td align="right" colspan="3" style="height: 16px">
                    **请您自觉遵守考勤制度</td>
            </tr>
```

```
        </table>
```

创建全局BaseClass类对象及静态字符串变量，代码如下：

```
BaseClass bc = new BaseClass();
static string up;
static string down;
```

6.10.3　计算上下班时间

在Page_Load页面装载事件下，分别将公司规定的上下班时间通过Label控件显示。具体代码如下：

<代码 13　　代码位置：光盘 \Code\06\Bits\13.txt>　（111556201030110б116.html）

```
protected void Page_Load(object sender, EventArgs e)
{
     labSTime.Text = DateTime.Now.ToString("HH:mm:ss");    //设置上班时间
     labXTime.Text = DateTime.Now.ToString("HH:mm:ss");    //设置下班时间
     //执行一段SQL语句
     DataSet ds = bc.GetDataSet("select * from signstate", "signstate");
     DataRow[] row = ds.Tables[0].Select("signstateid=1");//在查询的数据中进行查询
     foreach (DataRow rs in row)
    {
         Label1.Text = "上班时间：" + Convert.ToDateTime(rs["time"]).ToString("HH:mm:ss");
         up = Convert.ToDateTime(rs["time"]).ToString("HH:mm:ss");//设置时间
    }
    DataRow[] rw = ds.Tables[0].Select("signstateid=2");
    foreach (DataRow rs1 in rw)
    {
        //设置一段文字
        Label2.Text = "下班时间：" +Convert.ToDateTime( rs1["time"]).ToString("HH:mm:ss");
        down = Convert.ToDateTime(rs1["time"]).ToString("HH:mm:ss");
    }
```

代码解释

6.11　聊天室

6.11.1　聊天室页面概述

聊天室是Web服务中最常见的服务，是使用频率很高的网络服务之一。聊天室主要是使用Application和Session对象实现的。本系统聊天室采用Frame框架分割，分别用于显示不同的内容。聊天室页面的运行结果如图6.10所示。

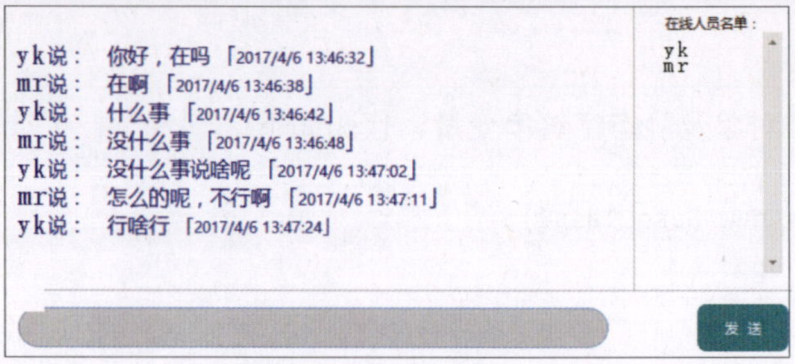

图 6.10 聊天室

聊天室主要分为三部分，各部分对应的文件如表6.9所示。

表 6.9 聊天全页面对应的文件

区域	名称	说明	对应文件
1	显示聊天信息	显示聊天信息	communion/chatMsg.aspx
2	发送聊天信息	发送聊天信息	indexFrame/sendMsg.aspx
3	在线人员列表	显示在线人员名单	indexFrame/person.aspx

6.11.2 实现聊天室 20 分钟自动退出功能

为了防止页面刷新时抖动得厉害，需要实现“无刷新”模式聊天室。在本节使用了隐藏帧的方法。首先使用隐藏帧来获取数据，然后将隐藏帧数据显示出来。刷新周期为3秒/次。实现关键代码如下：

<代码 14　　代码位置：光盘 \Code\06\Bits\14.txt>

```
<head runat="server">
    <title>无标题页</title>
    <meta http-equiv="refresh" content="3" />
    <link rel="stylesheet" type="text/css" href="../CSS/CSS.css" />
</head>
```

在Page_Load页面加载事件下，判断保存登录名的Session变量是否已经结束其生命周期（Session[“loginName”] == string.Empty）。如果已经结束，那么提示相关信息，并且返回系统主页；否则，程序继续运行，显示聊天信息。Page_Load事件的代码如下：

<代码 15　　代码位置：光盘 \Code\06\Bits\15.txt>

```
protected void Page_Load(object sender, EventArgs e)
{
    BaseClass bc = new BaseClass();
    if (Session["loginName"] == string.Empty)
    {
```

```
            Response.Write(bc.MessageBox("该用户在线20分钟内，没有操作任何动作，即将返回到系统主页!"));
            Response.Redirect("../Index.aspx");
        }
        Response.Write(Application["chatMsg"]);
}
```

6.11.3　设计聊天室页面

发送聊天信息页面由一个Table客户端控件和服务器控件Button、TextBox组成。

在Page_Load页面加载事件下，判断保存登录名的Session变量是否已经结束其生命周期（Session [“loginName”] == string.Empty）。如果已经结束，那么弹出提示，并且返回系统主页；否则，程序继续运行。Page_Load事件的代码如下：

〈代码 16　　代码位置：光盘 \Code\06\Bits\16. txt〉

```
protected void Page_Load(object sender, EventArgs e)
{
    BaseClass bc = new BaseClass();
    if (Session["loginName"] == string.Empty)
    {
      Response.Write(bc.MessageBox("该用户在线20分钟，没有操作任何动作，即将返回到系统主页!"));
      Response.Redirect("../Index.aspx");
    }
}
```

单击“发送”按钮发送聊天信息。发送聊天信息应注意避免覆盖原有的聊天信息，那么需要在发送现有信息的同时将原有信息存储到Appliction对象中。“发送”按钮的实现代码如下：

〈代码 17　　代码位置：光盘 \Code\06\Bits\17. txt〉

```
protected void btnSendMsg_Click(object sender, EventArgs e)
{
    if (TextBox1.Text == string.Empty) return;
    Application.Set("chatMsg", "<font size=4>" + Application["chatMsg"] + "<br>" + Convert.ToString(Session["loginName"]) + " 说：  " + TextBox1.Text + " </font>    「<font size=2>" + DateTime.Now.ToString() + "</font>」");
}
```

6.11.4　在线人员列表

在线人员列表页主要用于显示系统在线人员名单，由1个服务器控件DataList完成，然后通过后台代码ADO.NET绑定技术将在线名单绑定到DataList控件中。Page_Load事件的代码如下：

<代码 18　代码位置：光盘\Code\06\Bits\18.txt>（1115562010301106117.html）

代码解释

```
protected void Page_Load(object sender, EventArgs e)
{
    BaseClass bc = new BaseClass();
    ListBox1.DataSource= bc.GetDataSet("select * from sysUser where sign=1","sysUser");
    ListBox1.DataTextField = "userName";
    ListBox1.DataValueField = "userName";
    ListBox1.DataBind();
}
```

6.12　添加员工页面

6.12.1　添加员工基本信息页面概述

添加员工基本信息页面主要用于将公司内部员工基本信息添加到数据表Employee中，并且可以将员工照片上传到服务器上。添加员工页面的运行结果如图6.11所示。

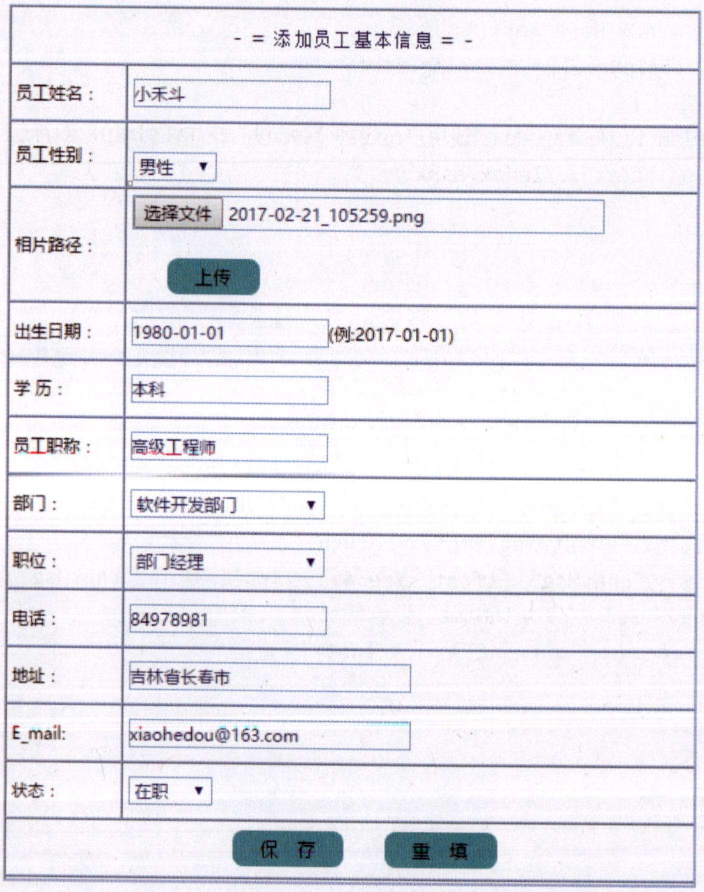

图 6.11　添加员工页面

6.12.2　设计添加员工页面

添加员工页面主要用到的控件及控件用途如表6.10所示。

表 6.10　添加员工页面主要用到控件

工具箱	控件名称	数量	描述
HTML	Table	1	布局页面
HTML	File	1	选择上传照片
标准	DropDownList	4	下拉选择
标准	Button	3	提交数据
标准	TextBox	7	输入员工相关信息
标准	Image	1	显示上传图片
验证	RequiredFieldValidator	6	验证文本 TextBox 不能为空
验证	RegularExpressionValidator	3	验证 TextBox 控件格式
验证	ValidationSummary	1	显示错误的验证信息

控件的属性设置，可以通过前台代码实现，也可以在“控件属性”对话框中设置实现，本页中使用的控件属性设置的代码如下：

<代码 19　　代码位置：光盘 \Code\06\Bits\19.txt>

```
<table style="width: 496px; height: 1px" align="center" border="1" cellspacing="0" class="css">
        <tr>
            <td align="center" class="cssTitle" colspan="2">
                ——添加员工基本信息——</td>
        </tr>
        <tr>
            <td style="width: 177px; height: 3px">
                员工姓名：</td>
            <td style="width: 566px; height: 3px">
                <asp:TextBox ID="txtEName" runat="server" CssClass="InputCss" Width="140px"></asp:TextBox>
            <asp:RequiredFieldValidator ID="RequiredFieldValidator1" runat="server" ControlToValidate="txtEName"
                    ErrorMessage="员工姓名  必须填写">**</asp:RequiredFieldValidator></td>
        </tr>
        <tr>
            <td style="width: 177px; height: 37px">
                员工性别：</td>
            <td style="width: 566px; height: 37px">
```

```
                    <asp:DropDownList ID="dlSex" runat="server" CssClass="InputCss" Width="60px">
                        <asp:ListItem>男性</asp:ListItem>
                        <asp:ListItem>女性</asp:ListItem>
                    </asp:DropDownList>
                    <asp:Image ID="Image1" runat="server" Width="64px" />
                    </td>
            </tr>
            <tr>
                <td style="width: 177px;">
                    相片路径：</td>
                <td style="width: 566px;">
                  <input id="File1" runat="server" class="InputCss" style="width: 335px" type="file" />
    <asp:Button ID="btnGoUp" runat="server" CausesValidation="False" CssClass="redButtonCss"
                        OnClick="btnGoUp_Click" Text="上传" Width="67px" /></td>
            </tr>
            <tr>
                <td style="width: 177px;">
                    出生日期：</td>
                <td style="width: 566px;">
  <asp:TextBox ID="txtEBrith" runat="server" CssClass="InputCss" Width="140px"></asp:TextBox>(例:2017-01-01)<asp:RequiredFieldValidator ID="RequiredFieldValidator4" runat="server" ControlToValidate="txtEBrith"
                        ErrorMessage="出生日期  必须填写">**</asp:RequiredFieldValidator>
 <asp:CompareValidator ID="CompareValidator1" runat="server" ControlToValidate="txtEBrith"
                        ErrorMessage="(格式:yyyy-mm-dd)" Operator="DataTypeCheck" Type="Date" Width="113px"></asp:CompareValidator></td>
            </tr>
            <tr>
                <td style="width: 177px; height: 2px">
                学  历：</td>
                <td style="width: 566px; height: 2px">
<asp:TextBox ID="txtELearn" runat="server" CssClass="InputCss" Width="140px"></asp:TextBox>
<asp:CustomValidator ID="CustomValidator1" runat="server" ControlToValidate="txtELearn"
                        ErrorMessage="学历  必须填写">**</asp:CustomValidator></td>
            </tr>
            <tr>
                <td style="width: 177px;">
                    员工职称：</td>
                <td style="width: 566px;">
```

```
    <asp:TextBox ID="txtPost" runat="server" CssClass="InputCss" Width="140px"></asp:TextBox>
    <asp:RequiredFieldValidator ID="RequiredFieldValidator2" runat="server"
  ControlToValidate="txtPost"
                                 ErrorMessage="职称  必须填写">**</asp:RequiredFieldValidator></td>
                </tr>
                <tr>
                    <td style="width: 177px;">
                        部门：</td>
                    <td style="width: 566px;">
  <asp:DropDownList ID="dlDept" runat="server" CssClass="InputCss" DataTextField="deptName"
                                  DataValueField="deptName" Width="140px">
                        </asp:DropDownList></td>
                </tr>
                <tr>
                    <td style="width: 177px;">
                        职位：</td>
                    <td style="width: 566px;">
        <asp:DropDownList ID="dlJop" runat="server" CssClass="InputCss" Width="140px">
                            <asp:ListItem>董事长</asp:ListItem>
                            <asp:ListItem>总经理</asp:ListItem>
                            <asp:ListItem>副总经理</asp:ListItem>
                            <asp:ListItem>部门经理</asp:ListItem>
                            <asp:ListItem>部门主管</asp:ListItem>
                            <asp:ListItem>普通职员</asp:ListItem>
                            <asp:ListItem>秘书长</asp:ListItem>
                            <asp:ListItem>秘书</asp:ListItem>
                        </asp:DropDownList></td>
                </tr>
                <tr>
                    <td style="width: 177px;">
                        电话：</td>
                    <td style="width: 566px;">
       <asp:TextBox ID="txtTel" runat="server" CssClass="InputCss" Width="140px"></asp:TextBox>
       <asp:RequiredFieldValidator ID="RequiredFieldValidator5" runat="server"
  ControlToValidate="txtTel"
                                 ErrorMessage="电话  必须填写">**</asp:RequiredFieldValidator>
  <asp:RegularExpressionValidator ID="RegularExpressionValidator2" runat="server"
  ControlToValidate="txtTel"
    ValidationExpression="(\(\d{3,4}\)|\d{3,4}-)?\d{7,8}">格式不正确!
  </asp:RegularExpressionValidator></td>
                </tr>
                <tr>
                    <td style="width: 177px;">
```

```
                    地址：</td>
                <td style="width: 566px;">
<asp:TextBox ID="txtAddress" runat="server" CssClass="InputCss" Width="200px"></asp:TextBox>
<asp:RequiredFieldValidator ID="RequiredFieldValidator3" runat="server"
ControlToValidate="txtAddress"
                        ErrorMessage="地址  必须填写">**</asp:RequiredFieldValidator></td>
            </tr>
            <tr>
                <td style="width: 177px;">
                    E_mail:</td>
                <td style="width: 566px;">
 <asp:TextBox ID="txtEmail" runat="server" CssClass="InputCss" Width="200px"></asp:TextBox>
 <asp:RequiredFieldValidator ID="RequiredFieldValidator6" runat="server"
 ControlToValidate="txtEmail"
                      ErrorMessage="Email  必须填写">**</asp:RequiredFieldValidator>
<asp:RegularExpressionValidator ID="RegularExpressionValidator3" runat="server"
ControlToValidate="txtEmail"
                        ValidationExpression="\w+([-+.']\w+)*@\w+([-.]\w+)*\.\w+
([-.]\w+)*">格式不正确!</asp:RegularExpressionValidator></td>
            </tr>
            <tr>
                <td style="width: 177px;">
                    状态：</td>
                <td style="width: 566px;">
                    <asp:DropDownList ID="dlState" runat="server" CssClass="InputCss"
 Width="60px">
                        <asp:ListItem>在职</asp:ListItem>
                        <asp:ListItem>离职</asp:ListItem>
                    </asp:DropDownList></td>
            </tr>
            <tr>
                <td style="height: 2px" align="center" colspan="2">
<asp:Button ID="btnSave" runat="server" CssClass="blueButtonCss" OnClick="btnSave_Click"
                        Text="保  存" />
<asp:Button ID="btnCancel" runat="server" CausesValidation="False" CssClass="blueButtonCss"
                        OnClick="btnCancel_Click" Text="重  填" /></td>
            </tr>
            <tr>
                <td align="center" colspan="2" style="height: 1px">
        <asp:ValidationSummary ID="ValidationSummary1" runat="server" Height="28px"
ShowMessageBox="True"
```

```
                ShowSummary="False" Width="200px" />
                    </td>
                </tr>
            </table>
```

6.12.3　后台功能代码

在命名空间区域中，引用命名空间System.IO，该命名空间中包含允许读写文件和数据流的类型以及提供基本文件和目录支持的类型。本页主要通过该命名空间，使用File类。File类中包括用于创建、复制、删除、移动和打开文件的静态方法，并协助创建FileStream对象。

<代码 20　　代码位置：光盘 \Code\06\Bits\20.txt>

```
using System;
using System.Data;
using System.Configuration;
using System.Collections;
using System.Web;
using System.Web.Security;
using System.Web.UI;
using System.Web.UI.WebControls;
using System.Web.UI.WebControls.WebParts;
using System.Web.UI.HtmlControls;
using System.IO;              //引用命名空间
```

在Page_Load页面装载事件中，将部门信息表（dept）中部门名称装载到DropDownList控件中。具体代码如下：

<代码 21　　代码位置：光盘 \Code\06\Bits\21.txt>

```
    protected void Page_Load(object sender, EventArgs e)
    {
        if (!IsPostBack)
        {
            dlDept.DataSource = bc.GetDataSet("select * from dept", "dept");
            dlDept.DataBind();
        }
    }
```

单击“保存”按钮，将填写的员工基本信息保存到数据库中。实现技术为通过公共类BaseClass对象调用类成员方法ExecSQL()将员工信息保存到数据库中。“保存”按钮的Click事件代码如下：

<代码 22　　代码位置：光盘 \Code\06\Bits\22.txt>

```
    protected void btnSave_Click(object sender, EventArgs e)
    {
        string str;
        str = "insert into employee values('" + txtEName.Text + "','" + dlSex.Text +
```

```
",'" + txtEBrith.Text + "','" + txtELearn.Text + "','" + txtPost.Text + "','" + dlDept.
Text + "','" + dlJop.Text + "','" + txtTel.Text + "','" + txtAddress.Text + "','" +
txtEmail.Text + "','" + dlState.Text + "','" + path + "')";
        Boolean bl;
        bl = bc.ExecSQL(str);
        if (bl)
        {
            Response.Write(bc.MessageBox("员工基础信息添加成功"));
        }
        else
        {
            Response.Write(bc.MessageBox("员工基础信息添加失败"));
        }
    }
    protected void btnCancel_Click(object sender, EventArgs e)
    {
        txtEName.Text = "";
        txtEBrith.Text = "";
        txtAddress.Text = "";
        txtELearn.Text = "";
        txtPost.Text = "";
        txtTel.Text = "";
        txtEmail.Text = "";
    }
```

单击“上传”按钮，将员工照片上传到服务器上，并通过Image控件显示员工照片。值得注意的是，将员工照片上传到服务器时，需要判断该文件是否存在，如果存在，那么将该照片文件重新命名，否则，顺利保存到服务器上。“上传”按钮的Click事件代码如下：

＜代码 23　　代码位置：光盘\Code\06\Bits\23.txt＞　（1115562010301106118.html）

代码解释

```
    protected void btnGoUp_Click(object sender, EventArgs e)
    {
      string str = this.File1.PostedFile.FileName;
      if (str == "")
      {
          Response.Write(bc.MessageBox("请选择上传图片！"));
          return;
      }

      string ss = str.Substring(str.LastIndexOf("\\") + 1);
      string s = Server.MapPath("..\\photo\\" + ss);
      path = "..\\photo\\" + ss;
       if (File.Exists(s))
      {
          Response.Write(bc.MessageBox("该文件已经存在，请重新命名!!!"));
```

```
            return;
        }
        this.File1.PostedFile.SaveAs(s);
        Image1.ImageUrl = s;
    }
```

6.13　本章总结

下面通过一个思维导图对本章所讲模块及主要知识点进行总结，如图6.12所示。

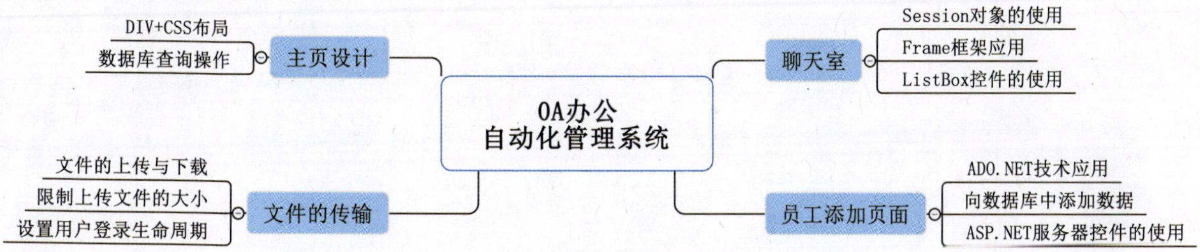

图 6.12　OA 办公自动化管理系统知识点总结

第7章

企业级进销存管理系统

（ASP.NET + LINQ + 主题 + 三层架构实现）

实现进销存业务的一体化管理，能最大限度地整合库存结构、减少滞销库存、刺激商品销售。在管理模式上变被动管理为主动管理，自动化程度高，决策支持全面，能够准确及时地为决策者提供第一手信息，是企业长期信息化投资的理想产品。本章将使用“ASP.NET+LINQ+三层架构技术”开发一个通用的企业级进销存管理系统。通过本章学习，你将学到：

- Ajax技术应用
- 自定义分页组件
- 主题的使用
- 分布式事务处理
- LINQ数据操作技术
- 母版页的使用
- 页面数据缓存
- 三层架构应用

预备知识导图

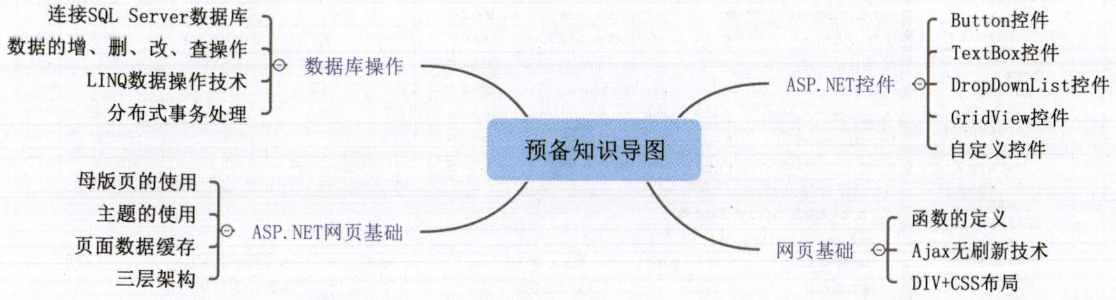

界面预览

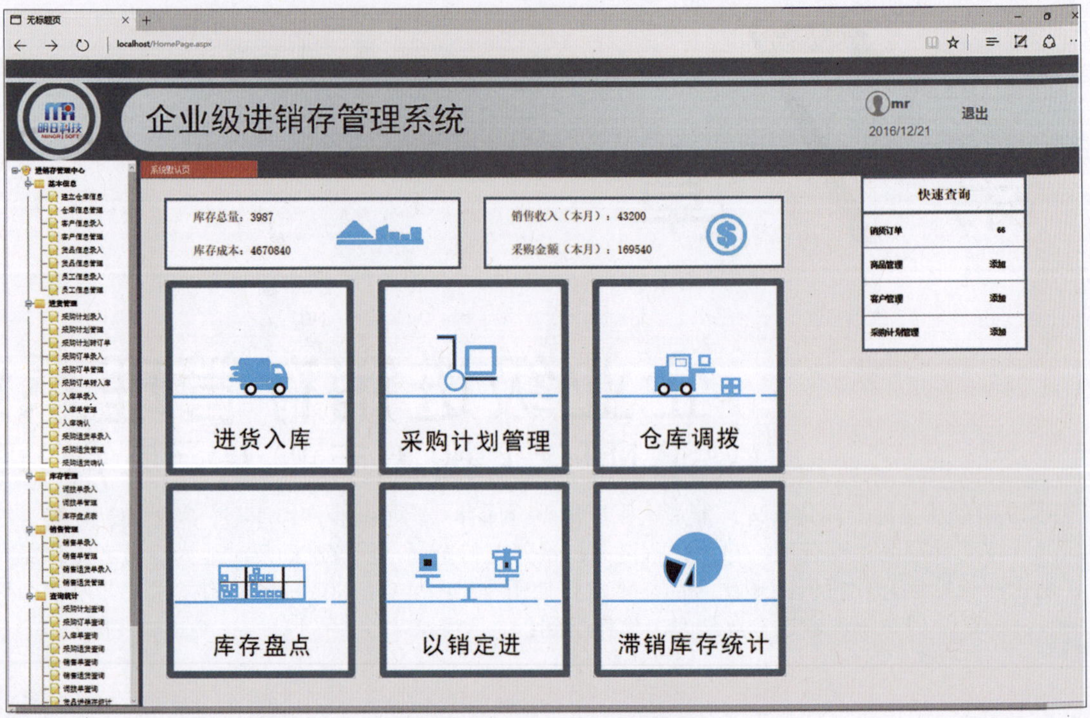

进销存管理系统主页（见光盘）

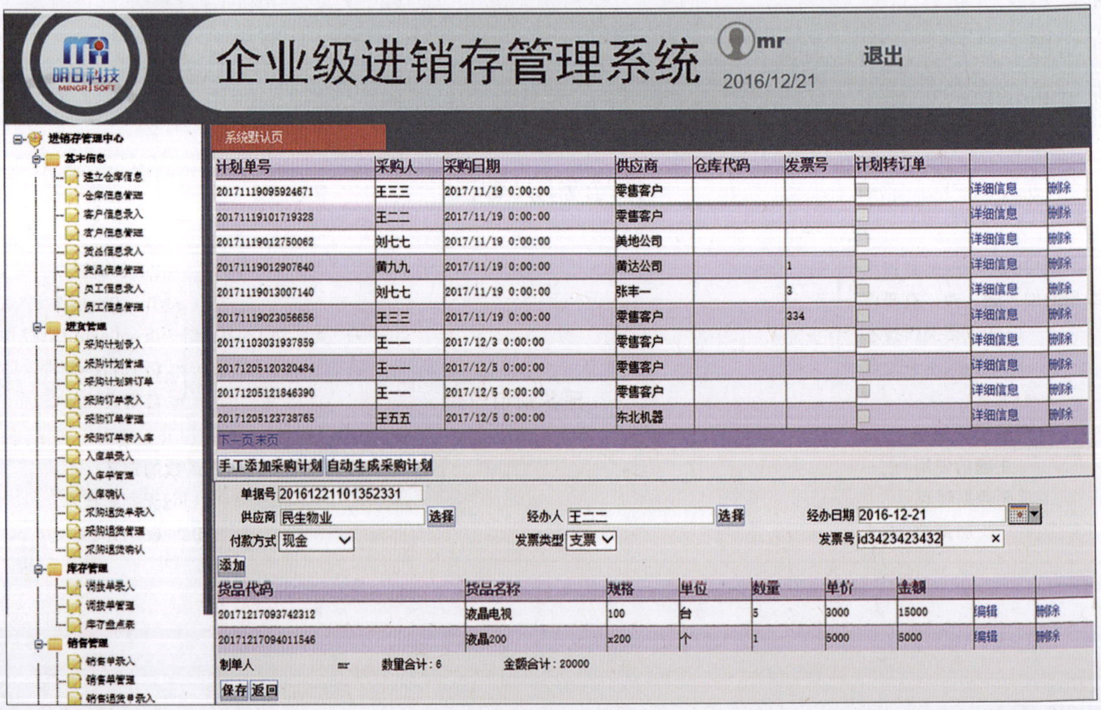

采购管理（P386）

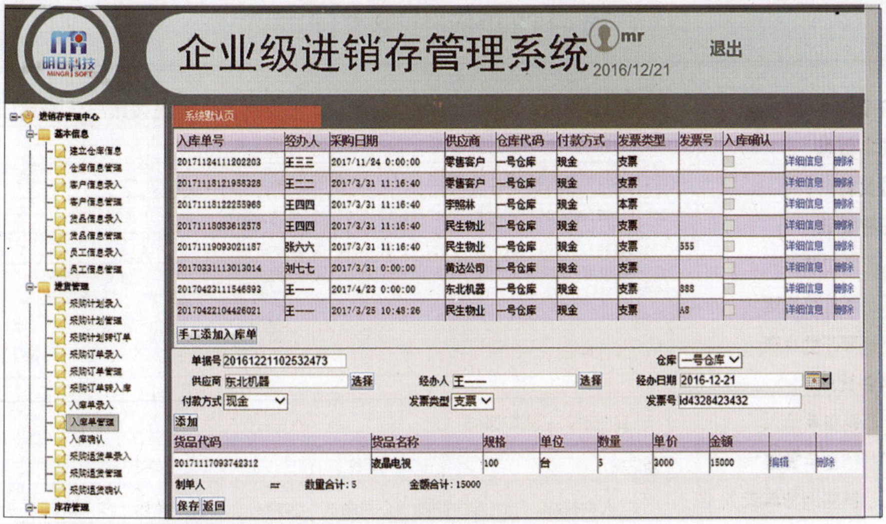

入库单管理（P391）

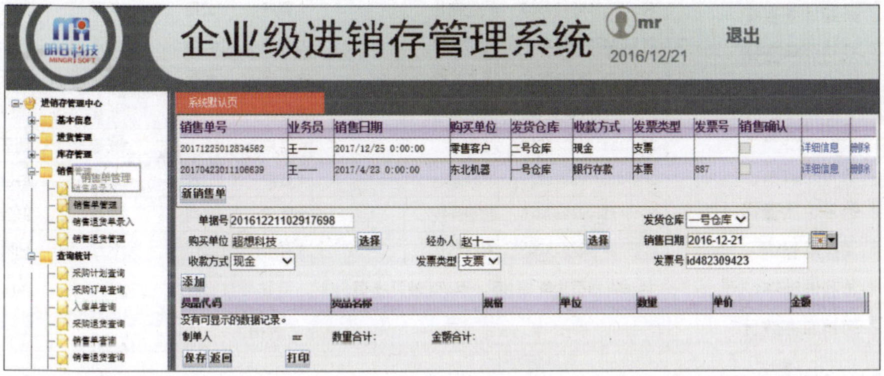

销售单管理（P395）

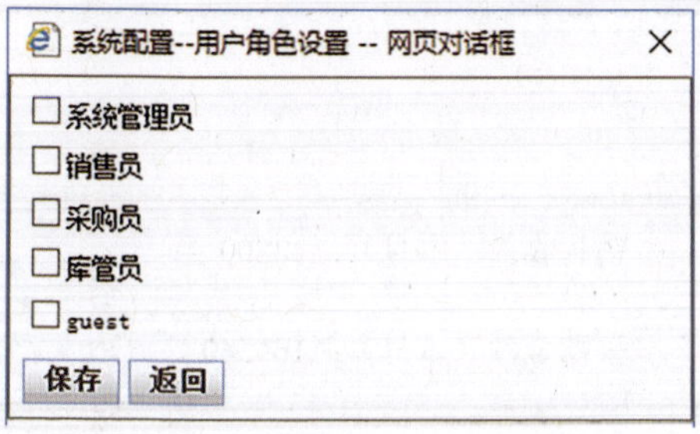

用户角色授权（见光盘）

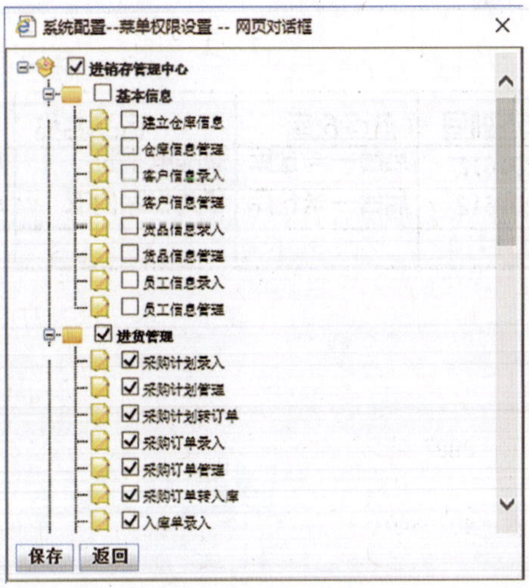

菜单权限授权（见光盘）

7

项目功能应用技术预览

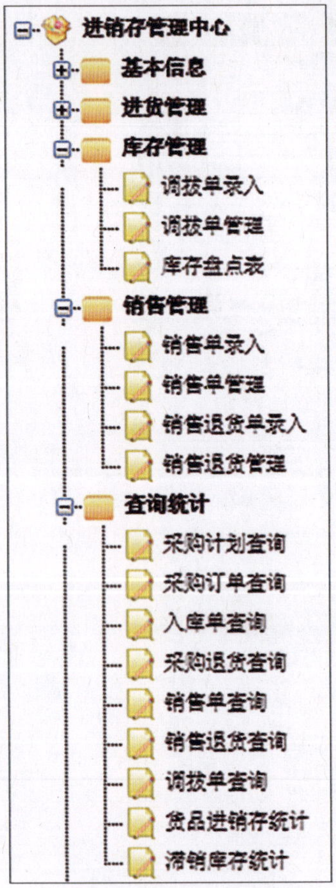

导航菜单设计（见光盘）

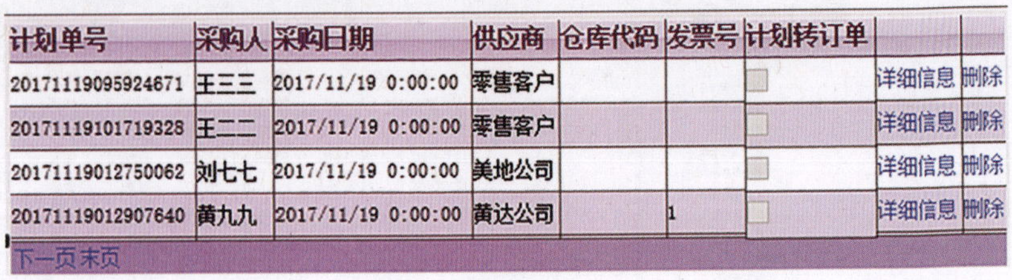

计划单号	采购人	采购日期	供应商	仓库代码	发票号	计划转订单		
20171119095924671	王三三	2017/11/19 0:00:00	零售客户				详细信息	删除
20171119101719328	王二二	2017/11/19 0:00:00	零售客户				详细信息	删除
20171119012750062	刘七七	2017/11/19 0:00:00	美地公司				详细信息	删除
20171119012907640	黄九九	2017/11/19 0:00:00	黄达公司		1		详细信息	删除

下一页 末页

GridView 控件分页（见光盘）

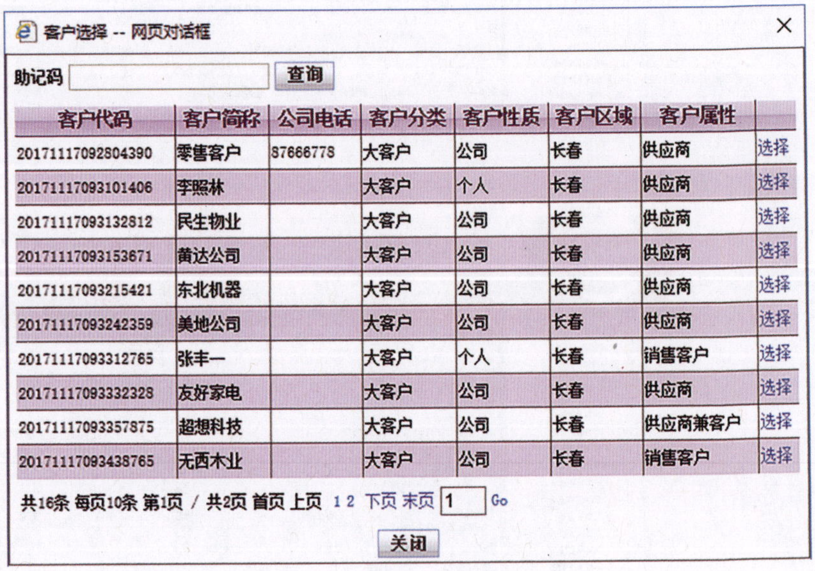

客户选择 -- 网页对话框

助记码 查询

客户代码	客户简称	公司电话	客户分类	客户性质	客户区域	客户属性	
20171117092804390	零售客户	87666778	大客户	公司	长春	供应商	选择
20171117093101406	李照林		大客户	个人	长春	供应商	选择
20171117093132812	民生物业		大客户	公司	长春	供应商	选择
20171117093153671	黄达公司		大客户	公司	长春	供应商	选择
20171117093215421	东北机器		大客户	公司	长春	供应商	选择
20171117093242359	美地公司		大客户	公司	长春	供应商	选择
20171117093312765	张丰一		大客户	个人	长春	销售客户	选择
20171117093332328	友好家电		大客户	公司	长春	供应商	选择
20171117093357875	超想科技		大客户	公司	长春	供应商兼客户	选择
20171117093438765	无西木业		大客户	公司	长春	销售客户	选择

共16条 每页10条 第1页 / 共2页 首页 上页 1 2 下页 末页 1 Go

关闭

弹出网页对话框（见光盘）

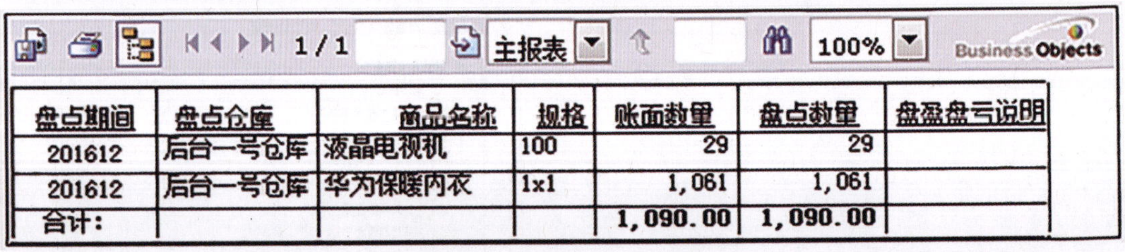

1 / 1 主报表 100% Business Objects

盘点期间	盘点仓库	商品名称	规格	账面数量	盘点数量	盘盈盘亏说明
201612	后台一号仓库	液晶电视机	100	29	29	
201612	后台一号仓库	华为保暖内衣	1x1	1,061	1,061	
合计:				1,090.00	1,090.00	

水晶报表的设计和使用（P401）

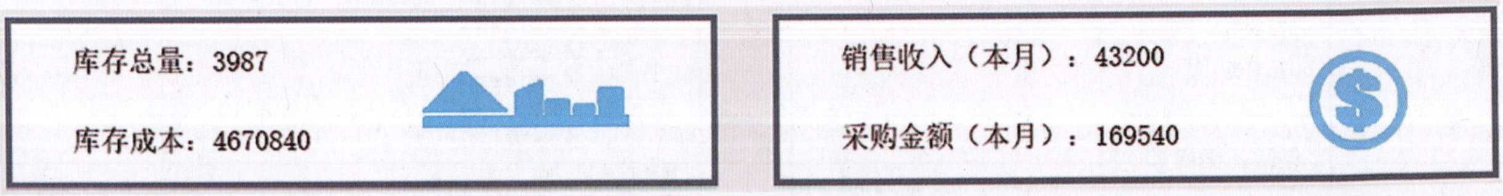

数据汇总（见光盘）

7.1　开发背景

企业级进销存管理系统是一款为中小型企业量身定制的物流管理平台，随着商品经济的发展，商业运作模式日趋多样化，该软件在分析设计上充分考虑了中小企业业务流程的可变性和业务种类的多样性，能够高效地管理进货、销售、调拨和存货业务。企业级进销存管理系统开发细节如图7.1所示。

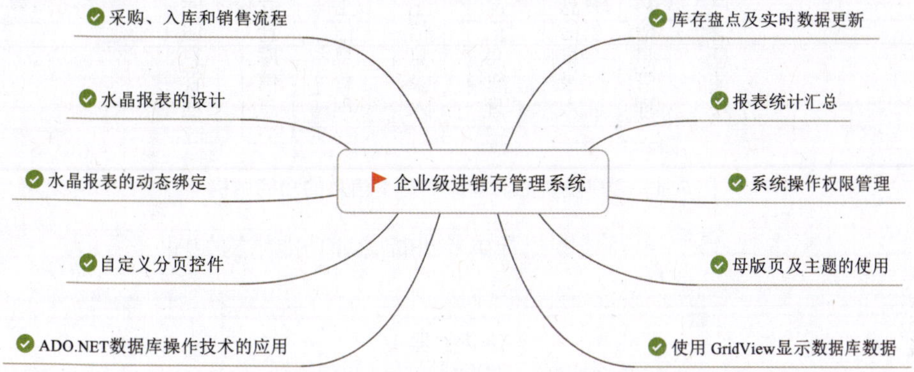

图 7.1　企业级进销存管理系统开发细节

7.2　系统功能设计

7.2.1　系统功能结构

企业级进销存管理系统主模块功能结构，如图7.2所示。

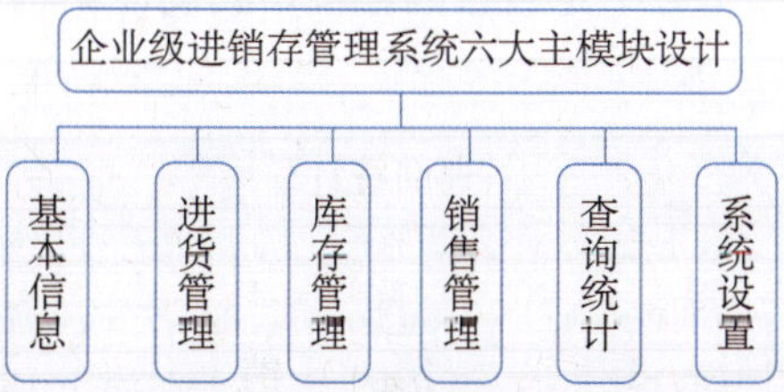

图 7.2　企业级进销存管理系统六大主要模块

系统设置、库存管理和销售管理三大模块功能结构，如图7.3所示。

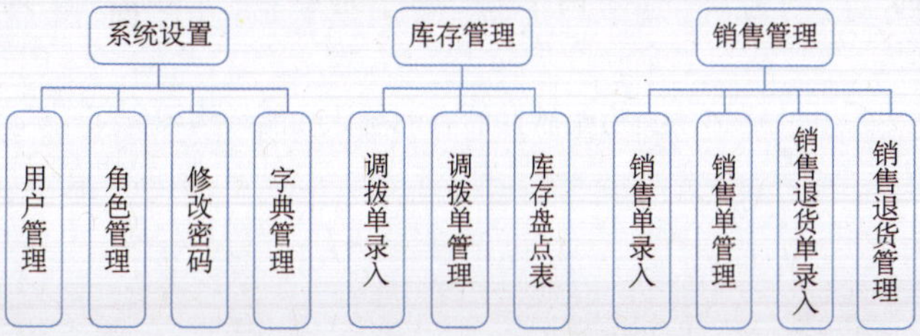

图 7.3　系统设置、库存管理和销售管理三大模块功能结构

客户及货品、仓库的基本信息的功能结构如图7.4所示。

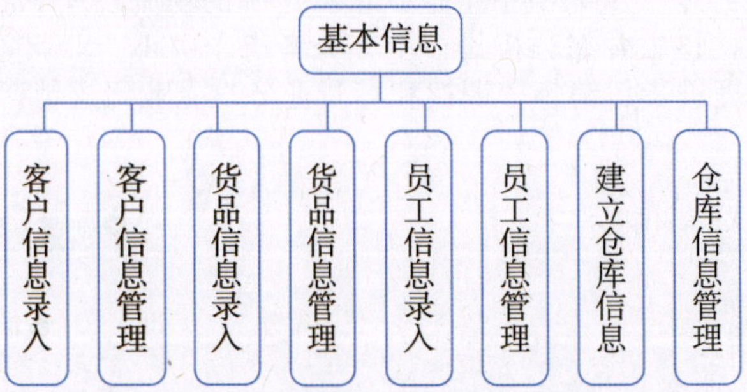

图 7.4　客户及货品、仓库等基本信息的功能结构

采购计划单、采购订单、入库单及采购退货单等进货管理功能结构如图7.5所示。

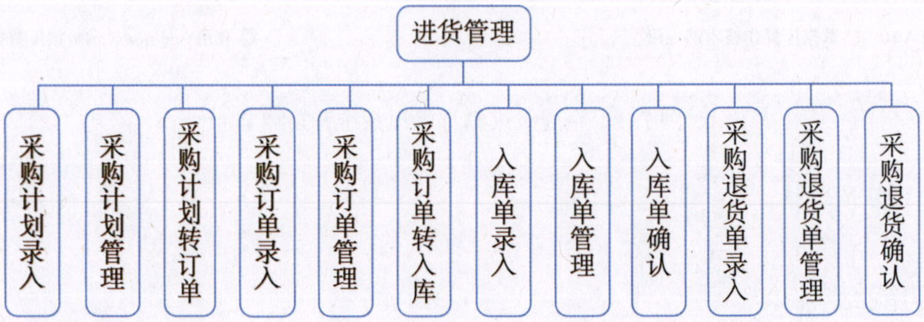

图 7.5　采购计划单、入库单及采购退货单等进货管理

在进销存软件中查询统计功能有着举足轻重的地位，其功能结构如图7.6所示。

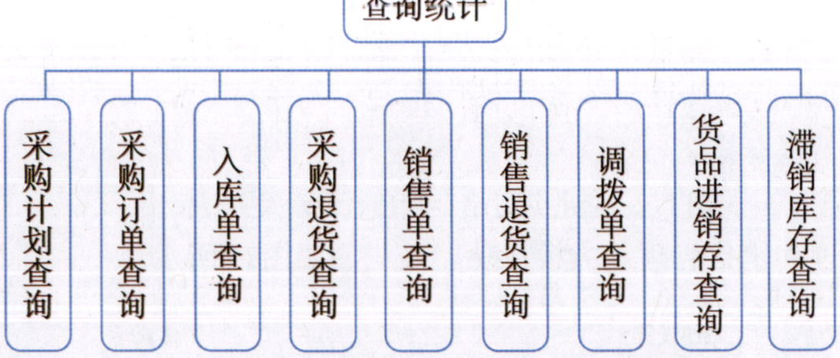

图 7.6　进销软件的查询统计功能结构图

7.2.2　系统业务流程

企业级进销存管理系统业务流程如图7.7所示。

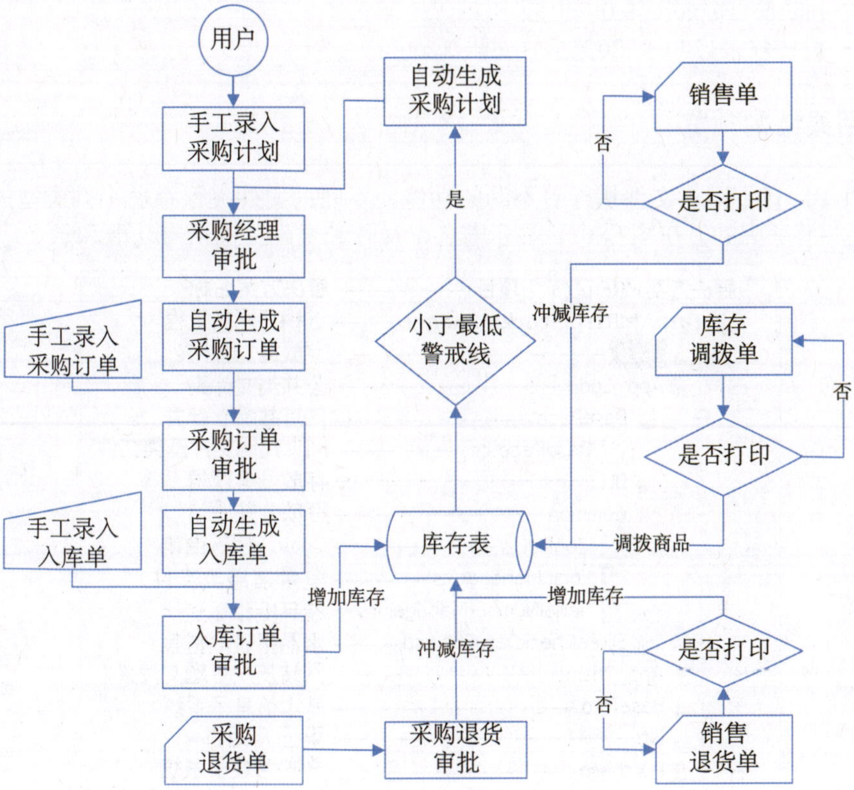

图 7.7　企业级进销存管理系统业务流程图

7.3　系统开发必备

7.3.1　系统开发环境要求

1．网站开发环境

☑ 网站开发环境：Visual Studio 2015免费社区版。
☑ 网站开发语言：ASP.NET、C#。
☑ 网站后台数据库：SQL Server 2014。
☑ 开发环境运行平台：Windows 7（SP1）以上。

2．服务器端

☑ 操作系统：Windows 7（SP1）以上。
☑ Web服务器：IIS 7.0以上版本。
☑ 数据库服务器：SQL Server 2014。
☑ 浏览器：Internet Explorer 9.0以上版本。
☑ 网站服务器运行环境：Microsoft . NET Framework v4.0以上。

3. 客户端

☑ 浏览器：Internet Explorer 9.0以上版本。

☑ 分辨率：最佳效果1280×720像素（宽屏）。

7.3.2 项目目录结构预览

在一个项目中，有不同的文件执行着不同的功能，不同的文件夹保存着不同类型的文件，这些文件和文件夹都是相互呼应的。在图7.8中，显示着各个文件和文件夹的所有功能和意义。

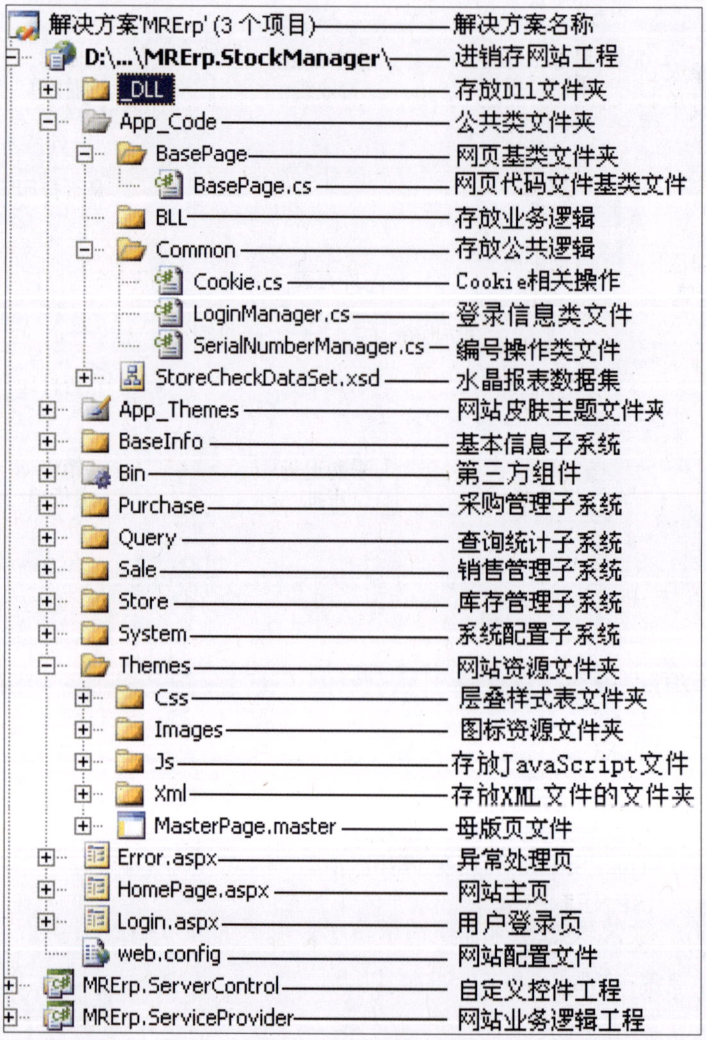

图 7.8 目录结构

7.4 数据库设计

本系统使用的是SQL Server数据库，数据库命名为MRErp，共包含26张数据表和一个视图，其结构如图7.9所示。

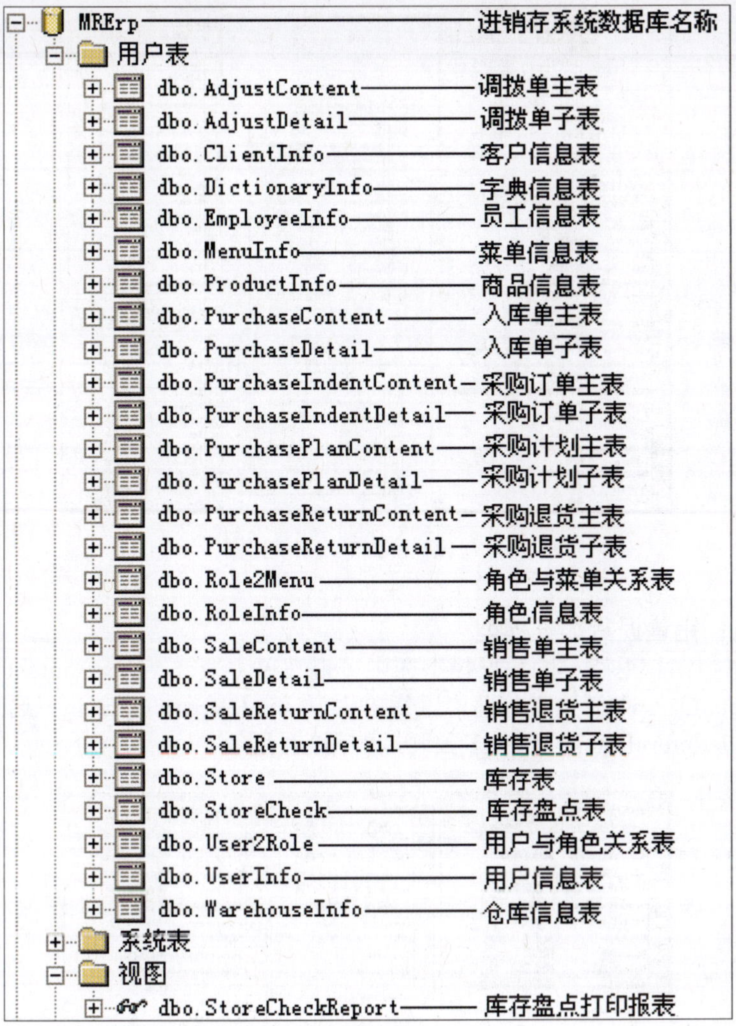

图 7.9 数据库文件

7.4.1 数据模型图

数据模型图是了解系统数据流和数据结构最直接、最快捷的方法。在开发一个项目之前，首先需要绘制出系统的实体结构及数据表间的关系。这里为了使读者朋友对本系统的数据关系和数据流有一个整体的认识，将本系统的数据模型图按业务类别详细划分为4部分，具体介绍如下。

1. 企业级进销存管理系统中的销售单数据模型

在销售单相关的数据模型中，销售单主表（SaleContent）通过销售单编号与销售单子表（SaleDetail）一对多关联。销售单主表通过销售员与员工表（EmployeeInfo）关联；通过客户ID与客户表（ClientInfo）关联；通过仓库代码与仓库信息（WarehouseInfo）关联。销售单子表通过货品代码与货品信息表（ProductInfo）关联，如图7.10所示。

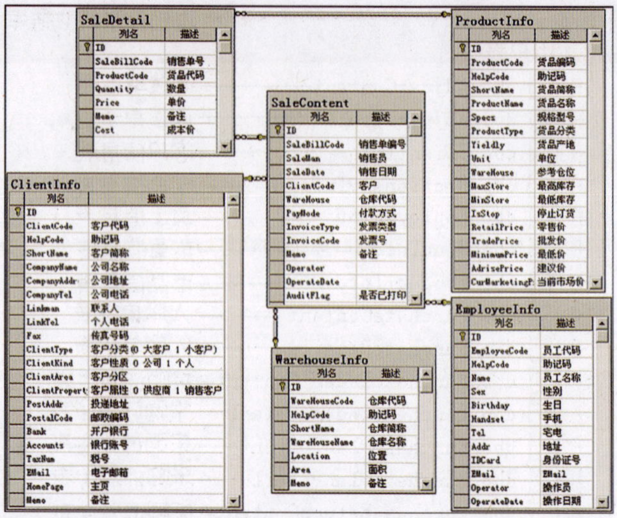

图 7.10　销售单数据模型图

2. 库存、调拨、销售返货数据模型

在库存、调拨单、销售返货单的数据模型图中，调拨单主表（AdjustContent）通过调拨单号与调拨单子表（AdjustDetail）一对多关联；销售返货单主表（SaleReturnContent）通过销售退货单编号与销售返货单子表（SaleReturnDetail）一对多关联，如图7.11所示。

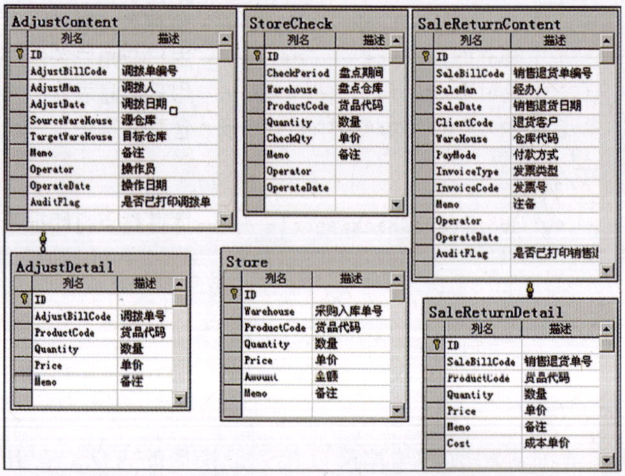

图 7.11　库存、调拨、销售返货数据模型

3. 采购相关数据模型图

在采购计划单、订单、入库单、采购退货单的数据模型中，采购计划单主表（PurchasePlan-Content）通过采购计划单编号与采购计划单子表（PurchasePlanDetail）一对多关联；采购订单主表（PurchaseIndentContent）通过采购订单编号与采购订单子表（PurchaseIndentDetail）一对多关联；入库单主表（PurchaseContent）通过入库单编号与入库单子表（PurchaseDetail）一对多关联；采购退货单主表（PurchaseReturnContent）通过采购退货单编号与采购退货单子表（PurchaseReturnDetail）一对多关联，如图7.12所示。

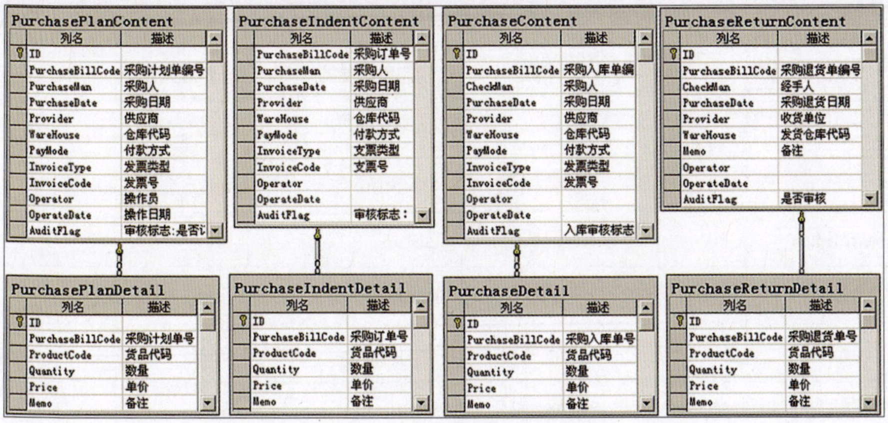

图 7.12　采购相关数据模型图

4. 系统设置相关数据模型图

在系统权限设置和系统字典设置的数据模型图中，字典信息表（DictionaryInfo）的主要功能是对字典信息（如性别、客户类型）进行动态设置，它与系统各个表（如货品表的计量单位）都有联系。

系统权限设置由5个表组成，分别是用户信息表（UserInfo）、用户角色关系表（User2Role）、角色信息表（RoleInfo）、角色菜单关系表（Role2Menu）、菜单表（MenuInfo），它们之间的关系如图7.13所示。

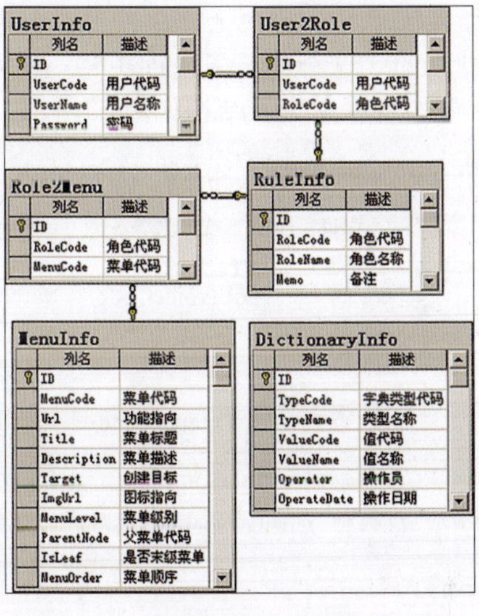

图 7.13　系统设置相关数据模型图

7.4.2　主要数据表结构

由于篇幅所限，这里只给出重要的数据表，其他数据表请参见本书附赠光盘。

1. 货品信息表（ProductInfo）

记录进销存业务涉及的货品信息（如货品名称、规格、产地等），各个单据凡涉及货品信息的都与此表货品编号字段关联。货品信息表结构如表7.1所示。

表 7.1　货品信息表（ProductInfo）

字段名	数据类型	长度	描述	字段名	数据类型	长度	描述
ID	int	4	序号	MaxStore	int	4	最高库存
ProductCode	varchar	20	货品编码	MinStore	int	4	最低库存
HelpCode	varchar	20	助记码	IsStop	bit	1	停止订货
ShortName	varchar	20	货品简称	RetailPrice	float	8	零售价
ProductName	varchar	100	货品名称	TradePrice	float	8	批发价
Specs	varchar	50	规格型号	MinimumPrice	float	8	最低价
ProductType	varchar	20	货品分类	AdrisePrice	float	8	建议价
Yieldly	varchar	100	货品产地	CurMarketingPrice	float	8	当前市场价
Unit	varchar	10	单位	Operator	varchar	20	操作人员
WareHouse	varchar	20	参考仓位	OperateDate	datetime	8	操作日期

2. 入库单主表（PurchaseContent）

该表记录入库单主要信息，如入库单号、经办人、供应商、入库仓库等。入库单可能是手工录入的，也可能是采购订单确认后转过来的（这种情况下入库单号与采购订单号相同）。当AuditFlag为1时，表示入库单生效同时更新库存表。入库单主表结构如表7.2所示。

表 7.2　入库单主表（PurchaseContent）

字段名	数据类型	长度	描述	字段名	数据类型	长度	描述
Provider	varchar	20	供应商	InvoiceCode	varchar	20	发票号
WareHouse	varchar	20	仓库代码	Operator	varchar	20	操作人员
PayMode	varchar	20	付款方式	OperateDate	datetime	8	操作日期
InvoiceType	varchar	20	发票类型	AuditFlag	bit	1	入库审核标志

3. 销售单主表（SaleContent）

销售单主表记录销售单主要信息，如销售单号、销售员、购货客户、出货仓库等。当打印销售单时将AuditFlag设为1，同时更新库存表由于销售货品出库引起的变化。销售单主表结构如7.3所示。

表 7.3　销售单主表（SaleContent）

字段名	数据类型	长度	描述	字段名	数据类型	长度	描述
ID	int	4	序号	InvoiceType	varchar	20	发票类型
SaleBillCode	varchar	20	销售单编号	InvoiceCode	varchar	20	发票号

续表

字段名	数据类型	长度	描述	字段名	数据类型	长度	描述
SaleMan	varchar	20	销售员	Memo	varchar	100	备注
SaleDate	datetime	8	销售日期	Operator	varchar	20	操作人员
ClientCode	varchar	20	客户	OperateDate	datetime	8	操作日期
WareHouse	varchar	20	仓库代码	AuditFlag	bit	1	是否已打印销售单
PayMode	varchar	20	付款方式				

4. 库存表（Store）

库存表记录各个仓库当前最新的货品库存信息（如库存数量、成本单价、库存金额等），在入库单确认、打印销售单、打印调拨单时都涉及库存表的变化。库存表结构如表7.4所示。

表 7.4　库存表（Store）

字段名	数据类型	长度	描述	字段名	数据类型	长度	描述
ID	int	4	序号	Price	float	8	单价
Warehouse	varchar	20	采购入库单号	Amount	float	8	金额
ProductCode	varchar	20	货品代码	Memo	varchar	100	备注
Quantity	int	4	数量				

7.5　主要公共类的设计

开发项目中以类的形式来组织、封装一些常用的方法和事件，不仅可以提高代码的重用率，也大大方便了代码的管理。该企业级进销存管理系统公共类的设计非常庞大，这里列出了三个比较典型的公共类设计，以此体现面向对象程序开发中的主要思想。

7.5.1　更换网页皮肤主题类 BasePage

BasePage类是所有网页代码文件类的基类（或称超类），在企业级进销存管理系统中，所有网页代码文件类都继承自该类，它主要实现的功能是更换网页皮肤主题，具体代码如下：

＜代码 01　　代码位置：光盘\Code\07\Bits\01.txt＞　（1115562010301107111.html）

```
/// <summary>
/// 覆盖基类的StyleSheetTheme()方法，重新实现网页皮肤主题更换功能
/// </summary>
public override string StyleSheetTheme
{
    get
    {
```

代码解释

```
        string styleSheetTheme = "Blue";                    //设置默认主题为蓝色
        try
        {
            //根据Web服务器上虚拟路径获取CustomConfig.xml文件对应的物理路径
            string xmlFilePath = Server.MapPath("~/Themes/Xml/CustomConfig.xml");
    XElement xe = XElement.Load(xmlFilePath);               //将XML文件导入到操作XML元素的类
    IEnumerable<XElement> elements = from e in xe.Descendants("ThemeName")
                                  select e;                 //LINQ to XML表达式
            if (elements.Count() > 0)                       //如果查询到的元素个数大于0
            {
                XElement first = elements.First();          //获取查询到的第一个元素
                    //获取第一个元素的值，将它赋值给StyleSheetTheme属性
                    styleSheetTheme = first.Value;
                }
            }
            catch { }
            return styleSheetTheme;                         //返回StyleSheetTheme属性
        }
    }
}
```

7.5.2 自定义 OurPager 数据分页控件类

分页控件只需输入两个行为属性RecordCount和PageSize，即可自动计算分页信息并绘制控件呈现，分页控件还提供了一个PageChanged事件，只需实现该事件即可在单击分页控件上的任意按钮时触发该事件。

自定义分页控件事件执行的核心代码如下：

<代码 02　　代码位置：光盘 \Code\07\Bits\02.txt>

```
/// <summary>
// 当触发分页控件事件时执行的过程
// </summary>
// <param name="ty"></param>
// <param name="cmdArgs"></param>
private void DoPageChanged(PageChangedType ty, string cmdArgs)
{
    int currentPageIdx = CurrentPageIndex;
    int pageCnt = PageCount;
    int NewPageIndex = CurrentPageIndex;                    //设置新页索引
    switch (ty)
    {
        case PageChangedType.atFirst:                       //如果触发首页按钮事件
            NewPageIndex = 1;                               //新页索引设为1
            break;
```

```
        case PageChangedType.atPrior:                    //如果触发上一页按钮事件
            if (currentPageIdx > 1)
            {
                NewPageIndex = CurrentPageIndex - 1;     //新页索引设为当前页索引减1
            }
            break;
        case PageChangedType.atNext:                     //如果触发下一页按钮事件
            if (currentPageIdx < pageCnt)
            {
                NewPageIndex = CurrentPageIndex + 1;     //新页索引设为当前页索引加1
            }
            break;
        case PageChangedType.atLast:                     //如果触发末页按钮事件
            NewPageIndex = pageCnt;
            break;
        case PageChangedType.atGo:                       //如果触发页导航按钮事件
            int idx = currentPageIdx;
            if (int.TryParse(_txtToPage.Text, out idx))
            {
                if (idx >= 1 && idx <= pageCnt)
                {
                    NewPageIndex = idx;                  //新页索引等于导航输入框数字
                }
            }
            break;
        case PageChangedType.atNumeric:                  //如果触发页码按钮事件
            if (cmdArgs == "back")                       //如果触发向后翻页按钮事件
            {
                if (NumericPageIndex > 1)
                {
                    NumericPageIndex--;                  //页码按钮页索引减1
                                                         //根据页码按钮索引设置页索引
                    NewPageIndex = NumericPageIndex * NumericButtonCount;
                }
            }
            else if (cmdArgs == "front")                 //如果触发向前翻页按钮事件
            {
                if (NumericPageIndex < NumericPageCount)
                {
                    NumericPageIndex++;                  //页码按钮页索引加1
                                                         //根据页码按钮索引设置页索引
                    NewPageIndex = (NumericPageIndex - 1) * NumericButtonCount + 1;
                }
            }
            else                                         //如果触发页码按钮事件
```

```
            {
                int tmpArgs = Convert.ToInt32(cmdArgs);
                if (tmpArgs >= 1 && tmpArgs <= RecordCount)
                {
                    NewPageIndex = tmpArgs;          //设置页索引为页码按钮参数
                }
            }
            break;
    }
    if (PageChanged != null)                         //当页改变事件不为空
    {
        PageArgs args = new PageArgs(NewPageIndex);  //设置页改变事件参数
        PageChanged(this, args);                     //执行页改变事件代码
    }
    CurrentPageIndex = NewPageIndex;                 //最终确认当前页索引
    CalculateButtonEnable();                         //设置计算按钮为只读
    CalculateNumericBtnVisible();                    //计算页码按钮可见
    _lblPage.Text = string.Format("第{0}页 / 共{1}页", NewPageIndex, pageCnt);
    _txtToPage.Text = NewPageIndex.ToString();
    //如果是向前或向后翻页事件则要重新创建子控件
    if (ty == PageChangedType.atNumeric && (cmdArgs == "back" || cmdArgs == "front"))
    {
        RecreateChildControls();
    }
}
```

说明：代码02是自定义分页控件的部分核心代码。该自定义分页控件基本涵盖了主流分页控件的主要功能，只是在控件样式方面不够灵活，但这正适合想要技术晋级的读者学习，而且该控件抛开了一般控件所采用的HTML代码，真正做到了面向对象开发组件。

7.5.3 自定义 GridView 数据绑定控件类

该自定义控件重写了基类的Render()方法，当传入的数据源数据为空时自定义一个表格，在表格中添加两行：表头行和内容行，表头行根据GridView的字段列HeaderText设置行的单元格内容；内容行显示GridView数据为空的提示文本。当然表格及行的样式都是根据GridView设置的。其核心代码如下：

<代码 03　　代码位置：光盘 \Code\07\Bits\03.txt>

```
protected virtual void RenderEmptyContent(HtmlTextWriter writer)
{
    Table t = new Table();                           //创建一个HTML的Table
    t.GridLines = this.GridLines;                    //设置Table的线型与GridView相同
    t.BorderStyle = this.BorderStyle;                //设置边界风格与GridView相同
    t.BorderWidth = 0;
```

```
    t.CellPadding = 1;
    t.CellSpacing = 1;
    t.HorizontalAlign = this.HorizontalAlign;          //设置水平对齐风格与GridView相同
    t.Width = this.Width;                              //设置Table宽度与GridView相同
    t.CopyBaseAttributes(this);
    t.BorderColor = this.BorderColor;                  //设置边界颜色与GridView相同
    t.EnableTheming = this.EnableTheming;              //设置主题是否生效
    t.ForeColor = this.ForeColor;                      //设置前景色与GridView相同
    t.SkinID = this.SkinID;                            //设置皮肤样式与GridView相同
    t.ToolTip = this.ToolTip;                          //设置提示信息与GridView相同
    t.Visible = this.Visible;                          //设置是否可见与GridView相同
    t.Font.CopyFrom(this.Font);                        //设置字体对象与GridView相同
     //设置Table的层叠样式表
    t.CssClass = this.EmptyDataTableCssClass != "" ? this.EmptyDataTableCssClass :
this.CssClass;
    TableRow row = new TableRow();                     //新建一行
    row.CssClass = this.EmptyDataTitleRowCssClass;     //设置行的层叠样式表
    row.Height = 25;
    t.Rows.Add(row);                                   //将行添加到Table中
    foreach (DataControlField field in this.Columns)//根据GridView中的字段创建Table行的单元格
    {
        if (field.Visible)                             //如果GridView中的该字段可见
        {
            TableCell cell = new TableCell();          //创建单元格
            cell.Text = field.HeaderText;              //设置单元格文本
            row.Cells.Add(cell);                       //将单元格添加到行中
        }
    }
    TableRow row2 = new TableRow();                    //新建第二行
    row2.CssClass = this.EmptyDataContentRowCssClass; //设置行的层叠样式表
    t.Rows.Add(row2);
    TableCell msgCell = new TableCell();
    if (this.EmptyDataTemplate != null)                //如果GridView中设置了空模板
    {
        this.EmptyDataTemplate.InstantiateIn(msgCell);
    }
    else
    {
        msgCell.Text = this.EmptyDataText;             //设置单元格文本为空数据提示
    }
    msgCell.HorizontalAlign = HorizontalAlign.Center; //设置单元格的水平对齐
    msgCell.ColumnSpan = this.Columns.Count;           //设置单元格的列合并
    row2.Cells.Add(msgCell);
    t.RenderControl(writer);                           //将Table发送给HTML呈现流
}
```

7.6　五大主要功能模块设计

7.6.1　采购计划管理

采购计划管理可以对采购计划单进行浏览、查看、修改、删除和添加操作。其中采购信息的录入有两种选择方式：手工添加采购计划和自动生成采购计划。当选择手工添加采购计划时，将进入采购计划录入界面，在该功能界面中需要添加供应商、经办人等信息，运行效果如图7.14所示。

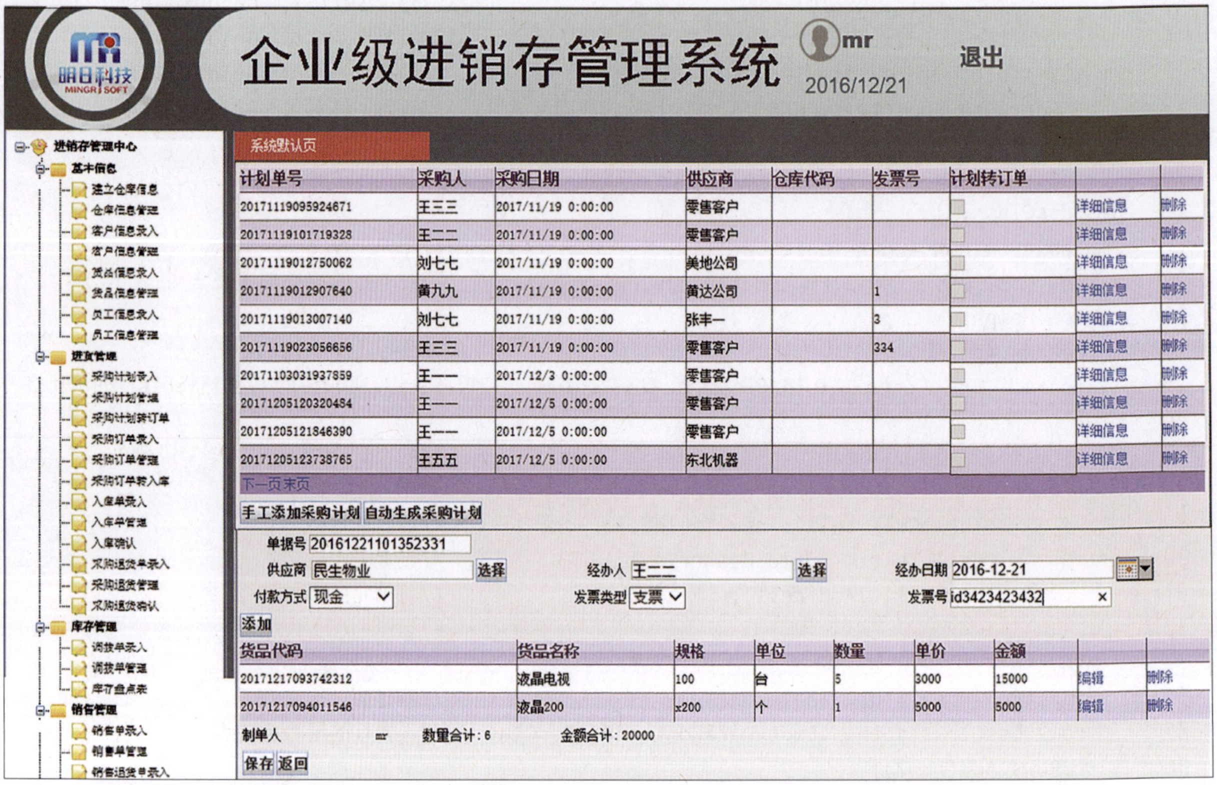

图 7.14　采购计划管理

1．与其他页面关系

单击“手工添加采购计划”及“自动生成采购计划”按钮时，调用采购计划录入页面Purchase-PlanInput.aspx（执行添加操作）；单击采购计划管理列表中的“详细信息”按钮，调用采购计划修改页面（其中采购计划录入和修改是同一页面，以便于功能设计的优化）。

2．页面具体操作

如果采购计划超过10条会出现分页按钮，单击“上一页”“下一页”按钮进行采购计划浏览；单击某一采购计划的“详细信息”按钮跳转到采购计划修改页面，可对该采购计划进行查看和修改；单击某一采购计划的“删除”按钮可删除该采购计划；单击列表下面的“手工添加采购计划”及“自动生成采购计划”按钮跳转到采购计划录入页面，可进行新采购计划的录入。

3．前台页面设计

新建一个Web窗体，将其命名为PurchasePlanList.aspx，作为采购计划管理页。在该页面中添加一个Table（表格）控件、一个GirdView控件和两个Button按钮，分别用来布局页面、显示采购计划管理信息和执行货品采购的录入。该页面中应用的主要控件如表7.5所示。

表 7.5　PurchasePlanList.aspx 页用到的主要控件

控件类型	控件 ID	主要属性设置	说明
Table	均为默认值	均为默认值	分别对整个页面、GridView 部分、按钮部分布局
GridView	dgvInfo	将 AutoGenerateColumns 设为假（去掉自动生成的列）；让 DataKeyNames 等于“ID”（指定数据主键是 ID 字段）；将 AllowPaging 设为真（允许 GridView 自动分页）	浏览、修改、删除采购计划单
Button	btnAdd	单击事件 btnAdd_Click	手工添加采购计划单
	btnGeneral	单击事件 btnGeneral _Click	自动生成采购计划单

4．代码规则设计

（1）界面规则层设计

在采购计划管理界面规则层设计中，首先引入3个命名空间，代码如下：

<代码 04　　代码位置：光盘 \Code\07\Bits\04.txt>

```
using MRErp.ServiceProvider.Service;          //引入业务规则层
using MRErp.ServiceProvider.Model;            //引入业务实体层
using System.Collections.Generic;             //引入泛型集合
```

在该页面进行初始化时，通过调用一个自定义LoadData()方法来实现将采购计划管理信息绑定到GridView控件中。该自定义方法的具体代码如下：

<代码 05　　代码位置：光盘 \Code\07\Bits\05.txt>　（1115562010301107112.html）

```
private void LoadData()
{
    List<PurchasePlanContent> infoList = new List<PurchasePlanContent>();
    //调用业务层方法获取采购计划单列表
    infoList = PurchasePlanService.Instance.GetAllInfo();
    //调用业务层内部员工服务类获取员工信息列表
    List<EmployeeInfo> empList = EmployeeInfoService.Instance.GetAllInfo();
    //调用业务层客户服务类获取客户信息列表
    List<ClientInfo> clientList = ClientInfoService.Instance.GetAllInfo();
    //将采购计划列表与内部员工、客户列表左关联
    var query = from info in infoList
                where info.AuditFlag == null || info.AuditFlag == false
                join emp in empList
                    on info.PurchaseMan equals emp.EmployeeCode
```

代码解释

```
                into empGroup from empItem in empGroup.DefaultIfEmpty(new EmployeeInfo())
                join client in clientList
                    on info.Provider equals client.ClientCode
                into cliGroup from cliItem in cliGroup.DefaultIfEmpty(new ClientInfo())
                select new
                {
                    id = info.ID,
                    PurchaseBillCode = info.PurchaseBillCode,
                    PurchaseMan = empItem.Name,
                    PurchaseDate = info.PurchaseDate,
                    Provider = cliItem.ShortName,
                    WareHouse = "",
                    InvoiceCode = info.InvoiceCode,
                    AuditFlag = info.AuditFlag??false
                };
    dgvInfo.DataKeyNames = new string[] { "ID" };                //设置GridView数据主键
    dgvInfo.DataSource = query.ToList();                         //设置GridView数据源
    dgvInfo.DataBind();
}
```

单击采购计划管理表中的“详细信息”按钮可以实现采购计划的修改操作，这里主要是触发GridView控件的RowCommand事件。在该事件中通过获取设置的CommandName属性值来判断是执行采购计划信息的添加还是修改操作。具体代码如下：

<代码 06　　代码位置：光盘\Code\07\Bits\06.txt>（1115562010301107113.html）

```
protected void dgvInfo_RowCommand(object sender, GridViewCommandEventArgs e)
{
    if (!string.IsNullOrEmpty(e.CommandName))                    //判断命令名是否为空
    {
        if (e.CommandName == "Edi")                              //如果触发的是详细信息按钮事件
        {
            int index = Convert.ToInt32(e.CommandArgument);      //获取GridView行索引
            GridView grid = (GridView)e.CommandSource;           //获取当前操作的GridView
            int id = Convert.ToInt32(grid.DataKeys[index].Value);// 获取GridView主键值
            Response.Redirect(@"~/Purchase/PurchasePlanInput.aspx?ID=" + id.ToString());
            LoadData();
        }
        else if (e.CommandName == "Del")
        {
            int index = Convert.ToInt32(e.CommandArgument);      //获取GridView行索引
            GridView grid = (GridView)e.CommandSource;           //获取当前操作的GridView
            int id = Convert.ToInt32(grid.DataKeys[index].Value);// 获取GridView主键值
            PurchasePlanService.Instance.DeleteInfo(id);         //调用业务层删除采购计划方法
            LoadData();                                          //加载数据
        }
        else if (e.CommandName == "Page")
```

代码解释

```
        {
            LoadData();
        }
    }
}
```

（2）采购计划的业务规则层——采购计划服务类

界面层的业务逻辑都是调用业务规则层方法实现，下面介绍业务规则层的相关设计。采购计划的业务规则层——采购计划服务类由MRErp.ServiceProvider.Service命名空间下继承自IPurchasePlan接口的PurchasePlanService类实现。

在界面层中设计的“自动生成采购计划”这个功能，就是通过在该采购计划服务类中设计的GeneralPurchasePlan()方法实现的。具体代码如下：

<代码 07　　代码位置：光盘 \Code\07\Bits\07.txt>

```
public TPurchasePlan GeneralPurchasePlan(string oprCode)
    {
        TPurchasePlan tplan = new TPurchasePlan();     //创建采购计划单
        //设置采购计划主信息操作类型为插入，以便于在调用数据访问层做添加处理
        tplan.OprType = MRErp.ServiceProvider.Enum.OperateType.otInsert;
        tplan.Content = new PurchasePlanContent();     //创建采购计划单主信息
        //生成采购计划单号
        tplan.Content.PurchaseBillCode = BatchEvaluate.GeneralCode();
        tplan.Content.PurchaseDate = DateTime.Now;     //设置采购日期
        tplan.Content.Provider = "";                   //初始化采购供应商
        tplan.Content.PurchaseMan = "";                //初始化采购经办人
        tplan.Content.AuditFlag = false;               //初始化采购计划确认标志
        //获取允许采购的货品信息列表
        List<ProductInfo> productList = ProductInfoService.Instance.GetAllInfo().
Where(itm => itm.IsStop == null || itm.IsStop == false).ToList();
        List<Store> storeList = StoreService.Instance.GetAllInfo();//获取所有库存信息列表
        var query = from store in storeList        //用LINQ将库存信息按货品代码进行分组汇总
                    group store by store.ProductCode into g
                    orderby g.Key
                    select new
                    {
                        ProductCode = g.Key,
                        Quantity = g.Sum(itm => itm.Quantity)
                    };
       foreach (var product in productList)            //循环遍历货品信息列表
       {
           int qty = 0;
           if (query.Count() != 0)                     //获取该货品的库存汇总数量
           {
             var store = query.FirstOrDefault(itm => itm.ProductCode == product.ProductCode);
             if (store != null)
```

7

```
                {
                    qty = store.Quantity;
                }
            }
            if (qty < product.MinStore)          //如果该货品的库存汇总数量小于最低库存
            {
             TPurchasePlanDetail tDetail = new TPurchasePlanDetail();//创建采购计划货品实例
                //设置为插入操作，以便于数据访问层处理
                tDetail.OprType = MRErp.ServiceProvider.Enum.OperateType.otInsert;
                tDetail.DetDetail = new PurchasePlanDetail();
                //计划单号
                tDetail.DetDetail.PurchaseBillCode = tplan.Content.PurchaseBillCode;
                tDetail.DetDetail.ProductCode = product.ProductCode;          //货品代码
                tDetail.DetDetail.Quantity = (product.MinStore ?? 0) - qty; //货品数量
                //调用入库单服务类的GetLastPurchasePrice()方法获取货品单价
                tDetail.DetDetail.Price = daoPur.GetLastPurchasePrice(tplan.Content.
Provider, product.ProductCode);
                tDetail.DetDetail.Memo = "";       //备注
                tplan.Detail.Add(tDetail);         //将采购计划货品实体添加到采购计划单中
            }
        }
        int cnt = dao.SavePurchasePlan(tplan);  //调用数据访问层的保存采购计划单方法
        tplan.Content.ID = cnt;                 //返回新生成计划单的主键值
        return tplan;
    }
```

（3）数据访问层

由于业务规则层的数据操作是调用数据访问层的相关方法实现的，下面介绍数据访问层的相关设计。采购计划的数据访问层由在MRErp.ServiceProvider.Dao命名空间下声明的PurchasePlanDao类实现。

在采购计划层的设计中核心的设计为采购计划单实体，该实体是自定义的组合实体，一共分为三部分：采购计划单主内容Content、主内容操作类型OprType和采购计划货品内容列表Detail。而货品内容又分为两部分：采购计划货品内容DetDetail和货品操作类型OprType。

在根据主键值获得采购计划单组合实体设计中，通过设置采购计划单的操作类型、采购计划单主要内容、采购计划每个货品的操作类型和采购计划每个货品内容所有信息进行组合，来返回采购计划单实体信息。具体代码如下：

<代码 08　　代码位置：光盘 \Code\07\Bits\08.txt>

```
public TPurchasePlan GetPurchasePlan(int id)
    {
        TPurchasePlan resu = new TPurchasePlan();            //创建采购计划单实体
        resu.OprType = OperateType.otNone;
        //获取采购计划单主内容信息赋值给实体
        resu.Content = dc.PurchasePlanContent.Where(itm => itm.ID == id).First();
        List<PurchasePlanDetail> tempList = dc.PurchasePlanDetail.Where(itm => itm.
PurchaseBillCode == resu.Content.PurchaseBillCode).ToList();// 获取采购计划货品明细信息
        foreach (PurchasePlanDetail item in tempList)
```

```
        {
            TPurchasePlanDetail TPlanDetail = new TPurchasePlanDetail();
            TPlanDetail.OprType = OperateType.otNone;
            TPlanDetail.DetDetail = item;
            resu.Detail.Add(TPlanDetail);       //将采购计划货品添加到采购货品列表实体中
        }
        return resu;                            //将上面取得的信息组合在一起返回
    }
```

7.6.2　入库单管理

入库单管理可以对入库单进行浏览、查看、修改、删除和添加操作。其中入库单的录入用于记录入库单据信息和待入库的货品信息，经主管领导审批确认后将货品转入库存表。货品入库单管理运行效果如图7.15所示。

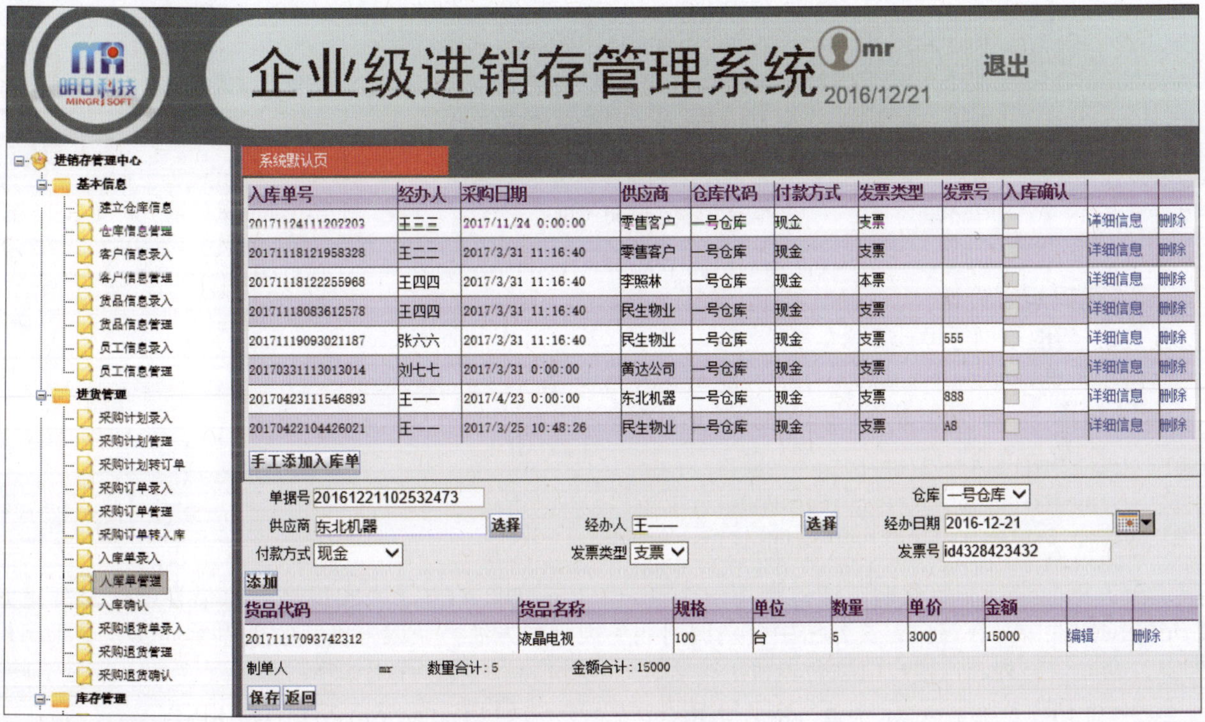

图 7.15　货品入库单管理

1. 与其他页面关系

单击“手工添加入库单”按钮时，调用入库单录入页面PurchaseStockInput.aspx（执行添加操作）；单击入库单管理列表中的“详细信息”按钮，调用入库单修改页面PurchaseStockList.aspx（其中入库单录入和修改是同一页面，以便于功能设计的优化）。

2. 页面具体操作

如果入库单超过10条会出现分页按钮，单击“上一页”“下一页”按钮进行入库单浏览；单击某一入库单的“详细信息”按钮跳转到入库单修改页面，可对该入库单进行查看、修改；单击某一入库单的“删除”按钮可删除该入库单；单击列表下面的“手工添加入库单”按钮跳转到入库单录入页面，可进行新入库单的录入。

3. 前台页面设计

新建一个Web窗体，将其命名为PurchaseStockList.aspx，作为入库单管理页。在该页面中添加一个Table控件、一个GirdView控件和一个Button按钮，分别用来页面布局、显示入库单管理信息和执行入库单的录入。该页面中应用的主要控件如表7.6所示。

表 7.6 PurchaseStockList.aspx 页用到的主要控件

控件类型	控件 ID	主要属性设置	说明
Table	均为默认值	均为默认值	分别对整个页面、GridView 部分、按钮部分布局
GridView	dgvInfo	将 AutoGenerateColumns 设为假（去掉自动生成的列）；让 DataKeyNames 等于“ID”（指定数据主键是 ID 字段）；将 AllowPaging 设为真（允许 GridView 自动分页）	浏览、修改、删除入库单
Button	btnAdd	单击事件 btnAdd_Click	手工添加入库单

4. 代码规则设计

（1）界面规则层设计

在入库单管理界面规则层设计中，首先引入3个命名空间，代码如下：

<代码 09　　代码位置：光盘 \Code\07\Bits\09.txt>

```
using MRErp.ServiceProvider.Service;
using MRErp.ServiceProvider.Model;
using System.Collections.Generic;
```

在该页面进行初始化时，通过调用一个自定义LoadData()方法来实现将入库单管理信息绑定到GridView控件中。在该自定义方法中分别调用业务规则层方法，获取未确认的入库单列表、员工信息列表、仓库信息列表、客户信息列表和字典信息列表等信息。具体代码如下：

<代码 10　　代码位置：光盘 \Code\07\Bits\10.txt> （1115562010301107114.html）

代码解释

```
private void LoadData()
    {
        List<PurchaseContent> infoList = new List<PurchaseContent>();
        //调用业务层方法获取入库单列表
        infoList = PurchaseService.Instance.GetAllInfo();
        //调用业务层内部员工服务类获取员工信息列表
        List<EmployeeInfo> empList = EmployeeInfoService.Instance.GetAllInfo();
```

```
        //调用业务层仓库信息类获取仓库信息列表
        List<WarehouseInfo> houseList = WarehouseInfoService.Instance.GetAllInfo();
        //调用业务层客户服务类获取客户信息列表
        List<ClientInfo> clientList = ClientInfoService.Instance.GetAllInfo();
        //调用业务层字典服务获类取字典信息列表
        List<DictionaryInfo> dictList = DictionaryInfoService.Instance.GetAllInfo();
        //将入库单列表与内部员工、仓库信息、客户、字典列表关联
        var query = from info in infoList
                    where info.AuditFlag == null || info.AuditFlag == false
                    join emp in empList
                        on info.CheckMan equals emp.EmployeeCode
                    join house in houseList
                        on info.WareHouse equals house.WareHouseCode
                    join client in clientList
                        on info.Provider equals client.ClientCode
                    join dictPayMode in dictList
                        on info.PayMode equals dictPayMode.ValueCode
                    where dictPayMode.TypeCode == "PayMode"
                    join dictInvoiceType in dictList
                        on info.InvoiceType equals dictInvoiceType.ValueCode
                    where dictInvoiceType.TypeCode == "InvoiceType"
                    select new
                    {
                        id = info.ID,
                        PurchaseBillCode = info.PurchaseBillCode,
                        PurchaseMan = emp.Name,
                        PurchaseDate = info.PurchaseDate,
                        Provider = client.ShortName,
                        WareHouse = house.ShortName,
                        PayMode = dictPayMode.ValueName,
                        InvoiceType = dictInvoiceType.ValueName,
                        InvoiceCode = info.InvoiceCode,
                        AuditFlag = info.AuditFlag
                    };
        dgvInfo.DataKeyNames = new string[] { "ID" };          //设置GridView数据主键
        dgvInfo.DataSource = query.ToList();                   //设置GridView数据源
        dgvInfo.DataBind();
    }
```

（2）入库单管理业务规则层——入库单服务类

界面层的业务逻辑都是调用业务规则层方法实现，下面介绍业务规则层的相关设计。入库单管理的业务规则层——入库单服务类由MRErp.ServiceProvider.Service命名空间下继承自IPurchase接口的PurchaseService类实现。

在界面层中设计的“自动生成入库单”这个功能，就是通过在该入库单服务类中设计的AuditPurchase方法实现。具体代码如下：

<代码 11　　代码位置：光盘 \Code\07\Bits\11.txt>　（1115562010301107115.html）

代码解释

```
public bool AuditPurchase(int id, bool isAudit, string operatorCode)
    {
        using (TransactionScope ts = new TransactionScope()) //开启DTC事务
        {
            TPurchase tPur = dao.GetPurchase(id);                    //获取入库单组合实体
            PurchaseContent content = tPur.Content;                  //获取入库单主内容实体
            if (content.AuditFlag == true)                           //如果入库单已审核
            {
                throw new Exception("该单据已经审核" + content.PurchaseBillCode);
            }
            foreach (TPurchaseDetail tPurDetail in tPur.Detail)//遍历入库单货品
            {
                Store storeParam = new Store();
                storeParam.Warehouse = tPur.Content.WareHouse;
                storeParam.ProductCode = tPurDetail.DetDetail.ProductCode;
                Store sto = null;
                sto = daoStore.GetStore(storeParam);//根据仓库、货品代码获取库存表中该货品信息
                if (sto == null)                                     //库存中没有该货品
                {
                    sto = new Store();                               //创建库存表实例
                    sto.Warehouse = tPur.Content.WareHouse;
                    sto.ProductCode = tPurDetail.DetDetail.ProductCode;
                    sto.Quantity = tPurDetail.DetDetail.Quantity;
                    sto.Price = tPurDetail.DetDetail.Price;
                    sto.Amount = sto.Quantity * sto.Price;
                    daoStore.InsertInfo(sto);                        //将该货品信息插入到库存表
                    sto.Memo = "";
                }
                else                                                 //库存表中有该货品
                {
                    sto.Quantity += tPurDetail.DetDetail.Quantity;//累加货品数量
                    //累加计算货品金额
                    sto.Amount += tPurDetail.DetDetail.Quantity * tPurDetail.DetDetail.
    Price;
                    if (sto.Quantity > 0)
                        sto.Price = sto.Amount / sto.Quantity;//根据金额、数量计算单价
                    daoStore.UpdateInfo(sto);                        //更新库存表
                }
            }
            content.AuditFlag = isAudit;                             //入库审核标志
            content.Operator = operatorCode;
            content.OperateDate = DateTime.Now;
            dao.UpdateInfo(content);                                 //更新入库单的审核标志
            ts.Complete();                                           //提交事务
        }
        return true;
    }
```

（3）数据访问层

由于业务规则层的数据操作是调用数据访问层的相关方法实现的，下面介绍数据访问层的相关设计。入库单的数据访问层由在MRErp.ServiceProvider.Dao命名空间下声明的PurchaseDao类实现。

入库单管理的数据访问层同采购计划层的设计类似，也创建了入库单实体，该实体是自定义的组合实体，一共分为三部分：入库单主内容Content、主内容操作类型OprType和入库单货品内容列表 Detail。而入库单货品内容又分为两部分：入库单货品内容DetDetail和货品操作类型OprType。具体代码如下：

<代码 12　　代码位置：光盘 \Code\07\Bits\12.txt>

```
public TPurchase GetPurchase(int id)
{
    TPurchase resu = new TPurchase();                //创建入库单实体
    resu.OprType = OperateType.otNone;
    //获取入库单主内容信息赋值给实体
    resu.Content = dc.PurchaseContent.Where(itm => itm.ID == id).First();
    List<PurchaseDetail> tempList = dc.PurchaseDetail.Where(itm => itm.PurchaseBillCode
== resu.Content.PurchaseBillCode).ToList();          //获取入库单货品明细信息
    foreach (PurchaseDetail item in tempList)
    {
        TPurchaseDetail TDetail = new TPurchaseDetail();
        TDetail.OprType = OperateType.otNone;
        TDetail.DetDetail = item;
        resu.Detail.Add(TDetail);                    //将入库单货品添加到入库货品列表实体中
    }
    return resu;
}
```

7.6.3　销售单管理

销售单管理可以对销售单进行浏览、查看、修改、删除和添加操作。其中销售单的录入用于记录销售单据信息（如销售单据号、购买单位、购买日期等）和销售的货品信息，销售单据打印后自动从库存表冲减货品数量及库存金额。销售单管理运行效果如图7.16所示。

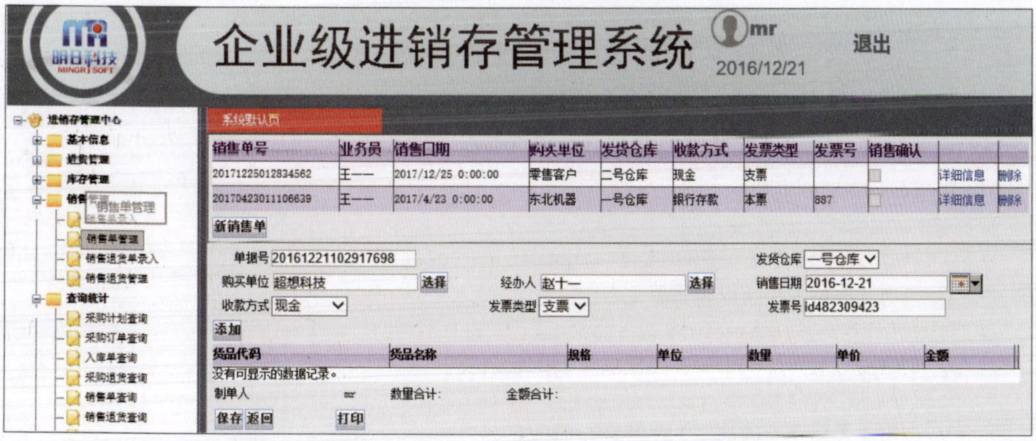

图 7.16　销售单管理

1. 与其他页面关系

单击“新销售单”按钮时，调用销售单录入页面SaleInput.aspx（执行添加操作）。单击销售表格右侧的“详细信息”按钮，调用销售单修改页面（其中销售单录入和修改是同一页面，以便于功能设计的优化）。

2. 页面具体操作

如果销售单超过10条会出现分页按钮，单击“上一页”“下一页”按钮进行销售单浏览；单击某一销售单的“详细信息”按钮跳转到销售单修改页面，可对该销售单进行查看和修改；单击某一销售单的“删除”按钮可删除该销售单；单击列表下面的“销售表单”按钮跳转到销售单录入页面，可进行新销售单的录入。

3. 前台页面设计

新建一个Web窗体，将其命名为SaleList.aspx，作为销售单管理页。在该页面中添加一个Table控件、一个GirdView控件和一个Button按钮，分别用来进行页面布局、显示销售单管理信息和执行销售单的录入。该页面中应用的主要控件如表7.7所示。

表 7.7　SaleList.aspx 页用到的主要控件

控件类型	控件 ID	主要属性设置	说明
Table	均为默认值	均为默认值	分别对整个页面、GridView部分、按钮部分布局
GridView	dgvInfo	将 AutoGenerateColumns 设为假 (去掉自动生成的列)；让 DataKeyNames 等于“ID” (指定数据主键是 ID 字段)；将 AllowPaging 设为真 (允许 GridView 自动分页)	浏览、修改、删除销售单
Button	btnAdd	单击事件 btnAdd_Click	添加销售单

4. 代码规则设计

（1）界面规则层设计

在该页面进行初始化时，通过调用一个自定义LoadData()方法来实现将销售单管理信息绑定到GridView控件中。在该自定义方法中分别调用业务规则层方法来获取未确认的销售单列表、员工信息列表、仓库信息列表、客户信息列表和字典信息列表。具体代码如下：

<代码 13　代码位置：光盘 \Code\07\Bits\13. txt>（1115562010301107116. html）

```
private void LoadData()
    {
        List<SaleContent> infoList = new List<SaleContent>();
        //调用业务层方法获取销售单列表
        infoList = SaleService.Instance.GetAllInfo();
        //调用业务层内部员工服务类获取员工信息列表
        List<EmployeeInfo> empList = EmployeeInfoService.Instance.GetAllInfo();
        //调用业务层仓库信息服务类获取仓库信息列表
        List<WarehouseInfo> houseList = WarehouseInfoService.Instance.GetAllInfo();
```

```
        //调用业务层客户服务类获取客户信息列表
        List<ClientInfo> clientList = ClientInfoService.Instance.GetAllInfo();
        //调用业务层获取字典信息列表
        List<DictionaryInfo> dictList = DictionaryInfoService.Instance.GetAllInfo();
        //将销售单列表与内部员工、仓库信息、客户、字典列表关联
        var query = from info in infoList
                    where info.AuditFlag == null || info.AuditFlag == false
                    join emp in empList
                        on info.SaleMan equals emp.EmployeeCode
                    join house in houseList
                        on info.WareHouse equals house.WareHouseCode
                    join client in clientList
                        on info.ClientCode equals client.ClientCode
                    join dictPayMode in dictList
                        on info.PayMode equals dictPayMode.ValueCode
                    where dictPayMode.TypeCode == "PayMode"
                    join dictInvoiceType in dictList
                        on info.InvoiceType equals dictInvoiceType.ValueCode
                    where dictInvoiceType.TypeCode == "InvoiceType"
                    select new
                    {
                        id = info.ID,
                        SaleBillCode = info.SaleBillCode,
                        SaleMan = emp.Name,
                        SaleDate = info.SaleDate,
                        Provider = client.ShortName,
                        WareHouse = house.ShortName,
                        PayMode = dictPayMode.ValueName,
                        InvoiceType = dictInvoiceType.ValueName,
                        InvoiceCode = info.InvoiceCode,
                        AuditFlag = info.AuditFlag
                    };
        dgvInfo.DataKeyNames = new string[] { "ID" };  //设置GridView数据主键
        dgvInfo.DataSource = query.ToList();           //设置GridView数据源
        dgvInfo.DataBind();
    }
```


（2）销售单管理业务规则层——销售单服务类

界面层的业务逻辑都是调用业务规则层方法实现的，下面介绍业务规则层的相关设计。销售单管理的业务规则层——销售单服务类由MRErp.ServiceProvider.Service命名空间下继承自ISale接口的SaleService类实现。

在销售单服务类中打印销售单这个方法的业务规则比较复杂，所以单独将这个方法提取出来详细讲解（其他方法都是直接调用数据访问层方法，业务逻辑比较简单）。打印销售单的代码如下：

<代码 14　　代码位置：光盘 \Code\07\Bits\14.txt>

```
public bool AuditSale(int id, bool isAudit, string operatorCode)
    {
```

```
        using (TransactionScope ts = new TransactionScope())   //开启DTC事务
        {
            TSale tsale = dao.GetSale(id);                     //获取销售单组合实体
            SaleContent content = tsale.Content;               //获取销售单主内容实体
            if (content.AuditFlag == true)                     //如果销售单已审核
            {
                throw new Exception("该单据已经审核" + content.SaleBillCode);
            }
            foreach (TSaleDetail tSaleDetail in tsale.Detail) //遍历销售单货品
            {
                Store storeParam = new Store();
                storeParam.Warehouse = content.WareHouse;
                storeParam.ProductCode = tSaleDetail.DetDetail.ProductCode;
                Store sto = null;
                sto = daoStore.GetStore(storeParam);//根据仓库、货品代码获取库存表中该货品信息
                if (sto == null)                               //库存中没有该商品
                {
                    throw new Exception("库存中没有该商品,不能销售" + tSaleDetail.DetDetail.ProductCode);
                }
                else
                {
                if (tSaleDetail.DetDetail.Quantity > sto.Quantity)//如果销售数量大于库存数量
                    {
                        throw new Exception("库存数据不足,不能销售" + tSaleDetail.DetDetail.ProductCode);
                    }
                    sto.Quantity -= tSaleDetail.DetDetail.Quantity;//销售冲减数量
                    sto.Amount -= tSaleDetail.DetDetail.Quantity * sto.Price;//销售冲减金额
                    if (sto.Quantity > 0)
                        sto.Price = sto.Amount / sto.Quantity; //重新计算单价
                    daoStore.UpdateInfo(sto);                  //更新库存表
                }
                SaleDetail saleDet = tSaleDetail.DetDetail;    //更新成本价
                saleDet.Cost = sto.Price;
                dao.UpdateSaleDetail(saleDet);
            }
            content.AuditFlag = isAudit;                       //设置销售单已审核
            content.Operator = operatorCode;
            content.OperateDate = DateTime.Now;
            dao.UpdateInfo(content);
            ts.Complete();                                     //提交事务
        }
        return true;
    }
```

> **注意**
>
> 此处在实现销售单打印时一定要启动分布式事务协调器 DTC，否则会抛出异常。

（3）数据访问层

由于业务规则层的数据操作是调用数据访问层的相关方法实现的，下面介绍数据访问层的相关设计。销售表单的数据访问层由在MRErp.ServiceProvider.Dao命名空间下声明的SaleDao类实现。

在销售单货品录入中，当选择一个货品时，该货品的销售单价就自动显示在单价编辑栏。获取货品销售单价的代码如下：

＜代码 15　　代码位置：光盘 \Code\07\Bits\15. txt＞　（ 111556201030110711 7.html）

代码解释

```
public double GetLastSalePrice(string clientCode, string productCode)
    {
        var query = from content in dc.SaleContent
                    where content.ClientCode == clientCode
                    join detail in dc.SaleDetail
                    on content.SaleBillCode equals detail.SaleBillCode
                    where detail.ProductCode == productCode
                    select new
                    {
                        id = detail.ID,
                        price = detail.Price
                    };
        //如果该客户曾经购买过该商品
        if (string.IsNullOrEmpty(clientCode) == false && query.Count() > 0)
        {
            int maxId = query.Max(itm => itm.id);
            //获取该客户最后一次购买单价
            return dc.SaleDetail.Single(itm => itm.ID == maxId).Price;
        }
        else                                                    //如果该客户没有购买过该商品
        {
            //获取该货品最后一次销售单价
            var qry = dc.SaleDetail.Where(itm => itm.ProductCode == productCode);
            if (qry.Count() > 0)                                //如果该商品销售过
            {
                int maxNum = qry.Max(itm => itm.ID);
                return dc.SaleDetail.Single(itm => itm.ID == maxNum).Price;
            }
            else                                                //如果该货品没有销售过
            {
                //获取货品信息表中的建议价
                ProductInfo prod = dc.ProductInfo.FirstOrDefault(itm => itm.
ProductCode == productCode);
                if (prod != null)
                {
```

7

```
                return prod.AdrisePrice ?? 0;
            }
            else
            {
                return 0;
            }
        }
    }
}
```

说明：在添加销售单时，如果指定客户曾经购买过指定货品，那么获取该客户最后一次购买该货品单价；如果指定客户没有购买过指定货品，那么取该货品最后一次销售单价；如果指定货品没有销售过，那么取货品信息表中的建议价作为该货品的单价。

7.6.4 库存盘点

库存盘点是月末对库存商品进行盘点时所使用的报表，主要功能是对比货品的账面数量和实际盘点数量，据此进行盘盈、盘亏处理。库存盘点运行效果如图7.17所示。

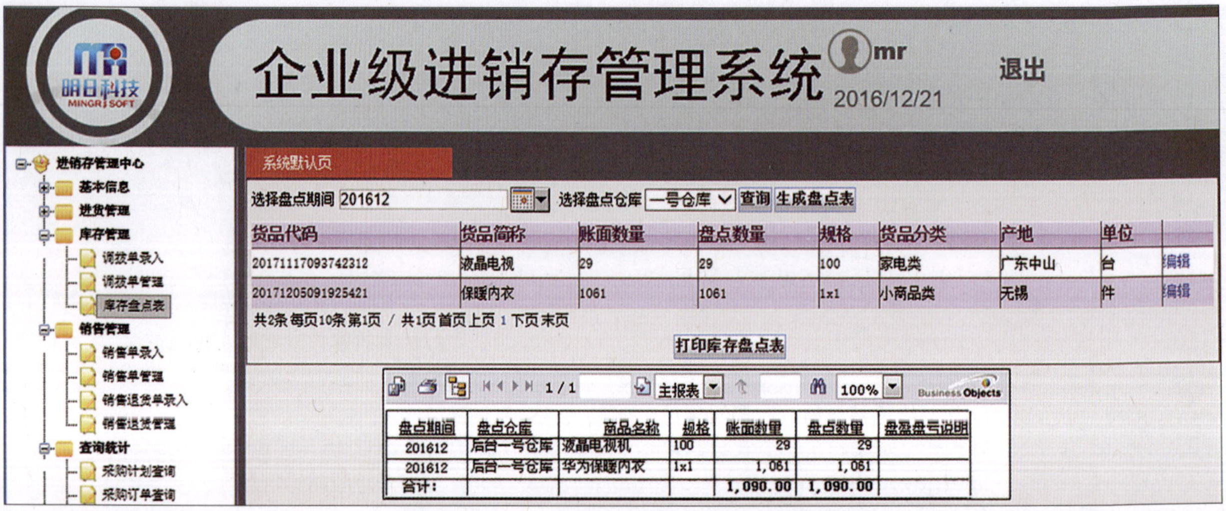

图 7.17　在库存盘点中生成水晶报表

1. 与其他页面关系

单击库存盘点列右侧的“编辑”按钮，弹出录入盘点数量页面，如图7.18所示。

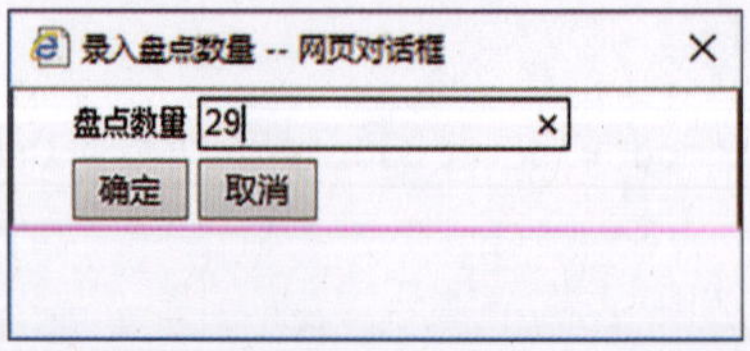

图 7.18　根据实际情况设置库库盘点数

单击“打印库存盘点表”按钮，弹出盘点报表打印预览页面StoreCheckReport.aspx，运行效果如图7.19所示。

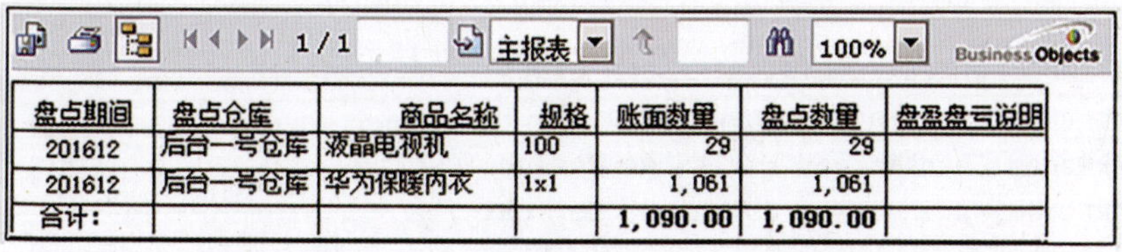

盘点期间	盘点仓库	商品名称	规格	账面数量	盘点数量	盘盈盘亏说明
201612	后台一号仓库	液晶电视机	100	29	29	
201612	后台一号仓库	华为保暖内衣	1x1	1,061	1,061	
合计:				1,090.00	1,090.00	

图 7.19　通过水晶报表显示库存盘点信息

2. 页面具体操作

选择盘点期间、盘点仓库后，单击“查询”按钮查询指定期间、仓库的库存盘点表；单击“生成盘点表”按钮可生成指定期间、仓库的库存盘点表；单击“首页”“上页”“下页”“末页”按钮对库存盘点表进行浏览，单页码按钮1、2、3等或Go按钮直接定位到指定页，单击“编辑”按钮弹出录入盘点数量页面；单击“打印库存盘点表”按钮对盘点报表进行打印。

3. 前台页面设计

新建一个Web窗体，将其命名为StoreCheckList.aspx作为库存盘点页，在该页面中添加一个GirdView控件和3个Button按钮，分别用来显示库存盘点信息和执行库存盘点表的查询、生成和打印功能。该页面中应用的主要控件如表7.8所示。

表 7.8　StoreCheckList.aspx 页用到的主要控件

控件类型	控件 ID	主要属性设置	说明
TextBox	txtCheckPeriod	均为默认值	选择盘点期间
DropDownList	ddlWarehouse	均为默认值	选择盘点仓库
GridView	dgvInfo	将 AutoGenerateColumns 设为假（去掉自动生成的列）；让 DataKeyNames 等于“ID”（指定数据主键是 ID 字段）；将 AllowPaging 设为真（允许 GridView 自动分页）	浏览盘点表、录入盘点数量
Button	btnSearch	单击事件 btnSearch_Click	查询库存盘点表
	btnBuild	单击事件 btnBuild _Click	生成库存盘点表
	btnPrint	单击事件 btnPrint_Click	打印库存盘点表
OurPager	OurPager1	页索引改变事件 onpagechanged	分页浏览、定位页、显示页信息

4. 代码规则设计

（1）界面规则层设计

在该页面进行初始化时，通过调用一个自定义的LoadData()方法来实现库存盘点信息的分页绑定，主要根据盘点时间、仓库获取库存盘点表指定页的信息。具体代码如下：

< 代码 16　　代码位置：光盘 \Code\07\Bits\16.txt>

```
private void LoadData(int currentPageIndex)
    {
        List<StoreCheck> infoList = new List<StoreCheck>();
        StoreCheck chkParam = new StoreCheck();
        chkParam.CheckPeriod = txtCheckPeriod.Text ;
        chkParam.Warehouse = ddlWarehouse.Text ;
        //调用业务层方法获取盘点表当前页的信息
        infoList = StoreService.Instance.GetStoreCheck(chkParam, currentPageIndex, OurPager1.PageSize);
        //调用业务层获取货品信息列表
        List<ProductInfo> productList = ProductInfoService.Instance.GetAllInfo();
        //调用业务层获取字典信息列表
        List<DictionaryInfo> dictList = DictionaryInfoService.Instance.GetAllInfo();
        //将盘点表当前页的信息与货品信息、字典信息进行关联
        var query = from info in infoList
                    join product in productList
                        on info.ProductCode equals product.ProductCode
                    join dictProductType in dictList
                        on product.ProductType equals dictProductType.ValueCode
                    where dictProductType.TypeCode == "ProductType"
                    join dictUnit in dictList
                        on product.Unit equals dictUnit.ValueCode
                    where dictUnit.TypeCode == "Unit"
                    select new
                    {
                        ID = info.ID,
                        ProductCode = info.ProductCode,
                        ShortName = product.ShortName,
                        Quantity = info.Quantity,
                        CheckQty = info.CheckQty,
                        Specs = product.Specs,
                        ProductType = dictProductType.ValueName,
                        Yieldly = product.Yieldly,
                        Unit = dictUnit.ValueName
                    };
        dgvInfo.DataKeyNames = new string[] { "ID" };  //设置GridView数据主键
        dgvInfo.DataSource = query.ToList();           //设置GridView数据源
        dgvInfo.DataBind();
    }
```

选择盘点时间、仓库后单击“查询”按钮，可查询指定条件的库存盘点表信息。具体代码如下：

< 代码 17　　代码位置：光盘 \Code\07\Bits\17.txt>

```
protected void btnSearch_Click(object sender, EventArgs e)
    {
```

```
        StoreCheck chkParam = new StoreCheck();
        chkParam.CheckPeriod = txtCheckPeriod.Text;
        chkParam.Warehouse = ddlWarehouse.Text;
        //调用业务层获得盘点表方法
        List<StoreCheck> sumList = StoreService.Instance.GetStoreCheck(chkParam, -1, OurPager1.PageSize);
        OurPager1.RecordCount = sumList[0].ID;          //设置分页控件的记录数属性
        LoadData(OurPager1.CurrentPageIndex);           //加载当前页的GridView信息
    }
```

如果查询结果为空，表示未生成库存盘点表，单击“生成库存盘点表”按钮生成库存盘点表。生成库存盘点表的页面规则层代码如下：

<代码 18　　代码位置：光盘\Code\07\Bits\18.txt>

```
protected void btnBuild_Click(object sender, EventArgs e)
    {
        StoreCheck storeChk = new StoreCheck();
        storeChk.CheckPeriod = txtCheckPeriod.Text;
        storeChk.Warehouse = ddlWarehouse.Text;
        storeChk.Operator = Context.User.Identity.Name;
        //调用业务层生成库存盘点表的方法
        bool isChk = StoreService.Instance.StoreCheck(storeChk);
        if (isChk)
        {
            Response.Write("<Script>window.alert('生成库存盘点表成功!')</Script>");
        }
        else
        {
            Response.Write("<Script>window.alert('该期间仓库的库存盘点表已经生成!')</Script>");
        }
    }
```

在库存盘点表中通过水晶报表来生成库存盘点信息。打印库存盘点信息功能主要是在“打印库存盘点表”按钮的OnClientClick()客户端方法中，调用JavaScript的showPrintWin()方法。showPrintWin()方法的代码如下：

<代码 19　　代码位置：光盘\Code\07\Bits\19.txt>　（1115562010301107118.html）

```
<script language="javascript" type="text/javascript">
function showPrintWin() {
    var checkPeriod = document.getElementById("<%=txtCheckPeriod.ClientID %>").value;
    var warehouse = document.getElementById("<%=ddlWarehouse.ClientID %>").value;
    window.open("./StoreCheckReport.aspx?CheckPeriod="+checkPeriod+"&Warehouse="+warehouse,"_blank");
    return false ;
}
</script>
```

代码解释

在showPrintWin()方法中，根据获取到的盘点日期和所指定的盘点仓库的值，跳转到打印库存盘点信息表的StoreCheckReport.aspx页面中，在该页面中通过添加一个水晶报表来实现库存盘点信息的打印功能，页面设计效果如图7.20所示。

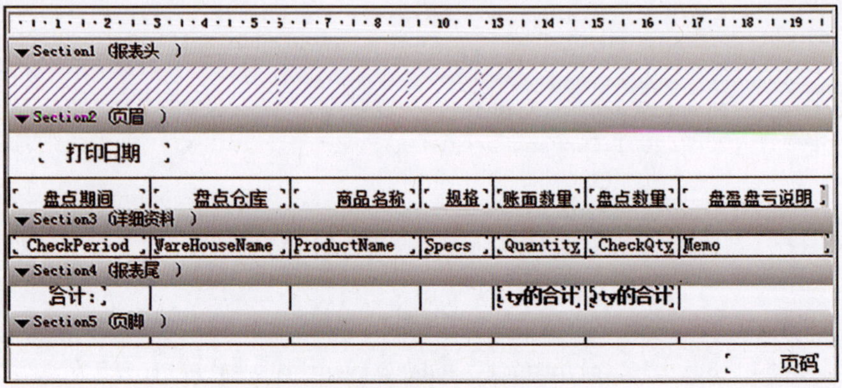

图 7.20　通过水晶报表打印库存盘点信息

在StoreCheckReport.aspx页面的Page_Load事件中，设置打印库存盘点信息功能的水晶报表的数据源。具体代码如下：

<代码 20　　代码位置：光盘 \Code\07\Bits\20. txt>（ 1115562010301107119. html）

```
protected void Page_Load(object sender, EventArgs e)
    {
        string checkPeriod = Request.QueryString["CheckPeriod"].ToString();
        string warehouse = Request.QueryString["Warehouse"].ToString();
        string conStr = ConnectionManager.ConnectionString;
        SqlConnection conn = new SqlConnection(conStr);
        conn.Open();
        string strSql = "select CheckPeriod,WareHouseName,ProductName,Specs,Quantity,
CheckQty,Memo from V_StoreCheckReport where CheckPeriod ='{0}' and Warehouse ='{1}'";
        strSql = string.Format(strSql, checkPeriod, warehouse);
        SqlDataAdapter sda = new SqlDataAdapter(strSql, conn);
        StoreCheckDataSet ds = new StoreCheckDataSet();
        sda.Fill(ds, "StoreCheckReport");
        ReportDocument reportDoc = new ReportDocument();
        reportDoc.Load(Server.MapPath("StoreCheckReport.rpt"));
        reportDoc.SetDataSource(ds);
        this.CrystalReportViewer1.ReportSource = reportDoc;
    }
```

代码解释

（2）库存盘点业务规则层——库存盘点服务类

界面层的业务逻辑都是调用业务规则层方法实现的，下面介绍业务规则层的相关设计。库存盘点管理的业务规则层——库存盘点服务类由MRErp.ServiceProvider.Service命名空间下继承自IStore接口的StoreService类实现。

在界面层中设计的“生成盘点表”这个功能就是通过在该库存盘点表服务类中设计的StoreCheck ()方法和GetStoreCheck ()方法实现的。具体代码如下：

<代码 21　　代码位置：光盘 \Code\07\Bits\21.txt>

```
/// <summary>
/// 生成库存盘点表
/// </summary>
/// <param name="storeChk">只需传入盘点期间</param>
/// <returns>生成盘点表返回true</returns>
public bool StoreCheck(StoreCheck storeChk)
{
    return dao.StoreCheck(storeChk);
}
/// <summary>
/// 获得库存盘点表
/// </summary>
/// <param name="storeChk">只需传入盘点期间和仓库</param>
/// <returns></returns>
public List<StoreCheck> GetStoreCheck(StoreCheck storeChk)
{
    return dao.GetStoreCheck(storeChk);
}
/// <summary>
/// 获得库存盘点表指定页信息（重载获得库存盘点表的GetStoreCheck()方法）
/// </summary>
/// <param name="storeChk">只需传入盘点期间和仓库</param>
/// <returns></returns>
public List<StoreCheck> GetStoreCheck(StoreCheck storeChk, int CurrentPageIndex,
int PageSize)
{
    return dao.GetStoreCheck(storeChk, CurrentPageIndex, PageSize);
}
```

（3）数据访问层

由于业务规则层的数据操作是调用数据访问层的相关方法实现的，下面介绍数据访问层的相关设计。库存盘点表的数据访问层由在MRErp.ServiceProvider.Dao命名空间下声明的StoreDao类实现。其中，生成库存盘点的功能由该层中设计的StoreCheck()方法实现，具体代码如下：

<代码 22　　代码位置：光盘 \Code\07\Bits\22.txt>

```
public bool StoreCheck(StoreCheck storeChk)
    {
        StoreCheck tempCheck = dc.StoreCheck.FirstOrDefault(itm => itm.Warehouse ==
storeChk.Warehouse
    && itm.CheckPeriod == storeChk.CheckPeriod); //当前期间、仓库是否已经生成库存盘点表
        if (tempCheck != null)
        {
            return false;
        }
        //将当前库存信息插入到库存盘点表
```

```
        string sql = "insert into 
StoreCheck(CheckPeriod, Warehouse, ProductCode, Quantity, CheckQty, Operator, OperateDate)"
     + " select '{0}',Warehouse,ProductCode,Quantity,Quantity,'{1}',Getdate() from Store 
where Warehouse = '{2}'";
        sql = string.Format(sql, storeChk.CheckPeriod, storeChk.Operator, storeChk.Warehouse);
        dc.ExecuteCommand(sql);
        return true;
    }
```

7.6.5 货品进销存统计

货品进销存统计是根据日期、仓库等条件对货品进、销、存信息进行综合统计及汇总。货品进销存统计实际运行效果如图7.21所示。

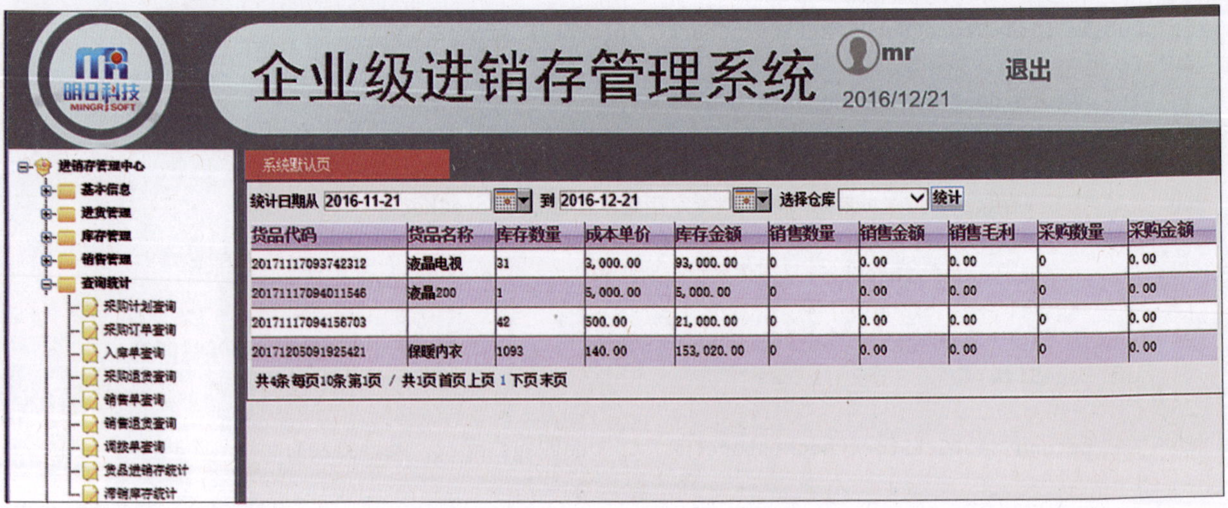

图 7.21　货品进销存统计页面运行效果

1. 与其他页面关系

审核后的入库单、采购退货单，打印后的销售单、销售退货单及库存表等都可以在货品进销存统计页面体现。

2. 页面具体操作

单击“查询条件”按钮，弹出查询条件对话框对货品进销存信息进行过滤。单击“首页”“上页”“下页”“末页”按钮，对货品进销存信息进行浏览。单击页码按钮或“Go”按钮直接定位到指定页。

3. 前台页面设计

新建一个Web窗体，将其命名为ProductStockTotal.aspx。在页面上添加一个Table控件，在主Table控件中再添加两个子Table控件。在这两个子Table控件中分别添加查询条件相关服务器控件、GridView和分页控件。该页面用到的主要控件如表7.9所示。

表 7.9　ProductStockTotal.aspx 页面用到的主要控件

控件类型	控件 ID	主要属性设置	说明
TextBox	txtBeginDate	均为默认值	选择起始统计日期
TextBox	txtEndDate	均为默认值	选择终止统计日期
DropDownList	ddlWarehouse	均为默认值	选择统计仓库
Button	btnSearch	单击事件 btnSearch_Click	查询货品进销存统计信息
GridView	dgvInfo	将 AutoGenerateColumns 设为假（去掉自动生成的列） DataKeyNames 等于 “ID” （指定数据主键是 ID 字段） 将 AllowPaging 设为假（由分页控件控制分页）	浏览、修改、删除货品进销存信息
Outpager	OurPager1	页索引改变事件 npagechanged	分页浏览、定位页、显示页信息

4. 代码规则设计

（1）界面规则层设计

在页面的Page_Load加载事件中，首先调用BindWarehouse()方法绑定下拉列表控件到字典中；然后调用业务规则层的查询服务类中的相应方法，读取货品进销存统计记录数；最后调用LoadData()方法加载GridView指定页的数据。具体代码如下：

<代码 23　　代码位置：光盘 \Code\07\Bits\23.txt>　（1115562010301107120.html）

代码解释

```
protected void Page_Load(object sender, EventArgs e)
    {
        if (!this.IsPostBack)
        {
            BindWarehouse();                          //将仓库下拉框控件与字典绑定
            //设置起始统计日期
            txtBeginDate.Text = DateTime.Now.AddMonths(-1).ToString("yyyy-MM-dd");
            //设置终止统计日期
            txtEndDate.Text = DateTime.Now.ToString("yyyy-MM-dd");
            //调用业务层方法获取货品进销存统计记录数
            List<TProductStockTotal> sumList = QueryService.Instance.
ProductStockTotal(txtBeginDate.Text + " 00:00:00", txtEndDate.Text + " 23:59:59",
ddlWarehouse.Text, -1, OurPager1.PageSize);
            //设置分页控件的记录数属性
            OurPager1.RecordCount = Convert.ToInt32(sumList[0].ProductCode);
            //加载GridView指定页的数据
            LoadData(OurPager1.CurrentPageIndex);
        }
    }
```

选择起止统计日期和仓库后，单击“查询”按钮可查询指定条件的货品进销存统计信息。具体代码如下：

＜代码 24　　代码位置：光盘 \Code\07\Bits\24.txt＞

```
protected void btnSearch_Click(object sender, EventArgs e)
    {
        List<TProductStockTotal> sumList = QueryService.Instance.
ProductStockTotal(txtBeginDate.Text+" 00:00:00", txtEndDate.Text+" 23:59:59",
ddlWarehouse.Text, -1, OurPager1.PageSize);
        OurPager1.RecordCount = Convert.ToInt32(sumList[0].ProductCode);
        LoadData( OurPager1.CurrentPageIndex);
    }
```

（2）货品进销存统计——实体层

由于查询模块的数据内容来自于多个表而且数据量通常很庞大，所以在查询模块不能采用从业务层获取各个表的数据在界面规则层关联的方式，只能构建一个自定义实体，在业务层直接返回该自定义实体的列表。自定义的货品进销存统计实体（TProductStockTotal.cs）的代码如下：

＜代码 25　　代码位置：光盘 \Code\07\Bits\25.txt＞

```
namespace MRErp.ServiceProvider.Model
{
    public class TProductStockTotal
    {
        /// <summary>
        /// 货品代码
        /// </summary>
        public string ProductCode { get; set; }
        /// <summary>
        /// 货品名称
        /// </summary>
        public string ProductName { get; set; }
        /// <summary>
        /// 库存数量
        /// </summary>
        public int Quantity { get; set; }
        /// <summary>
        /// 成本单价
        /// </summary>
        public double Price { get; set; }
        /// <summary>
        /// 库存金额
        /// </summary>
        public double Amount { get; set; }
        /// <summary>
        /// 销售数量
        /// </summary>
```

```
        public int SaleQty { get; set; }
        /// <summary>
        /// 销售金额
        /// </summary>
        public double SaleAmount { get; set; }
        /// <summary>
        /// 销售毛利
        /// </summary>
        public double SaleGrossProfit { get; set; }
        /// <summary>
        /// 采购数量
        /// </summary>
        public int PurchaseQty { get; set; }
        /// <summary>
        /// 采购金额
        /// </summary>
        public double PurchaseAmount { get; set; }
    }
}
```

（3）货品进销存统计业务规则层——查询服务类

货品进销存统计业务规则层——查询服务类由MRErp.ServiceProvider.Service命名空间下继承自IQuery接口的QueryService类实现。

注意：在企业级进销存管理系统中，所有的页面查询都用的是同一个业务规则层，都是通过QueryService服务类来实现的。

在执行所有页面查询操作的QueryService服务类中，关于商品进销存统计的代码如下：

<代码 26　　代码位置：光盘 \Code\07\Bits\26. txt>

```
public List<TProductStockTotal> ProductStockTotal(string beginDate, string endDate, string warehouse, int CurrentPageIndex, int PageSize)
{
    return dao.ProductStockTotal(beginDate, endDate, warehouse, CurrentPageIndex, PageSize);
}
```

（4）数据访问层——查询数据访问类

业务规则层的数据操作是调用数据访问层的相关方法实现的，在该通用进销存系统中所有的查询页面都用的是同一个数据访问层，即在MRErp.ServiceProvider.Dao命名空间下声明QueryDao类实现。

在执行所有页面查询的数据访问类QueryDao中，关于商品进销存统计的代码如下：

<代码 27　　代码位置：光盘 \Code\07\Bits\27. txt>　（1115562010301107121. html）

```
public List<TProductStockTotal> ProductStockTotal(string beginDate, string endDate, string warehouse, int CurrentPageIndex, int PageSize)
    {
```

```
        string sql = " exec P_productStockTotal '{0}','{1}','{2}' ";
        sql = string.Format(sql, beginDate, endDate, warehouse);
        if (CurrentPageIndex > 0)                          //如果页索引大于0
        {
            return dc.ExecuteQuery<TProductStockTotal>(sql).Skip((CurrentPageIndex - 1)
    * PageSize).Take(PageSize).ToList();//调用进销存综合统计存储过程返回指定页的统计信息
        }
        else
        {
            //调用存储过程返回记录总数
            int cnt = dc.ExecuteQuery<TProductStockTotal>(sql).Count();
            List<TProductStockTotal> resuList = new List<TProductStockTotal>();
            resuList.Add(new TProductStockTotal { ProductCode = cnt.ToString() });
            return resuList;
        }
    }
```

7.7 疑难问题解析

7.7.1 页面缓存引起的问题

在角色管理页面（RoleInfoList.aspx），单击“菜单授权”按钮弹出菜单权限设置对话框，在对话框中修改权限设置并提交，但第二次打开对话框时会发现上次修改的内容并没有体现在页面上，经排查发现第一次修改的内容已经提交到数据库，可以确定菜单权限设置的代码没有问题！到底是怎么回事呢？是不是缓存在作怪呢？于是在页面加载方法中加了下面一段代码，结果问题解决了。具体代码如下：

<代码 28　　代码位置：光盘 \Code\07\Bits\28.txt>

```
Response.Buffer = true;                                  //清除Response缓存
Response.ExpiresAbsolute = DateTime.Now.AddSeconds(-1);
Response.Expires = 0;
Response.CacheControl = "no-cache";                      //这行代码起主要作用
```

7.7.2 窗体验证模式引起的问题

企业级进销存管理系统使用的是窗体验证模式，即在web.config文件设置了“<deny users = "?"/>”，表示在未通过验证之前拒绝访问网站上的一切资源。

但在登录系统过程中就出现一个冲突：因为单击登录页面的“登录”按钮之前也需要访问资源，

例如登录页面上的图标、样式文件等，那么如何解决呢？只需在配置文件中将资源设置成不受窗体验证模式限制即可。这样将样式表、图标和皮肤主题设置为允许所有用户访问的代码如下：

<代码 29　　代码位置：光盘 \Code\07\Bits\29. txt>

```
<location path="Themes">
  <system.web>
    <authorization>
      <allow users="*"/>
    </authorization>
  </system.web>
</location>
<location path="App_Themes">
  <system.web>
    <authorization>
      <allow users="*"/>
    </authorization>
  </system.web>
</location>
```

7.7.3　开发自定义分页控件时的刷新问题

在开发自定义分页控件时遇到一个问题，分页控件的当前页码是1至10，单击分页控件右边的“…”按钮时应该将页码按钮刷新为11至20，可在实际运行过程中没有刷新还是1至10，但再次单击“…”按钮时页码按钮才会进行刷新至11至20，为什么页码按钮刷新总是慢一步。经过细心调试找到了原因。

单击“…”按钮时分页控件代码执行的顺序：先执行创建子控件的方法CreateChildControls()，然后执行呈现内容方法RenderContents()将子控件呈现在分页控件上，最后才执行事件冒泡方法OnBubbleEvent()，在事件冒泡方法中调用DoPageChanged()方法，在DoPageChanged()方法中设置当前页的索引CurrentPageIndex，然而创建子控件方法是根据当前页索引来创建页码按钮。

这就出现了“是蛋生鸡还是鸡生蛋”的问题：执行创建子控件的方法时当前页索引是旧的，执行到DoPageChanged()方法时才被更新。如何解决呢？在DoPageChanged()方法中判断如果是“…”按钮触发执行的，则调用基类的RecreateChildControls()方法再重新创建一遍子控件即可。实现代码如下：

<代码 30　　代码位置：光盘 \Code\07\Bits\30. txt>

```
//如果是向前或向后翻页事件则要重新创建子控件
if (ty == PageChangedType.atNumeric && (cmdArgs == "back" || cmdArgs == "front"))
{
    RecreateChildControls();
}
```

7.8 本章总结

下面通过一个思维导图对本章所讲模块及主要知识点进行总结，如图7.22所示。

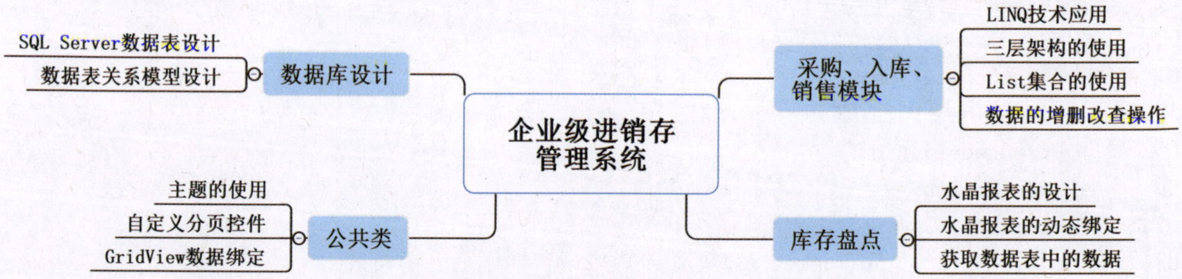

图 7.22　企业级进销存管理系统知识点总结

第 8 章

公众号/APP 后台接口通用管理平台

（JSON 数据解析 + 响应式布局 + 自定义组件实现）

每个网站都有接口，每个手机都有接口。但是，如果接口得不到有效的管理，就会让程序变得混乱。本章将使用 ASP.NET 技术开发一个管理公众号和 APP 后台接口的通用平台。通过本章学习，你将学到：

- 以层的方式弹出窗口
- 响应式布局
- 模块式页面架构
- JSON数据管理与显示
- 自定义组件
- 动态添加和删除标签
- jQuery技术的应用

预备知识导图

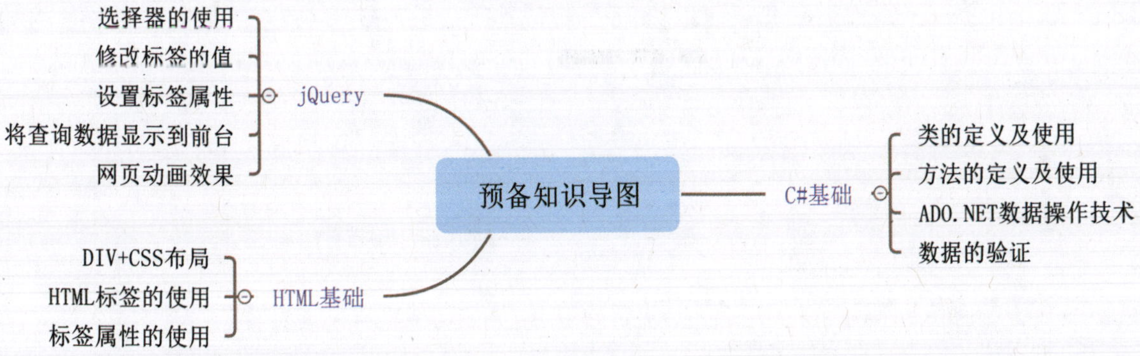

界面预览

API 主页（P422）

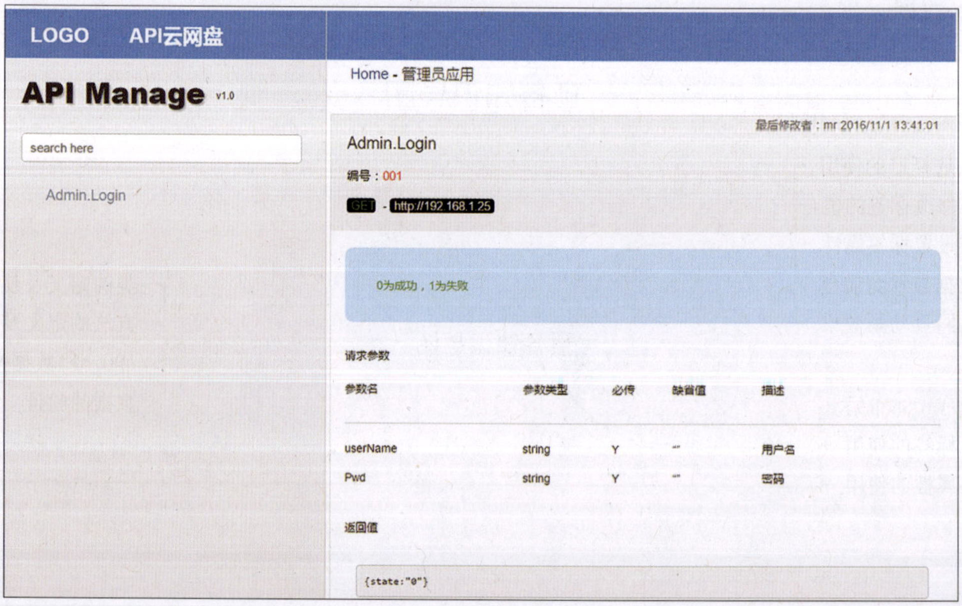

显示 API 详细信息（P439）

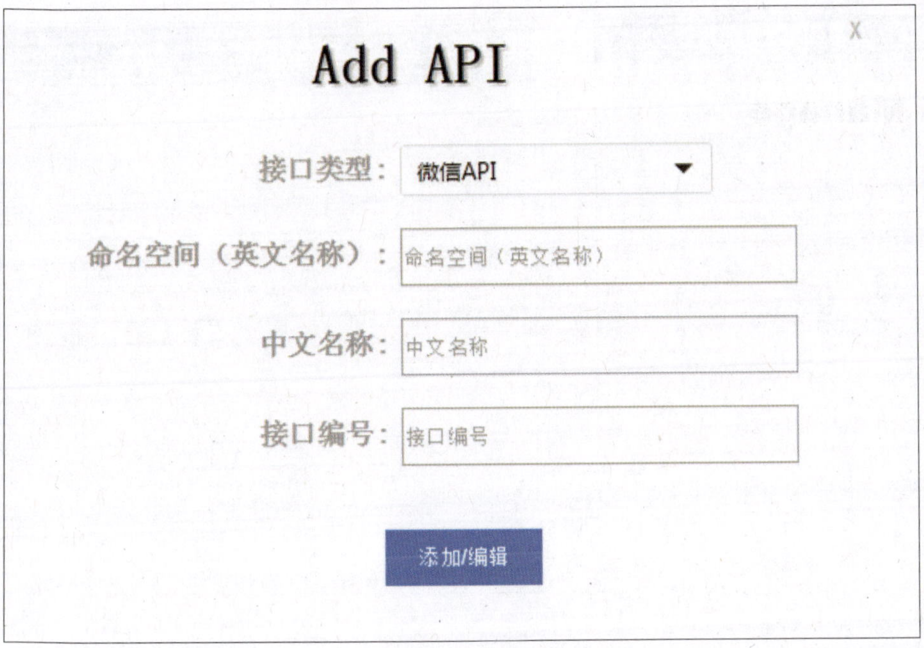

添加 API（P441）

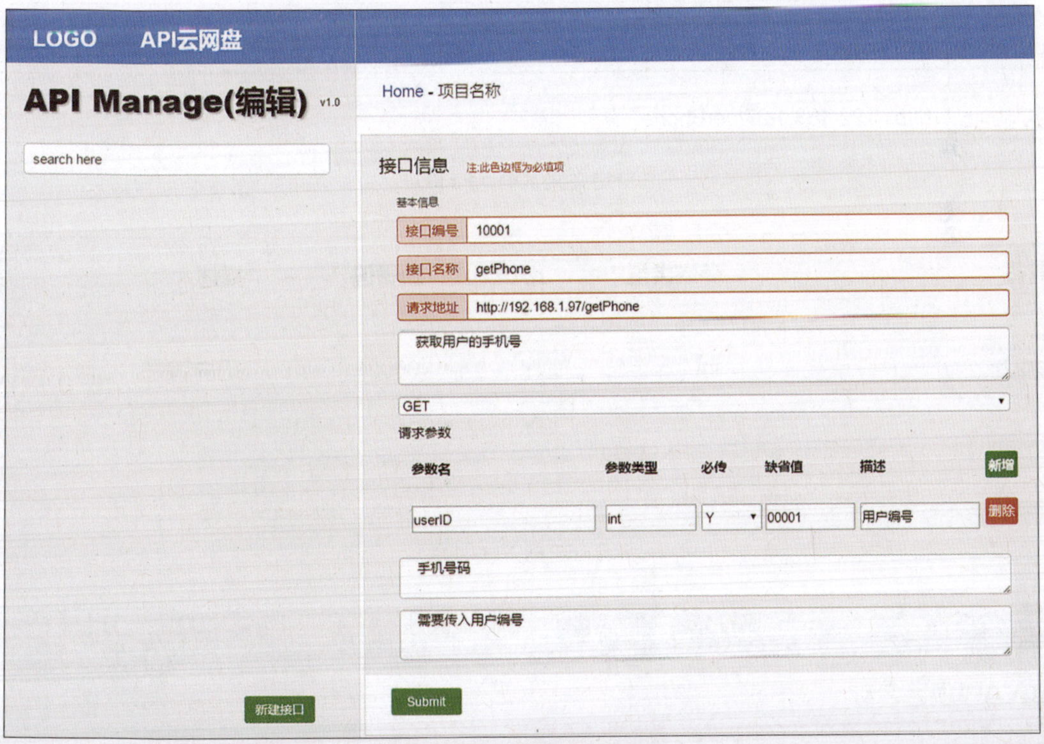

添加 API 详细信息（P441）

项目功能应用技术预览

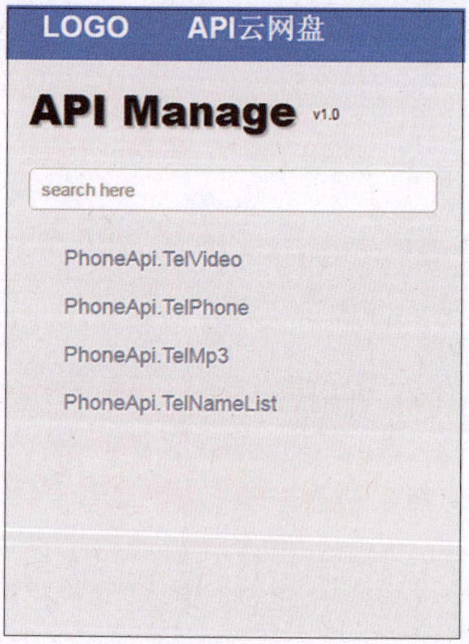

实时搜索（P436）

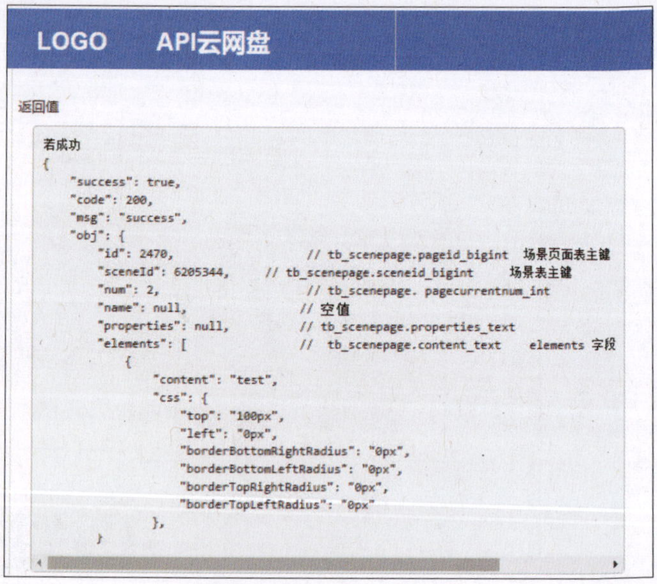

使用代码标记（见光盘）

自定义文本框（P443）

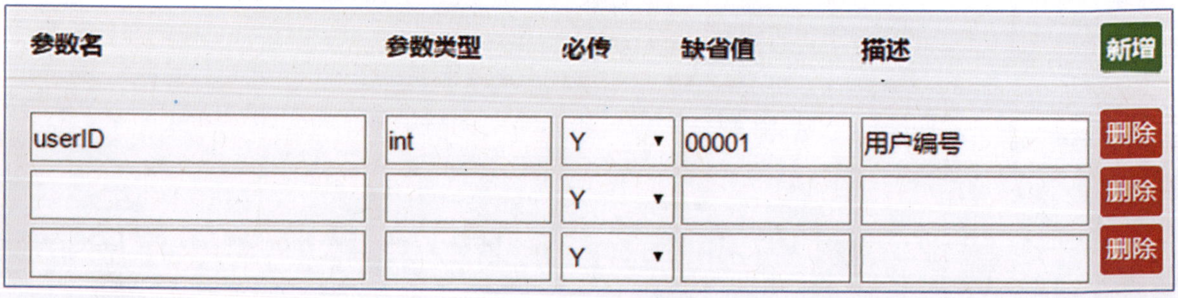

动态增加标签（P444）

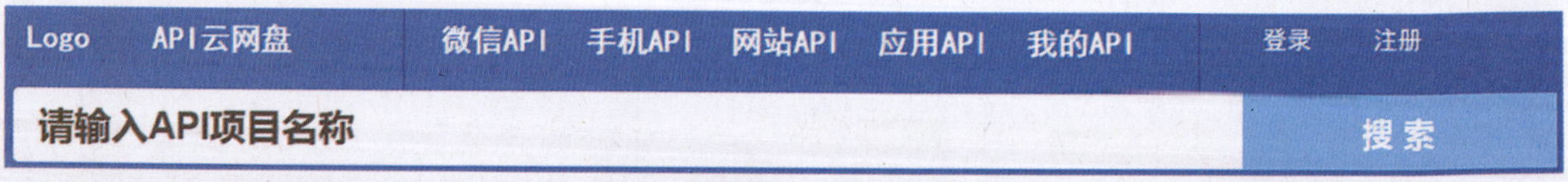

网站导航栏设计（P427）

终章

恭喜你完成了本书学习！

通过日夜征战，你已经攻占了ASP.NET大陆的大部分板块！

看到右侧你已经征服的大陆是否很有成就感？如果你想成为这片大陆的统治者，请运用你掌握的核心技能在这片繁华之地创造属于你自己的“文明”。

请继续在ASP.NET大陆里开疆拓土吧！

攻占ASP.NET大陆

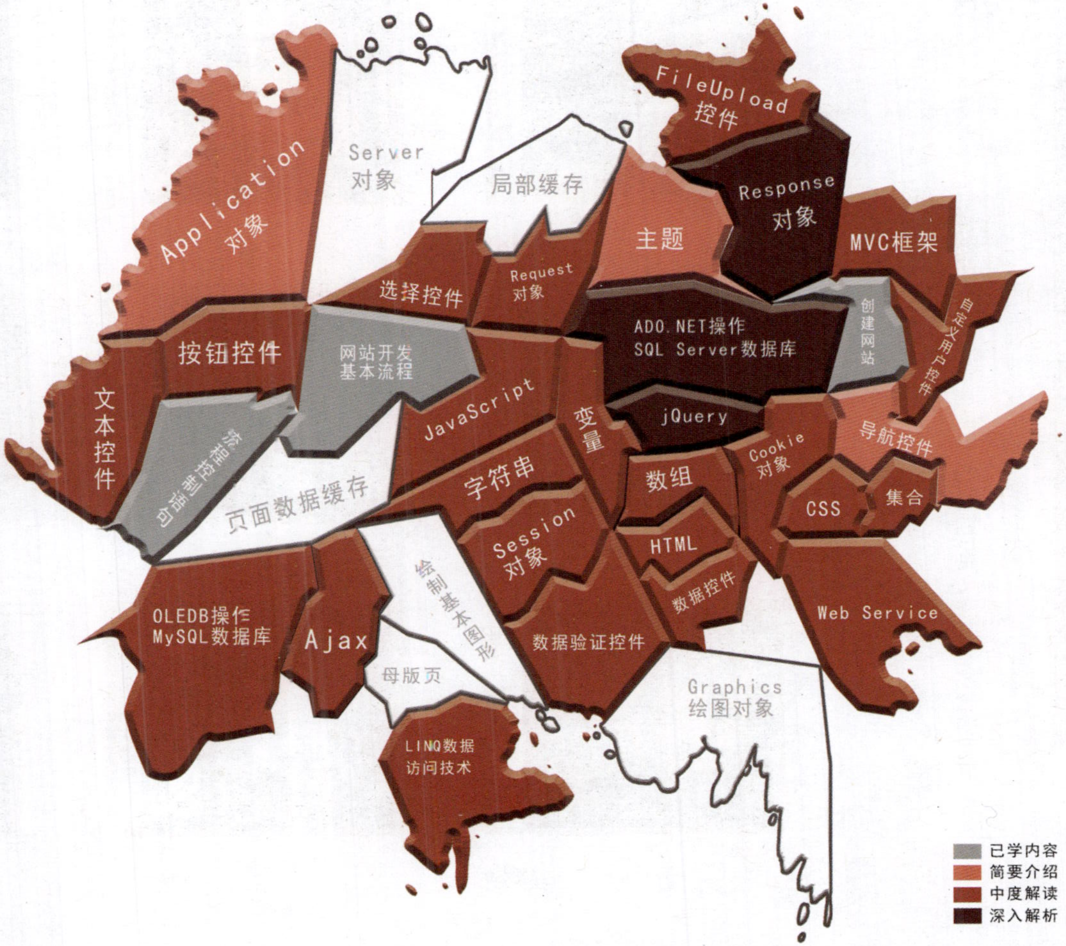

武林号令：入武林者，需在武林圣地——明日学院（www.mingrisoft.com）登记造册，尽享武林人士特权。

武林荣誉称号榜

恭喜您阅读完本书，成功晋级为武林俊杰！想要开启更热血的晋升之旅吗？登录明日学院（www.mingrisoft.com）继续挑战，就有机会率先获得高等级荣誉勋章，赶快开始吧！

一级 武林新丁

二级 江湖小虾

三级 武林新秀

四级 江湖少侠

五级 武林俊杰

六级 江湖豪侠

七级 一代宗师

八级 武林泰斗

九级 独孤求败

排错秘籍
拓展内容

第 1 章 鱼和熊掌网站——让您的选择更轻松

（📖 1115562010342101111.html）

1.4.3 实现登录页面代码

➤ jQuery 选择器的错误使用

在页面加载完成时，会对页面背景图片进行全屏平铺，但由于错误地使用了jQuery选择器，或者疏忽大意导致了背景显示不全的效果，如图1.1所示。

图 1.1 页面背景图片无法完整显示

解决方法：

这个问题是由于jQuery的选择器类型使用错误导致的，如图1.2所示，在jQuery方法参数中将值“background”字符串前面在加一个“#”字符就可以实现对ID为“background”的元素进行背景设置。

```
<script>
    //浏览器加载完所有的标签之后再执行这段代码
    window.onload = function () {
        $("background").fullBg();
    }
</script>
```

图 1.2 忽略了选择器类型

说明： jQuery 选择器的类型：“#”代表 ID，“.”代表 class 或者其他通配符等。如图 1.2 中所示，“$”也是合法的选择器，但通常不带有符号的表示直接获取元素，例如“div”“p”标签等。

1.4.4　实现页面后台代码

➤ 获取前端传递数据时的方式不正确

在用户登录时，前端通过Ajax调用User.ashx一般处理程序，在传递数据时采用了POST方式进行提交，那么在后台获取数据时选择了Get方式进行获取，这样导致了无法获取到参数，页面同样也无法进行登录，如图1.3所示。

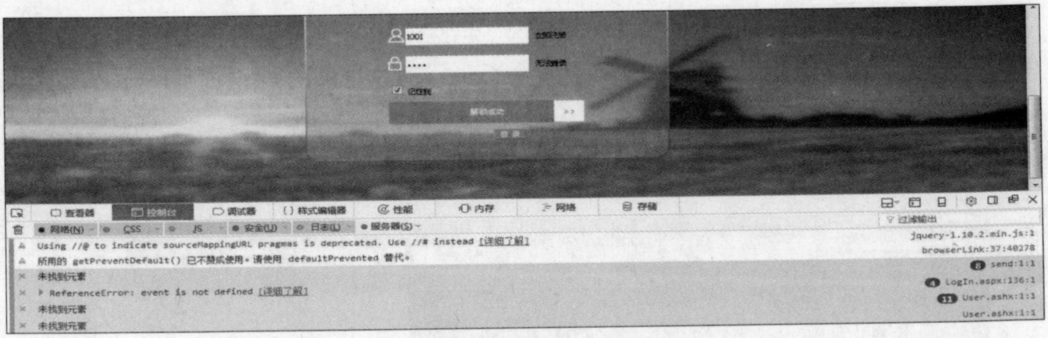

图 1.3　单击登录时提示未找到元素

解决方法：

如图1.4所示，该错误是由于后端使用了HttpContext.Current.Request.QueryString方式前端采用POST的方式获取数据导致的，将HttpContext.Current.Request.QueryString改为HttpContext.Current.Request.Form方式即可。

```
public class User : IHttpHandler, System.Web.SessionState.IRequiresSessionState
{
    public void ProcessRequest(HttpContext context)
    {
        string t = HttpContext.Current.Request.QueryString["t"];//干什么用的
        switch (t)
        {
            case "1":
                CheckSession(context);
                break;
```

图 1.4　将 QueryString 改为 Form

> **说明：**在前端 Ajax 传递数据时，使用了 POST 方式进行提交，所以后台需要使用 Form 来获取，即：Form 为 POST 方式，QueryString 为 Get 方式，也可以直接使用 HttpContext.Current.Request，这样通过 2 种方式都可以获取。

1.5.7　实现页面后台代码

➤ 未将对象引用设置到对象的实例

如下代码段中圈出的代码是检测Session中的验证码与用户输入的是否一致，但此处会导致发生运行异常：当用户停留了很长一段时间不操作页面，再回来单击提交时，就会导致空指针异常，用C#语言的说法就是“未将对象引用设置到对象的实例”。

```
/// <summary>
/// 验证手机验证码
/// </summary>
/// <param name="context"></param>
public void CheckYzm(HttpContext context)
{
......
    if (yzm.ToLower() == HttpContext.Current.Session["code"].ToString().ToLower())
    {
        context.Response.Write("{\"status\":\"0\"}");          //返回成果
    }
    else
    {
        context.Response.Write("{\"status\":\"验证码不正确\"}");
        //如果不同返回提示到前台
    }
}
```

当超时时间已到，在Session中不存在code这个key时，获取到的对象为null，这样在进行ToString()时就会引发异常，如图1.5所示。

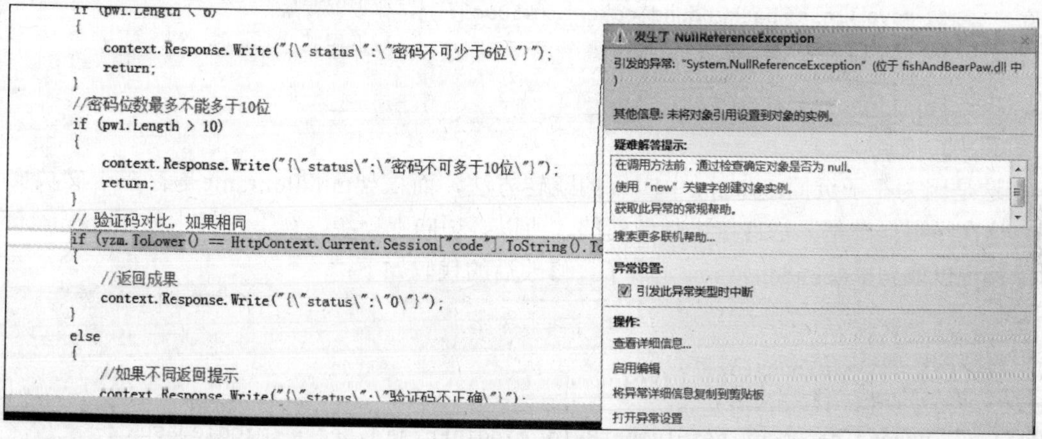

图 1.5　将 null 值进行 ToString 转换引发的异常

解决方法：

从图1.5中可以看出，程序需要获取Session的值，但使用之前并没有做任何的验证判断，这样做是不安全的，所以在使用Session或Cookie等对象时，一定要首先判断是否存在，再进行具体的对象操作，如图1.6所示。

```
if (HttpContext.Current.Session["code"] != null)
{
    // 验证码对比，如果相同
    if (yzm.ToLower() == HttpContext.Current.Session["code"].ToString().ToLower())
    {
        //返回成果
        context.Response.Write("{\"status\":\"0\"}");
    }
    else
    {
        //如果不同返回提示
        context.Response.Write("{\"status\":\"验证码不正确\"}");
    }
}
else
{
    context.Response.Write("{\"status\":\"请重新获取验证码，验证码失效\"}");
}
```

图 1.6　添加 Session 判断

1.6.3　创建子页面

➤ **页面无法跳转的问题**

下面的代码是在用户单击首页时触发的JavaScript方法，目的是将主框架页面指向到middle.aspx页面，但在单击首页按钮时发现页面并没有进行跳转或改变，代码如下：

```
//单击首页
function ClickIndex() {
    //设置url，链接地址
    document.getElementById('middleFrame').src = "middle.aspx";
    Reset();                                          //调用其他JavaScript方法
    $('#sya').css('background-color', '#50bc9f');     //设置背景
    NewNum();                                         //调用其他JavaScript方法
}
```

解决方法：

这是因为在子页面top.aspx中实现的跳转方法，而框架middleFrame是存在于父页面中，这在子页面中是无法直接进行访问的，所以必须向上一级，在上一级中使用document对象就可以取到框架middleFrame元素了，修改后的代码如下：

```
//点击首页
function ClickIndex() {
    //设置url，链接地址
    parent.document.getElementById('middleFrame').src = "middle.aspx";
    //调用其他JavaScript方法
    Reset();
    //设置背景
    $('#sya').css('background-color', '#50bc9f');
    //调用其他JavaScript方法
    NewNum();
}
```

第 2 章　Show—企业个性化展示平台

2.4.1　首页网页布局

➤ 定义 JavaScript 函数时缺少“()”的错误

在准备加载首页数据时，使用了一个错误JavaScript语法，这导致了从发生错误的代码位置开始向下的所有流程都将被终止执行，如图2.1所示。

```
<script>
    $(function {
        init();                                         //设置画图初始
        DrowDian();                                     //画上点
        winUpdate();                                    //画图浏览器改变大小重新画
        GetContext();                                   //获取初始化模板
        $('#top').load('top.html');                     //在top标签中读取top页面
        $('#footer').load('footer.html');               //在footer标签中读取footer页面
    });
```

图 2.1　错误的匿名函数用法

解决方法：

在图2.1中错误的使用了匿名函数，应在functoin关键字后面应该添加一对小括号“()”，表示传入的是一个函数，否则，它只是一个错误的语法，正确的写法如图2.2所示。

```
<script>
    $(function () {
        init();                                         //设置画图初始
        DrowDian();                                     //画上点
        winUpdate();                                    //画图浏览器改变大小重新画
        GetContext();                                   //获取初始化模板
        $('#top').load('top.html');                     //在top标签中读取top页面
        $('#footer').load('footer.html');               //在footer标签中读取footer页面
    });
```

图 2.2　“引用管理器”对话框

2.4.2　模板按照行业和场景的详细分类

➤ case 语句缺少“:”的错误

图2.3中出现了红色（开发环境中显示红色）的波浪线错误提示，这是基本的C#语法错误，是无法通过编译器编译的。

```
//返回 -1 为失败
public void ProcessRequest(HttpContext context)
{
    string t = HttpContext.Current.Request.Form["t"];
    switch (t)
    {
        case "1"
            //根据分组id获取字典信息
            GetCode(context);
            break;
    }
}
```

图 2.3　case 语句缺少“:”的错误

解决方法：

关于switch条件语句，它包含3个关键字：case、break和default，在case后面就是定义的常量值，以“:”结束，所以上面的错误中缺少了“:”，同样在default默认条件下也需要使用“:”结束。

2.4.4　现有模板的显示和查询

➤ 缺少命名空间的错误

如图2.4所示的红色（开发环境中显示红色）波浪线并不是语法的上错误，它表示声明的变量类型，DataTable为数据表对象，它被声明在System.Data命名空间下。

```
/// <summary>
/// 获取此人的场景列表
/// </summary>
/// <param name="context"></param>
public void GetSence(HttpContext context)
{
    //验证用户是否登录
    if (HttpContext.Current.Session["userID"] != null)
    {
        //获取用户登录的用户id
        string userId = HttpContext.Current.Session["userID"].ToString();
        //获取前台传递过来的查询信息
        string selectStr= HttpContext.Current.Request.Form["selectStr"];
        //获取前台传递过来的类型
        string hnagye= HttpContext.Current.Request.Form["hnagye"];
        //获取当前页数
        string PageInt = HttpContext.Current.Request.Form["PageInt"];
        //获取每页多少行
        string CountRow = HttpContext.Current.Request.Form["CountRow"];
        sceneBll bll = new sceneBll();
        //获取此人的场景列表
        DataTable dt = bll.GetSenceByUserId(userId, selectStr, hnagye, int.Parse(PageInt), int.Parse(CountRow));
        if (dt == null)
        {
            //如果没有场景列表，就向前台传递-1
            context.Response.Write("{\"status\":\"-1\"}");
            return;
        }
        //格式化后台获取到的信息
        string json = f.ToJson(dt);
        json = json.Replace("\"", "\\\"");
        context.Response.Write("{\"status\":\"" + json + "\"}");
```

图 2.4　没有引用命名空间

解决方法：

在temp.ashx.cs类的最顶部添加引用System.Data命名空间，与其他命名空间的引用顺序可以随意排列，下面的方框中的代码就是正确的引用方式：

```
using Bll;
using System.Data;
using System;
using System.Web;
```

2.4.6 场景预览

➤ JSON 格式定义错误的问题

下面又是一个错误的JavaScript语法，发生在JSON的定义上，同样在错误代码行下面的程序都无法执行。

```
var pd = { "t": "3" "temp_code": temp_code };
$.ajax({
    type: "post",
    url: 'Tools/temp.ashx',
    data: pd,
    dataType: "json",
    success: function (data) {
        $('#coverImg').attr('src', '' + data.cover);
        $('#desDiv').html(data.des);
        $('#canshu').html('播放次数:' + data.MouseClick + '      
 设计师:' + data.authorName);
                $('#moeyDiv').html('价格:  ' + ((data.Money == "0" || data.
Money == "") ? "免费" : data.Money + " 元"));
    },
    error: function (XMLHttpRequest, textStatus, errorThrown) {
    }
});
```

解决方法：

正确的JSON定义格式是以key:value的形式出现的，多个项之间以逗号分隔，如：key:value,key2:value2。通常key都要加上双引号，值为常量值或变量值，上面的错误出现在多个项之间并没有用逗号隔开，所以导致了浏览器停止了代码的解析工作，正确代码如下：

```
var pd = { "t": "3", "temp_code": temp_code };
$.ajax({
    type: "post",
    url: 'Tools/temp.ashx',
```

```
    data: pd,
    dataType: "json",
    success: function (data) {
        $('#coverImg').attr('src', '' + data.cover);
        $('#desDiv').html(data.des);
        $('#canshu').html('播放次数:' + data.MouseClick + '      设计师:' + data.authorName);
            $('#moeyDiv').html('价格:  ' + ((data.Money == "0" || data.Money == "") ? "免费" : data.Money + " 元"));
    },
    error: function (XMLHttpRequest, textStatus, errorThrown) {
    }
});
```

2.4.8 选择空白模板页面接口

➤ 缺少转义字符的错误

图2.5中出现了字符串格式的错误，编译器无法通过编译，代码同样无法进行自动缩进，这是因为使用换行拼接字符串，导致多行代码都出现了错误。

```
/// <summary>
/// 查询session是否存在
/// </summary>
/// <param name="context"></param>
public void userAuthor(HttpContext context)
{
    //验证用户是否登录
    if (HttpContext.Current.Session["userID"] == null)
    {
        //返回没有登录
        context.Response.Status = "401 Unauthorized";
        string msg = "{
            'success':false,
            'code':1001,
            'msg':'请先登录',
            'obj':null,
            'map':null,
            'list':null
        }
                    ";
        context.Response.Write(MentStr(msg));
    }
```

图 2.5 没有使用转义字符

解决方法：

在字符串的开始出添加一个“@”符号就可以解决这个问题。在C#语言的字符串转义中，除了@符号，使用“\”也是可以实现的，正确定义如图2.6所示。

```
/// <summary>
/// 查询session是否存在
/// </summary>
/// <param name="context"></param>
public void userAuthor(HttpContext context)
{
    //验证用户是否登录
    if (HttpContext.Current.Session["userID"] == null)
    {
        //返回没有登录
        context.Response.Status = "401 Unauthorized";
        string msg = @"{
            'success':false,
            'code':1001,
            'msg':'请先登录',
            'obj':null,
            'map':null,
            'list':null
          }
                    ";
       context.Response.Write(MentStr(msg));
    }
```

图 2.6　正确的字符串转义

2.4.9　自定义查询模板

➤ 代码中的大小写错误

图2.7是用户在按下键盘按键时触发的函数，其中的if语句是用来判断当按下<Enter>键时调用Serach搜索数据，但event的KeyCode属性大小写出现了错误。

```
function getkey() {
    if (event.KeyCode == 13) {
        Serach();
    }
}
```

图 2.7　区分大小写的属性

解决方法：

JavaScript函数对于大小写是敏感的，在JavaScript的系统变量命名规则中，通常都是以驼峰式命名法来定义的，所以上面的代码中正确的写法应该是event.keyCode。

第 3 章　甜橙音乐网——听见好声音

3.4.2　根据喜好推荐音乐

➤ 执行数据库操作时没有打开链接的错误

下面的代码中出现了一个严重性的错误，导致在运行时无法连接到数据库，产生了非法执行数据库操作。

```
/// <summary>
/// 执行对数据库的添加、删除和插入操作
/// </summary>
/// <param name="sql">需要执行的SQL语句</param>
/// <returns>返回一个布尔值，当执行成功返回True否则返回False</returns>
public static bool execSql(string sql)
{
    //创建数据库连接
    SqlConnection con = createCon();
    //创建SqlCommand对象
    SqlCommand com = new SqlCommand(sql, con);
    //获取ExecuteNonQuery方法返回的值
    int i = com.ExecuteNonQuery();
    //关闭数据库连接
    con.Close();
    //判断返回的值是否大于1，大于1表示执行成功
    if (i > 0)
    {
        return true;
    }
    else
        return false;
}
```

解决方法：

这是因为初学者在这里容易遗忘的一个过程，就是“打开→执行→关闭”的过程，同样，如果只打开了数据库连接，最后没有关闭连接，也会造成严重的后果，下面是正确的写法：

```
/// <summary>
/// 执行对数据库的添加、删除和插入操作
/// </summary>
/// <param name="sql">需要执行的SQL语句</param>
/// <returns>返回一个布尔值，当执行成功返回True否则返回False</returns>
public static bool execSql(string sql)
{
    //创建数据库连接
    SqlConnection con = createCon();
    //打开数据库连接
    con.Open();
    //创建SqlCommand对象
    SqlCommand com = new SqlCommand(sql, con);
    //获取ExecuteNonQuery方法返回的值
    int i = com.ExecuteNonQuery();
    //关闭数据库连接
    con.Close();
    //判断返回的值是否大于1，大于1表示执行成功
    if (i > 0)
    {
        return true;
    }
    else
        return false;
}
```

3.5.1 设计音乐网的Banner

➤ CSS样式中缺少分号的错误

在定义样式表属性时，出现图3.1所示的错误波浪线，冒号后面的为属性的值，可以看到height被解释为了定义的值。

```
<style>
    /*样式*/
    .menu {
        float: left
        height: 40px;
        width: 100px;
        line-height: 40px;
        text-align: center;
        cursor: pointer;
        font-weight: 600;
        font-size: 19px;
        color: #ffffff;
    }
</style>
```

图 3.1 没有分号的属性

如图3.2是产生错误的效果图。

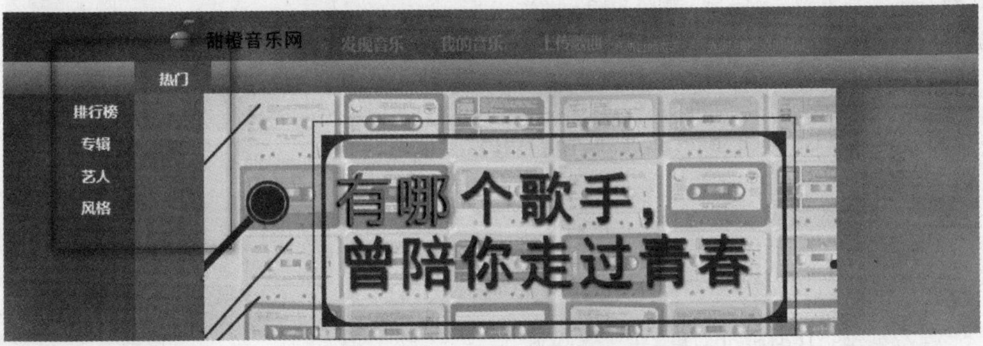

图 3. 2 导航样式效果未按预期设定显示

解决方法：

CSS定义属性样式时，每一个属性必须以分号分隔，无论使用style方式或者定义CSS样式标签的方式都应注意到这一点，而上面代码中的left后面没有分号，所以出现了样式错误。

3. 6. 3 播放所选择的音乐

➤ 赋值运算符“+=”的使用问题

下面的代码是播放选中的所有音乐，按照顺序依次播放，实现的方式是将歌曲的名称用分号进行拼接，然后再用分号进行分割。

```
//播放所选
function lisenAll()
{
    //所选择的音乐列表
    var musiclist = '';
    //获取所选音乐
    $('input[name = "music"]:checked').each(function() {
        musiclist = $(this).val() + ";";
    });
    //如果没有选择，弹出提示
    if (musiclist == '')
    {
        alert('您没有选中任何音乐');
        return;
    }
    //听音乐
    linsen(musiclist);
}
```

上面的代码在播放音乐时始终播放最后一支音乐，并没有实现播放所有音乐的功能，这是由于代码的第7行中的变量musiclist没有实现累加造成的，所以每当循环到最后一条数据时，最后一支音乐就赋给了变量musiclist。

解决方法：

从字面意思上理解“累加”一词，就是将上一次的数据与这一次的数据进行持续拼接，得到最终的数据集，使用符号“+”可以进行数据拼接，代码如下：

```
//播放所选
function lisenAll()
{
    //所选择的音乐列表
    var musiclist = '';
  //获取所选音乐
  $('input[name = "music"]:checked').each(function() {
        musiclist += $(this).val() + ";";
    });
    //如果没有选择，弹出提示
    if (musiclist == '')
    {
        alert('您没有选中任何音乐');
        return;
    }
    //听音乐
    linsen(musiclist);
}
```

3.7.3 实现音乐压缩下载功能

➤ 虚拟路径与物理路径的转换问题

在下载文件时，文件存储在服务器上，用户通过前端链接机制，连接到服务器的准确地址，然后浏览器通过下载功能将文件存储在客户端机器上。实现代码如下：

```
/// <summary>
/// 下载文件
/// </summary>
/// <param name="context"></param>
public void Down(HttpContext context)
{
    string file = HttpContext.Current.Request["file"]; //获取文件地址
    string url = context.Server.MapPath(file);          //转换成服务器绝对路径
    string time = Guid.NewGuid().ToString();            //设置文件名称
    string md = "../musicFile/" + time + ".zip";        //组合成文件相对路径
    ZipFileMain(new string[] { url }, context.Server.MapPath(md), 0);//压缩文件
```

```
    context.Response.Write("{\"status\":\"" + time + ".zip\"}");
}
```

上面代码中的链接地址错误，即在将虚拟路径转换为物理路径时可能出现错误，最终导致找不到文件路径。

解决方法：

在进行路径转换时，尽可能提供网站根目录，从根目录开始向下延伸，包括所有确定的目录都要写上，最后再来拼接文件名称或不固定目录名称，修改后的代码如下：

```
/// <summary>
/// 下载文件
/// </summary>
/// <param name="context"></param>
public void Down(HttpContext context)
{
    string file = HttpContext.Current.Request["file"]; //获取文件地址
    string url = context.Server.MapPath("../" + file); //转换成服务器绝对路径
    string time = Guid.NewGuid().ToString();           //设置文件名称
    string md = "../musicFile/" + time + ".zip";       //组合成文件相对路径
    ZipFileMain(new string[] { url }, context.Server.MapPath(md), 0);//压缩文件
    context.Response.Write("{\"status\":\"" + time + ".zip\"}");
}
```

错误整理笔记

错误整理笔记

第 1 章　ASP.NET 开发环境的搭建与配置

环境搭建
拓展内容

（1115562010343109111.html）

本章将对开发ASP.NET网站项目时所用到的Visual Studio 2015开发工具、SQL Server数据库和MySQL数据库工具的下载安装及使用进行详细讲解。

1.1　Visual Studio 2015 开发工具的下载与安装（1115562011313109111.html）

Visual Studio 2015是微软公司为了配合.NET战略推出的IDE开发环境，同时也是目前开发ASP.NET网站最常用的工具，本节将对Visual Studio 2015的安装与启动进行详细讲解。

视频讲解

1.1.1　安装 Visual Studio 2015 系统的必备条件

安装Visual Studio 2015之前，首先要了解安装Visual Studio 2015所需的必备条件，检查计算机的软硬件配置是否满足Visual Studio 2015开发环境的安装要求，具体要求如表1.1所示。

表 1.1　安装 Visual Studio 2015 所需的必备条件

名称	描述
处理器	1.6GHz，建议使用 2.0 GHz 及以上处理器
RAM	2G，建议使用 4G 及以上内存
可用硬盘空间	所有驱动器上需要 9G（典型安装）或者 20G（全部安装）的可用空间
DVD-ROM	使用（或者使用虚拟光驱）
显示器	1024×768，增强色 16 位
操作系统及所需补丁	Windows 7（SP1）、Windows 8、Windows 8.1、Windows Server 2008 R2 SP1（x64）、Windows Server 2012（x64）、Windows 10

1.1.2　下载 Visual Studio 2015

Visual Studio 2015开发环境是微软公司推出一种集成开发工具，其社区版为完全免费版本，开发人员可以下载使用，具体下载地址为：http://www.visualstudio.com/downloads/。

说明： 用户也可以直接在浏览器中输入www.microsoft.com网址，访问微软的官方网站，然后在该网站的右上角搜索文本框中输入“VS 2015”进行搜索。

1.1.3 安装Visual Studio 2015

本节以Visual Studio 2015社区版的安装为例讲解具体的安装步骤。

安装Visual Studio 2015社区版的步骤如下：

（1）使用虚拟光驱软件加载下载的vs2015.3.com_chs.iso文件，然后双击vs_community.exe文件开始安装。

（2）应用程序会自动跳转到如图1.1所示的Visual Studio 2015安装程序界面，在该界面中，单击“…”按钮设置Visual Studio 2015的安装路径（一般使用默认设置即可）。默认安装路径为“C:\Program Files\Microsoft Visual Studio 14.0”，这里根据本地计算机的实际情况，将安装路径设置成了“E:\Program Files\Microsoft Visual Studio 14.0”；然后选择安装类型，采用“典型”即可，单击“安装”按钮，即可进入到Visual Studio 2015的安装进度界面，如图1.2所示。

图 1.1　Visual Studio 2015 安装程序界面　图 1.2　Visual Studio 2015 安装进度界面

（3）安装完成后，进入Visual Studio 2015的安装完成页，如图1.3所示。

图 1.3　Visual Studio 2015 的安装完成页

说明： 在安装完成界面可能会出现一个“Android SDK”相关的警告信息，这些警告信息不影响Visual Studio 2015开发环境的正常使用，忽略即可。

1.1.4 启动Visual Studio 2015

第一次启动Visual Studio 2015开发环境的步骤如下：

（1）在Visual Studio 2015的安装完成页中单击“启动”按钮，即可启动Visual Studio 2015开发环境，如图1.4所示。

（2）在第一次启动Visual Studio 2015开发环境时，会提示使用微软的Outlook账号进行登录，可以不进行登录，直接单击“以后再说”链接，打开Visual Studio 2015的启动界面，如图1.5所示。

图 1.4 启动Visual Studio 2015

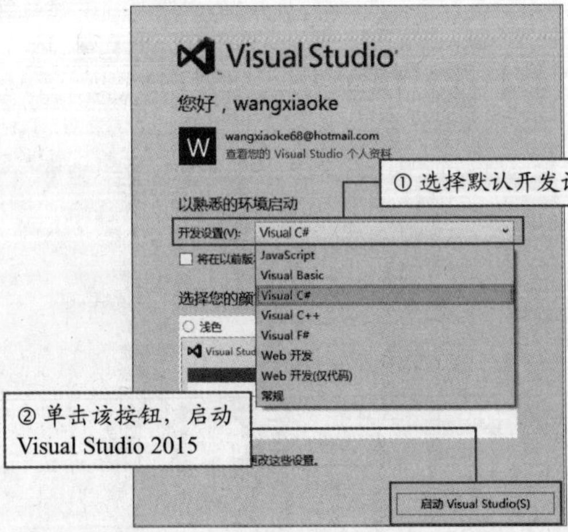

图 1.5 Visual Studio 2015 启动界面

（3）在图1.5中，用户可以根据自己的实际情况，选择适合自己的开发语言，这里选择的是“Visual C#开发”选项，然后单击“启动Visual Studio”按钮，即可进入Visual Studio 2015的主界面，如图1.6所示。

图 1.6 Visual Studio 2015 主界面

1.2 Visual Studio 2015 开发工具基础设置（1115562011313109112.html）

1.2.1 设置字体大小

视频讲解

设置Visual Studio 2015开发环境的字体大小的步骤如下：

（1）选择“开始”→“所有程序”中的Visual Studio 2015，进入Visual Studio 2015开发环境起始页，在菜单栏中选择“工具”→“选项”菜单项，弹出“选项”对话框，在该对话框中，依次选择“环境”→“字体和颜色”菜单，在对话框的右侧即可对字号、颜色进行设置，如图1.7所示。

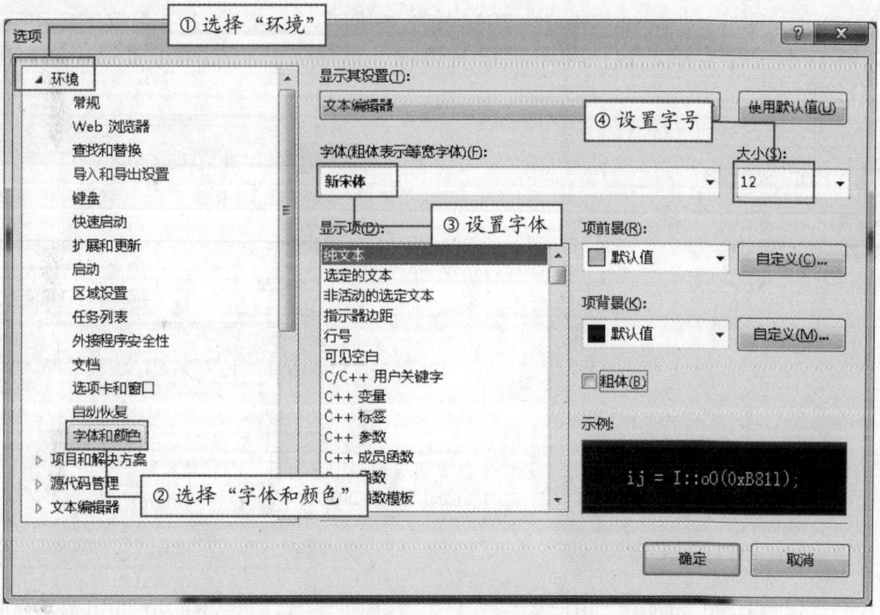

图 1.7 选择“环境”→“字体和颜色”菜单

（2）比如，原开发环境的默认字体大小为9，将字体大小设置为12，单击“确定”按钮，则设置前后的效果对比如图1.8所示。

图 1.8 设置字体大小前后的对比图

1.2.2 设置代码行号

设置Visual Studio 2015开发环境的代码行号的步骤如下：

（1）选择“开始”→“所有程序”中的Visual Studio 2015，进入Visual Studio 2015开发环境起始页，在菜单栏中选择“工具”→“选项”菜单项，弹出“选项”对话框，该对话框中，依次选择“文本编辑器”→“所有语言”菜单，在对话框的右侧选择“行号”复选框，即可为Visual Studio 2015开发环境中的代码显示行号，如图1.9所示。

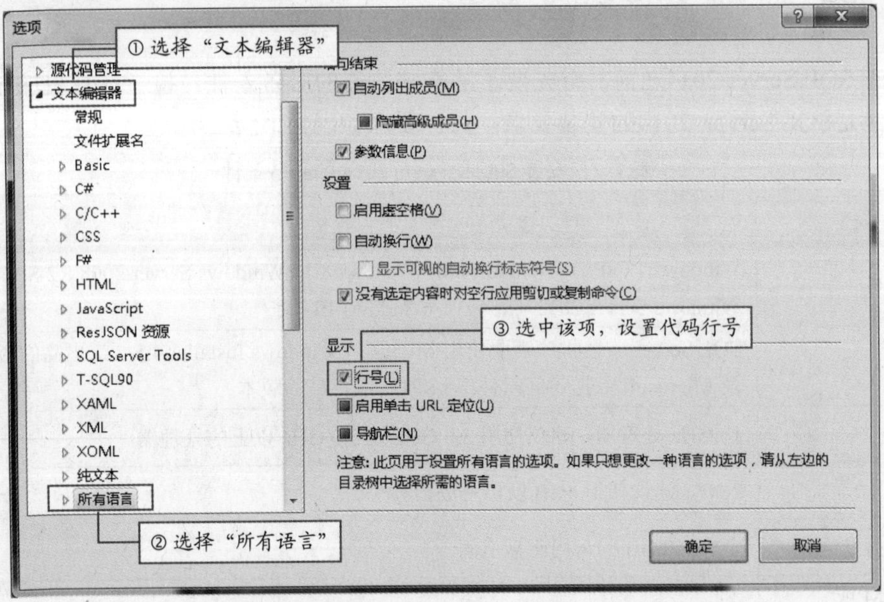

图 1.9 选择“文本编辑器”中的“所有语言”菜单

（2）设置代码行号的前后效果对比如图1.10所示。

图 1.10 设置代码行号前后的对比图

1.3 SQL Server 2014 数据库的安装与配置（1115562011313109113.html）

SQL Server是微软公司推出的数据库服务器工具，从最初的SQL Server 2000版本起步，逐渐发展到目前的SQL Server 2016，深受广大开发者的喜欢。从SQL Server 2005版本之后，SQL Server数据库的安装与配置过程类似，这里以SQL Server 2014版本为例讲解SQL Server数据库的安装与配置过程。

视频讲解

1.3.1 SQL Server 2014 安装必备

安装SQL Server 2014之前，首先要了解安装所需的必备条件，检查计算机的软硬件配置是否满足SQL Server 2014的安装要求，具体要求如表1.2所示。

表 1.2 安装 SQL Server 2014 的必备条件

名称	说明
操作系统	Windows 7（SP1）、Windows 8、Windows 8.1、Windows Server 2008 R2 SP1（x64）、Windows Server 2012（x64）、Windows 10
软件	SQL Server 安装程序需要使用 Microsoft Windows Installer 4.5（或更高的版本）以及 Microsoft 数据访问组件 2.8 SP1（或更高的版本）
处理器	1.4GHz 处理器，建议使用 2.0 GHz 及 2.0 GHz 以上的处理器
RAM	2GB，建议使用 4GB 及以上的内存
可用硬盘空间	至少 2.2 GB 的可用磁盘空间
CD-ROM 或 DVD-ROM	从磁盘进行安装时需要相应的 DVD 驱动器
显示器	Super-VGA (800×600) 或更高分辨率的显示器

1.3.2 SQL Server 2014 的安装

使用虚拟光驱软件加载下载的SQL Server 2014的安装镜像文件（.iso文件），在SQL Server安装中心窗体中单击左侧的“安装”选项，再单击“全新SQL Server独立安装或向现有安装添加功能”超链接，接下来即可按照提示一步步往下安装。在安装过程中，有3处需要注意，分别如下：

（1）“功能选择”窗口，这里可以选择要安装的功能，单击“全选”按钮，选择安装所有功能，如图1.11所示。

（2）“实例配置”窗口，在该窗口中选择实例的命名方式并命名实例（该实例名就是开发程序时所用到的SQL Server服务器名），然后选择实例根目录，如图1.12所示。

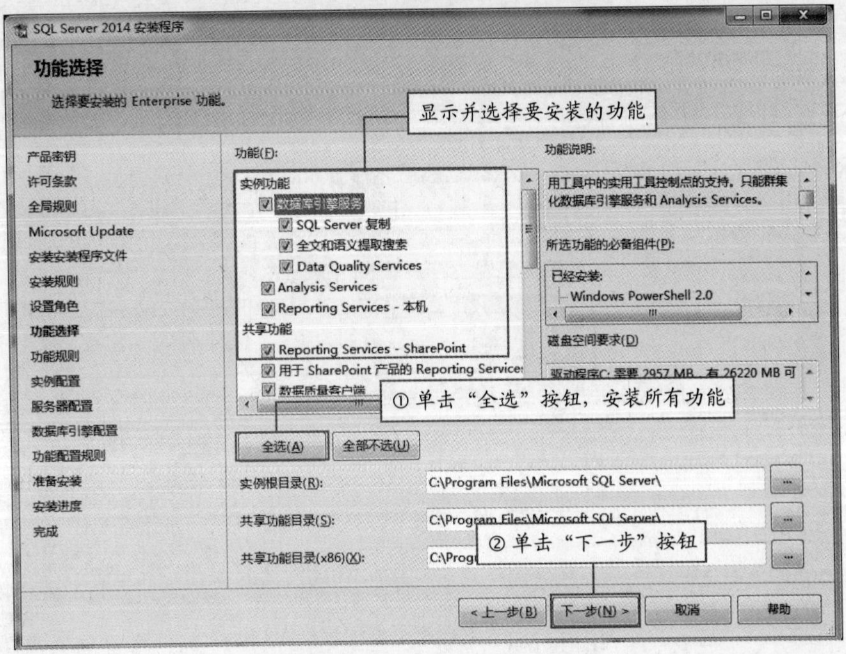

图 1.11 “功能选择”窗口

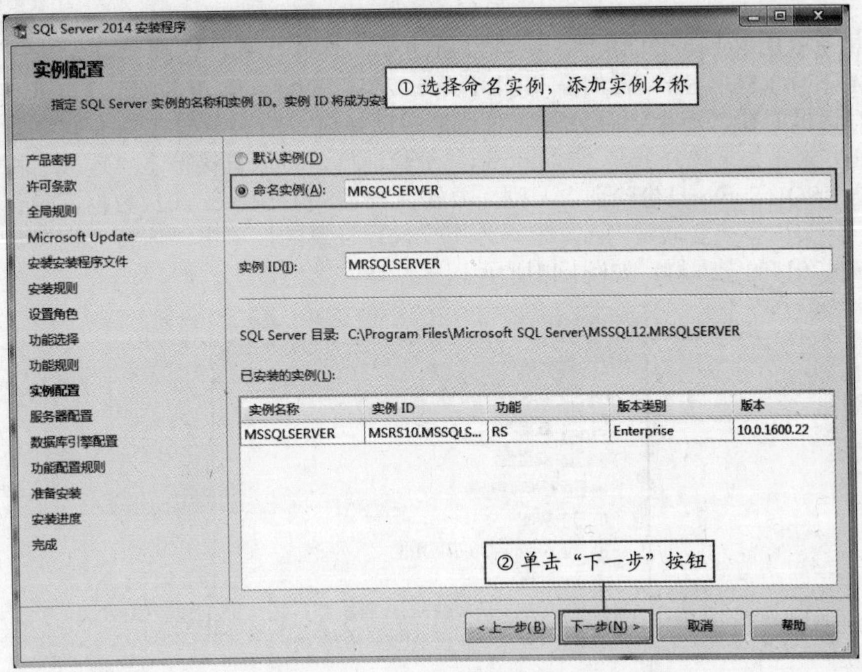

图 1.12 “实例配置”窗口

（3）“数据库引擎配置”窗口，在该窗口中选择身份验证模式，并输入密码，这里的密码是登录SQL Server服务器的密码，而不是Windows操作系统的密码，如图1.13所示。

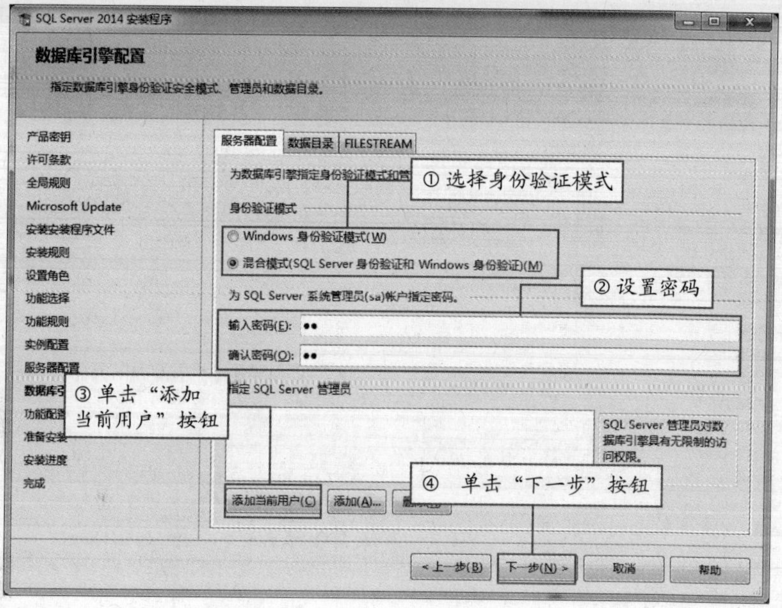

图 1.13 “数据库引擎配置”窗口

1.3.3 启动SQL Server 2014管理工具

安装完SQL Server 2014后，就可以启动了，具体步骤：选择“开始”→“所有程序”→Microsoft SQL Server 2014→SQL Server 2014 Management Studio，进入“连接到服务器”对话框，在“连接到服务器”对话框中选择自己的服务器名称（通常为默认）和身份验证方式，如果选择的是“Windows身份验证”，可以直接单击“连接”按钮；如果选择的是“SQL Server身份验证”，则需要输入安装SQL Server 2014数据库时设置的登录名和密码，其中登录名通常为sa，密码为用户自行设置的，单击“连接”按钮，即可进入SQL Server 2014的管理器，如图1.14所示。

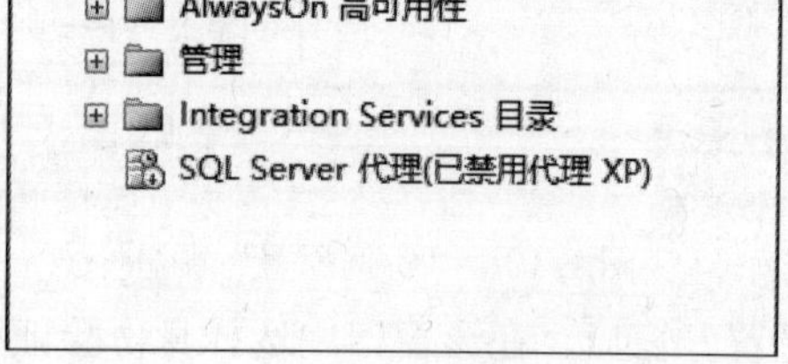

图 1.14 SQL Server 2014 的管理器

1.4 MySQL 数据库的安装与配置（1115562011313109114.html）

MySQL是目前最为流行的开放源码的数据库，是完全网络化的跨平台的关系型数据库系统，由瑞典MySQL AB公司开发，目前属于Oracle公司。任何人都能从Internet下载MySQL数据库软件，而无需支付任何费用，并且“开放源码”意味着任何人都可以使用和修改该软件。这意味着用户可以根据自己的需求进行适当的修改。不过需要注意的是，这种“自由”是有范围的。

1.4.1 下载并安装 MySQL

登录MySQL官网http://dev.mysql.com，依次展开“Downloads→Community→MySQL on Windows→MySQL Installer”，或直接打开连接http://dev.mysql.com/downloads/windows/installer/，即可下载MySQL软件。

说明： MySQL数据库的版本号随时会发生变化，如果在下载时，比5.6.24版本高，可以放心使用，因为一般高版本都是向下兼容低版本的。

下载完成后，双击下载后的mysql-installer-community-5.6.24.0.msi文件，打开安装向导对话框，然后按照提示一步步往下安装即可。在安装过程中，有两处需要注意，分别如下：

（1）MySQL使用的默认端口是3306，在安装时可以修改成其他的，例如3307。但是一般情况下，不要修改默认的端口号，除非3306端口已经被占用。

（2）在设置用户和安全的MySQL Server Configuration对话框中，可以设置root用户的登录密码，也可以添加新用户，这里只设置root用户的登录密码为root，其他采用默认，如图1.15所示。

说明： 安装MySQL数据库之前，首先需要安装.NET Framework 4.0框架。

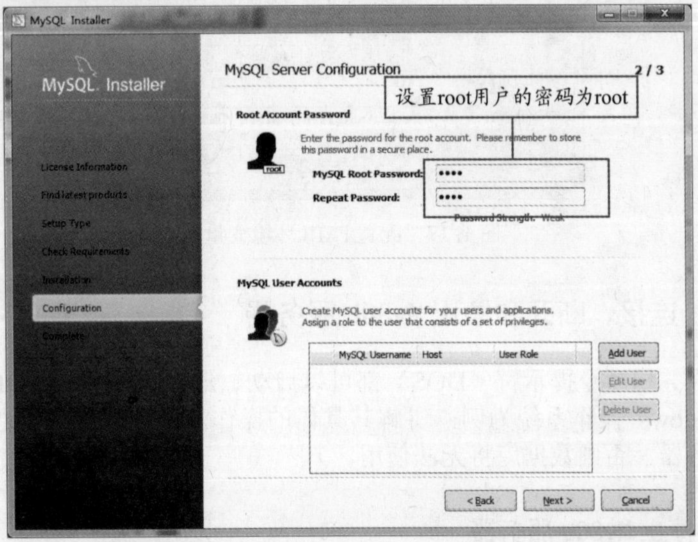

图 1.15 设置用户和安全的“MySQL Server Configuration”对话框

1.4.2 环境变量的配置

为了能让Windows命令行操作MySQL数据库，需要配置一下系统的环境变量。

计算机右键→属性→高级系统设置→高级→环境变量，在打开的窗口中选择“系统变量”下的“新建”按钮创建环境变量。

（1）创建MYSQL_HOME环境变量，如图1.16所示。

① 变量名：MYSQL_HOME。

② 变量值：C:\Program Files\MySQL\MySQL Server 5.6。

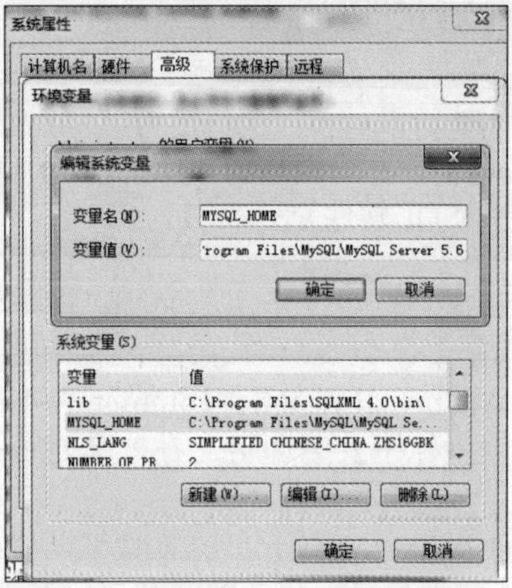

图 1.16 创建 MYSQL_HOME 环境变量

说明： 此处的变量值是MySQL的真实目录，请根据实际情况自行更改。

（2）配置PATH环境变量，在系统变量中，选择“Path”并单击“编辑”按钮，在变量值末尾添加新值“%MYSQL_HOME%\bin\;”，如图1.17所示。

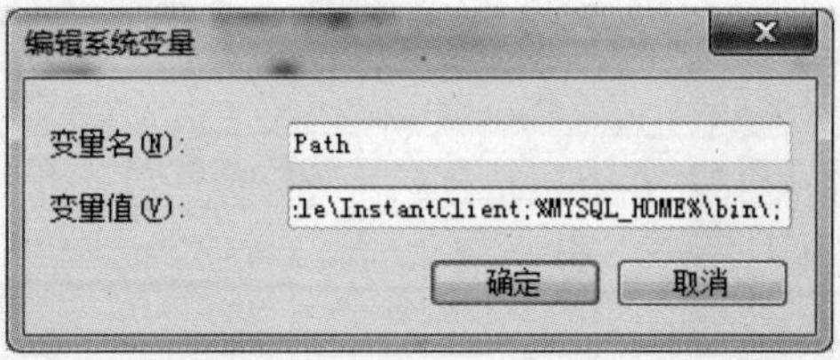

图 1.17 配置 PATH 环境变量

1.4.3 启动、连接、断开和停止 MySQL 服务器

通过系统服务和命令提示符（DOS）都可以启动、连接和关闭MySQL，操作非常简单。下面以Windows7操作系统为例，讲解其具体的操作流程。（建议：通常情况下不要停止MySQL服务器，否则数据库将无法使用。）

1. 启动、停止 MySQL 服务器

启动、停止MySQL服务器的方法有两种：系统服务器和命令提示符（DOS）。

☑ 通过系统服务器启动、停止MySQL服务器

如果MySQL设置为Windows服务，则可以通过选择“开始”→“控制面板”→“系统和安全”→“管理工具”→“服务”命令打开Windows服务管理器。在服务列表中找到MySQL服务并单击右键，在弹出的快捷菜单中，完成MySQL服务的各种操作（启动、重新启动、停止、暂停和恢复），如图1.18所示。

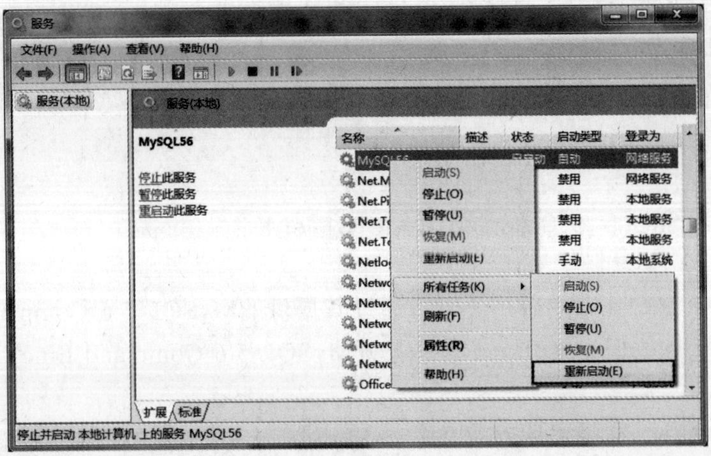

图 1.18 通过系统服务启动、停止 MySQL 服务器

☑ 在命令提示符下启动、停止MySQL服务器

单击“开始”菜单，在出现的命令输入框中，输入“cmd”命令，按<Enter>键打开DOS窗口。在命令提示符下输入：

```
\> net start mysql
```

按<Enter>键，启用MySQL服务器。

在命令提示符下输入：

```
\> net stop mysql
```

按<Enter>键，即可停止MySQL服务器。

2. 连接和断开 MySQL 服务器

下面分别介绍连接和断开MySQL服务器的方法。

☑ 连接MySQL服务器

连接MySQL服务器通过mysql命令实现。在MySQL服务器启动后，选择“开始”→“运行”命令，在弹出的“运行”窗口中输入“cmd”命令，按<Enter>键后进入DOS窗口，在命令提示符下输入：

```
\> mysql    -uroot    -h127.0.0.1     -ppassword
            用户名     MySQL服务       用户密码
                      器所在地址
```

说明：在连接MySQL服务器时，MySQL服务器所在地址（如 h127.0.0.1）可以省略不写。

☑ 断开MySQL服务器

连接到MySQL服务器后，可以通过在MySQL提示符下输入“exit”或者“quit”命令断开MySQL连接，格式如下：

```
mysql> quit;
```

1.4.4 打开MySQL 5.6 Command Line Client

MySQL服务器安装完成后，就可以通过其提供的MySQL 5.6 Command Line Client程序来操作MySQL数据。这时，必须先打开MySQL 5.6 Command Line Client，并登录MySQL服务器。

在开始菜单中，选择“所有程序”→MySQL→MySQL Server 5.6→MySQL 5.6 Command Line Client命令，将打开MySQL 5.6 Command Line Client窗口，在该窗口中，输入root用户的密码（这里为root），即可登录到MySQL服务器，如图1.19所示。

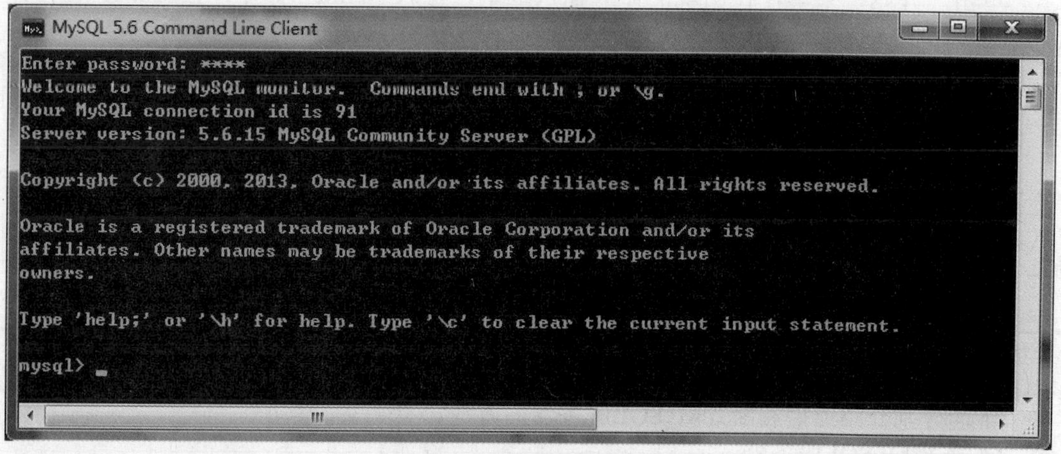

图 1.19　登录到 MySQL 服务器

1.4.5 MySQL Workbench 图形化管理工具

MySQL官方提供了一个图形化管理工具Workbench，使用它可以创建并管理数据库。用户可以使用该工具以图形化的方式管理MySQL数据库。

（1）在开始菜单中选择“所有程序”→MySQL→“MySQL Workbench 6.1 CE”菜单项，将打开如图1.20所示的MySQL Workbench主界面。

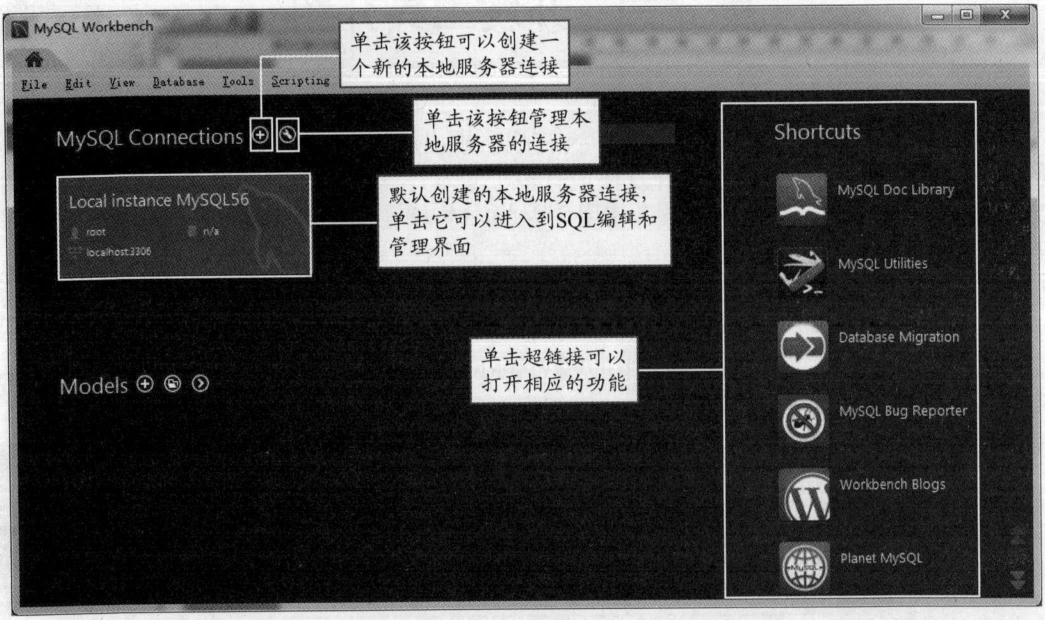

图 1.20　MySQL Workbench 主界面

（2）在图1.20中，单击“Local instance MySQL 56”超链接，将打开一个输入用户密码的对话框，在该对话框中输入root用户的密码，单击“OK”按钮，即可打开如图1.21所示的MySQL Workbench数据库管理界面，在该界面中，可以进行创建/管理数据库、创建/管理数据表、编辑表数据、查询表数据、执行已有的SQL脚本等操作。

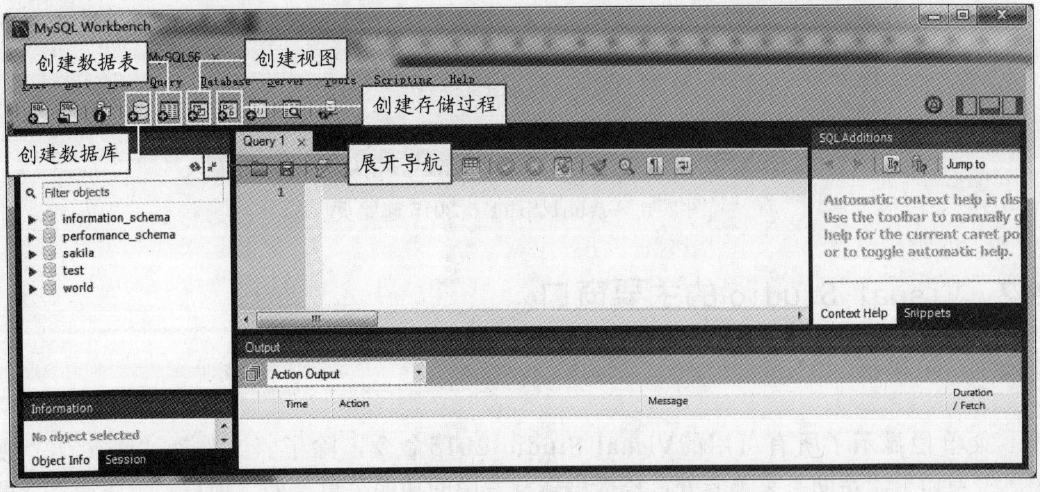

图 1.21　MySQL Workbench 数据库管理界面

开发工具介绍
拓 展 内 容

第 2 章　开发工具介绍

（1115562010344102111.html）

Visual Studio 2015是微软为了配合.NET战略推出的IDE开发环境，同时也是目前开发ASP.NET网站最好用的工具，该开发环境有多个版本，其中，微软提供了一个完全免费的Community版本，供广大个人开发者使用，因此，本书项目全部使用此版本进行开发。

2.1　熟悉Visual Studio 2015

选择“开始”→“所有程序”中的Visual Studio 2015，进入Visual Studio 2015开发环境起始页，如图2.1所示。

图 2.1　Visual Studio 2015 起始页

2.2　Visual Studio 的主要窗口

2.2.1　菜单栏

菜单栏显示了所有可用的Visual Studio 2015命令，除了“文件”“编辑”“视图”“窗口”“帮助”菜单之外，还提供编程专用的功能菜单，如“项目”“生成”“调试”“工具”“测试”等，如图2.2所示。

每个菜单项中都包含若干个菜单命令，分别执行不同的操作，例如，“调试”菜单中包括调试程序的各种命令，如“启动调试”“开始执行”“新建断点”等，如图2.3所示。

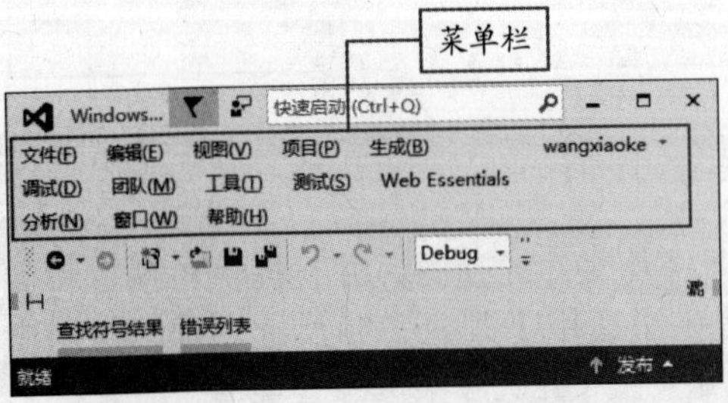

图 2.2　Visual Studio 2015 菜单栏

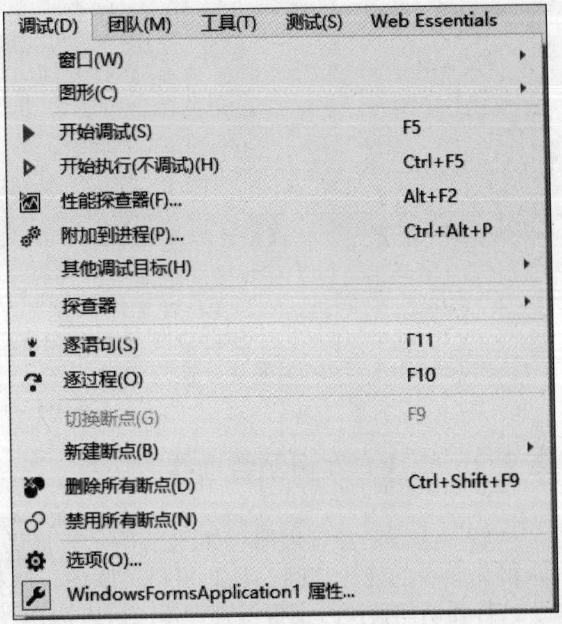

图 2.3　“调试”菜单

2.2.2　工具栏

为了操作更方便、快捷，菜单项中常用的命令已经按功能分组，并分别放入了相应的工具栏中。通过工具栏可以快速地访问常用的菜单命令。常用的工具栏有标准工具栏和调试工具栏，下面分别介绍。

（1）标准工具栏包括大多数常用的命令按钮，如新建项目、添加新项、打开文件、保存、全部保存等。标准工具栏如图2.4所示。

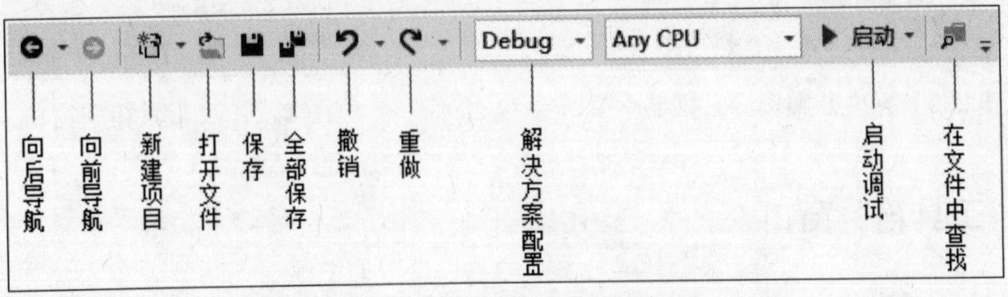

图 2.4　Visual Studio 2015 标准工具栏

（2）调试工具栏包括对应用程序进行调试的快捷按钮，如图2.5所示。

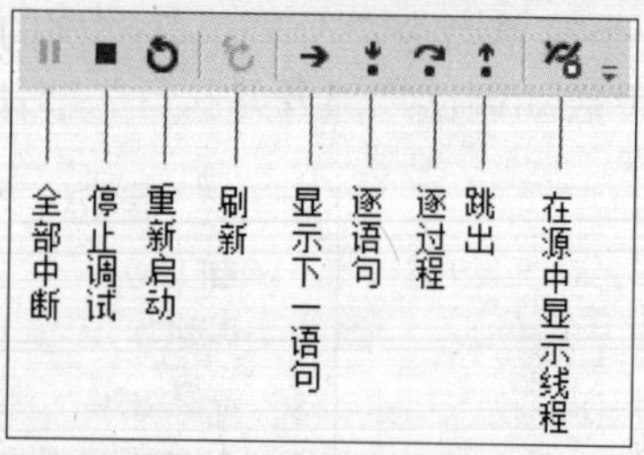

图 2.5 Visual Studio 2015 调试工具栏

说明： 在调试程序或运行程序的过程中，通常可用以下4种快捷键来操作：
（1）按下〈F5〉快捷键实现调试运行程序；
（2）按下〈Ctrl+F5〉快捷键实现不调试运行程序；
（3）按下〈F11〉快捷键实现逐语句调试程序；
（4）按下〈F10〉快捷键实现逐过程调试程序。

2.2.3 解决方案资源管理器

解决方案资源管理器（如图2.6所示）提供了项目及文件的视图，并且提供对项目和文件相关命令的便捷访问。与此窗口关联的工具栏提供了适用于列表中当前选中项的常用命令。若要访问解决方案资源管理器，可以选择“视图”→“解决方案资源管理器”命令。

图 2.6 解决方案资源管理器

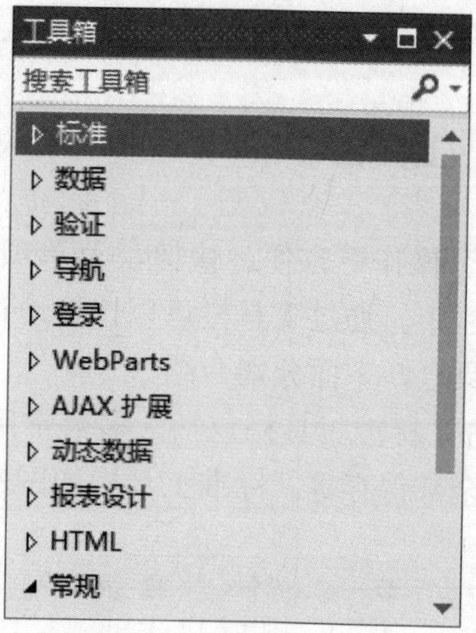

图 2.7 “工具箱”窗口

2.2.4 “工具箱”窗口

工具箱是Visual Studio 2015的重要工具，提供了进行ASP.NET网站开发所必需的控件。通过工具箱，开发人员可以方便地进行可视化的窗体设计，简化程序设计的工作量，提高工作效率。根据控件功能的不同，将工具箱划分为10个栏目，如图2.7所示。

单击某个栏目，显示该栏目下的所有控件，例如，单击“标准”，效果如图2.8所示。当需要某个控件时，可以先单击选择需要的控件，然后将其拖动到Web窗体上。“工具箱”窗口中的控件可以通过工具箱右键菜单（如图2.9所示）来控制，例如，实现控件的排序、删除、显示方式等。

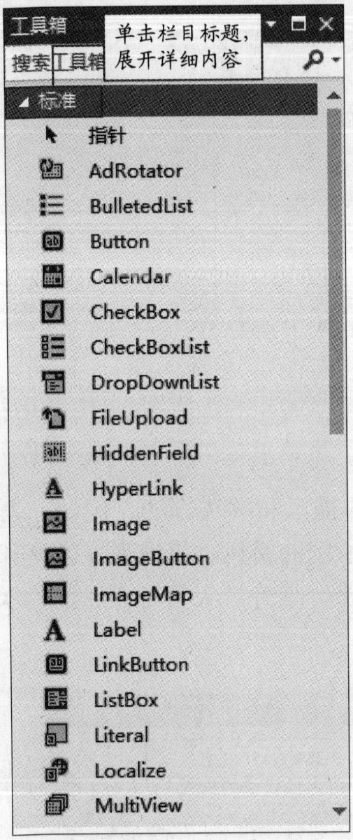

图 2.8　展开后的“工具箱”窗口

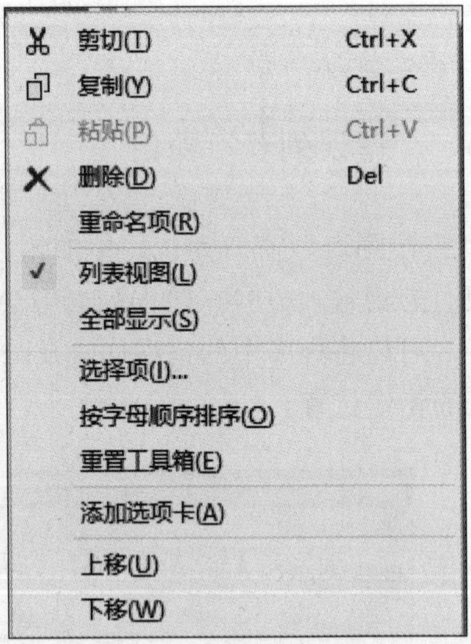

图 2.9　工具箱右键菜单

2.2.5　“属性”窗口

“属性”窗口是Visual Studio 2015中另一个重要的工具，该窗口为ASP.NET网站的开发提供了简单的修改属性的方式。对Web窗体中的各个控件的属性都可以由“属性”窗口设置完成。“属性”窗口不仅提供了属性的设置及修改功能，还提供了事件的管理功能。“属性”窗口可以管理控件的事件，方便编程时对事件进行处理。

另外，“属性”窗口采用了两种方式管理属性和方法，分别为按分类方式和按字母顺序方式。读者可以根据自己的习惯采用不同的方式。该窗口的下方还有简单的帮助信息，方便开发人员对控件的属性进行操作和修改，“属性”窗口的左侧是属性名称，相对应的右侧是属性值。“属性”窗口如图2.10所示。

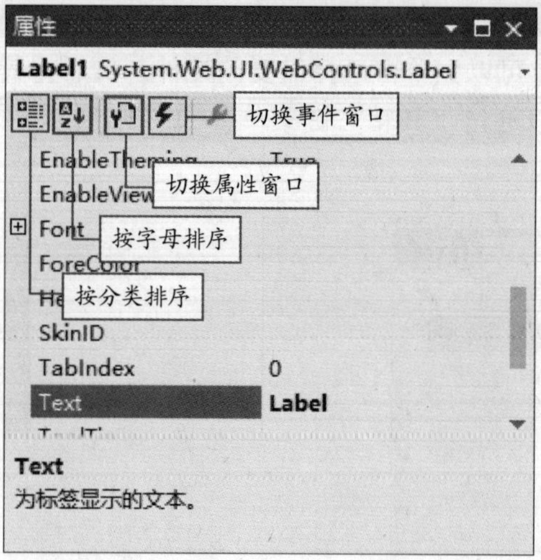

图 2.10 “属性”窗口

2.2.6 “错误列表”窗口

“错误列表”窗口为代码中的错误提供了即时的提示和解决方法。例如，当某句代码结束时忘记输入分号，错误列表中会显示如图2.11所示的错误。错误列表像是一个错误提示器，可以将程序中的错误代码及时显示给开发人员，使开发人员可以通过提示信息找到相应的错误位置。

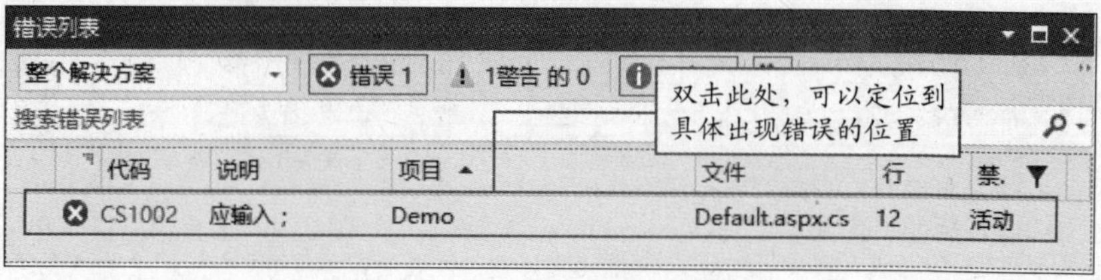

图 2.11 “错误列表”窗口

说明： 双击错误列表中的某项，Visual Studio 2015开发平台会自动定位到发生错误的语句。

2.3 快捷键介绍

在程序开发过程中，合理使用快捷键，不但可以减少代码的错误率，而且可以提高开发效率。因此，掌握一些常用的快捷键是必要的。Visual Studio 2015提供了很多快捷键，表2.1列出了使用Visual Studio 2015开发时最常用的快捷键。

表 2.1 Visual Studio 2015 的常用快捷键

快捷键	说明
Ctrl + Z	全选
Ctrl + S	保存
Ctrl + Shift + S	全部保存
F9	插入断点
Ctrl + Shift + F9	删除所有断点
F5	运行程序
Shift + F5	停止运行程序
F10	逐过程运行
F11	逐语句运行
Shift + F11	跳出正在运行的代码段
Ctrl + J	不输入关键词时自动弹出提示
Ctrl + F	查找
Ctrl + Alt + L	打开解决方案资源管理器
Ctrl + Alt + O	打开输出窗口
F4	打开属性窗口
Ctrl + Alt + X	打开工具箱
Ctrl + \ , E	打开错误列表窗口
Ctrl + K , Ctrl + C	注释选中代码
Ctrl + K , Ctrl + U	取消代码注释
Ctrl + Shift + Enter	使开发环境全屏显示

第 3 章　程序调试方法

(📖111556201034510311 1. html)

程序调试
拓展内容

在程序开发过程中会不断体会到程序调试的重要性。为验证ASP.NET网站的运行状况，会经常在某个方法调用的开始和结束位置分别使用Console.WriteLine()方法或者

Response.Write()方法输出信息，并根据这些信息判断程序执行状况。这不仅是非常古老的程序调试方法，而且经常导致程序代码混乱。下面将介绍几种使用Visual Studio 开发工具调试ASP.NET网站的方法。

3.1 Visual Studio 编辑器调试

在使用Visual Studio 2015开发ASP.NET网站时，编辑器不但能够为开发者提供代码编写、辅助提示和实时编译等常用功能，而且还提供对源代码进行快捷修改、重构和语法纠错等高级操作。通过Visual Studio 2015，可以很方便地找到一些语法错误，并且根据提示进行快速修正很方便。下面对Visual Studio 2015提供的常用调试功能进行介绍。

3.1.1 错误提示符

错误提示符位于出现错误的代码行的最右侧，用于指出错误所在的位置，使用鼠标右键单击该提示符，可以弹出快捷菜单，在快捷菜单中可以对其进行基本的查看操作，如图3.1所示。

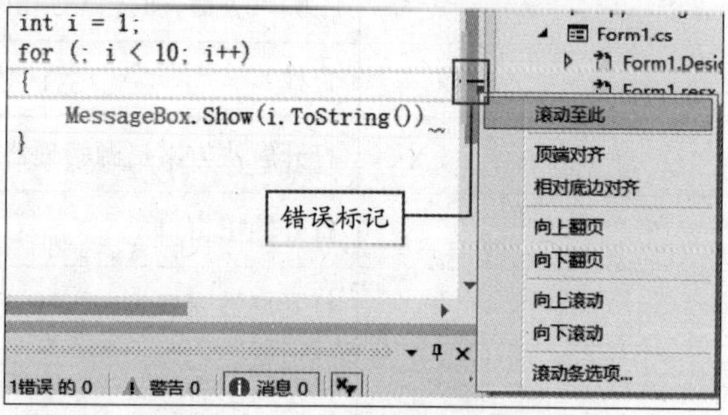

图 3.1 对错误提示符的操作

3.1.2 代码下方的红色波浪线

在出现错误的代码下方，会显示红色（开发环境中显示红色）的波浪线，将鼠标移动到红色波浪线上，将显示具体的错误内容（例如图3.2所示的提示框），开发人员可根据该提示对代码进行修改。

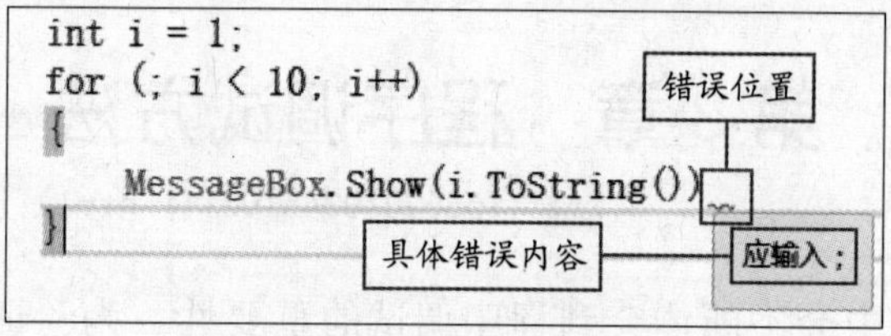

图 3.2 显示具体错误内容

3.1.3 代码下方的绿色波浪线

在出现警告的代码下方，会显示绿色（开发环境中显示绿色）的波浪线，警告不会影响程序的正常运行，将鼠标移动到绿色波浪线上，将显示具体的警告信息（例如图3.3所示的提示框），开发人员可以根据该警告信息对代码进行优化。

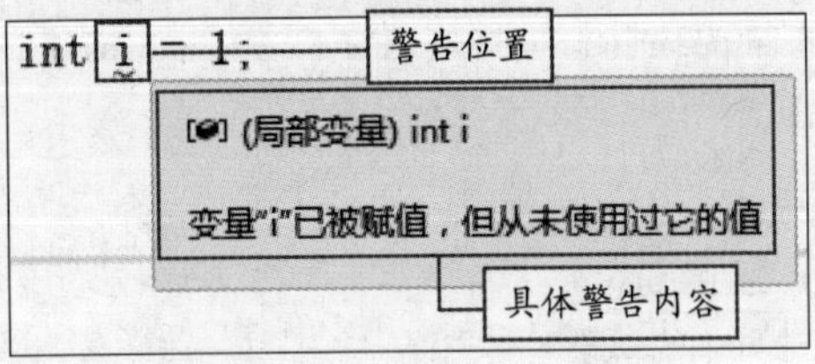

图 3.3 显示具体警告信息

3.2 Visual Studio 调试器调试

当代码不能正常运行时，可以通过调试定位错误。常用的程序调试操作包括设置断点，开始、中断、停止执行程序，单步执行程序以及使程序运行到指定的位置。下面将对这几种常用的程序调试操作进行详细地介绍。

3.2.1 断点操作

断点通知调试器，使应用程序在某点上（暂停执行）或某情况发生时中断。发生中断时，程序和调试器处于中断模式。进入中断模式并不会终止或结束程序的执行，所有元素（如函数、变量和对象）都保留在内存中。执行可以在任何时候继续。

插入断点有3种方式：在要设置断点的代码行旁边的灰色空白中单击；右击要设置断点的代码行，在弹出的快捷菜单中选择“断点”→“插入断点”命令，如图3.4所示；单击要设置断点的代码行，选择菜单中的“调试”→“切换断点”命令，如图3.5所示。

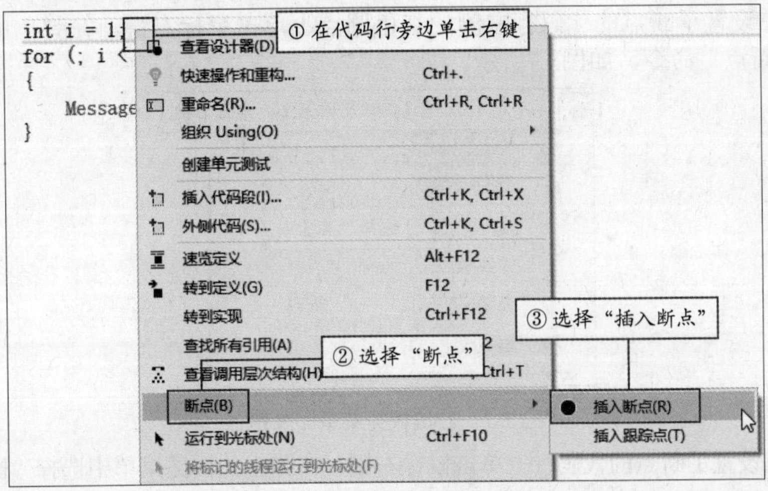

图 3.4 右键快捷菜单插入断点

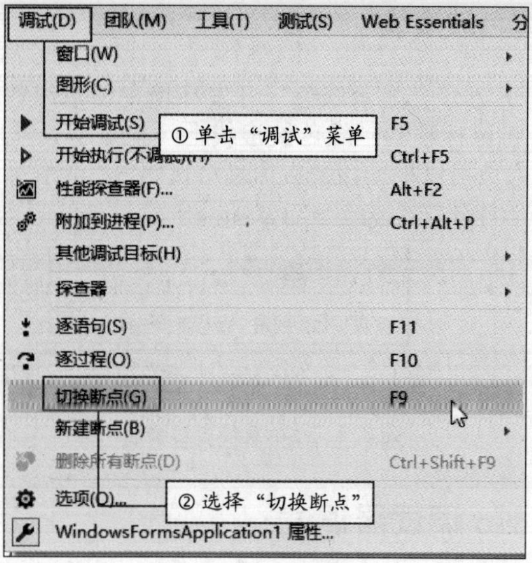

图 3.5 菜单栏插入断点

插入断点后，就会在设置断点的行旁边的灰色空白处出现一个红色圆点（开发环境中为红色），并且该行代码也呈高亮显示，如图3.6所示。

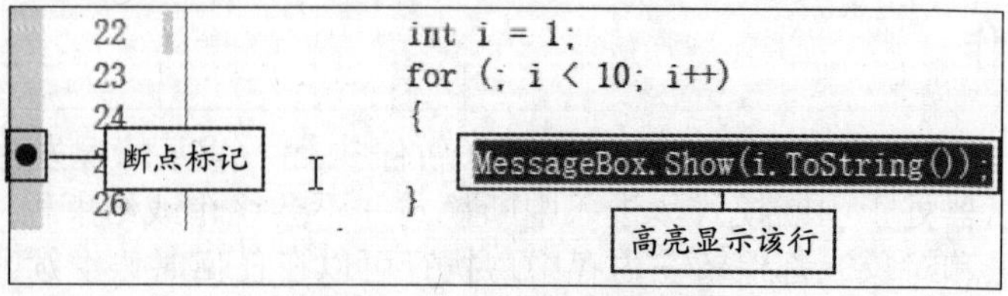

图 3.6 插入断点后效果图

删除断点主要有3种方式，分别如下：

（1）可以单击设置了断点的代码行左侧的红色圆点。

（2）在设置了断点的代码行左侧的红色圆点上单击鼠标右键，在弹出的快捷菜单中选择“删除断点”命令，如图3.7所示。

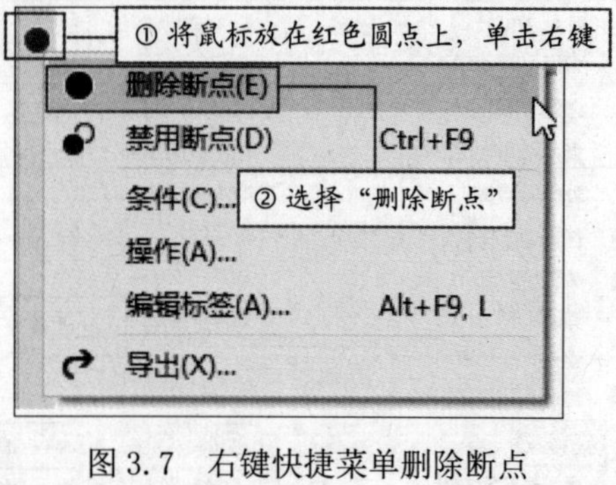

图 3.7 右键快捷菜单删除断点

（3）在设置了断点的代码行上单击鼠标右键，在弹出的快捷菜单中选择“断点”→“删除断点”命令。

3.2.2 开始执行

开始执行是最基本的调试功能之一，从“调试”菜单（如图3.8所示）中选择“开始调试”菜单，或在源代码窗口中右键单击可执行代码中的某行，从弹出的快捷菜单中选择“运行到光标处”菜单，如图3.9所示。

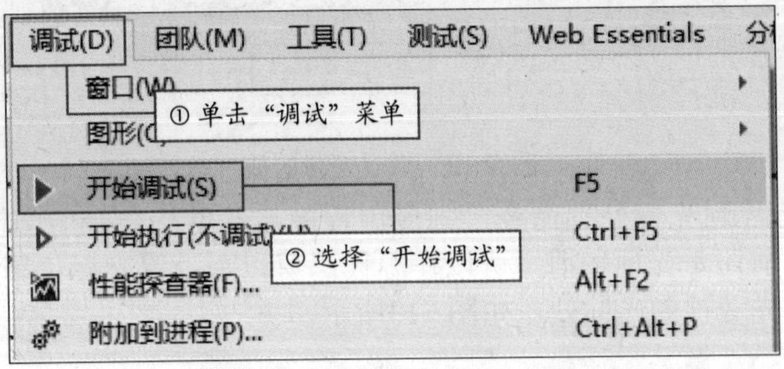

图 3.8 选择“启动调试”菜单

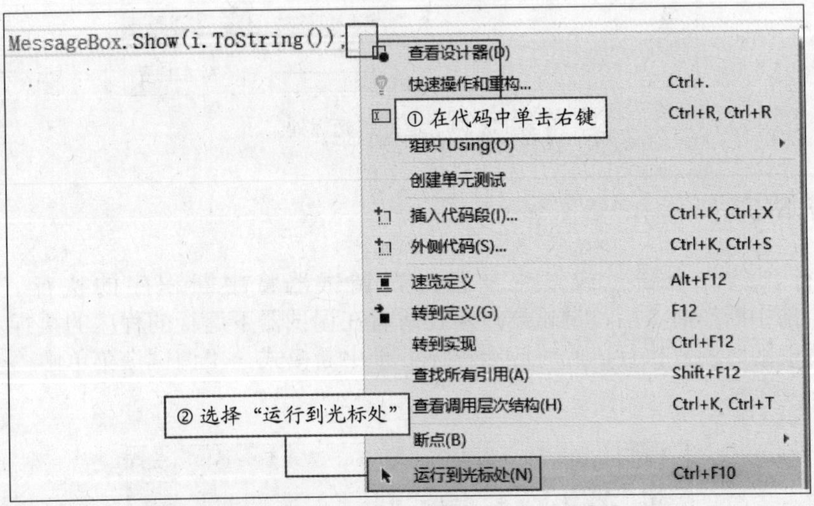

图 3.9 选择“运行到光标处”菜单

除了使用上述的方法开始执行外，还可以直接单击工具栏中的 ▶ 启动 按钮，启动调试，如图3.10所示。

图 3.10 工具栏中的启动调试按钮

如果选择“启动调试”菜单，则应用程序启动并一直运行到断点，此时断点处的代码以黄色底色显示，如图3.11所示。可以在任何时刻中断执行，以查看值（将鼠标移动到相应的变量或者对象上，即可查看其具体值，如图3.12所示）、修改变量或观察程序状态。

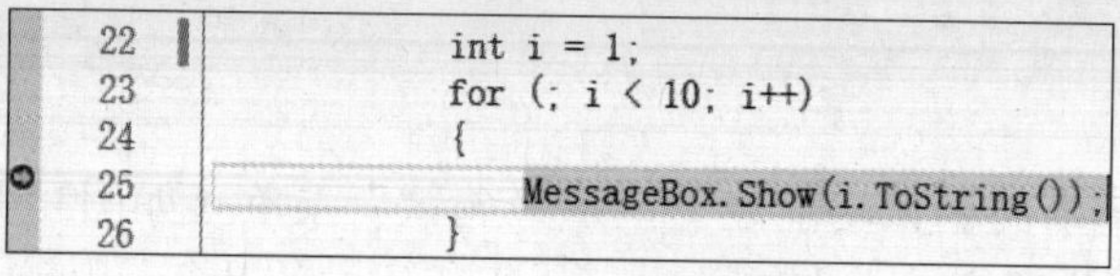

图 3.11 运行到断点

图 3.12 查看变量的值

如果选择“运行到光标处”命令，则应用程序启动并一直运行到断点或光标位置，具体要看是断点在前还是光标在前，可以在源代码窗口中设置光标位置。如果光标在断点的前面，则代码首先运行到光标处，如图3.13所示。

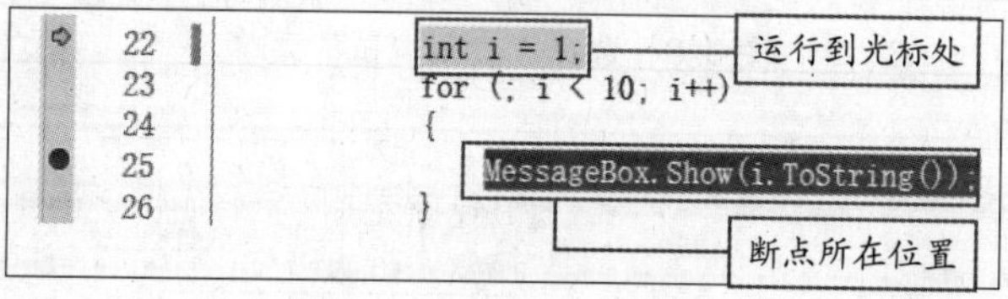

图 3.13 运行到光标处

3.2.3 中断执行

当执行到达一个断点或发生异常时，调试器将中断程序的执行。选择“调试”→“全部中断”命令后，调试器将停止所有在调试器下运行的程序的执行。程序并没有退出，可以随时恢复执行，此时应用程序处于中断模式。“调试”菜单中“全部中断”命令如图3.14所示。

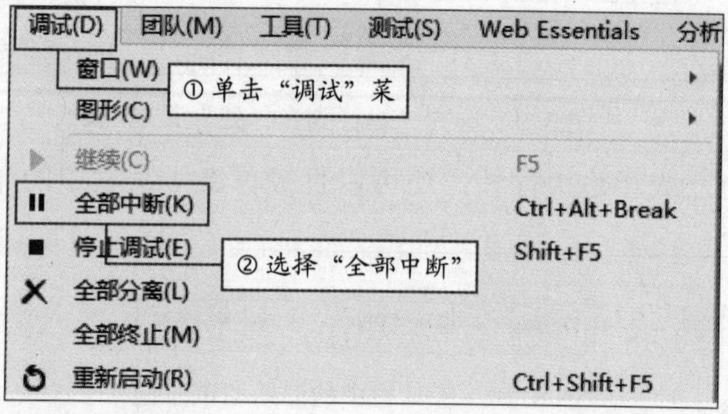

图 3.14 “调试”→“全部中断”命令

除了通过选择“调试”→“全部中断”命令中断执行外，也可以单击工具栏中的 II 按钮中断执行，如图3.15所示。

图 3.15　工具栏中的中断执行按钮

3.2.4　停止执行

停止执行意味着终止正在调试的进程并结束调试会话，可以通过选择菜单中的“调试”→“停止调试”命令来结束运行和调试，也可以选择工具栏中的■按钮停止执行。

3.2.5　单步执行和逐过程执行

通过单步执行，调试器每次只执行一行代码，单步执行主要是通过逐语句、逐过程和跳出这3种命令实现的。“逐语句”和“逐过程”的主要区别是当某一行包含函数调用时，“逐语句”仅执行调用本身，然后在函数内的第一个代码行处停止。而“逐过程”执行整个函数，之后在函数外的第一行代码处停止。如果位于函数调用的内部并想返回到调用函数时，应使用“跳出”，“跳出”将一直执行代码，直到函数返回，然后在调用函数中的返回点处中断。

当启动调试后，可以单击工具栏中的按钮执行“逐语句”操作，单击按钮执行“逐过程”操作，单击按钮执行“跳出”操作，如图3.16所示。

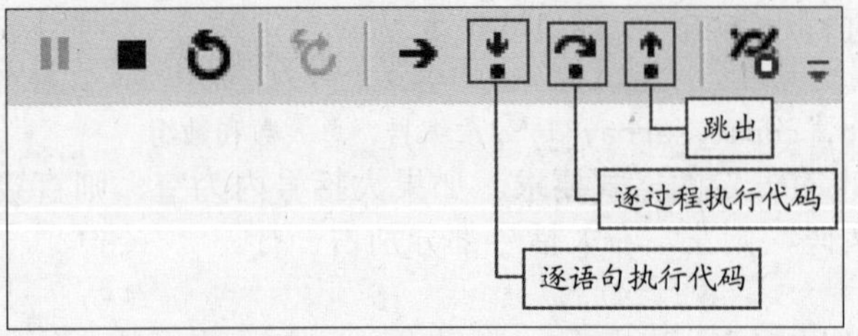

图 3.16　单步执行的 3 种命令

说明： 除了在工具栏中单击这3个按钮外，还可以通过快捷键执行这3种操作，启动调试后，按下<F11>键执行“逐语句”操作、<F10>键执行“逐过程”操作、<Shift+F10>键执行“跳出”操作。

附录

ASP.NET 代码编写规范

一. 编码格式规范

按照一定的格式规范编写代码，不仅可以增强代码的可读性和可维护性，还能大大降低代码的错误率。本节将介绍一些基本的格式规范。

1. 每条语句要单独占一行，一条命令要以分号结束。

【正例】

```
Console.WriteLine("学习ASP.NET");
```

【反例】

```
Console.
WriteLine
("学习ASP.NET");
```

或

```
int num1 = 1; int num2 = 2;int num3 = 3;
```

2. 在声明变量时，尽量使每个变量单独占一行，即使是相同的数据类型也要分行书写，这样不仅整洁美观，还方便添加注释。

【正例】

```
int number;// 编号
int count;// 总人数
int array[];// 数组
```

【反例】

```
int number, count, array[]; // 编号、总人数和数组
```

3. 使用大括号也有一定的格式要求。如果大括号内为空，则直接写成“{ }”即可，如果大括号里面有代码，则左、右大括号都分别占一行。

【正例】

```
public void Action()
{
Console.WriteLine("行动");
}
```

【反例】

```
public void Action(){Console.WriteLine("行动");}
```

4. 关键字与关键字之间仅保留一个空格。

【正例】

```
public static void Action () {     }
```

【反例】

```
public      staticvoid
Action () {      }
```

5. 任何运算符左右两边都要加一个空格。

【正例】

```
int a = 1 + 2 - (3 * 4) / 5;
```

```
a += 16;
bool d = 1 > 2 && 6 == 5;
```

【反例】

```
int b=1-a+++3*4;
```

6. 任何大括号内的代码都应向后缩进，以保证与大括号外的代码区分出层次，成对的大括号要对齐。

【正例】

```
class Demo
{
    static void Main(string[] args)
    {
        int sum = 0;
        for (int i = 0; i <= 100; i++)
        {
            sum += i;
        }
        Console.WriteLine("1到100之间的数字之和为: " + sum);
    }
}
```

【反例】

```
class Demo
{
static void Main(string[] args)
{
int sum = 0;
for (int i = 0; i <= 100; i++) {
sum += i;
}
Console.WriteLine("1到100之间的数字之和为: " + sum);
}
}
```

7. 方法的参数用英文逗号“,”分隔，每个“,”后面要加一个空格。数组类型参数应将“[]”写在类型后面，而不是参数名后面。

【正例】

```
copyOf(int[] original, int newLength)
{
    ……
}
```

【反例】

```
copy(int array[],int start,int end)
{
    ……
}
```

二、命名规范

虽然编程语言中只要使用标识符命名即可满足程序运行要求，但实际开发会出现变量名、类名、方法名等。为了让开发人员能更快地读懂代码、区分每个名字所指代的内容，就要求每一个名字都是有意义、符合规范的。本节将介绍一些基本的命名规范。

1. 代码中的命名不应该使用中文，否则转移到字符集不同的环境中时会出现乱码，导致程序无法通过编译。

【正例】

```
class Cat / int count / string name
```

【反例】

```
class 猫 / int 计数器 / string 姓名
```

2. 代码中命名尽量不要使用拼音，应该使用标准英文单词或英文缩写。

【正例】

```
int balance = 0;// 余额
```

【反例】

```
int yue = 0;// 余额
```

3. 代码中的命名不应该以下划线或美元符号开始，也不应该以下划线或美元符号结束。

【反例】

```
_id / $number / password_ / name$
```

4. 给类命名时，通常使用名词，第一个单词首字母必须大写，后续单词首字母大写。

【正例】

```
Picture / Person / UserLoginService
```

【反例】

```
name / TIMER / User Name / A1
```

5. 给接口命名时，通常使用动词或形容词，第一个单词首字母必须大写，并以I开头，后续单词首字母大写。

【正例】

```
IMovable / IList
```

【反例】

```
iTimerlistener / User_Action / aaaaaa1
```

6. 给方法命名时，通常使用动词，第一个单词首字母大写。

【正例】

```
Run() / Attack() / AddUser()
```

【反例】

```
name() / check_errors()
```

7. 给变量命名时，第一个单词首字母小写，后续单词首字母大写。

【正例】

```
number / count / userName / player1
```

【反例】

```
DNA / last_time
```

8. 命名常量时，所有字母均大写，单词间用下划线隔开，简洁明了。

【正例】

```
const string SERVER_IP = "127.0.0.1";
```

【反例】
```
const string server_ip = "127.0.0.1";
```
或
```
const string ServerIP = "127.0.0.1";
```
9. 命名泛型时，使用单个大写英文字母。泛型名称与尖括号之间没有空格。

【正例】
```
class Demo<T, E> { }
```
【反例】
```
class Demo<dir, EMP, P123> { }
```
10. 命名方法参数时，应体现参数的用途，第一个单词首字母小写，后续单词首字母大写。

【正例】
```
void login(string userName,string password){ }
```
【反例】
```
void login(string a,string b){ }
```

三、注释规范

编写注释是开发工作中非常重要的一环，注释的质量直接影响维护团队的工作效率。一段优秀的代码不仅体现在代码设计上，也体现在注释的内容上。本节将介绍一些基本的注释规范。

1. 注释应放在代码的右方或上方，不可以放在左方或下方。

【正例】
```
// 用于记录日志的可变字符串
StringBuilder logStr;
int age; /* 年龄 */
```
【反例】
```
StringBuilder logStr;
// 用于记录日志的可变字符串
/* 年龄 */int age;
```
2. 注释应简单明了，不要写无意义注释。建议写中文注释。

【正例】
```
string userName = "tom";// 用户名，默认值为tom
```
【反例】
```
string userName = "tom";// 创建一个变量，这个变量属于字符串类型
```
3. 给类、类的成员属性和类的成员方法添加注释时，应使用文档注释（/**…*/）或者XML注释，并写明类的用途、类的作者、成员属性的含义、方法的功能、方法参数的用途以及方法返回值的用途等内容。（在Visual Studio开发环境中，在代码上方输入“/*”然后按下<Enter>键，会自动生成相应格式的文档注释；在代码上方输入“///”会自动生成相应格式的XML注释）

【正例】
```
/*
 * 版权所有：吉林省明日科技有限公司©版权所有
 *
 * 文件名：Program.cs
```

```
 * 文件功能描述：类的主程序文件，主要作为入口
 *
 * 创建日期：2015年1月12日
 * 创建人：明日科技
 *
 * 修改标识：2015年1月13日
 * 修改描述：增加Add方法，用来计算不同类型数据的和
 * 修改日期：2015年1月13日
 *
*/
class UserService
{
    /**
     * 连接数据库的接口
     */
    Dao dao;
    /// <summary>
    /// 用户登录方法，判断用户登录是否成功
    /// </summary>
    /// <param name="userName">用户名</param>
    /// <param name="password">密码</param>
    /// <returns>用户登录是否成功</returns>
    public bool Login(string userName, string password)
    {
        ……
    }
}
```

【反例】

```
class UserService //用户服务类
{
    Dao dao;//数据库接口
    public bool Login(string userName, string password)     //登录
    {
        ……
    }
}
```

4. 同一行代码的左侧不要出现单行注释（//），同一行代码的内部不要出现多行注释。

【正例】

```
/*
 * for循环中首先定义循环变量i，i的初始值为0，如果i小于100，
 * 则执行循环，每次循环结束之后，i的值加1
 */
for (int i = 0; i < 100; i++)
{
```

```
    Console.WriteLine(i);// 输出i的值
}
```

【反例】

```
for (int i = 0/*这是循环变量*/; i < 100/*循环变量小于100则循环*/;
        i++/*循环结束i递增*/)
{
    // 输出i的值 Console.WriteLine(i);
}
```

四、控制语句使用规范

控制语句是所有编程语言的核心语法之一，也是最容易出现Bug的地方，任何粗心大意都可能使整个程序发生瘫痪。养成良好的使用习惯，可以有效地避免低级错误的发生。本节将介绍控制语句使用的一些基本规范。

1. 用于判断的表达式中不要对布尔类型做“==”或“！=”的判断，更不要在表达式中对布尔值赋值。

【正例】

```
bool flag = true;
if(flag)
{
    ……
}
```

【反例】

```
bool flag = true;
if(flag == true)
{
    ……
}
```

或

```
bool flag = true;
if(flag != true)
{
    ……
}
```

2. 循环表达式中不要使用常量，以免出现死循环。即使是无限执行的循环，也要创建一个循环变量进行控制。

【正例】

```
bool flag = true;
while(flag)
{
    ……
}
```

【反例】

```
while(true)
{
    ……
}
```

3. if、else、for、do、while语句中即使仅有一行代码，也必须使用大括号{ }。

【正例】

```
if (loginSuccess)
{
    Console.WriteLine("登录成功");
}
```

【反例】

```
if (loginSuccess)
Console.WriteLine("登录成功");
```

五、异常处理规范

异常处理类似程序的预警机制，当程序出现了异常状态时，开发者可以使用已经设计好的异常处理代码将异常排除，确保程序稳定运行。但如果异常处理使用不当，不仅不会解决问题，还会严重影响程序的运行效率。本节将介绍一些基本的异常处理规范。

1. catch语句的大括号内必须有异常处理语句，不要不写任何代码。

【反例】

```
try
{
      int a = 1 / 0;// 计算1除以0
}
catch (ArithmeticException e) {    }
```

2. 捕捉异常时，尽量不要捕捉Exception异常，应该捕捉具体的异常，并给出处理办法。如果必须要捕捉Exception异常，则在捕捉Exception异常的catch语句之后不要写其他catch语句。

【反例】

```
try
{
    FileInfo nameList = new FileInfo("C:\\名单.txt");
    nameList.Delete();
}
catch (Exception e)
{
    Console.WriteLine(e.Message);
}
catch (FileNotFoundException e)
{
    Console.WriteLine(e.Message);
}
```